郭本禹 主编

外国心理学流派大系

FOREIGN PSYCHOLOGY SCHOOL SERIES

# 潜意识的意义

## ——精神分析心理学（下）

王国芳 等著

山东教育出版社
·济南·

**图书在版编目（CIP）数据**

潜意识的意义：精神分析心理学. 下 / 王国芳等著. 2版. -- 济南：山东教育出版社，2025. 1. --（外国心理学流派大系 / 郭本禹主编）. -- ISBN 978-7-5701-3450-2

Ⅰ. B84-065

中国国家版本馆CIP数据核字第2024UV5886号

WAIGUO XINLIXUE LIUPAI DAXI

QIANYISHI DE YIYI——JINGSHEN FENXI XINLI XUE（XIA）

外国心理学流派大系　　郭本禹　主编

潜意识的意义——精神分析心理学（下）　　王国芳　等著

主管单位：山东出版传媒股份有限公司

出版发行：山东教育出版社

地址：济南市市中区二环南路2066号4区1号　　邮编：250003

电话：（0531）82092660　　网址：www.sjs.com.cn

印　　刷：山东华立印务有限公司

版　　次：2025年1月第2版

印　　次：2025年1月第1次印刷

开　　本：710毫米 ×1000毫米　1/16

印　　张：26.5

字　　数：422千

定　　价：89.00元

（如印装质量有问题，请与印刷厂联系调换）印厂电话：0531-76216033

主　编　郭本禹
副主编　高峰强　杨韶刚　高申春
编　委（以姓氏笔画为序）
丁　芳　方双虎　王国芳　李广军　杨韶刚　修巧艳
贾林祥　郭本禹　高申春　高峰强　崔光辉　熊哲宏

江苏省哲学社会科学十五规划课题研究成果（项目编号 L3-026）

# 目录

Contents

# 总　序

著名心理学家艾宾浩斯曾说过:“心理学虽有一长期的过去,但仅有一短期的历史。”心理学的长期过去可以上溯到古希腊、古罗马时期的心理学思想,从大约公元前6世纪到公元19世纪中叶的这一时期被称为前科学心理学时期或哲学心理学时期。1879年,冯特在德国莱比锡大学创建了世界上第一个心理学实验室,标志着科学心理学的诞生。此后的短期历史被称为科学心理学时期。科学心理学是指具有科学形态的心理学,与之相对的是前科学形态的心理学。前科学形态的心理学主要指形而上学的心理学,它以纯粹思辨的方式进行推演研究,试图揭示心理现象的本质。科学形态的心理学即科学心理学,它主要受到近代科学尤其是自然科学的影响,采用经验尤其是实验的方式进行归纳研究,得出心理现象本质的知识。

从理论形态演变上看,科学心理学的发展主要表现为不同心理学流派的产生、发展和更替过程。这一过程大致沿着科学主义心理学和人文主义心理学两条路线不断演进。科学主义心理学是主流的心理学取向,主要包括内容心理学、构造心理学、机能心理学、行为主义心理学、皮亚杰学派心理学和认知心理学等流派。人文主义心理学是非主流的心理学取向,主要包括意动心理学、精神分析心理学、格式塔心理学、现象学心理学、存在心理学和人本主义心理学等流派。现代心理学流派的发展过程大致可以划分为三个阶段:一是哲学心理学时期的思想起源,从大约公元前6世纪到19世纪70年代;二是心理学流派自身的历史演进,从19世纪70年代到20世纪80年代;三是心理学流派的当代效应,从20世纪80年代至今。

## 一、现代心理学流派的思想起源

在前科学心理学的漫长历史中,心理学曾一度是“灵魂的奴仆”、“神学的婢女”和“哲学的附庸”。现代心理学流派萌芽于古希腊,发端于近代欧洲。古希腊心理学思想表现为存在(being)与形成(becoming)的张力,近代欧洲心理学思想表现为经验主义与理性主义的对立，到科学心理学时期就演变为科学主义心理学和人文主义心理学的纷争。

**1. 思想萌芽**

古希腊是现代心理学流派的思想源头。在哲学形成之前，古希腊人已经开始了对灵魂(psyche)的探索。当时人们认为灵魂是一种生命气息，它在人死亡时离去。“心理学”(psychology)一词就由此而来。大约在公元前6世纪，古希腊产生了哲学。古希腊哲学致力于探究世界的本原，其中包括回答灵魂是什么。因此，此时的心理学是灵魂的奴仆。

古希腊哲学隐含着存在与形成的张力。这一张力最初体现在巴门尼德和赫拉克利特之间。巴门尼德提出，要通过理性的道路来获得确定无疑的知识。他推崇理性认识的重要性，贬低感觉经验的作用，认为后者只能产生纷乱的意见。赫拉克利特则通过“人不能两次踏入同一条河流”来表述世界变动不居的特征。他重视感觉经验的重要性，甚至认为视觉经验比听觉经验更可靠。存在与形成的张力在柏拉图和亚里士多德那里达到顶峰。柏拉图发展了巴门尼德的观点，认为存在着普遍的理念世界，变化中的现实事物只是对不变的理念的一种模仿。理性是最高级的灵魂，并指导着意气和情欲。亚里士多德是古希腊思想的集大成者，其《论灵魂》一书可以视为西方心理学史上第一本心理学著作。他持有形成的立场，对柏拉图的观点进行了改造。在他看来，世间万物都是有目的的，朝向隐得来希即自身的全面发展迈进，因而处于时刻流转中，灵魂也是如此。他强调感觉经验在灵魂中的重要地位，认为感觉限定着灵魂的认识活动。

在古希腊之后，西方心理学思想的目的虽然发生了变化，但却依然延续着存在与形成的张力。到了中世纪，一切思想均转向认识上帝，此时的心理学成为“神学的婢女”。两位基督教哲学家奥古斯丁和托马斯·阿奎那为心理学思想指出两条不同的道路。奥古斯丁提出通过内心的感受来获得上帝的启示，从而走向形成立场；托马斯·阿奎那提出通过理性和逻辑论证来获得上帝的启示，从而走向存在立场。

总之，从古希腊到中世纪，心理学从作为“灵魂的奴仆”到作为“神学的婢女”，提出了许多朴素的心理学思想，构成了现代心理学流派的思想萌芽，其间一直延续着存在与形成的张力，开启了现代科学主义心理学和人文主义心理学纷争的历史源头。

**2. 思想发端**

经过漫长的中世纪，西方世界从文艺复兴时期进入近代。近代自然科学的进步使世界图景发生了根本改变,从中世纪以上帝为中心的神秘世界观转变为数学的机械世界观,对哲学以及心理学产生着越来越重要的影响。近代哲学的目的从古希腊探讨世界本原是什么转向如何认识世界。近代心理学由“神学的婢女”变成“哲学的附庸”,不再是对灵魂和上帝的探讨,而是围绕如何认识世界对心理学问题展开系统的理论阐述,表现为经验主义与理性主义两种对立的观点。这两种对立的观点由先前形成与存在的张力衍生而来:经验主义延续了形成的观点,理性主义延续了存在的观点。近代心理学思想在英国和法国表现为经验主义心理学思想,在荷兰和德国表现为理性主义心理学思想。

经验主义心理学思想主张,一切心理现象均是经验(如感觉和观念)的集合或联结。经验主义心理学思想从英国的培根开始。他认为,知识和观念起源于感性世界,感觉经验是一切知识的源泉。在培根之后,经验主义心理学思想有两种形式:英国的联想论心理学思想和法国的感觉论心理学思想。英国的联想论心理学思想以经验为基础,以联想为工具,试图揭示观念的形成和发展的规律。霍布斯是联想论心理学思想的先驱,他坚持知识和观念来源于感觉经验。洛克第一个提出“联想”概念,认为联想是观念的联合,简单观念经过综合、联系和分离形成人的心灵内容。贝克莱和休谟进一步发展了联想论心理学思想,解释了空间知觉和联想规律。哈特莱是联想论心理学思想体系的建立者,试图用生理学概念把经验论和联想论结合起来,用联想去解释一切心理现象。培因是联想论心理学思想的集大成者,对联想的规律、种类和动力等进行了系统化的阐述,在联想论心理学思想向科学心理学的过渡上起到承前启后的作用。

法国的感觉论心理学思想主要受到笛卡儿关于身体是机器的思想和洛克的唯物主义经验论的影响,强调感觉经验在认识中的作用。与联想论心理学思想一样,感觉论心理学思想也认为,一切观念源自经验,所有的心理事件都能用感觉和联想规律来解释,同时,它还重视心理与脑的关系,认为心理是脑的属性,脑是思想的器官,这对科学心理学的产生起到积极的作用。拉·美特利提出了“人是机器”的观点,对后来行为主义心理学有重要的影响。孔狄亚克改造了洛克的经验论心理学思想,形成了感觉论心理学思想体系。此后经过爱尔维修和波纳等人的发展,到卡巴尼斯那里,感觉论心理学思想发展到极致,并推进了生理心理学的发展。

理性主义心理学思想主张,人的心理是一种主动活动的、富于理性的固有观念,即一切心理作用都归结为不同程度的理性。理性主义心理学思想从法国的笛卡儿开始。他认为,人的知识不是来源于感觉经验,而是来源于理性，理性的演绎是唯一正确方法。作为理性表现的知识和能力是先天具有的，因此，他主张天赋观念论。莱布尼茨是理性主义心理学思想的开创者，他提出统觉说，认为心理从无意识的微觉到最有意识的统觉，具有把握对象的不同程度。他把统觉视为对感知自身内在状态的意识，即自我意识。沃尔夫是官能心理学的创始人，他认为人的心灵具有各种官能，心灵利用其不同的官能从事不同的活动。康德提出心理的先天范畴论，并使心理过程的知、情、意三分法流行起来。他认为，统觉是人的一种先验的综合统一的认识能力。赫尔巴特第一次明确宣称心理学是一门科学，但还需要建立在形而上学之上，仍属于哲学的科学。他还将统觉团等思想应用到教育心理学中。陆宰是实验心理学建立前的最后一位哲学心理学家，提出空间知觉的符号部位说，在理性主义心理学思想向科学心理学的过渡上起到承前启后的作用。

总之，近代心理学思想具有丰富的内容，形成了系统的心理学思想体系。它与近代科学一起，直接促成了科学心理学的诞生。经验主义心理学思想提出被动的心灵观，强调主体后天的经验性、心理活动的元素性和被动性，将人的心理视作静态的联想过程。理性主义心理学思想提出主动的心灵观，强调主体先天的主动性、心理活动的整体性和动力性，将人的心理视作发展的过程。经验主义心理学思想演变为现代心理学中的科学主义心理学，理性主义心理学思想演变为现代心理学中的人文主义心理学。正是在这种意义上，近代心理学思想成为现代心理学流派的思想发端。

## 二、现代心理学流派的历史演进

科学心理学产生于19世纪70年代，一开始就表现为两种理论形态，即科学主义心理学和人文主义心理学。科学主义心理学的第一个学派是冯特创立的内容心理学（主要是实验心理学），人文主义心理学的第一个学派是布伦塔诺创立的意动心理学。内容心理学与意动心理学形成了心理学史上两条路线之间的第一次对立与纷争。自此，科学主义心理学与人文主义心理学各自相对独立发展，两者之间少有相互交流和彼此借鉴。

过去人们主要是从狭义上来理解科学心理学，认为科学心理学完全等同于冯特创立的内容心理学（主要是实验心理学）。现在人们倾向于从大科学观来看待科学，认为科学既包括自然科学也包括人文科学和社会科学。尽管两者的研究对象不同、追求的真理目标和价值不同、探究真理的方式和方法不同，但它们毕竟都是科学，都以探究终极真理为己任。对于以既具自然属性又具社会属性的人为研究对象的科学心理学来说，只有以实验心理学为代表的科学主义心理学是远远不够的，还需要另一种心理学即人文主义心理学。历史发展的事实也是如此，1874 年，冯特的《生理心理学原理》(下卷)和布伦塔诺的《经验观点的心理学》同时出版，这两本著作都把新心理学界定为一门经验科学，分别标志着现代科学主义心理学和现代人文主义心理学的开端。因此，科学心理学有两个创始人或者说有两位“父亲”，一个是冯特，另一个是布伦塔诺。过去人们之所以只提冯特是科学心理学之父，是因为波林那本著名的《实验心理学史》教科书造成了我们的误解。波林是铁钦纳的学生，铁钦纳力图把自己标榜为冯特的正统传人，要求波林按照他的实验心理学内容重新解读冯特的心理学体系。① 因此，在《实验心理学史》中大量论述冯特等人的实验心理学内容，而对冯特的对立者布伦塔诺等人的贡献则不予重视，以至于布伦塔诺被历史埋没了近半个世纪，成为学术史上的“隐身人”。这不能不说是一个历史的误会！我们今天需要澄清铁钦纳和波林所造成的误解，还布伦塔诺及其意动心理学的历史本来面目。

在现代心理学流派的演进过程中，有的作为一个心理学派别已经消失，融进了心理学的历史进程，如内容心理学、意动心理学和机能心理学等；有的犹如老树常青，如行为主义心理学和精神分析心理学在今天仍然具有活力。某些较大的心理学流派又包括一些较小的分支派别，如行为主义前后有三代，精神分析更是分支派别繁多。

**1. 科学主义心理学流派的历史演进**

科学主义心理学亦称自然科学心理学，是指一种以自然科学为价值定向的心理学研究取向，它坚持心理学的自然科学观和实证主义的客观实验范式，力图建构以自然科学为模板的心理学理论模式。科学主义心理学是主流的心理学取向，它从内容心理学开始，依次表现为构造心理学、机能心理学、行为主义心理学、皮亚杰学派心理学和认知心理学等派别。它们之间具有明显的连续性，要么是一种继承关系，如构造心理学对内容心理学的继承；要么具有对立关系，如认知心理学对行为主义心理学的反动。

(1) 内容心理学。

科学主义心理学从冯特的内容心理学(content psychology)开始。在冯特之前，心理学一直附庸于哲学，处于默默无闻的状态。冯特全面总结了哲学心理学、生理学和心理物理学的研究成果，把哲学心理学的理论观点、自然科学的研究方法与心理学的有关研究课题结合起来，将实验法引入心理

① 据说波林每写完《实验心理学史》的一章，都要交给铁钦纳审读。

学研究领域，于1879年在德国莱比锡建立了世界上第一个心理学实验室，使心理学获得了科学的形态，标志着现代科学心理学的确立。莱比锡成为世界新心理学的圣地，各国的学生都前往跟随冯特学习。

冯特创立的实验心理学，开辟了科学心理学的科学主义研究路线。冯特认为，科学心理学应该是一门经验科学，他把心理学的研究对象规定为直接经验，而不同于自然科学所研究的间接经验。他认为，心理学作为研究心理、意识事实的一门经验科学，其任务就在于分析出心理或意识的元素，并确定元素构成复合观念的原理与规律。冯特通过实验内省法分析，发现最基本的心理元素有两个，即感觉元素与感情元素。任何复杂的心理现象都是由心理元素结合而成的，简单的心理元素通过联想、统觉结合成为心理复合体。正是从这个意义上说，冯特的实验心理学被贴上"内容心理学"的标签。冯特的内容心理学与其同时代的布伦塔诺的意动心理学形成直接对立，这也是科学主义心理学与人文主义心理学长期纷争的开始。

与冯特同时代的德国心理学家艾宾浩斯和缪勒等人发展了他的内容心理学。艾宾浩斯创造性地运用实验法研究记忆这种高级的心理过程，开辟了实验研究的新领域。缪勒在哥廷根大学创建了一个设备完善的心理学实验室，其地位仅次于莱比锡心理学实验室，吸引了从欧洲和美国来的许多学生，取得了多方面的研究成果。以冯特的学生铁钦纳为代表的构造心理学（structural psychology）又称构造主义（structuralism），其思想体系继承和发展了冯特的内容心理学的主要观点，特别是在坚持心理学是一门实验科学的观点上，二者一脉相承，可以看成是冯特的内容心理学的极端形式。

（2）机能心理学。

机能心理学（functional psychology）产生于19世纪末20世纪初的美国，是美国本土出现的第一个正式的科学心理学思想体系。早在1890年，美国心理学之父詹姆斯在《心理学原理》中就将机体适应环境的心理功效规定为心理学的研究对象，这为19世纪末20世纪初的美国心理学定下了机能心理学的总基调。美国机能心理学与德国实验心理学之间存在着密切的关系。冯特在德国创建了心理学实验室之后，美国有许多年轻人来到冯特的实验室学习新的内容心理学，这些人回国后热心倡导生理心理学和实验心理学，并在各自所在的大学开设新课程，建立实验室。这样，德国实验心理学的科学形式就传入了美国，为美国的心理学家们提供了一种科学的思维方式和研究手段。但是美国年轻一代的心理学家不赞成冯特只以实验的内省方法研究纯粹的意识内容，强调用观察、测验和实验等多种方法研究意识或心理功能。他们认为，心理学可用于解决人们在不同的环境中如何活动、如何适应不同的环境等日常生活问题。

机能心理学有狭义和广义之分，与构造心理学直接对立的是狭义的机能心理学，即以杜威、卡尔、安吉尔为代表的芝加哥学派。代表美国心理学一般特征和总体倾向的是广义的机能心理学，即以卡特尔、桑代克、武德沃斯为代表的哥伦比亚学派。随着构造心理学因1927年铁钦纳逝世而消失，狭义的机能心理学由于失去了对立面逐渐退出历史舞台。而广义的机能心理学由于随后行为主义心理学的产生，也完全融入了美国心理学发展的历史洪流之中。

(3) 行为主义心理学。

行为主义(behaviorism)是20世纪初起源于美国的一个心理学派别，它在20世纪70年代之前是实验心理学中最有影响的运动，被称为心理学的"第一势力"。1913年，华生发表的《行为主义者心目中的心理学》一文标志着行为主义的诞生。华生抨击了传统上研究意识的内省心理学，批判了构造心理学和机能心理学，并声称心理学应该抛弃内省法而采用客观的实证方法研究可观察的外显行为。由此，行为主义作为一种新生的力量登上了心理学的历史舞台，其浩大的声势很快席卷了美国，并几乎遍及全世界，成为心理学史上著名的"行为主义革命"，被称为心理学史上的"第一次革命"。

行为主义的发展经历了三代。从1913年到1930年，是以华生等人为代表的第一代行为主义，又称古典行为主义。与华生同时代的魏斯、霍尔特、亨特、拉施里以及中国的郭任远等人，也对行为主义的推广做出了重要贡献。从20世纪30年代至60年代，赫尔、托尔曼、斯金纳等人对华生的极端简单化的观点和方法不满，都采纳操作主义和逻辑实证主义的哲学观点，开展了一系列研究，形成了各具特色的新体系，共同促生了第二代行为主义的心理学运动，也被称为新行为主义(neobehaviorism)。尽管第二代行为主义的术语名称、理论观点、概念体系等各不相同，但其行为主义的基本立场却是一致的。从20世纪50年代起，随着赫尔、托尔曼的过世，只有斯金纳等少数人仍坚持激进的行为主义观点，更多的批评者则看到了行为主义的实证主义哲学基础、严格的环境决定论以及人兽不分观点的严重缺陷。罗特、班杜拉、米契尔等更新一代的行为主义者，采取了更加温和的态度，大胆引入刚刚兴起的认知心理学的术语来说明人的行为，力图克服行为主义的危机，对行为主义进行认知心理学改造，形成了第三代行为主义，又称新的新行为主义(new-neobehaviorism)。

(4) 皮亚杰学派心理学。

皮亚杰学派(Piagetians)是20世纪20年代由瑞士心理学家皮亚杰创立

的。由于该学派的研究工作主要是在日内瓦大学及日内瓦发生认识论国际研究中心进行的，因此又称日内瓦学派。皮亚杰学派通过研究个体的认识发生，把认识论和心理学紧密结合起来创立了发生认识论，在心理学史上第一次系统而完整地描绘了儿童心理的发生和发展，指明儿童心理发展的实质是个体通过同化和顺化这两种形式来适应环境达到有机体与环境的平衡，并进一步详细探讨了儿童心理发展的结构、影响因素和发展阶段。皮亚杰学派对心理学、哲学和教育学诸多学科领域产生了广泛而深远的影响。

自20世纪50年代中期以来，皮亚杰理论受到了严重的挑战与诘难，出现了新皮亚杰学派（neo-Piagetians）和后皮亚杰学派（post-Piagetians）。新皮亚杰学派采用信息加工观点，对经典的皮亚杰体系作出一定的修正，使之更完善和更具解释力。后皮亚杰学派从地域上是指那些法语世界的学者（主要是法国和瑞士）所形成的一个松散的联盟，他们（也包括少数说英语的学者）在方法论上主张或实际从事以皮亚杰的临床法为标准构建发展量表和运算测验，在理论上主张差异心理学与发展心理学的真正整合。

（5）认知心理学。

认知心理学（cognitive psychology）有广义和狭义之分，广义的认知心理学指的是所有侧重研究人的认知过程的心理学，狭义的认知心理学专指现代认知心理学。现代认知心理学表现为三种理论形态：信息加工论心理学、联结主义认知心理学和生态论认知心理学。

信息加工论认知心理学产生于20世纪50年代中期，其主要代表人物有纽厄尔、西蒙和奈瑟等人。它以“心理活动像计算机”为隐喻，用信息加工的观点看待人的认知过程，认为人的认知过程是一个接受、加工、贮存和输出信息的过程。由于这种观点以符号操作为基础，通过符号的串行加工方式建立心理模型，故又称符号论认知心理学。信息加工论认知心理学把以往被行为主义排挤到后台的意识重新拉回到心理学研究的前台，实现了心理学研究对象的回归。它还在继承传统科学主义心理学的客观实证方法基础上，综合运用反应时实验和自我观察法，尤其把计算机模拟方法作为重要研究工具，取得了心理学研究方法的突破。20世纪70年代，信息加工认知心理学成为心理学研究的主流，席卷了心理学的大多数分支。它的兴起被称作心理学史上的一场“认知革命”，相对于先前的行为主义革命是心理学史上的“第二次革命”。

20世纪80年代以来，联结主义认知心理学开始复兴。在联结主义心理学看来，人脑不能简单地等同于计算机，符号加工与真实的人类心理加工存在很大差距。它提出以大脑隐喻代替计算机隐喻，把大脑视为生物的神经网络,以平行分布加工代替串行加工。联结主义认知心理学试图构建一个更接近于神经活动的认知模型,暂时缓解了认知心理学遇到的困难。

从20世纪90年代开始,生态论认知心理学受到研究者的重视。它批判认知心理学注重实验室研究、远离日常生活的倾向,强调心理是人与环境互动的结果,主张心理学应当走出实验室、在现实环境中研究人的心理和行为,追求心理学研究的生态学效度,促进了认知心理学与实际生活的联系。

**2. 人文主义心理学流派的历史演进**

人文主义心理学亦称人文科学心理学,是指一种以人文科学为价值定向的心理学研究取向,它坚持心理学的人文科学观和现象学(存在主义、解释学)的主观经验范式,力图建构以人文科学为模板的心理学理论模式。人文科学心理学是非主流的心理学取向,它的发展有两条线索:一条从意动心理学开始,依次表现为格式塔心理学、现象学心理学、存在心理学、人本主义心理学、超个人心理学等流派,它们之间具有明显的连续性;另一条从古典精神分析心理学开始,依次表现为自我心理学、客体关系学派、自体心理学、社会文化学派、存在分析学、马克思主义精神分析学、后现代精神分析学等,它们之间也具有明显的连续性。当然,这种划分无论是时间上还是在思想渊源上都具有一定的相对性和交叉性。例如,存在心理学与精神分析学具有很大的关联性,存在心理学有时又称存在精神分析学或简称存在分析学。再如,作为存在心理学家的罗洛·梅和布根塔尔等人也可以归入人本主义心理学阵营。

(1) 意动心理学。

人文主义心理学从布伦塔诺的意动心理学(act psychology)[①]开始。意动心理学有狭义、广义之分。狭义的意动心理学主要是指布伦塔诺的意动

① 布伦塔诺开创了意动心理学的体系,但并未提出“意动心理学”这个概念。“意动心理学”进入心理学界,首先要归功于铁钦纳,他于1921年和1922年在《美国心理学杂志》上连续发表《机能心理学与意动心理学:Ⅰ》和《机能心理学与意动心理学:Ⅱ》,区分出两种心理学团体:关注生物学方面的机能心理学和关注意向方面的意动心理学。他明确指出,意动心理学以布伦塔诺、麦农、斯顿夫、立普斯、胡塞尔和屈尔佩为代表,英国的斯托特也受到布伦塔诺的影响。(Titchener,E. B., Functional psychology and the psychology of act: I. *American Journal of Psychology*,1921,32,pp. 519～542)1921年,他又在《美国心理学杂志》上发表《布伦塔诺与冯特:经验与实验的心理学》,认为他们开创了不同的心理学取向。他说:“心理学的学生,尽管其得益是双倍的,但依然必须在这一个和另一个之间作出选择。在布伦塔诺和冯特之间,没有中间的道路。”(Titchener,E. B., Brentano and Wundt: empirical and experimental psychology. *American Journal of Psychology*,1921,32,pp. 108～120)在铁钦纳之后,他的忠实的学生波林继承了老师的观点,将布伦塔诺和冯特视作两种阵营。他说:“19世纪后期和20世纪早期的系统心理学的分歧在于意动和内容,也就是在于布伦塔诺和冯特。”(波林著,高觉敷译:《实验心理学史》,商务印书馆1981年版,第406页)

心理学，广义的意动心理学除了布伦塔诺的意动心理学，还包括斯顿夫的机能心理学①、形质学派、符茨堡学派等。

布伦塔诺不同于冯特，他主张把意动作为心理学的研究对象，强调心理的意向性、活动性和整体性；提倡通过直接体验的方法，如内部知觉方法，来研究心理现象的组织规律和本质。布伦塔诺最先确立了意动心理学体系。在他之后，其学生斯顿夫提出机能心理学，麦农和厄棱费尔等人提出形质心理学，推进了意动心理学的发展。同时，冯特的学生屈尔佩站在意动心理学的立场上，领导符茨堡学派进行无意象思维的研究，并提出二重心理学，尝试调和意动心理学和内容心理学。此外，英国的沃德和斯托特、法国的里博和沙可也受到意动心理学的影响，推动了意动心理学在英国和法国的发展。

布伦塔诺等人的意动心理学与冯特等人的内容心理学相抗衡，开创了心理学中的人文主义路线与科学主义路线对立之先河。在意动心理学之后，弗洛伊德受到布伦塔诺的心理意动观的影响创立了精神分析心理学，惠特海默等人受到斯顿夫的影响，提出格式塔心理学，作为心理学中的“第三势力”的现象学心理学和人本主义心理学也回应了意动心理学。

（2）格式塔心理学。

格式塔心理学(Gestalt psychology)又译“完形心理学”，包括两个分支，一是格式塔心理学的格拉茨学派，二是格式塔心理学的柏林学派②。1890—1900年间，厄棱费尔和麦农将其老师布伦塔诺的意动心理学具体运用到形、形质问题的研究上，认为形、形质的形成有赖于意动。后来这一思想又通过威塔塞克和贝努西等人的努力继续传播于世。由于他们提出形质学说，故称为形质学派。这一学派是以奥地利的格拉茨大学为中心，又称格拉茨学派。

格式塔心理学的柏林学派由惠特海默、苛勒和考夫卡三位德国心理学家于1912年创立。这个学派最初以反对冯特的元素论作为出发点，强调经验和行为的整体性，认为整体不等于且大于部分之和，整体的性质决定部分的性质，部分的性质则有赖于它在整体中的关系、位置和作用。整体观贯穿

① 斯顿夫的机能心理学不同于美国心理学的机能主义，对后者也没有直接的影响。斯顿夫的机能强调的是一种逻辑的机能，而美国机能主义强调的是一种生物或适应的机能。

② 史密斯指出，格拉茨学派可以与柏林学派并列，作为格式塔心理学的两个中心。（Smith, B., *Austrian Philosophy: The Legacy of Franz Brentano*, Open Court Publishing Company, 1994, pp. 259～272）林登费尔德也指出：“格拉茨学派本来能够轻易地成为战争时期[指第一次世界大战]格式塔心理学主要的中心。”（Lindenfeld D. F., *The Transformation of Positivism Alexius Meinong and European Thoug, 1880—1920*. University of California Press, 1980, p. 237）

于柏林学派体系之中，在对知觉、心身关系、思维、学习和人格问题的解释上都体现了这一观点。由此出发，柏林学派十分注重心理各成分之间的动力性、交互性和系统性。

柏林学派承认形质学派的地位与作用，在诸多方面与其保持一致：它们都坚持整体论观点，反对元素论观点；都把对形式和图形关系尤其是知觉作为核心主题。不过，格拉茨学派与柏林学派间存在着一定的差异。两个分支的争论反而成了格式塔心理学发展的动力，这反映在后来意大利的格式塔心理学发展上。

格式塔心理学的柏林学派除了三位创始人之外，后来受到柏林学派影响的勒温转向团体动力学，可以视作是对格式塔心理学的一种继承和发展。海德和费斯汀格等继承和发展了团体动力学，各自提出新的理论和学说，并在美国社会心理学界长期占据着统治地位，而格拉茨学派在一定程度上被冷落了。

(3) 现象学心理学。

在20世纪五六十年代，美国的现象学心理学、存在心理学和人本主义心理学以相似的人文主义心理学观点共同构成心理学的“第三势力”，它们共同反对心理学的“第一势力”行为主义心理学和“第二势力”精神分析心理学。在严格意义上，“第三势力”心理学都是心理学的一种共同研究取向，而非一个严格意义上的学派。当然，从起源上看，现象学心理学和存在心理学都比人本主义心理学出现得较早。

现象学心理学(phenomenological psychology)是产生于20世纪上半叶的一种心理学取向，它上承人文科学心理学最初形态的意动心理学，并受到现象学哲学的直接影响。它从直接呈现的经验出发，坚持意向性观点，对经验加以描述。胡塞尔的现象学心理学和哥廷根的实验现象学构成了现象学心理学的最早思想雏形。从地域上看，现象学心理学可分为欧洲的现象学心理学与美国的现象学心理学。前者主要有以萨特和梅洛—庞蒂为代表的法兰西学派、以伯伊滕蒂克等人为代表的乌特列支学派。后者兴起于20世纪40年代，到60年代逐渐形成了以乔治为代表的迪尤肯阵营。美国的现象学心理学的兴起过程主要是吸收与转化现象学哲学和欧洲现象学心理学的过程，这个过程实际上是现象学心理学在美国的本土化过程。1970年，乔治创办《现象学心理学杂志》，在现象学心理学发展中具有标志性意义。从理论形态上，现象学心理学可以分为三个维度六种形态：在研究方式上，表现为思辨的与实验的现象学心理学；在研究取向上，表现为经验与解释的现象学心理学；在研究领域上，表现为存在与超个人的现象学心理学。

(4) 存在心理学。

存在心理学(existential psychology)主要受到存在主义哲学和精神分析心理学的影响，以人的存在为核心观点，采用现象学方法，来理解人的爱、本真、自由、焦虑、孤独、死亡等存在状态。存在心理学家在坚持心理学的存在主义观点和现象学方法方面是一致的，但他们在研究主题上又各有侧重。存在心理学在20世纪三四十年代兴起于欧洲，并在五六十年代发展于美国和英国。早期的欧洲存在心理学的主要代表人物是瑞士的宾斯汪格、鲍斯和奥地利的弗兰克尔等人。美国的存在心理学以罗洛·梅为领军人物，此后还有布根塔尔、施奈德和雅洛姆等人。1958年，罗洛·梅等主编的《存在：心理学与精神病学中的一种新维度》是美国的存在心理学发展的一个里程碑。1959年，在美国心理学会的年会上举办了关于存在心理学的研讨会，会议论文由罗洛·梅主编并以《存在心理学》(1961)为题出版。1960年开始，美国陆续创办了几种存在心理学杂志，如《存在精神病学》(1960，后更名为《存在主义杂志》)、《存在心理学与精神病学评论》(1961)、《存在分析者》(1964)、《存在精神病学》(1964)等，这些刊物成为存在心理学最重要的阵地。英国的存在心理学以莱因等人为代表。

(5) 人本主义心理学。

人本主义心理学(humanistic psychology)诞生于20世纪五六十年代，是美国心理学中的一种新思潮和革新运动。它假定每个人的内部都存在着一种成长的机制，这种机制可以促使人们在环境允许的情况下实现他们的潜能，而心理学家的目标和责任就是关注这种内部潜能，并寻求各种方法来帮助人们实现这种潜能。奥尔波特、马斯洛、罗杰斯等人是其主要代表人物，此外，存在心理学家罗洛·梅和布根塔尔等人的思想也具有人本主义心理学倾向。在20世纪60年代末，从美国人本主义心理学中又分化出超个人心理学，它是人本主义心理学创始人马斯洛和萨蒂奇等人在对人本主义心理学进行自我扬弃的基础上提出来的。超个人心理学超越了人本主义以个人的自我实现为目标的狭隘认识，迈向以研究人类心灵与潜能的终极价值和真我完满实现为目标。人本主义心理学理论形态包括以奥尔波特、马斯洛、罗杰斯等人为代表的自我实现理论、以罗洛·梅和布根塔尔等人为代表的自我选择论和以马斯洛和萨蒂奇等人为代表的自我超越论。

(6) 精神分析心理学。

精神分析(psychoanalysis)由奥地利著名医生弗洛伊德于19世纪末创立，它既是一种治疗心理疾病的方法，又是一种潜意识的心理学说。精神分析最初是从神经症治疗实践中产生的，逐渐发展成为现代西方心理学的一个主要流派，被称为西方心理学的“第二势力”。自 20 世纪 20 年代以来，精神分析逐渐超越了心理学的范围，扩展到社会科学的诸多领域，开创了一场人类思想文化运动。可以说，精神分析心理学是西方心理学史上绵延最长、影响最大、分支派别最多的一个心理学流派。

自从弗洛伊德创建精神分析理论以来，精神分析运动已经经历了百年的发展历程，其发展循着内部和外部两条路径。内部发展路径指的是精神分析内部的不断分裂与重组、演变与发展。其逻辑线索是，弗洛伊德所倡导的驱力模式，经过荣格、阿德勒等人的过渡之后，进一步演化为自我模式、关系模式和自体模式，分别对应着以安娜、哈特曼和埃里克森等人为代表的自我心理学，以克莱因、费尔贝恩和克恩伯格等人为代表的客体关系学派和以科胡特等人为代表的自体心理学等，它们从学科内部推动着精神分析运动向前发展。外部发展路径指的是弗洛伊德之后的精神分析从外部学科，如医学、社会学、文化学、哲学、语言学等积极汲取养分，一些精神分析学家把传统精神分析学与其他学科相结合，分别出现了以霍妮、沙利文、卡丁纳和弗洛姆等人为代表的社会文化学派，以宾斯万格、鲍斯、罗洛·梅、莱因等人为代表的存在分析学，以赖希、马尔库塞和弗洛姆等人为代表的马克思主义精神分析学，以拉康等人为代表的后现代精神分析学等，它们推动了精神分析运动向外发展。

精神分析百年运动的发展历程是一个不断分裂与整合的过程。其整合过程就是不断地克服片面性、极端性从而逐渐地走向互相吸收、融合的历程，表现在它的不同发展阶段之间、其内部的各种模式之间以及它与外部诸多学科之间的相互吸收与融合。精神分析运动的整合逻辑与其发展逻辑相一致，也循着内部整合与外部整合两条路径。内部整合路径是指精神分析内部的各种模式之间的整合，即对驱力或本能、自我、客体关系与自体模式之间的不断整合，包括雅可布森的自我理论整合、克恩伯格的客体关系理论整合、科胡特的自体理论整合和米契尔的关系理论整合等。外部整合路径是指精神分析与外部邻近学科，如社会学、文化学、哲学、语言学、医学和神经科学之间的整合，包括社会文化学派的文化理论整合、存在精神分析的人本主义理论整合、拉康的语言学理论整合和神经科学的科学化整合等。无论是内部整合还是外部整合都推动了精神分析运动不断向前发展。

## 三、现代心理学流派的当代效应

20世纪80年代以来，西方心理学进入“后体系时代”（postsystem era）[①]。尽管一些学派和思潮如行为主义心理学、认知心理学、精神分析心理学、人本主义心理学等依然存在，但是，学派纷争日益淡化，学派界限日趋模糊，大多数心理学家更倾向于具体问题的研究，提出一些微观理论模型，而不大关心学派建设。就宏观理论观点而言，当代心理学也出现了一些新的研究趋势。这些新趋势一方面延续着科学主义心理学与人文主义心理学的分野。例如，联结主义认知心理学、认知神经科学、生态心理学、进化心理学等主要体现了科学主义心理学精神，后现代心理学、女性主义心理学、叙事心理学、文化心理学、积极心理学等主要体现了人文主义心理学精神。同时，这些新趋势在一定程度上也体现了科学主义心理学和人文主义心理学之间相互吸收和融合的新特点。当代出现的这些心理学的新趋势，只能看成是新的心理学研究取向，还不能视为严格意义上的心理学派别，而且，它们各自的代表人物也没有打算创立什么新的学派。

### 1. 科学主义心理学流派的当代效应

以自然科学为价值定向的科学主义心理学的当代趋势主要有：联结主义认知心理学、认知神经科学、生态心理学和进化心理学等。表面上看来，虽然不断有新的特征纳入到这些趋势中，比如多学科的交叉性以及研究方法的多元化，但是这些趋势在总体上却都反映出了诸如坚持经验证实原则、强调量化研究等科学主义心理学所固有的研究特征。

（1）联结主义认知心理学。

联结主义认知心理学（connectionist cognitive psychology）是联结主义模型研究于20世纪80年代在认知心理学领域的复兴。它的复兴既逢信息加工论认知心理学遭到怀疑与困难之时，又得益于脑科学和神经科学的飞速发展。1986年，鲁梅尔哈特和麦克里兰编辑出版的联结主义“圣经”《并行分布加工：认知结构的微观探索》一书，标志着联结主义认知心理学进入发展的鼎盛时期。联结主义认知心理学以“心理活动像大脑”为隐喻基础，把认知过程类比为神经网络的整体活动，把认知系统看做是简单而大量的加工单元的联结网络，网络中的每一单元在某一特定时刻总是处在某种激活

① Brennan, J. F. (2003). *History and systems of psychology*. New Jersey: Pearson Education, p. 280.

水平上，其实际的激活水平与来自环境和其他与之相连的单元有关。在联结主义看来，知识并不存在于特定的地点，而是存在于单元之间的联结之中，学习就是建立新的激活模式或改变单元之间的联结强度，因此，不同的激活模式能够解释不同的认知过程。相对于信息加工论认知心理学，联结主义认知心理学所研究的人工神经网络与大脑的功能方式更为一致，因为人脑就是由大量神经细胞以复杂方式联结起来的。联结主义认知心理学为处于危机中的认知心理学带来了新的生机，被称作“在认知解释方面的一场哥白尼式的革命”①，但它以对大脑的同构型或同态型模型为研究对象本身就具有一定的局限性。

(2) 认知神经科学。

认知神经科学(cognitive neuroscience)是20世纪80年代末出现的一种主要研究趋势。这一趋势重在研究和探讨人类心理及其活动的脑基础，以便揭示出人类心理和大脑之间的关系。认知神经科学融合了多个学科，比如脑科学、认知科学、神经科学等。这一新趋势有两点基本主张：一是认为脑结构与脑功能具有多层次性的特点；二是认为虽然人脑的结构是脑功能的基础，但在结构和功能之间并非简单的对应关系。这一趋势以传统认知心理学的行为实验研究方法为基础，主要采用脑功能成像技术进行研究。这其中主要包括基于脑代谢或脑血流变化的正电子发射断层扫描技术(PET)、功能性核磁共振成像技术(fMRI)和基于脑电或脑磁信号的脑生理功能成像的事件相关电位技术(ERP)、脑磁图技术(MEG)。认知神经科学将认知科学中的精细、严密的实验设计和现代神经科学中的先进技术相结合，丰富了心理学的研究，促进了人们对心理学中的一些重要主题研究的深入。有观点甚至认为认知神经科学正取代认知心理学成为心理学发展的新阶段。② 虽然这一新的趋势目前还正处于进一步发展和完善之中，但相信它会给心理学研究带来更多的借鉴和突破。

(3) 进化心理学。

进化心理学(evolutionary psychology)是在20世纪80年代末期出现于心理学研究领域中的一种新的研究趋势，其主要代表人物有巴斯、考斯麦茨、巴库等人。进化心理学主要受到本能心理学、认知科学和精神分析理论的影响，在方法论上主要运用生物学的进化理论来探讨人类心理的起源和

---

① Andy Clark & Rudi Lutz(1992). *Connectionism in context*. Springer-Verlag, p. 9.

② 索拉索编，朱滢、陈烜之等译：《21世纪的心理科学与脑科学》译者前言，北京大学出版社2002年版，第12页.

本质，并尤其强调自然选择的机制。这一趋势的基本观点主要包括：理解心理机制的关键在于过去；功能分析是理解心理机制的最主要途径；人类在解决问题的过程中逐渐演化出心理机制；心理机制具有模块性；人类的行为和表现是外部环境和心理机制相互作用的结果。进化心理学的研究主要建立在多种方法和数据来源的基础之上，通常采用比较法和实验法对所提出的假设进行检验，数据资料主要来源于观察资料、自我报告、生活史、考古学记录、狩猎采集社会的数据等。进化心理学把心理学的研究融进了生命科学的研究范围之中，拓宽了心理学的研究领域，并对人性等问题做了深入探讨。虽然进化心理学目前尚存在诸多争议，但是它无疑启发并促进了心理学的深入研究和纵深发展。

(4) 生态心理学。

生态心理学(ecological psychology)是在20世纪80年代末最终确立并得以发展的心理学新趋势之一。它受到科学、哲学和心理学等多个学科的影响，但以心理学的影响为主。在心理学领域中，生态心理学既受到机能主义心理学、行为主义心理学、认知心理学等这些主要的科学主义心理学流派的影响，又受到格式塔心理学、精神分析心理学和人本主义心理学等人文主义心理学流派的影响。从这些影响中，我们可以看到生态心理学这一新趋势在总体上反映了科学主义心理学和人文主义心理学的融合迹象。生态心理学的特征主要包括：强调人类心理的整体性；主张心理学的研究应面向生活世界；主要关注生态危机。在研究方法上，生态心理学虽然倡导多元化取向，但在实际研究中往往以注重生态效度的实验法、以行为抽样记录为主的自然观察法、以背景评估为主的测量法以及档案法为主。由于生态心理学的发展处在以科学主义为主导的当代心理学氛围下，不可避免地对经验和实验尤为注重，这也在一定程度上限制了生态心理学的发展空间。

**2. 人文主义心理学流派的当代效应**

以人文社会科学为价值定向的人文主义心理学的当代趋势主要有：后现代心理学、女性主义心理学、叙事心理学、文化心理学、积极心理学等。它们主要以现象学为哲学基础，以质化描述和个案分析方法研究现实生活中人的整体经验世界，关注人的价值、尊严、情感的理解和体验等主题，重视社会和文化因素对人的心理的影响。

(1) 后现代心理学。

后现代心理学(postmodern psychology)是在20世纪80年代中后期，受到后现代文化思潮的直接影响，在西方主流心理学面临困境与危机的情势下产生的一种心理学新趋势。它直接缘起于在心理学界处于非主流地位的人文科学定向的心理学思想。它以批判和消解科学主义心理学，并从后现代视野重新审视和重构心理学为基本特征。后现代心理学反对把心理学视为一门自然科学，从总体上倾向将心理学划为人文科学阵营；反对只研究可观察的对象，主张扩大心理学的研究对象；反对以实证方法为中心和量化分析，主张质化研究；反对原子论、还原论、客观论、决定论，倡导整体论、建构论、去客观化、或然论；反对追求普适性真理、价值中立和把人视作机器的观点，主张淡化对普适性真理的追求，关注事实与价值的融合，张扬人性；反对将知识视为客观实在，主张把知识放到社会背景中，视其为人际互动和社会建构的结果。后现代心理学作为后现代文化思潮的重要组成部分，体现出人文科学的精神，对人文主义心理学领域具有积极意义。

（2）女性主义心理学。

女性主义心理学（feminist psychology）产生于20世纪60年代末以来的西方女性主义思潮背景之下。其发展逻辑体现为三种研究取向：20世纪六七十年代出现的经验论女性主义心理学，20世纪80年代出现的立场论女性主义心理学和20世纪90年代出现的后现代女性主义心理学，其中后现代女性主义心理学占据主流地位。女性主义心理学的主流观点是：消除心理学中男性中心的偏见，建立"性别公平"的"好科学"；反对实证霸权，主张采用适于女性的多元方法，如质化方法；反对传统心理学的客观和价值中立的研究模式，提倡在社会文化背景下对女性的主观经验如价值、情感和信念的深度理解；主张从社会性别视角革新咨询关系，尊重女性能力、尊严及价值，强调赋予自我决定的治疗目标，建立平等的咨询关系。女性主义心理学对我们全面认识人类心理和关注女性心理起到独特作用。

（3）叙事心理学。

叙事心理学（narrative psychology）诞生于20世纪80年代中期，它受到后现代文化思潮的影响，是现代文学中的叙事分析与社会心理学相结合的产物。它是通过分析神话、民间故事、小说等虚构文本来探讨和理解我们精神世界的意义系统和结构的一种人文主义心理学取向。叙事心理学以自我叙事表征心理过程的核心特征，主张用话语分析等质化方法研究人的意义、价值、情感和人格，研究人的生活故事，其目标是理解，而非实证和解释；它强调人的心理的情景性和生成性，既关注日常生活世界中人的发展过程的连续性，又注重对人生链条上每一个故事内容的分析；它认为心理问题产生的原因在于外界事物导致个体生活故事的连续性遭到破坏，心理治疗的目的是帮助个体"修复故事"或重构一个新故事。叙事心理学以其独特的研究方法和视角，启示我们重新审视传统心理学的目标和方法。

(4) 文化心理学。

文化心理学(cultural psychology)是20世纪末产生的一种心理学取向，是对主流心理学困境与危机的一种反应和结果。它主要通过人文科学模式研究特定文化中人的心理或行为，重视实际语境，强调生态学研究方法，重视主位研究、同文化研究和本体论解释学研究。它强调文化与心理的创生关系和互动关系，力图改变传统文化与心理学领域研究中的文化决定论模式。文化心理学主要有三种取向：符号理论取向、活动理论取向和个人主义理论取向。它对科学主义心理学进行了全面的批判和建构：反对物性，张扬人性；反对经验—理性理论模式，主张文化研究范式；反对传统心理学的本体论和普遍知识观，坚持文化相对主义与建构主义；反对二分主义和以此为基础的本质主义、基础主义和归因主义，倡导整体主义、非本质主义、非基础主义。文化心理学重视人性，突出心理学的人文科学性，弥补了科学主义心理学的不足。

(5) 积极心理学。

积极心理学(positive psychology)是利用心理学目前已比较完善和有效的实验方法与测量手段，来研究人类的力量和美德等积极方面的一种心理学思潮。它产生于20世纪末的美国，是相对于主流心理学中的“消极心理学”而言的。它反对传统心理学以消极、问题、障碍、病态心理为研究重点，反对本能驱力论、环境决定论和悲观人性论，强调对主观幸福感、美德、力量和潜能等积极品质的研究；反对心理学研究只关注对“问题”的修补，主张心理学关注和鼓励人保持积极心理品质。积极心理学的主要研究内容包括：积极情感体验，如主观幸福感、满足和快乐等；积极人格，如自尊、虔诚、宽恕、善良、爱、正直、感恩等；积极的社会组织系统，如工作制度、家庭关系和学校管理等。积极心理学虽然沿用了实证主义的研究方法，但也逐渐尝试借鉴质化研究方法，更重要的是它继承和发展了人文主义心理学的人性观与心理观，其目标在于寻求人类的人文关怀和终极关怀，它在总体上属于人文主义心理学，同时也体现了科学主义心理学与人文主义心理学的融合迹象。

在当前西方心理学中，科学主义心理学与人文主义心理学逐渐开始对话与交流，出现了相互融合的新迹象。例如，上述生态心理学和积极心理学两种研究趋向就表现出这种融合的特点。又如，精神分析心理学通过借鉴认知神经科学的研究方法和成果向科学主义心理学融合。神经精神分析学(neuropsychoanalysis)是一门将传统精神分析学与神经科学的理论和方法相结合的新研究领域。其领军人物马克·索姆斯指出，神经精神分析学“联系心理与大脑，以详细探究因不同大脑结构受损而带来的人格、动机和情绪变化的内部心理结构。如此，我们可以辨别引起这些症状和症候群的多重潜在因素，并将它们与其解剖的'活动场景'联系起来"①。1999 年《神经—精神分析学》杂志创刊，2000 年国际神经—精神分析学协会创建，标志着神经精神分析学的正式建立。神经精神分析学试图通过结合精神分析学与神经科学的理论与方法，实现精神分析的科学化，被称为 21 世纪精神分析研究的新范式。再如，认知科学通过借鉴现象学的方法向人文主义心理学融合。1996 年，认知科学家瓦雷拉提出神经现象学(neurophenomenology)构想，试图将认知科学与现象学结合起来。② 神经现象学是研究意识体验的神经科学，在理论上寻求对意识的神经生理层面进行具身化(embodied)与大规模(large-scale)的动力学研究；在方法上广泛而严格地使用现象学的第一人称主观经验报告策略，来量化和描述意识的大规模的神经动力活动。神经现象学鲜明地体现了实证方法与现象学方法的结合。

## 四、现代心理学流派的理论特征

现代心理学流派的发展与演进并非杂乱无章，而是有其内在的理论逻辑。这种理论逻辑从心理学的科学观、对象论、方法学和理论观等方面体现了科学主义心理学与人文主义心理学的分歧与争论。心理学史学家华生③、科恩④、金布尔⑤等人都曾对此进行过研究。我们在这里分别从科学观、对象论、方法学和理论观方面总结科学主义心理学和人文主义心理学的不同理论特征，以进一步深化对现代心理学流派的理解。

### 1. 科学观

心理学科学观是指心理学家关于心理学的学科性质、定位及其建构方式的理论观点，体现为心理学家对心理学研究对象的理解、对心理学研究方

---

① Kaplan-Solms, K. & Solms, M. (2000). *Clinical studies in neuropsychoanalysis*. London: Karnac, p. 62.

② Varela, F. J. (1996). Neurophenomenology: A methodological remedy to the hard problem. *Journal of Consciousness Studies*. 3(4), pp. 330～50.

③ Watson, R. I. (1967). Psychology: A prescriptive science. *Americcan Psychologist*. 22(5), pp. 435～443.

④ Coan, R. W. (1979). *Psychologist: Personal and theoretical psthways*. New York: Irvington Publishers, Inc.

⑤ Kimble, G. A. (1984). Psychology's two cultures. *Americcan Psychologist*. 39(8), pp. 833～839.

式的确定以及对其理论本身的表述。心理学家持有什么样的科学观，决定着他们怎样看待心理学，怎样研究心理学，致力于将心理学建构成什么样的科学。科学主义心理学与人文主义心理学在科学观上表现为自然科学观与人文科学观的差异。

科学主义心理学自冯特起，就确立了心理学的自然科学观，以物理学、生理学和生物学等自然科学为模板，反对旧的思辨的形而上学心理学，将心理学打造为自然科学的一个分支。这种科学观遵从17世纪以来流行于物理学等学科中的数学和机械观点，将世界视作遵循物理规律的自然物的世界，力图通过客观的实验研究发现自然物的成分及其运动规律。铁钦纳将冯特的内容心理学观点推向极致，认为心理学类似形态学，它通过类似于“活体解剖”的工作发现心理的元素及其结合规律。行为主义者华生曾明确宣称：“心理学是自然科学的一个分支，它将人的活动及产物作为主题。”① 华生将心理学的研究对象限定在可观察的行为范围内，同时将心理排除在心理学大门之外。认知心理学虽然实现了心理的复归，但仍将可客观操作的信息符号作为研究对象，来发现其中的运转规律。科学主义心理学通过采用自然科学模式，极大地推动了心理学的发展，但同时也存在过于强调自然科学观点、忽视心理的原本面目的不足。心理学史学家科克对此批评说：“物理学的语言成了心理学的理想术语。科学的脸面远比真知灼见更具魅力。心理学史成了对自然科学的模仿史。”②

与科学主义心理学不同，人文主义心理学自布伦塔诺起，就确立了心理学的人文科学观，将心理学打造为人文（社会）科学的一个分支。这种科学观重视人的世界的整体性与独特性，将世界视作有意义的世界，力图在忠于心理现象原本面目的前提下，通过描述和理解阐发其中所蕴含的意义与价值。人文主义心理学强调心理的整体性、主观性、动态性和独特性，主张以人文（社会）科学的理论模式来研究心理学，以达到对人的心理生活的理解。狄尔泰通过区分描述心理学（descriptive psychology）与说明心理学（explanatory psychology），明确提出人文科学的心理学观点。格式塔心理学提出“整体大于部分之和”的口号，强调心理现象的整体性。精神分析心理学力图通过理解与解释来考察人类心灵深处的潜意识现象。“第三势力”心理学则明确自己的人文科学立场，通过研究人的存在、潜能、意义、价值等主题，

---

① Watson, J. B. (1919). *Psychology from the standpoint of a behaviorist*. Philadelphia: J. B. Lippincott Company, p. 1.

② Koch, S. (1959). *Psychology: A study of a science* (vol. 3). New York: McGraw-Hill, p. 783.

彰显心理现象的整体性与独特性，揭示其中的意义源泉。人文主义心理学采用人文科学模式，丰富了心理学的主题和领域，推进了心理学的发展，但在方法落实等方面存在着不足。

2. **对象论**

心理学的对象论是指心理学家在研究对象上的主张与阐释，它对于心理学的研究主题和领域等具有重要的指导意义。科学主义心理学与人文主义心理学在对象论上表现为人性观和心理观两个具体层面上的分歧。

人性观是指对人的本性的理解。科学主义心理学在人性观上坚持自然科学的立场，表现出自然化倾向。这种人性观把人从各种背景中隔离出来，视其为纯粹物理世界中的自然存在。冯特在创立科学主义心理学时，就将人和物等同，通过考察心理的元素及其结合规律，把人降为自然的化合物。行为主义将人和动物等同，通过考察刺激—反应的联结来推断人的适应行为，把人降为大白鼠。认知心理学将人视作物理符号系统，通过计算机模拟来推导人的内部心理过程，把人降为机器。科学主义心理学的人性观有利于掌握人的心理机制和规律，但忽视了人的自身独特性及其社会性。而人文主义心理学在人性观上坚持人文科学的立场，强调人在世界中的独特地位，提倡从社会、历史、文化和精神的视角去理解人。格式塔心理学重视具体情境中的人，精神分析心理学侧重从人的生活史考察人的内心世界，存在心理学则从人在世界中的存在来展现人的精神面貌。人文主义心理学拓展了心理学对人性的丰富性理解，但对人的自然属性重视不够。

心理观是指对心理学研究对象的看法。科学主义心理学将研究对象视作具有物理特征的自然物，尤其强调研究可观察的对象，如认知、行为等，而那些不能观察或无法实验证实的经验都被排斥在心理学的研究对象之外。冯特的内容心理学和铁钦纳的构造心理学都将各种复杂的心理过程分析为基本的心理元素，结果导致严重脱离实际的“砖块和水泥”的心理学。华生和斯金纳等人的行为主义心理学因为排除了意识和心理而成为“无头脑”的心理学。信息加工论认知心理学从信息的输入与输出来推论人的内在认知加工的规律。而人文主义心理学重视研究心理的主观体验，如情感、潜能、创造、价值等，强调心理学研究对象的主观性、意义性、整体性以及与情境的独特关联。布伦塔诺通过提出心理的意向性本质，强调了心理现象与对象的关联性。精神分析强调过去经验的独特意义，由此来发掘潜意识的奥秘。现象学心理学力求从人所体验到的生活世界出发，来考察心理的本质。人本主义心理学关注人的内在体验，如潜能、需要和自我实现等。

3. 方法学

从方法学上看，科学主义心理学与人文主义心理学无论在哲学方法论上还是在具体研究方法上都存在较大的分歧。科学主义心理学以实证主义为哲学基础，使用自然科学的研究方法，如实验室研究、量化研究和共同规律研究；人文主义心理学以现象学为哲学基础，使用人文（社会）科学的研究方法，如现场研究、质化研究和特殊规律研究。

（1）实证主义与现象学。

科学主义心理学与人文主义心理学在哲学方法论上存在分歧。科学主义心理学以实证主义为哲学方法论。实证主义坚持客观立场，强调研究对象的可观察性，提倡通过经验的验证来发现心理现象的机制和规律。实证主义包括孔德的激进实证主义、马赫和阿芬那留斯的经验实证主义以及维也纳学派的逻辑实证主义三代，它们分别为华生的行为主义、铁钦纳的构造主义以及新行为主义提供哲学方法论。在实证主义哲学的影响下，科学主义心理学提倡实验、测量等量化方法，力求得出心理的本质。人文主义心理学以现象学为哲学方法论。现象学从生活世界出发，强调忠于心理现象本身，提倡通过经验的描述和理解，来揭示心理现象的原本面目。现象学包括胡塞尔现象学、存在主义和解释学三代，它们分别为格式塔心理学、人本主义心理学、现象学心理学、存在心理学和精神分析提供哲学方法论。在现象学哲学的影响下，人文主义心理学提倡个案、现场等质化方法，力求理解心理的意义。

（2）实验室研究与现场研究。

科学主义心理学强调严格控制的实验室研究，而人文主义心理学注重日常生活的现场研究。科学主义心理学深受自然科学观和实证主义哲学的影响，信奉实验方法，主张通过精巧的实验设计、严格的变量控制来研究心理现象。例如，冯特把生理学和心理物理学的实验方法引入心理学，并把传统的内省法改造为实验的内省法，对感知觉、联想等进行了大量实验研究。行为主义更是笃信客观实验法，认为只有运用严格的实验程序与仪器设备，才能进行科学的心理学研究。信息加工论认知心理学也主要是在实验室内进行研究，运用反应时实验、眼动实验和计算机模拟等方法，并在使用中特别强调实验变量及其控制。与之相对，在人文科学观和现象学哲学的影响下，人文主义心理学认为心理学研究应当走出实验室，走进日常生活情境，采用访谈和自然观察等现场研究方法。精神分析心理学在临床背景下探究人的潜意识，对梦、口误、笔误、遗忘和疏忽等现象进行分析。格式塔学派主张采用实验现象学和自然观察法来研究人的直接经验。人本主义心理学采用个案、访谈等方法揭示个体的独特性。

（3）量化研究与质化研究。

科学主义心理学侧重量化研究，而人文主义心理学突出质化研究。科学主义心理学关注研究的精确性，强调定量分析。铁钦纳说过："在科学中，一切解释对我来说，都是依存变量和独立变量的相关性。"①行为主义心理学通过数量分析来确定刺激与反应或环境与行为之间的关系，这在赫尔的逻辑行为主义和斯金纳的操作行为主义中表现得尤为突出。认知心理学用反应时作为感知觉、记忆、思维和语言等多种心理现象的主要指标，任何复杂的心理活动都可以转化为反应时指标或测验分数。而人文主义心理学并不排斥量化方法，但对科学主义心理学过于追求量化的倾向进行了批评，大力倡导质化研究。布伦塔诺以内部知觉方法研究心理的活动，精神分析心理学运用自由联想和梦的分析揭示潜意识的意义，格式塔心理学通过实验现象学方法揭示心理的本质，人本主义心理学和现象学心理学通过现象学方法发掘经验的意义。

（4）共同规律研究与特殊规律研究。

科学主义心理学坚信客观的普适性原则，认为通过经验观察和实验就能归纳出适合所有人的共同规律，以此对心理与行为进行统一性解释。例如，行为主义者认为心理学可以发现人类行为的一般规律，并据此对人类的行为进行预测和控制。华生指出，心理学"在某种程度上成为探索人类生活的基础……为所有的人理解他们自己行为的首要原则做准备……应该使所有的人渴望重新安排自己的生活"②。认知心理学通过严格控制的实验室研究，得出人类认知的一般规律。而人文主义心理学主张，普适性的共同规律并没有多少意义，心理学研究不应离开特定的个体和具体的情境，而应重在发现适合个体的特殊规律。精神分析心理学从临床案例观察出发，得出适于某类病症的理论解释。人本主义心理学采取折中融合的方法论原则，马斯洛和奥尔伯特等人坚持在共同规律研究之外，一定要运用特殊规律研究法对个案进行深入研究。

**4. 理论观**

（1）客观论与主观论。

科学主义心理学将实证主义哲学的实证性原则贯彻到心理学中，追求客观化，强调以量化方法研究可观察的对象。例如，机能主义心理学把人的

---

① 郭本禹主编：《西方心理学史》，人民卫生出版社 2007 年版，第 350 页。

② 华生著，李维译：《行为主义》，浙江教育出版社 1998 年版，第 304 页。

心理整体视为一种机体有效适应生活条件的活动过程，使心理学的研究重心转移到有机体与客观环境的适应关系中，进行开放、客观的研究。行为主义心理学是客观心理学的典型代表。华生反对把心理封闭在主体之内，主张以客观可观察的行为作为心理学的研究对象，以严格的客观法代替主观内省法。斯金纳把自己的新行为主义体系定性为："从科学的角度看，这个体系是实证主义的。它的任务以描述为限，不企图提出解释，它的一切概念都由直接观察的结果来给以定义，不涉及身体部位或生理的特点。"①信息加工论认知心理学也信奉客观主义，强调在严格控制的实验条件下，使用精密仪器观察自变量与因变量之间的关系。人文主义心理学则受现象学哲学的影响，认为心理学要抓住统摄经验的有意义的结构，以现象学的方法研究主体的意识活动。布伦塔诺以直接体验为方法研究人的内在的意动。格式塔心理学主张采用实验现象学方法与自然观察等方法研究人的直接经验，反对人为的抽象和元素分析。而人本主义心理学则突出了人的主体性和主观性在心理学中的地位，倡导以整体分析法、现象学方法研究人性、价值、创造性和自我实现等高级心理过程。

（2）方法中心论与问题中心论。

科学主义心理学认为，要想使心理学真正成为一门实证科学，就必须采用曾经使自然科学获得巨大成功的研究方法和研究范式，坚持"以方法为中心"的研究思路。马斯洛指出："方法中心就是认为科学的本质在于它的仪器、技术、程序、设备以及方法，而并非它的疑难、问题、功能或者目的。"②方法中心论根据研究方法确定研究问题。这种观点在行为主义心理学那里表现得最为突出。华生宣称，行为主义的目的在于方法论的革命，并以研究意识和心理缺乏科学的方法为理由而将其赶出了心理学。信息加工论认知心理学尽管不像行为主义那样极端，但也具有方法中心论的倾向，强调以实验法和计算机模拟法研究人的信息加工过程。而人文主义心理学则反对方法中心论的倾向，主张以问题为中心，根据研究问题选择方法，既可采用实验法等定量分析的方法，也可采用个案、自陈、描述等定性的方法。例如，精神分析心理学为了研究潜意识心理，抛弃了实验室研究，而使用自由联想、梦的分析、日常生活分析等方法。人本主义心理学家马斯洛也明确指出，方法和手段是为目的服务的，其意义为问题所规定，心理学应以对个人或社会有意义的问题，如潜能、价值和自我实现为中心，然后才是选择适当的研究方

① 章益辑译：《新行为主义学习论》，山东教育出版社 1983 年版，第 295 页。
② 马斯洛著，许金声等译：《动机与人格》，华夏出版社 1987 年版，第 14 页。

法。

（3）元素论与整体论。

科学主义心理学继承了联想主义心理学的传统，采用元素论来研究心理现象，认为确定心理现象的构成元素及其结合规律是心理学的首要任务。冯特最早提倡对心理进行元素分析，铁钦纳也坚持这种观点，并且分析得更为精细，提出意识是由感觉、表象和感情三种元素构成的。古典行为主义虽然在研究对象上反对冯特和铁钦纳，但在元素观上与他们保持一致。华生把复杂的行为简单化，将其视为刺激与反应的联结。信息加工论认知心理学继承了行为主义的元素分析传统，将心理视为信息及其符号单元。而人文科学心理学则更多地受到现象学方法的影响，主张对人的心理现象进行整体描述，认为整体不是部分或属性的机械相加，整体不为部分所决定，相反还决定部分。格式塔心理学是整体论心理学的典型代表。格式塔心理学家苛勒指出："我们所需要的是那些可用以了解我们的直接经验的概念，至于感觉之类的分子，我们凭自己的观察没有发现这些分子。"①人本主义心理学也反对将人的心理和行为肢解为统计数字或数学公式的定量分析，强调将人作为一个整体来把握，如奥尔波特主张对人格进行整体的研究，马斯洛主张用整体分析法研究人的心理。

（4）因果决定论与自由意志论。

科学主义心理学把人的心理现象看做自然现象，认为人的心理与行为都遵循因果决定论。决定论的观点认为，所有的心理事件都是有原因的，都是由某种先行的因素决定的，因而我们可以依据先前的心理事件来解释心理活动。科学主义心理学的创始人冯特指出，作为自然科学家，"我们必须把每一种行为中的变化都追溯到一种唯一可观察到的同一种东西，即运动。"②在后来的心理学发展中，行为主义在这方面的表现最为典型。行为主义强调行为分析的目的就是发现行为的原因，从各种各样的环境刺激中确定反应的决定因素，以便为预测和控制行为服务。尽管新行为主义包含着中介变量和行为目的等概念，但这些概念主要是对行为的刺激反应的操作化，与自由选择的意图和追求无关。与此相反，人文主义心理学强调人的自由意志和自由选择，认为人可以独立自主地做出决定，不受外在环境的干扰。存在心理学和人本主义心理学都坚持人具有自由意志，能够进行自由选择。如罗洛·梅指出，一个人若没有自由，他身上起作用的就只有达尔文

---

① 高觉敷：《高觉敷心理学文选》，江苏教育出版社 1986 年版，第 314 页。

② Ernst Cassirer(1950). *The problems of knowledge*. Yale University Press, p. 88.

的决定论原则了；心理治疗的目的是使人重获自由。弗兰克尔也指出，意志自由属于经验的直接性，即便是身体被囚禁了，人的精神也是自由的，意志自由赋予人新的生命体验。

（5）机械论与生机论。

科学主义心理学固守"人是机器"的信念，主张研究物的范式同样适用于研究人的心理，并以机械论的观点解释一切心理事件。行为主义者华生认为，心理学的任务就是帮助和指导人这架机器能更快地适应新的环境、更好地运作下去。他公开宣称："我们要把一个人之各方面的行为，完完全全地合拢起来，并把这样一个人看作一个复杂而又活动着的有机的机械。"①信息加工论认知心理学同样将人设想为机器，把人脑比作计算机，用计算机的信息加工过程来模拟说明人对外部世界的认知过程。与此相反，人文主义心理学则坚持生机论的观点，强调心理现象的有机性，重视人类意识的积极性和主动性，认为对于心理与意识的机械分析无助于对其本质的揭示。例如，格式塔心理学强调整体、组织作用、结构等在知觉过程及高级心理过程中的作用，注重人们对感觉信息输入的组织和解释的主动性。人本主义心理学肯定了价值、目的、意义等在人的心理活动和行为反应中的作用，认为个体的需要具有多种层次，人具有自主选择成长的倾向，在适宜的成长条件下会积极努力实现自己的潜能和价值。

（6）价值中立论与价值负荷论。

在自然科学的研究中，许多人都信奉价值中立，主张科学只研究事实、知识，回答是不是的问题，不研究价值、意义，不回答该不该的问题。科学主义心理学以自然科学为模板，坚持价值中立论，其典型特征是强调心理研究的客观性，认为心理学研究探讨的是意识和行为的一般、共同的事实与规律，不掺杂任何个人的态度、情感，不涉及任何主观倾向和价值观念。例如，铁钦纳主张对人的心理进行纯粹客观的研究，并通过这种研究找到不受任何文化影响的一般心理元素及其结合规律。华生把人的行为看成客观的自然现象，认为可以对其进行严格的实验研究和价值中立的理论描述。信息加工论认知心理学因循了行为主义心理学追求实证性和价值中立的研究方式，试图通过计算机模拟揭示人脑的信息加工过程的普遍事实与规律，而不太考虑社会、文化、历史等因素的影响与制约。而人文主义心理学则采取了价值负荷论的立场，认为心理学的研究与所处社会的价值取向、意识形态有着密切的关系，心理学不能超越社会文化价值取向而进行纯客观的研究，心

① 华生著，陈德荣译：《华生氏行为主义》，商务印书馆1935年版，第427～428页。

理学研究必然负荷着所处社会的文化价值观。如人本主义心理学强调对人的需要、尊严和自我实现等的研究，这些经验体现人类真正的本性。马斯洛就曾指出："科学过去不是，现在不是，并且也不可能是绝对客观的，科学不可能完全独立于人类的价值。"①

总之，现代心理学流派的百年历程是科学主义心理学与人文主义心理学各自的相对独立发展，其间表现出长期冲突与纷争的局面。两者之间的张力在促进科学心理学长足发展的同时，也使心理学陷入分歧的困境。尽管当代心理学出现了科学主义心理学与人文主义心理学相互融合的某些迹象，但两者的分野在未来相当长的时间内仍会继续存在。虽然我们也希望两者走向统合，但这种统合之路漫长而艰巨，绝非简单地用一种主义叠加或消解另一种主义。历史已经证明，企图将两种主义合二为一的做法是不成功的。例如，二重心理学对内容心理学和意动心理学的调和，正像波林所指出的，只是一种"懒汉的做法"。当前，我们对两者的分歧应持尊重和包容的态度，也欢迎不同心理学研究取向之间的对话与交流。对科学主义心理学与人文主义心理学的融合，我们将拭目以待！

郭本禹

2008 年 12 月 18 日

于南京师范大学

① 马斯洛著，许金声译：《动机与人格》，华夏出版社 1987 年版，第 21 页。

# 导　言

## 精神分析运动的外部发展及其整合

如果以 1895 年的《癔症研究》一书作为起点，精神分析运动已经跨过一百多年的历史长河，然而其发展并非一帆风顺。精神分析在创立之初不太被人们所接受。1900 年弗洛伊德(Sigmund Freud，1856—1939)出版了被后人视为“20 世纪人类大事记的开端”的《释梦》一书，首印 600 本，却花了 8 年时间才卖完。直到 1909 年，应霍尔(G. S. Hall，1844—1924)之邀，弗洛伊德等人到美国参加克拉克大学 20 周年校庆，与詹姆斯(W. James，1842—1911)、铁钦纳(E. B. Titchener，1867—1927)、卡特尔(J. M. Cattell，1860—1944)等名家会面，并做系列讲演，才使精神分析逐渐被国际社会所公认。两次世界大战促进了精神分析的快速发展，因为战争造成人类的巨大心理创伤，迫切需要心理安慰和治疗。20 世纪 50 年代以后，随着精神病药物治疗的发展，精神分析受到严峻的挑战。1990 年美国《时代》周刊甚至刊发了《弗洛伊德已经死去》的封面报道。不过，神经科学发展的日新月异，又为精神分析带来了新的发展契机，精神分析学家们力图借助神经科学使精神分析科学化。1999 年《神经—精神分析杂志》创刊，2000 年国际神经—精神分析学会成立。诺贝尔生理学或医学奖获得者埃里克·坎德尔(Eric R. Kandel)主张把现代神经科学与精神分析学结合起来，打造精神病学的“新知识框架”。这也是弗洛伊德曾经的梦想。2004 年马克·索姆斯(Mark Solms)在《科学美国人》杂志上发表《弗洛伊德归来》一文，阐述了现代神经科学为弗洛伊德理论找到的诸多证据。2006 年美国《新闻周刊》做了《弗洛伊德并未死去》的封面报道，这是针对 1990 年《时代》周刊报道做出的积极回应。

由弗洛伊德开创的精神分析既是一种潜意识的心理学说，又是一种治疗心理疾病的方法。它最初是从神经症治疗实践中产生的，逐渐发展成为现代西方心理学的一个主要流派，被称为西方心理学的第二大势力。后来精神分析逐渐超越了心理学的范围，扩展到社会科学的各个领域，涉及心理学、医学、哲学、社会学、人类学、教育、历史、神话、宗教、法学、语言学、文学、艺术等广泛领域，开创了一场人类思想文化运动，成为一个无所不包的“弗洛伊德主义”。目前，经过一百多年发展的精神分析早已成为一种常识，成为人类文化记忆的一部分，梦、性、潜意识、恋母情结等成为人们茶余饭后的话题。因此，2006 年杰里·阿德勒(Jerry Adler)在美国《新闻周刊》上发表了《弗洛伊德就在我们的身边》一文。正如他所说，在过去的一个世纪中，弗洛伊德是我们文化的重要推动力。我们可以说，弗洛伊德犹如幽灵一样在我们周围徘徊了一个多世纪。

## 一、精神分析运动的外部发展

在百年的历史长河中，精神分析运动并非一帆风顺，弗洛伊德本人和其后继者不断地对精神分析学理论和实践进行修正和变革。弗洛伊德之后的精神分析运动大致遵循着内部发展与外部发展两条路径。其外部发展表现为，弗洛伊德之后的精神分析从外部学科，如医学、社会学、文化学、人类学、哲学、语言学等积极汲取养分，一些精神分析学家把传统精神分析学与其他学科相结合，分别出现了精神分析社会文化学派、马克思主义精神分析学、存在分析学、结构主义精神分析学、解释精神分析学、后现代精神分析学、神经精神分析学等，它们推动了精神分析运动向外发展。

### 1. 精神分析的社会文化学派

精神分析的社会文化学派产生并繁荣于美国，20 世纪三四十年代以来美国的社会现实和学术背景是其生长繁荣的沃土。它继承了弗洛伊德的潜意识动机和人格的动力学观点，但强调社会文化因素对人格形成和发展的影响，旗帜鲜明地反对弗洛伊德的本能决定论和性驱力理论，主要代表人物有霍妮、沙利文、卡丁纳和弗洛姆。

霍妮是精神分析社会文化学派的开创者，她的研究围绕神经症的病理学展开。霍妮认为神经症的根源要从社会文化中去寻找，社会文化矛盾造成的人际关系困难是产生神经症的决定性因素。因缺乏安全感产生基本焦虑，为了解除焦虑而产生神经症需要，神经症需要决定了神经症人格：顺从型、攻击型或退缩型，并使自我陷入真实自体、理想自体和现实自体之间的冲突之中。为了解决内心冲突，又发展出自谦、夸张和放弃三种策略，由于强迫性地使用其中一种又陷入新的焦虑和冲突之中，进而导致恶性循环。

沙利文特别重视人际间的相互作用对人格的影响，是精神分析人际关系理论的创始人。他用人际关系的理念解释人格发展与心理异常，使传统精神分析的重心从个体转向个体之间，从专注于个体内部的冲突转向个体与个体之间的交流、个体与环境（人际情境）的交互作用，冲击了传统精神分析对人格和自我的发展观，突出人际关系的中心地位，把个体的自我和心理的发展置于人际关系的发展之中。因此，他认为对个体心理和行为只有通过人际关系才能解释和理解。[①]

卡丁纳从人类学的角度提出了文化与人格相互作用的思想，重视文化对人格形成的作用以及人格对文化变迁的影响。他强调文化因素对人格形成的决定作用，认为社会的初级制度通过影响个体的诸如喂奶断奶、排泄训练、性的禁忌等早期经验而塑造基本人格结构，而基本人格结构通过投射作用创造和影响神话、宗教等次级制度。这对于精神分析的传统模式是突破性的修正和发展。

弗洛姆是精神分析社会文化学派中对现代人的精神生活影响最大的人物。他关注的是现代人所遭遇到的各种困境以及需要，试图以人本主义精神分析的理论和方法达到改善现代人的处境和精神状态的目的。他从宏观上研究社会对人的影响，把精神分析引入社会历史的领域，提出了社会潜意识论、社会性格论、社会改革论等一整套影响广泛的思想体系，构成了视野开阔的社会精神分析说。

**2. 存在分析学**

存在分析学是存在主义哲学与精神分析心理学相结合的产物。早在20世纪30年代，就有一批欧洲的精神分析学家试图把弗洛伊德的精神分析学与当时流行的存在主义哲学结合起来，开创了欧洲的存在分析学运动。他们主要是瑞士的宾斯万格、鲍斯以及奥地利的弗兰克尔等人。当代存在分析学的主要代表是美国的罗洛·梅、布根塔尔和英国的莱因等人。早期的存在分析学家如宾斯万格、鲍斯和弗兰克尔等人发现，20世纪30年代的欧洲心理疾病患者的病因与弗洛伊德所处时代的病因不同，主要是战争创伤和经济危机所带来的许多社会问题，人们普遍感到人生的沮丧和生活的渺茫，这些关于人生目的和生活意义的问题正是存在主义哲学所探讨的问题。因而他们很自然地把精神分析学和存在主义哲学结合起来，探讨人的心理生活并实施心理治疗。

宾斯万格和鲍斯的存在分析观点基本一致，都认为人的存在是在世界中的存在，即在世之在，是一个人的整体、此时此刻的存在。人存在于三个领域：周围世界、共同世界和自我世界，人的存在的动力和发展是自由选择。

① 沈德灿：《精神分析心理学》，浙江教育出版社2005年版，第361页。

弗兰克尔是意义治疗学的创始人，其理论基础包括相互联系的三个方面，即意志自由、意义的意志和生活的意义。① 他认为神经症患者是在生活中迷失了方向，丧失了生存意义的人；人要摆脱困境就必须超越其存在，追求存在的意义，意义治疗就是帮助病人找回他生存的特殊意义。

罗洛·梅是倡导自由选择的存在分析学家，同时也是一个具有存在主义倾向的人本主义心理学家。他的整个理论体系都以存在主义哲学为基础。受存在主义探索人生意义的启发，他努力去发现人存在的真谛，探索存在的意义。他提出的存在分析心理治疗认为，心理治疗的核心过程是帮助病人认识并体验自觉的存在，强调帮助病人恢复自由选择能力，使病人能够正确地认识和肯定自我。

莱因把传统的精神分析学和存在主义哲学结合起来，创立了存在精神病学。他提出要将精神病患者的特殊经验置于"在他世界中的存在"的前后关系之中来理解，并进一步考察了精神分裂性个体的内部自身世界和外部关系世界，扩大和加深了传统精神分析学的基本概念。②

**3. 马克思主义精神分析学**

马克思主义精神分析学是将精神分析与马克思主义相结合的产物，代表人物是赖希、马尔库塞（Herbert Marcuse，1898—1979）和弗洛姆。

赖希在临床实践中发现，传统的精神分析没有重视患者的社会生活条件，而社会和经济支持才是对患者的治疗最必需的，神经症的治疗问题已经成为一个社会问题，因此他在 20 世纪二三十年代尝试将精神分析与马克思主义结合起来。他认为精神分析与马克思主义既具有各自的局限，又是相通的，如马克思主义不能正确地说明经济发展过程在实际中是如何被转变为意识的缺陷可以用精神分析加以弥补；精神分析不能把性问题和政治、文化环境联系起来的弊病可以通过马克思主义加以克服。但是这一结合因其肤浅和生硬遭到猛烈抨击，并且在理论和实践上均告失败。

马尔库塞不是一位精神分析学家，晚年才开始了解和研究精神分析，但他从哲学的高度对精神分析和马克思主义进行的结合在综合的技巧上和思想上都比赖希略胜一筹。他运用历史的方法分析了本能概念，提出了"剩余压抑"和"操作原则"这两个具有历史含义的概念，并模仿马克思《资本论》中分析商品的特殊方法，将本能压抑区分为基本压抑和额外压抑，认为额外压

① 郭本禹：《法兰克尔的意义治疗学》，《医学与哲学》，1997 年第 9 期，第 495 页。

② 郭本禹：《从存在精神病学的创立到反精神病学主张的提出》，《南京师大学报》（社会科学版），2003 年第 5 期，第 86 页。

抑反映了本能压抑的不合理的社会起源。此外，他认为不能抛弃性本能概念，应把历史发展因素引入本能序列。但在最高的社会理想问题上，他把爱欲的解放作为终极目标，最终未能摆脱弗洛伊德生物学化的阴影，使二者的综合再次失败。

4. **结构主义精神分析学**

结构主义精神分析学的创始人是拉康（Jacques Lacan，1901—1981）。拉康作为法国著名的精神分析学家和结构主义精神分析学的创立者，以结构主义哲学尤其是结构主义语言学为哲学基础和方法论工具，对弗洛伊德的精神分析进行了语言学的解读和重建。首先，他提出“回归弗洛伊德”的口号，力图重新唤起人们对潜意识的重视，并借助语言学研究发现了潜意识——语言——梦之间的活动规律的相似性。其次，他提出了一种新的主体论，用实在界、想象界和象征界这三种心理成分代替弗洛伊德的伊底、自我和超我。最后，他在传统的精神分析治疗观的基础上形成了独特的治疗理论，将语言的重要性提高到了前所未有的地步，认为精神分析治疗是一种话语治疗；治疗的目标就是揭示病人话语中流露出来的潜意识欲望；对于解释和移情的作用提出新的看法；将精神分析机械而固定的治疗时间变更为弹性时间等等。

拉康以结构主义语言学的方法发展和创新弗洛伊德的精神分析思想，同时，又以其反正统性、不确定性、破碎性和多元性等后现代的思维方式步入后现代精神分析的行列。其理论和思想对心理学、哲学、历史学、人类学、精神病学和文学评论等都产生了深远的影响。

5. **解释精神分析学**

哲学解释学作为一个独立的哲学派别出现较晚，但是解释学的历史形态却存在已久。哲学解释学本身是人文主义取向的哲学，它趋向于人的价值和对意义的整体把握，关注的是人的生命、情感、动机和人格等问题，奉行非理性主义的路线。此外，它承认理解和解释受一定历史条件的制约，允许解释中的价值评价和价值判断，遵循价值负荷说。由于在科学取向和价值观上的一致，解释学和精神分析学之间有了更广阔的对话空间，也具有了更多的共同语言。20 世纪 60 年代，法兰克福学派的哈贝马斯和法国著名解释学家利科分别从不同的角度对弗洛伊德的精神分析学进行了各具特色的解读，阐明了弗洛伊德精神分析学的认识论价值和本体论意义。这一解读结果不仅在他们各自的思想发展中起着重要作用，而且对于后人从哲学和文化的角度深入理解精神分析理论做出重要的贡献。

### 6. 后现代精神分析学

随着后现代主义思潮的兴起和盛行，诞生于现代主义语境之中的精神分析也遭遇到前所未有的冲击和批判，它作为一门科学的价值受到质疑，它的潜意识和欲望等核心理论被重新解读甚至解构。但是，作为一种研究主体心理的卓有成效的微观分析理论，它并没有被完全否定，而是在新的话语背景下爆发出前所未有的活力。许多研究者认为精神分析不仅拥有与后现代思潮大体相同的语言，而且对后现代心理学思想的产生和发展起到了重要的推动作用。后现代的思想家们更是乐此不疲地将精神分析与马克思主义、后结构主义、后现代主义等理论建构相结合，从而为当代西方的理论建设增添了一道独特的风景。

后现代主义哲学家纪勒·德勒兹（Gilles Deleuze，1925—1995）和精神分析学家菲利克斯·伽塔里（Felix Guattari，1930—1992）合作提出精神分裂分析学，解析了弗洛伊德精神分析理论中潜意识和欲望的文化表征问题，在批判当代资本主义制度的基础上建立了后现代主义的政治分析理论和革命理论。美国后现代思想家詹姆逊继承德勒兹和伽塔里对当代资本主义与精神分裂表征的分析，吸收了精神分析学的潜意识观和欲望观，对弗洛伊德和拉康的精神分析理论均进行了重要的修正，从而把弗洛伊德的生物性“个体潜意识”和拉康的“语言潜意识”修正为“政治潜意识”。法国著名的后现代思潮理论家利奥塔（Jean-Francois Lyotard，1924—1998），运用尼采和弗洛伊德在主体身体、欲望、强力意志以及感情等方面的论述，试图发展和建立他自己的后现代欲望哲学和欲望政治学。

### 7. 神经精神分析学

神经精神分析学（neuropsychoanalysis）兴起于 20 世纪 80 年代，是一门将神经科学与精神分析学的理论和方法相结合的新的研究领域。在 20 世纪 70 年代之前，精神分析学（包括精神病学）和神经科学几乎是独立发展的，甚至一度出现了紧张的相互排斥局面。但随着神经科学家们对大脑的研究日趋成熟，一种描述心智如何产生于神经活动的生物学逐渐占据了上风。在神经科学处于优势地位的时代，比较符合潮流的看法是，受压抑的人们之所以不幸，不是因为他们在婴幼儿时期发生的不愉快体验，而是因为他们大脑内的化学物质不平衡。但从 20 世纪 70 年代开始，神经科学和精神分析学结合的萌芽还是出现了，这标志着两个领域几十年对立的松动。进入 80 年代后，随着神经科学的快速发展，将神经科学与精神分析学相结合的呼声越来越高。在这一时期，潜意识成为神经科学的重要研究对象，其研究成果鼓舞了学者们的研究热情，神经科学开始借鉴更多的精神分析学概念来深化其研究。由此，神经科学与精神分析学的结合在深度和广度上都得到了不断的拓展。在研究领域上，神经科学不再囿于对精神分析学概念的验证，而是运用精神分析学的理论框架对研究进行一定的指导；在研究方法上，神经精神分析学借鉴了两个领域的主要方法，甚至逐渐产生了新的研究方法。研究的进步终于迎来了神经精神分析学的诞生。1999 年《神经—精神分析学》杂志创刊，2000 年国际神经—精神分析学协会在伦敦成立。它们标志着神经精神分析学的正式建立。

神经精神分析学的代表人物来自精神分析学和神经科学两大阵营，来自精神分析阵营的有马克·索姆斯（Mark Solms）、爱德华·涅尔谢相（Edward Nersessian）、霍华德·谢文（Howard Shevrin）、道格拉斯·沃特（Douglas Watt）等人，来自神经科学阵营的如埃里克·坎德尔（Eric Kandel）、雅可·潘克塞普（Jaak Panksepp）、安东尼奥·达马西奥（Antonio Damasio）、约瑟夫·拉度（Joseph LeDoux）等人。当前，神经精神分析学在心脑关系、认知过程、情绪、动机与潜意识、人格结构、睡眠与梦、临床应用等领域都进行了广泛的研究。

总之，精神分析运动至今已经走过百年发展历程，自从弗洛伊德为精神分析大厦奠定了基础和框架，其后继者基于自己的理论和文化背景不断地进行着修正、变革和发展。无论是精神分析的内部发展还是外部发展都推动着精神分析理论与实践的不断完善。精神分析的外部发展则扩大了精神分析的影响。精神分析与医学、社会学、文化学、人类学、语言学等学科以及与存在主义、马克思主义、结构主义和后现代主义等哲学形态的结合，渗透到社会文化思想的各个领域，由一种潜意识的心理学理论与心理治疗技术发展为一种包罗万象的人生哲学。它已经不仅仅是一种心理学理论，还是当代一种主要的社会思潮，精神分析的不少概念和分析思路已融入日常生活语汇和一般思想文化观念之中。正是在这个意义上，精神分析又被称为“弗洛伊德主义”。

## 二、精神分析运动的外部整合

精神分析运动的整合逻辑与其发展逻辑相一致，也遵循着内部整合与外部整合两条路径。精神分析运动的发展逻辑表现为内部发展的分化与分裂、外部发展的汲取与吸收并存，但在看似不断分化与分裂的过程中，实际上又经历着不断的整合与统合过程。整合的过程就是不断地克服片面性、极端性从而逐渐走向互相吸收、融合的历程。精神分析运动发展的历史也是不断整合的历史，表现在其不同发展阶段之间、其内部各种模式之间以及它与外部诸多学科之间的相互吸收与融合。其外部整合是指精神分析与外部邻近学科如社会学、文化学、人类学、哲学、语言学、医学、神经科学之间的整合，具有较为广泛意义的整合包括社会文化学派的文化理论整合、存在分析学的人本主义理论整合、拉康的语言学理论整合以及神经精神分析学的科学化整合等。

**1. 社会文化学派的文化理论整合**

社会文化学派对精神分析的整合表现为对本能和文化之间的整合。车文博先生曾指出，西方现代心理学的三个综合之一是文化派（指社会文化学派）对精神分析的综合，“新精神分析①注意克服弗洛伊德的极端片面性，日益重视社会文化的因素，不否认意识的作用，甚至开始注意意识的机能”②。

社会文化学派的主要代表人物霍妮、沙利文、卡丁纳和弗洛姆等人，虽然在理论上各有侧重，但都继承了弗洛伊德的潜意识动机和人格的动力学观点及重视童年经验的传统，抛弃了驱力模式中的本能决定论、婴儿性欲论和人格结构论，同时他们都加入了社会文化因素，强调文化因素对人格的影响，将微观的家庭环境与宏观的社会环境联系起来研究人。例如，霍妮在治疗实践中逐渐认识到，心理问题的根源在社会环境，而不在生物本能。她认为，不同的文化背景有不同的神经症的标准，而当前社会神经症的根源是个人在充满矛盾和敌意的社会中所产生的基本焦虑。沙利文特别重视人际关系对人格的影响，将人际关系作为其全部理论的核心概念，并从人际关系寻找精神疾病的根源，确立了人际关系在精神医学中的重要地位。卡丁纳致力于对土著民族的现场调查材料进行精神分析的阐释，认为不同文化的基本制度造就了不同的基本人格结构，而人格也会对文化变迁产生反作用，形成不同的宗教和禁忌系统，他主要关注的是文化与人格的相互作用。弗洛姆认为，资本主义社会的发展使人失去了与自然、与他人、与真实自我的密切关系，现代人虽然获得了自由，却陷入孤独和不安全的境地，这正是各种心理疾病的根源。他把心理现象放到广阔的经济、政治和文化的社会环境中加以研究，创立了社会潜意识理论，开创了精神分析研究的社会取向。

社会文化学派对本能和文化的整合并非主要代表人物的个人行为，而是有着深刻的时代背景和学术背景。第二次世界大战以后，人们经受着各

---

① 即社会文化学派。

② 车文博：《西方心理学史》，浙江教育出版社 1998 年版，第 634 页。

种压力和打击，神经症和精神病患者不断增多，用传统的驱力模式进行治疗在临床上已经行不通了，患者的问题主要不再是性压抑，而是社会生活的困境、人际关系的失调所造成的人格扭曲。新的现实促使精神分析学家寻找新的理论模式以解决现实中的问题。另一方面，弗洛伊德的传统精神分析逐渐获得美国主流心理学的承认和整合，文化学派的成员们通过对文化理论的整合，逐渐开阔了精神分析的视野，扩大了精神分析对美国社会和学术界的影响，使精神分析终于汇合到美国心理学主流之中。社会文化学派是“不同传统、不同学说之间相互综合的产物”①。

**2. 存在分析学的人本主义理论整合**

早期的存在分析学家弗兰克尔、宾斯万格和鲍斯等人发现，20 世纪 30 年代的欧洲心理疾病患者的病因不再是维多利亚时代的性问题，而主要是因战争创伤和经济危机所带来的许多社会问题。人们普遍感到人生的沮丧和生活的渺茫，这些人生目的和生活意义的问题即是存在主义哲学所探讨的问题。早期存在分析学家所关注的存在的本真意义、存在的方式、焦虑、内疚与死亡等主题，也是后来人本主义心理学所关注的问题。有人干脆把他们的学说看做人本主义心理学的先驱。

当代存在分析学家罗洛·梅和布根塔尔的存在分析学更多地整合了人本主义心理学理论，他们本人也是人本主义心理学的重要代表人物。他们倡导的自由选择论是人本主义心理学理论的重要组成部分(马斯洛、罗杰斯是人本主义心理学的自我实现论的代表)。其理论体系是以存在主义哲学为基础，以精神分析为出发点，经过他们的心理治疗实践而形成和发展起来的。罗洛·梅等人受存在主义对人生意义进行探索的启发，努力去发现人存在的真谛，探索存在的意义。他们提出的存在分析学心理治疗认为，心理治疗的核心过程是帮助病人认识和体验自我的存在，强调帮助病人恢复自由选择能力，使病人能够正确地认识和肯定自我。

总之，存在分析学家都受到存在主义哲学的影响，强调对人的存在进行分析，突出人本主义特色，实现了对精神分析进行人本主义的理论整合。

**3. 拉康的语言学理论整合**

拉康的精神分析学体系被研究者称为结构主义精神分析、语言学精神分析、后现代精神分析等，从命名的多样性就可以一窥其理论的多学科性和

① 郭本禹主编:《心理学通史·第四卷·外国心理学流派(上)》，山东教育出版社 2000 年版，第 577 页。

广泛性的特色。他站在弗洛伊德、索绪尔等巨人的肩膀上，用结构主义语言学的方法来解读弗洛伊德的精神分析学，并对之进行语言学理论的整合。

拉康自诩为弗洛伊德主义的正统，关注的焦点是潜意识理论。他引入索绪尔结构语言学的思想，提出“潜意识具有类似语言的结构”等重要命题。索绪尔把语言看成是一种符号结构系统，认为每一种语言都有一种独特的关系结构。他提出了“能指”与“所指”的概念，认为所指即概念和意义，能指是作为表达方式的声音或形象。在语言系统的结构体系中，每一个能指从属于一个特定的所指。拉康把能指与所指的概念运用于精神分析之中，认为主体的意识正像是能指，而潜意识层面就像是所指。由于总是要用能指来解释所指，所以能指背后的所指是不能轻易达到的。拉康用 S/s（能指/所指）公式来说明这一问题，并且有意把表示能指的 S 放在斜线的上方，以表示能指的优越性，而 S（能指）与 s（所指）之间的斜线则表示能指与所指之间的分离：主体总是在语言的能指链之中滑动，所指不能轻易到达。在人的意识的能指链中，那些回忆不起来的事情就会潜入到潜意识之中，通过变形如笔误、口误以及行为细节等表现出来。在拉康看来，潜意识作为一种欲望总会在语言结构的缝隙中，在漂浮的能指链上流露出来。潜意识并非无规律可循，它是具有文化性质的话语结构，而潜意识中的变形以及变化正像是语言学中的隐喻和换喻。

拉康还从列维－斯特劳斯那里接受了社会符号系统、象征和结构等概念，不仅将“象征”转化为他的精神分析学中与“想象”和“实在”鼎足而立的重要概念，而且重新诠释了俄底浦斯情结中的三角关系。在拉康看来，父亲是社会符号体系中一个有名无实的符号，可用“父亲的名字”来取代，象征法权、父权和语言。在俄底浦斯情结期，与儿童争夺母亲的对手不是父亲，而是“父亲的名字”这个没有所指的符号。俄底浦斯情结的顺利解决，即儿童掌握语言（社会）规则，在象征界中确立自己的主体性地位。因此，拉康认为，“词的世界创造了物的世界”①，语言产生了“我”，语言创造了人的主体性。人在进入象征关系的同时，也就产生了实在的“我”和符号的“我”的分裂，所以主体永远是“分裂的主体”②。

拉康汲取多种学科的营养，表现出很强的科际整合能力，创建了庞杂而玄妙的整合性理论体系。由于其思想的多元性、反正统性和独创性，他对于当代诸多领域都有着重要的贡献。

---

① Lacan, J. (1977). T *Ecrits*: *A Selection*. London: Tavistock, p. 65.

② 王国芳、郭本禹：《拉冈》，台湾生智文化事业有限公司 1997 年版，第 171～175 页。

#### 4. 神经精神分析学的科学化整合

神经精神分析学的研究者们希望通过借鉴精神分析学的理论概念，结合神经科学与精神分析学的研究方法，来研究人的整体、动态的心理过程，并将研究成果应用于临床实践，从而建立一门紧密联系心理与生理的新研究领域。2000 年的诺贝尔生理学或医学奖得主、美国哥伦比亚大学教授埃里克·坎德尔认为，精神分析学“仍然是最一致、最令人满意的心智理论”。他积极倡导将神经科学与精神分析学结合起来，打造“精神病学的新知识框架”，并乐观地指出：“弗洛伊德的大格局的心智结构，似乎注定要扮演类似达尔文进化论对分子遗传学的角色。弗洛伊德可以作为模板，使新发现的各项细节安置得有条不紊。同时，神经科学家也正在为弗洛伊德的一些理论寻找证据，并找出隐藏在他描述的心智过程背后的机制。”①

神经精神分析的整合表现在两个方面：一是在精神分析学的理论指导下，理解神经科学的发现，并启发神经科学的新研究；二是验证精神分析学的概念，同时以新的成果充实和更新精神分析学的理论体系。总之，神经精神分析学表明了精神分析学正在走向与神经科学的科学化整合之路。

总之，精神分析运动的百年发展，一方面是学派的不断分化和分裂，另一方面是理论的不断整合和统合。从外部整合看，无论是社会文化学派的文化理论整合、存在分析学的人本主义理论整合、拉康的语言学理论整合还是神经精神分析学的科学化整合，更多地表现出吸收和融合外部诸多学科的概念与理论，扩大了精神分析的影响。

① Solms, M. (2004). Freud returns. *Scientific American*, No. 3, p. 42.

# 第一章

# 社会文化学派的产生与繁荣

精神分析的社会文化学派(social-cultural school)又称新弗洛伊德主义(neo-Freudism),于20世纪三四十年代在美国兴起,以霍妮、沙利文、卡丁纳和弗洛姆等人为代表。它是当时的美国社会文化对弗洛伊德古典精神分析理论进行修正和改造的产物。古典精神分析认为人类行为的基本动力是本能欲望,性本能是人格形成和发展的根本原因。社会文化是其对立面,它压抑本能欲望的满足而导致神经症的发作。社会文化学派把人看成是社会文化环境的产物,把人格解释为个人对社会环境的适应,它继承了弗洛伊德重视童年经验或亲子关系的传统,却抛弃了本能决定论和婴儿性欲论。

## 第一节　社会文化学派的产生与特点

### 一、社会文化学派的产生

精神分析的社会文化学派之所以产生于20世纪30至40年代的美国,既受到当时社会政治经济背景的影响,也是当时美国心理学界两种"妥协"趋势相结合的产物:一方面是美国本土对弗洛伊德精神分析的承认;另一方面是新一代精神分析学家利用20世纪兴起的社会科学的(社会学、文化人类学、社会心理学)新范式,对弗洛伊德理论进行修正。

**1. 美国本土对精神分析的接纳**

精神分析产生于欧洲大陆,那里的文化土壤有利于主观心理学和动力心理学的发展，因为这种心理学似乎比其他心理学更容易适应天主教会的社会背景。天主教会关心人类天职，特别注意人类动机的本性。而美国是一个宗教多样化且宗教背景并不深厚的国家，其精神就是“重实用”和“重行动”。当精神分析在欧洲创立和发展之时，美国心理学已发展为机能主义，并准备走向行为主义。而行为主义因为重视客观性和精确性，重视实验研究，以物理学和化学的研究方法作为科学方法的典范，而极富主观色彩的精神分析被视为非科学的，因而直到 30 年代中期，精神分析对美国学院心理学的影响还是相当微小。

美国本土对精神分析的接受和承认是通过几个层面逐步推进的。

一是美国传统心理学家的引荐。早在 1894 年，美国心理学之父詹姆斯就在《心理学评论》上撰文，提及布洛伊尔和弗洛伊德的研究。1909 年，心理学家霍尔邀请弗洛伊德及其弟子参加克拉克大学的校庆并授予他名誉博士学位，使弗洛伊德结识了詹姆斯、卡特尔和铁钦纳等美国著名的心理学家。但当时美国主流心理学中还没有产生重视精神分析的氛围。

二是美国民众的热情。自 1910 年之后，美国的报纸充满了论述弗洛伊德的文章，普通民众比学院心理学家们更承认他的学说，势力也更大。到三四十年代，这种热情仍持续不衰。

三是其他学科的接纳。美国的哲学、文学、艺术、社会学、人类学等领域逐步接受了弗洛伊德的影响，美国精神医学和临床心理学等应用领域也比较容易地接受了弗洛伊德的影响，因为弗洛伊德提供了一种关于人格、神经症病理学和治疗学的综合理论。

四是以“耶鲁小组”为核心的学院心理学态度的改变。以上三个层面在美国造成了一种越来越接近精神分析心理学的趋势。这似乎对美国心理学界产生了某种压力，迫使他们考虑精神分析的价值。其中，“耶鲁小组”在三四十年代的工作，是站在美国学院心理学家的立场上对弗洛伊德精神分析和行为主义进行的最系统和最有影响的一种综合尝试。“耶鲁小组”由赫尔及其弟子尼尔·米勒、多拉德等人组成，他们在 1936—1943 年组织了一系列讨论班，沙利文和艾里克森等精神分析学家也参加了这一讨论班。他们试图将精神分析的活力、自然科学实验室的严谨和文化事实结合在一起，将精神分析的理论整合到儿童心理学、人格心理学和心理治疗的理论体系中。

五是第二次世界大战促成了精神分析向美国的迁徙和各种学术思想的融合。三四十年代，近 200 名精神分析学家为逃避纳粹迫害移居美国，其中大多数是犹太人，包括霍妮、弗洛姆、艾里克森等后来成为著名人物的精神分析学家。他们的成就主要是到美国以后取得的。

30年代以后，人格和动机日益受到美国各种倾向的心理学家的重视，一些思想敏锐的心理学家致力于研究态度（偏见）、舆论、攻击性、独裁人格等与纳粹主义和战争有关的社会心理学和人格心理学问题。显然，对于研究这些问题精神分析是最优先被选择的理论范式。在这一领域的研究中最著名的有阿多尔诺、赖希和弗洛姆。

战时的研究项目迫使不同学科和研究领域的专家一起工作，至少暂时促使一些心理学家从狭隘的理论和方法偏见中解脱出来，这给一些不同情精神分析的心理学家提供了接触精神分析的机会，例如，沙利文就曾参与了战时研究项目的工作。

美国社会特别是学术界对弗洛伊德精神分析的承认，为精神分析社会文化学派的形成和发展创造了条件，同时，社会文化学派对弗洛伊德理论的修正又加速了这种承认并进一步扩大了精神分析在美国的影响。

**2. 社会与学术背景**

20世纪30至40年代，西方资本主义国家进入了动荡不安的时期，先是席卷资本主义世界的经济危机，随后又是第二次世界大战的爆发。严重的经济危机导致生产萎缩、市场萧条，大批企业破产，无数劳动者失业。而纷飞的战火致使许多人流离失所，造成特定的心理创伤。这些灾难沉重地打击了人们的心理和精神，心理疾病发病率大大上升。显然，这些患者的致病原因不是弗洛伊德的性理论所能解释的，而是反映了当时社会上的各种复杂因素，其中尤以经济因素最为突出，这促使精神分析学家和临床心理学家从社会本身去寻找心理动力。此外，资本主义的发展和科学技术的进步使人们的传统文化观念、道德模式，尤其是性观念发生了重大改变，这也促使人们去思考：在性因素之外，还存在哪些推动心理发展的心理动力？

新的理论的形成离不开时代的学术背景。精神分析社会文化学派的产生也是时代思潮冲击的结果，主要包括哲学、社会学和人类学的影响。19世纪物理学、化学和生物学等自然科学诞生，弗洛伊德接受这一范式创立古典精神分析理论。而到了20世纪，包括社会学、文化人类学、社会心理学等在内的社会科学诞生，这些新兴的社会科学把人看成是社会文化环境的产物，把人格解释为个人对社会环境的适应，重视社会文化以及政治、经济对人的影响。此外，哲学中的人格主义强调人格在社会发展中的决定作用，存在主义对一些心理现象进行哲学解释，法兰克福学派对资本主义社会持批判态度。

在这些新兴起的人文社会科学及其新观念的冲击之下，精神分析学家开始面向社会，把人看成社会性的动物，把理论和治疗实践的重心从个体内部转移到人与人、人与环境之间的关系之上。社会文化学派的主要代表人物霍妮和卡丁纳受文化人类学家玛格丽特·米德(M. Mead)和本尼迪克特(R. Benedict)等人的影响较大;沙利文受社会学和社会心理学中的芝加哥学派的影响较大;而弗洛姆则主要受德国社会学的影响,包括马克思、韦伯和30年代从德国迁往美国的法兰克福学派(弗洛姆是该学派的成员)。

3. **对古典精神分析的修正**

促使精神分析社会文化学派产生的直接原因,是弗洛伊德理论自身的局限和弱点。弗洛伊德在早期提出神经症的病因主要源于性本能和潜意识冲突。从1900年到1910年,其间弗洛伊德放弃了神经症的性创伤说,但仍旧强调本能驱力而忽视环境的影响。荣格和阿德勒在这些基本观点上先后背弃了他。荣格赋予力比多和潜意识以更广泛的意义,认为性只是驱力的一种。阿德勒则反对弗洛伊德的生物决定论,认为人的行为不是由生物学的本能力量而是由社会力量所决定的。他虽承认儿童早期经验对性格形成的影响,但认为对儿童成长具有决定性作用的是社会环境,特别是家庭环境,其中母亲的教育尤为重要。尽管阿德勒第一个提出社会因素在人格形成中的决定作用,但他所说的"社会"仍以家庭环境为主。荣格和阿德勒是对弗洛伊德的理论进行修正的早期代表。而社会文化学派的学者们在新的社会形势和新的临床实践的基础上,对弗洛伊德的理论进行了更为深刻的改造。

社会文化学派的主要代表人物霍妮根据社会科学的发展和她自己对病人的经验,对神经症提出了广泛的文化解释。她在1937年出版的《我们时代的神经症人格》中,强调了社会文化因素在神经症形成中的作用,并对弗洛伊德的许多基本观点进行了修正,这部著作的出版标志着精神分析社会文化学派开始形成。沙利文于1938年创办《精神医学》杂志,以传播他的人际关系理论。他认为心理疾病是由人际关系的失调引起的,而不是性本能与社会的冲突引起的。卡丁纳于1939年出版了《个人及其社会》一书,将其通过人类学研究所得出的不同于弗洛伊德的结论公之于世。弗洛姆在20世纪30年代发表了一系列论文,试图用马克思主义修改弗洛伊德的精神分析学。他于1941年出版的《逃避自由》一书,进一步致力于从社会学的人本主义哲学取向上修改弗洛伊德的理论,不同于弗洛伊德从本能中寻找战争的心理根源。到了40年代初,精神分析社会文化学派完成了对弗洛伊德的古典精神分析学的修正。1941年,霍妮被纽约精神分析研究所开除,旋即又创建了美国精神分析研究所并自任所长。这一事件标志着社会文化学派正式独立。

## 二、社会文化学派的特点

精神分析社会文化学派并不是一个有着严密组织的学派，而仅仅是一个具有共同研究取向的松散联盟，它的各个主要代表人物在理论上各有侧重，在观点上时有分歧。但是，作为具有共同研究取向的心理学家，他们在许多基本观点上还是一致的。这些一致之处就构成了该学派的特点。

首先，该学派都继承了弗洛伊德的潜意识动机和人格的动力学观点，并以此为基础形成了各自的人格心理学和社会心理学理论。潜意识观和动力观是精神分析心理学的核心内容，正因为在基本观点上具有一致性，所以社会文化学派仍属精神分析心理学的范畴。但是，社会文化学派看到了社会因素在人格形成中的核心作用，认为人格是社会的产物。其主要代表人物分别提出了新的人格概念和人格类型，弥补了传统人格概念的不足。精神分析的社会文化学派对弗洛伊德的本能决定论和生物还原论进行了彻底的修正，而将人放在整个社会文化背景中来考察，把人的心理看成是社会文化的产物。他们的理论深化和丰富了精神分析的内容，增强了精神分析的生命力，使精神分析达到了一个更新的水平。

其次，强调社会文化因素。社会文化学派强调社会和文化因素对心理和行为的影响，通过社会文化因素对心理结构的影响来说明人格的形成，将微观的家庭环境与宏观的社会环境联系起来研究人，反对弗洛伊德的生物学化倾向。精神分析的社会文化学派是心理学史上第一个将社会文化因素作为心理变量的学派，也是第一个将社会文化因素作为心理疾病原因的学派。自科学心理学诞生以来，包括内容心理学、构造心理学和机能心理学等在内的学院派心理学在分析心理现象的成因时，采取的都是心理主义的路线，即用心理现象自身来解释心理，从心理现象中寻找心理的原因，最后使心理学成了无源之水、无本之木。行为主义虽然将行为的原因放在了有机体之外的环境中，但它把环境还原成了纯粹的物理环境，而将社会文化因素在还原过程中消解掉了。弗洛伊德的古典精神分析则将心理现象的原因放在了纯粹的内在生物力量上，也忽视了社会文化因素的作用。到了精神分析的社会文化学派，才第一次将引起心理现象的原因放在了社会文化因素上，认为人的心理、精神疾病从根本上说是由社会文化因素引起的。

第三，重视早期经验。该学派都继承了弗洛伊德重视童年经验或亲子关系的传统，强调家庭环境和童年经验对人格发展和心理疾病的重大作用，并且以直接研究儿童获得第一手资料，如运用观察法与实验法直接对儿童发展过程进行研究，但抛弃了弗洛伊德的本能决定论、婴儿性欲论和人格结构论。

第四，引入非精神分析方法。该学派的成员都接受过正统精神分析的训练，掌握了精神分析治疗技术。同时，由于受其他人文社会科学的影响，这些学者也在研究中引入了非精神分析的方法，如发生学方法、人类学方法、调查法，甚至实验法都被应用于社会文化学派的研究中，并以此为基础形成了各自的人格理论和心理疾病理论。

第五，人性善和乐观主义精神。弗洛伊德主张性恶论，他的潜意识或本能充满着不可告人的罪恶欲望，因此弗洛伊德关于人和社会的态度是很悲观的。而社会文化学派的学者大都相信人的潜能的建设性，相信通过改变社会生活条件和不合理的人际关系可以实现健康人的生活。因此，他们不仅在治疗上，而且在人和社会的信念上都是乐观主义的。以弗洛姆为例，他认为人在本质上是善的、理性的，恶的原因在于社会；真正的问题不是人先天的破坏性，而是社会的改造，要使社会适合于正常的人性。

总之，精神分析的社会文化学派是在新的心理生活现实和新的学术背景基础上，继承和发展弗洛伊德的学说而形成的不同的理论体系。它的形成在一定意义上得益于弗洛伊德学说对美国社会和学术界的冲击以及美国主流心理学对弗洛伊德学说的承认和整合，同时这一学派成员们的努力又扩大了精神分析对美国社会和学术界的影响并最终汇合到美国心理学的主流之中。它是不同传统、不同学说之间相互综合的产物，并从一个侧面显示了现代心理学的图景，即学派的分歧与融合的交错发展过程。

## 第二节　霍妮的文化神经症理论

### 一、霍妮的生平与著作

霍妮(Karen Horney，1885—1952)于1885年9月16日出生于德国汉堡附近的一个小村庄。她的祖先为犹太人。她的家庭是中上阶层的基督教新教家庭。霍妮的父亲是挪威人，是一位船长，后加入德国籍，再后来担任了北部德国劳埃德船运公司的船队长。霍妮小时候常随父亲远海航行，因此她毕生都爱好旅游，并向往陌生和遥远的地方。霍妮的母亲是荷兰人，与前夫生有四个孩子，同霍妮的父亲结婚后，又生下了霍妮的哥哥和霍妮。霍妮的父亲笃信宗教，沉默寡言，母亲美丽聪明，热情豪放。在霍妮的回忆中，父亲是一个可怕的人物，他看不起她，认为她外貌丑陋，天资愚笨。同样，她感到母亲偏爱哥哥，对她十分冷落。但霍妮自幼聪颖非凡，学业超群，深受师长和同学的好评。

霍妮（Karen Horney，1885—1952）

霍妮 12 岁的时候，因自己得病并遇上了一位“好心的乡村医生”，从此立志要当一名医生。在母亲的鼓励下，1906 年，霍妮考入柏林大学医学院，只身一人赴柏林学习医学。

在柏林求学期间，霍妮结识了奥斯卡·霍妮，他是柏林的一位律师，二人于 1909 年结婚。婚后有三个女儿。大女儿后来成为一名演员，二女儿成为精神分析医师，三女儿后来结婚随丈夫前往墨西哥。因为霍妮与丈夫性格不合，也因为霍妮把越来越多的精力投入到了精神分析运动之中，她最终与丈夫分手，于 1937 年离婚。

1913 年，霍妮在柏林大学医学院获得医学学位。1914 年到 1918 年期间，霍妮在柏林继续学习和研究精神病学。在此期间，她先后师从于弗洛伊德的得意门生卡尔·亚伯拉罕（Karl Abraham）和弗洛伊德的虔诚信徒汉斯·萨克斯（Hanns Sachs），接受了正统的精神分析训练。1917 年，霍妮发表了她的第一篇精神分析论文《精神分析治疗的技术》。1918 年，霍妮成为一名精神分析临床医生。1920 年到 1932 年间，她在柏林精神分析学院任教。这段时间里，她的研究主要集中于女性心理学问题，发表了一些论文，批判性地考察了弗洛伊德用于说明和解释有关女性心理的力比多理论和性心理发展理论，创见性地转向了文化历史决定论的立场。霍妮去世后，这些论文由后人汇编成《女性心理学》（1967）一书出版。

1932 年，霍妮为逃避纳粹对犹太人的迫害，接受美国芝加哥精神分析研究所所长弗兰茨·亚历山大（Franz Alexander）的邀请，赴美担任该所副所长。以此为界线，霍妮的学术生涯可以分为两个阶段：（1）在德国的时期，这一阶段，她重新阐释了精神分析的一些概念并开始确立其女性心理学观点；（2）在美国的时期，这一阶段，她总结了自己关于女性心理学的观点并发展了其人格理论。

从1933年起，霍妮任职于纽约精神分析研究所。当时美国处于经济大萧条时期，人们并非为性欲问题，而是为失业、生活失去保障等问题忧心忡忡。弗洛伊德的理论在新的文化环境中显得束手无策。这促使霍妮开始以批判的眼光考察整个精神分析理论。霍妮观点的转变，在精神分析学界受到了阿德勒、弗洛姆、沙利文等人的影响，而在人文社科领域则受到了人类学家、社会学家的影响。在她的第一部著作《当代的神经质人格》(1937)中，引入了社会文化因素来解释人的精神疾病，提出神经症的驱动力量不是先天的本能，而是后天的人际关系失调所造成的。1939年出版的《精神分析新法》是霍妮对弗洛伊德理论观点的全面清算。霍妮与弗洛伊德理论的分歧越来越大，这导致了1941年霍妮被纽约精神分析学研究所开除。随后霍妮以自己为首，成立了"美国精神分析促进会"，并创立"美国精神分析学院"作为教学机构。霍妮在此宽松的环境下发展了她的"成熟理论"，并出版了《自我分析》(1942)、《我们的内心冲突》(1945)、《神经症与人的成长》(1950)三部著作。

1952年11月，霍妮因肝癌晚期医治无效病逝于美国纽约，享年68岁。

## 二、基本焦虑论

霍妮和弗洛伊德都强调焦虑在产生病态人格倾向方面具有决定性作用。但是，霍妮所阐述的焦虑概念与弗洛伊德的立场有所不同。弗洛伊德阐述了焦虑的两个基本观点：一是焦虑导致了冲动的压抑，这种被压抑的冲动专指性欲的冲动；二是焦虑——或他称之为病态焦虑的东西——是由对这些冲动的恐惧产生的，对这些冲动的发现和追求将会产生外在的危险。

霍妮认为这两个观点必须统合在一起，才能理解焦虑的全貌。一般说来，焦虑并不是产生于我们对冲动的恐惧，而是产生于对这些受压抑的冲动的恐惧。

霍妮区分了两种神经症：情景神经症和性格神经症，前者仅仅是病人对特定的困境暂时缺乏适应能力，个体的人际关系并未受到困扰①；性格神经症是人际关系紊乱的一种表现②，这种人际关系紊乱往往首先存在于神经症病人童年的家庭成员之间，特别是亲子关系之间。儿童必须得到成人的帮助才能满足需要，如果父母没有给予子女足够的温暖和爱或给予的是虚伪

① 霍妮著，陈收译：《我们时代的病态人格》，国际文化出版公司2001年版，第58页。
② 霍妮著，王轶梅等译：《我们的内心冲突》，上海文艺出版社1998年版，第21页。

的温暖和爱，这就是父母的基本罪恶。父母表现基本罪恶的态度和行为均可以在子女心中唤起敌意，霍妮称这种敌意为基本敌意（basic hostility）。基本敌意对于儿童的心理成长是极为不利的，因为儿童的无助、恐惧、爱或犯罪感会压抑他的敌意。对基本敌意的压抑导致基本焦虑（basic anxiety），它指一个孩子内心逐渐增加、无所不在的孤独感，及置身于一个充满潜在敌意的世界里的无助感①，这种感受本身不构成神经症，但它是滋生神经症的肥沃土壤。因为就神经症患者对他自己和对他人的态度而言，其基本焦虑有特定的含义，即情感孤立，而当它与自己内心的软弱感一起出现时，这种情感孤立就更为难受。这意味着，由于内心的软弱，个体想把责任推向他人，保护自己，关心自己，依赖别人。然而由于他所具有的基本焦虑，使他具有太多不信任，以致难以实现这一愿望。焦虑越难以忍受，意味着越不得不彻底地保护自己。人们用以保护自己以消除焦虑的方法主要有四种：关爱、顺从、权力、逃避。可具体表述如下：

第一，获得任何形式的爱都可以用作对焦虑的强有力的防御。格言是：如果我爱你，你就不会伤害我。

第二，顺从可以按照是否关系到特定的个人或制度而加以粗略地区分。但无论是顺从的特定形式还是顺从的一般形式，其格言是：如果我放弃，我就不会受到伤害。

第三，通过权力，即力图通过赢得实际的权力或成功，或通过占有、钦佩、智力等而达到安全感。在这种保护的努力中，其格言是：如果我有权力，就不会有人来伤害我。

第四种手段是逃避，这意味着当他人影响到自己的外在或内在的需要时，他不去依赖他人。“外在需要方面的不依赖”可以通过这样的方式达到，如聚财敛物。其唯一目的是要使一切事物获得安全。“内在需求不依赖于他人”可以通过力图从感情上独立于他人，因而没有任何事情能伤害自己或是使自己感到失望。这里的格言是：如果我逃避，就没有事情能伤害到我。

霍妮认为，尽管焦虑的表现形式以及为对抗焦虑而采取的防御性措施对个体来说是多种多样的，而且每个人的表现也各不相同，但基本焦虑则基本相同，有的只是程度和强度上的差异而已。基本焦虑的产生总是使人处于主观想象的潜在巨大危险之中，任何微小的诱发因素都可以引起强烈的反应。基本焦虑的存在意味着人的安全感的丧失，人要采取各种防御措施来对抗基本焦虑，重获安全感，从而形成各种神经症倾向。这些倾向又常常

① 霍妮著，陈收译：《我们时代的病态人格》，国际文化出版公司 2001 年版，第 57 页。

是互不相容的,结果造成难以解决的内心冲突,使人付出人格上的代价。

一句话,焦虑及为对抗焦虑而建立起来的防御机制是神经症的共同的基本因素,其中焦虑始终是产生和保持神经症过程的内在动力。

## 三、神经症理论

### 1. 神经症需要

霍妮继承了弗洛伊德的动力学思想和潜意识的观点,认为要准确地把握人格,就要认识内在的潜意识动机;要把握神经症的性格结构,就要认识神经症的驱动力量。但霍妮对神经症驱动力量的看法不同于弗洛伊德。弗洛伊德认为,神经症的驱动力量的根本性质是本能,目标在于获得满足和避免挫折,由于受到了压抑而活动于潜意识之中。霍妮认为,神经症来自人际关系的失调,人际关系失调使人失去安全感而产生焦虑,为对抗焦虑就会形成一些防御性策略,这些策略是一些潜意识的驱动力量,霍妮称之为神经症需要(neurotic need)或者神经症倾向(neurotic trend)。她在《自我分析》一书中,列举了10种常见的神经症需要:

(1) 对友爱和赞许的神经症需要。不加选择的取悦于他人和需要他人的喜欢和称赞;自动地去迎合他人的期待;以他人为中心而不是以自己为中心,顺从他人的愿望和看法是唯一有价值的事情;害怕自作主张;害怕他人的敌意或者害怕自我内在的敌对感。

(2) 对主宰其生活的伙伴的神经症需要。完全以伴侣为中心,伴侣会满足对生活的所有期望,会对善与恶负起责任,其旨意成了压倒一切的任务;对爱的评价过高,因为爱被期望会解决所有的问题;害怕离弃;害怕孤独。

(3) 将自己的生活限制在狭窄的范围内的神经症需要。必然无欲无求和浅尝辄止,克制雄心大志和物质欲望;必然保持不引人注目和处于从属地位;轻视现有的才能和潜力,把谦虚看得最重要;极力节省而不是耗费;害怕提出任何要求;害怕具有或表达奢望。

(4) 对权力的神经症需要。为权力而渴望支配他人;热衷于一个目标、一种职务、一项责任,但它们本身不是驱动力量;根本不尊重他人,不尊重他人的个性、他人的尊严、他人的感情,唯一关心的是他人的从属性;盲目地崇拜强权和蔑视软弱;害怕局面失去控制;害怕软弱无力。

(5) 对利用他人、剥削他人的神经症需要。主要按是否能加以剥削或利用去评价他人;剥削的方面包括金钱、性、思想、感情;以剥削的巧妙为自豪;害怕受到剥削。

(6) 对社会认可和声望的神经症需要。对所有的人或事物都是根据他们的声誉价值去评价；自我评价完全依赖于公众接受的性质；分别运用传统的或反叛的方式去激起羡慕或称赞；害怕失去社会地位或蒙受耻辱。

(7) 对个人崇拜的神经症需要。使之得意的自我意象；需要称赞想象出来的自我；自我评价依赖于符合这一形象和依赖于他人对这一形象的称赞；害怕失去称赞。

(8) 对个人成就和野心的神经症需要。需要超过他人；自我评价依赖于成为极优秀的人物；具有侵略性倾向；坚持不懈地驱使自我得到更大的成就，不惜充满焦虑；害怕失败。

(9) 对自足和自立的神经症需要。从不需要任何人，或从不必屈服于任何影响，或从不受约束于任何事物；安全感的唯一来源是疏远和离弃；害怕需要他人，害怕束缚，害怕奴役，害怕亲密的关系。

(10) 对完美无缺的神经症需要。坚持不懈地追求完美；对可能的缺点反复思索和自责；有超过他人的优越感是由于完美；害怕出错；害怕批评或指责。

神经症需要是为了消除基本焦虑而形成的防御性策略。基本焦虑使儿童深感外部世界充满了潜在的危险，深感自己内心的孤独、无助和恐惧。为应付现实和保护自己，儿童逐渐发展出了神经症的倾向。对于神经症的形成来说，婴儿期的焦虑是必然的因素，但不是充分的原因。[①] 如果及早改变不利环境，或者通过各种形式抵消不利因素的影响，就有可能防止特定的神经症倾向的形成。但是，如果缺乏有力的矫正因素，神经症倾向不仅会形成，而且会得到保持和发展，最终侵蚀整个人格。

上述需要的内容本身并非神经症的，正常人也需要友爱、赞赏、伙伴、回避、节俭、权力、声望、成就、完美等等。但神经症需要盲目地偏执于一种或几种，强迫地、无意识地、不由自主地去追求满足，不能随着现实条件的变化而主动地选择适当的目标；而且神经症的需要受挫会导致严重的不安和消沉。

**2. 神经症适应模式**

由于神经症患者不可避免地要经受内心冲突的痛苦折磨，他们会采取各种各样的方式和方法来消除冲突。主要有以下几种方式：

(1) 理想化形象。神经症患者为了解决内心冲突和分裂，试图创造一个神经症患者认为自己就是那样的形象，或者是他当时感到自己能够是或应

① 霍妮著，陈收译：《我们时代的病态人格》，国际文化出版公司 2001 年版，第 56 页。

该是的一种形象，称之为理想化形象。这一形象在很大程度上是远离现实的，但对个体产生的影响却是实实在在的。理想化形象有五个作用：第一，理想化形象取代了现实的自信和自豪；第二，理想化形象可以使神经症患者感到自己比别人优越；第三，理想化形象可以取代真正的理想；第四，理想化形象可以掩盖患者难以忍受的内心冲突；第五，理想化形象可以造成患者内心的虚假和谐。

（2）外化作用。神经症患者为了跨越真实自我与理想化形象的差距所采取的一切伪装最终是扩大了这个差距。但因为此形象的主观价值极大，所以他必须不懈地努力去接受它。其中最为重要的一种努力方式即外化作用。它是指这样一种倾向：患者将内在过程感受成好像是发生在个体外部，因此通常以这些外部因素来解释自己的精神障碍。① 外化作用的目的是缓解理想意象与自我之间的矛盾。

（3）伪和谐的辅助法。神经症患者总是企图解决他的内心冲突，由于它无法正视自己的问题，所以每次都只不过是虚假的解决。这些虚假的解决使患者暂时回避了内心的冲突，但并没有真正解决冲突，一个个堆积起来，将患者缠绕在其中无法脱身。所以患者无意识地采取各种方法来维持内心不稳定的平衡，制造内心的虚假和谐。这些方法可归类为盲点作用、分隔作用、合理化作用、过分自控、自以为是、捉摸不定和犬儒主义。盲点作用是指患者根本看不到自己身上体现出来的矛盾和冲突；分隔作用是指患者由于内心的冲突而丧失了统一感时，他会把整体分隔为彼此无关的单元；合理化作用可以定义为通过推理的方式自我欺骗；过分自控是指患者为了防范内心的矛盾和冲突而修筑的堤坝；自以为是是指患者企图无端地认为自己总是正确来结束内心的冲突；捉摸不定是指患者受内心冲突的支配而变得随波逐流和捉摸不定；犬儒主义是指患者对道德价值的否认和嘲弄。

**3. 神经症人格**

霍妮认为，神经症是人际关系紊乱的一种表现。霍妮在《我们的内心冲突》一书中，把十种神经症需要合并归纳为三种，即亲近他人、对抗他人和逃避他人。每种倾向都代表着对待他人及对待自己的一种基本态度和一种独特的生活哲学。在此基础上，形成了三种神经症的人格类型：

（1）顺从型。其行为方式是亲近人的。这种人特别需要感情和认同，尤其是“伙伴”，也即朋友、情人、丈夫或妻子，“这个伙伴将使他实现其一生的

① 霍妮著，王轶梅等译：《我们的内心冲突》，上海文艺出版社 1998 年版，第 74 页。

愿望，并对善恶承担责任，成功地使他达到这些目标是其首要的任务”[①]。特点有三：感觉软弱和无能——一个“可怜的小我”的感觉；轻视自己的倾向；无意识地倾向于以别人对他的看法来评价自己。他的安全感建立在这样的逻辑之上：如果我顺从了，我就不会受到伤害。

(2) 攻击型。其行为方式是对抗人的。这种人对权力、剥削、声望、个人崇拜、成就、野心等怀着神经症需要。主要特征：将人生看做一个角斗场，适者生存，必须控制别人以掌握主动权；一心想要事业成功以致功名显赫；千方百计利用别人给自己带来好处；压抑感情，不愿为感情“浪费时间”等。他的安全感建立在这样的逻辑之上：如果我有权力，那就没人能伤害我。

(3) 超然型。其行为方式是回避人的。这种人对自足自立、完美无缺怀着神经症需求。主要特征是：为逃避与他人的紧张关系而离群索居；保持与他人的距离，不以任何方式与他人发生感情上的联系；自立自强；限制自己的需要，凡事力求完善，以避免他人的帮助和指责等。他的安全感建立在这样的逻辑之上：如果我离群索居，什么也不能伤害我。

在正常人身上，这三种行为方式可以根据条件的改变而改变，他既能顺从，又能反抗，也能回避，三者相互补充。但神经症病人缺乏变通的能力，仅仅运用其中一种来应付一切生活难题。结果不仅不能克服焦虑，反而陷入更深的焦虑。

## 四、文化与神经症

霍妮思想的主导特征之一是强调文化在神经质防御与冲突的形成中所扮演的角色，[②]在她自己的研究中确立了社会文化的取向。她认为，能够说明人、人的心理和人的神经症的不是人的生物本性，而是人的生活环境，是社会文化，是人际关系。她的理论具体阐述了她对社会文化的理解，指出了现代人所面对的文化困境，探索了由文化困境导致的内心冲突，确立了衡量神经症的文化标准和心理标准。

### 1. 社会文化

霍妮在其精神分析的研究工作和治疗实践中，对弗洛伊德试图通过生物本能揭示出普遍人性的努力深感失望，而对社会文化的研究、特别是社会文化的比较研究能够重新理解人性寄予厚望，并将研究重点落在塑造性格

① 霍妮著，王铁梅等译：《我们的内心冲突》，上海文艺出版社 1998 年版，第 23 页。
② 霍妮著，王铁梅等译：《我们的内心冲突》，上海文艺出版社 1998 年版，第 5 页。

的生活环境上。霍妮所提到的生活环境包括两个相互交织的部分：一是文化环境，有时也被称之为文化因素、文化条件，即特定社会中人们所普遍共有的社会生活条件；二是个体环境，即个体出生后所进入的具体情境，特别是所结成的人际关系，有时也称为个人经历。

（1）文化环境。

在霍妮看来，文化环境是个体心理失调的最终根源。文化与神经症的关系主要是质量上的，而不是数量上的。因此在考虑文化与神经症的关系时，我们应该舍弃使人迷惑的个体差异，在产生神经症的环境中以及神经症冲突的内容上寻找共同特性。霍妮指出这种假定的文化与神经症之间关系的正确性应该由社会学家和神经症学家的共同努力来证实。一方面，神经症学家不仅要研究出现在某一特定文化中的神经症，用正常的标准研究神经症的发病率、发病的严重性以及神经症的类型，而且尤为重要的是，他们应该从这些文化所潜藏的基本冲突的观点来研究神经症；另一方面，社会学家则应该从文化结构为它的人民制造了何种心理困境这样的观点来研究同样的文化。从社会学的角度来看，有三组主要的因素可以加以说明：代表神经症产生根源的因素；构成基本的神经症冲突和解决冲突的尝试的因素；影响神经症患者对自己和他人的表现的因素。

个体神经症的发展从根本上来自疏离感、敌意感、恐惧感和自信心的丧失。这些态度本身并不构成神经症，但它们共同产生的是面对被认为具有潜在危险的世界时的基本无助感，这就是基本焦虑或基本的不安全感，这必然造成对安全和满足的刻意追求，而该矛盾性质构成了神经症的核心。在文化中，第一组因素导致了情感孤独、潜在的敌意、不安和恐惧以及个体的无力感。

霍妮指出了一些相关的因素。西方文明中有很多产生潜在敌意的因素，首先是建立在个人竞争基础上的文化。经济竞争原则影响着人际关系。影响途径是使一个人去斗另一个人，怂恿一个人去超越另一个人，使一个人的优势变成另一个人的劣势。这一处境的心理后果就是人与人之间潜在敌意的增强。每个人都是另一个人的现实的或潜在的竞争对手。这种竞争已经渗透到各种社会关系中。它妨碍了男人之间或女人之间建立真正可靠的友谊，也妨碍了男女之间的关系，不仅体现在伴侣的选择上，还体现在同伴侣争夺优越地位的斗争中。它渗透到学校生活中，也渗透到家庭生活中，父亲与儿子、母亲与女儿以及子女之间都存在竞争。其次是机会上的不平等，如教育、娱乐、健康保养与恢复，这些构成了充满潜在敌意的另一组因素。更深一层的因素是，一个群体或个人可能剥削另一个群体或个人。

造成不安全感的因素，首先是人们在经济和社会领域的实际不安全感；其次是因潜在的敌对紧张造成的恐惧：害怕一旦成功遭人嫉妒，一旦失败遭人鄙视；害怕被人责骂。同时，由于人际关系的障碍和缺乏团结所造成的个人情感的孤独，也是产生不安全感的一个重要因素。

西方文化中也存在损害个体自信的问题。自信是个人真实拥有力量的表现。任何失败，只要个人将它归咎于自身缺陷都会损害自信，不管这种失败发生在社会生活里还是职业或爱情生活中。然而，成功取决于个人能力这一文化观念，势必导致个人倾向于将失败归咎于自己的缺陷。同时西方的文化教导人们，人人对自己心怀善良，信任别人是一种美德，戒备别人差不多就是道德缺陷；《圣经》教导人们四海之内皆兄弟，这与存在的人与人之间的明争暗斗的现实之间的矛盾也是降低自信心的决定性因素。

在文化中，第二组应该考虑的是那些构成基本的神经症冲突和解决冲突的尝试的因素。尽管神经症的症状千差万别，但它们的实际冲突是类似的。如不择手段的报复与强迫性情感、需要间的冲突；想完全占有某人与疏远他人的冲突；一心想过寄生生活与过分强调自食其力之间的冲突；强迫性谦逊与想成为英雄或天才间的冲突。

社会学家一方面要寻找应对个人冲突倾向负责的文化冲突倾向，另外，由于神经症冲突涉及到对安全和满足的痴心追求，所以还必须寻找获得安全和满足的矛盾文化方式。例如，在一个倡导个人竞争、奖励杰出个人成就的文化里，把野心勃勃的神经症发展作为安全、复仇、自我表现的手段是很容易理解的；而把依赖某人作为消除疑虑的手段，在一个明确不鼓励依赖态度的文化里是几乎不可能的。

第三组因素可以从神经症患者急切地要对自己和他人展现的形象中看出来，这一形象主要取决于他对非难的担心和对盛名的热望。[①] 因而，该形象由那些在文化中受到赞扬和奖励的品质所构成，例如无私、友爱、慷慨、忠诚、自制、稳健、理性等。如果没有无私的文化理想，神经症患者就不会被迫感到要保持一种无所贪求的形象，不仅隐藏他的自私之心，而且压抑对幸福的自然追求。

霍妮由对神经症病因的探讨而对现代西方社会采取了一种批判的态度。她认为西方文化中内在地固有一定的典型困扰，这些困扰本身作为冲突反映到每个人的生活中，这些困扰日积月累可能会导致神经症的形成。[②]

---

① 霍妮著，雷春林等译：《精神分析新法》，上海文艺出版社 1999 年版，第 115 页。

② 霍妮著，陈收译：《我们时代的病态人格》，国际文化出版公司 2001 年版，第 194 页。

霍妮采纳了社会学的观点，把文化看做复杂的社会过程的产物。文化的性质决定了个体心理的性质，[①]更进一步地说，文化困境的性质决定着个人冲突的性质。她分析了导致神经症患者内心冲突的社会文化基础，指出了三种主要的文化矛盾倾向：

第一个矛盾是竞争和成功与友爱和谦卑的矛盾，前者是个人主义的精神，后者是基督教的理想。一方面，一切事情都要求我们为成功而行事，这就意味着我们不仅要自信，而且要充满竞争意识，从而才能迫使他人出局；另一方面，每个人都浸透了基督教思想，即认为占有一切是自私自利的行为，我们应该谦卑、顺从，如果有人打我的左脸，我应该同时将右脸也凑过去给他打。这一矛盾在现实生活中会导致两种结果：要么取其中一种追求和努力，而放弃另外一种追求和努力；要么同时接受这两种追求和努力，而产生彼此严重的冲突和抑制。

第二个矛盾是人们不断被激起的享受需要与人们在满足这些需要方面实际受到的挫折。由于经济原因，人们的需求日益受到倡导高消费的文化刺激。然而，对于大多数人来说，这些需求在现实中是很难实现的。对于个体所造成的心理后果就是：欲望与现实满足之间的差距和脱节。

第三个矛盾是个人自由与实际生活中的各种限制之间的矛盾。社会告诉我们，个人是自由的、独立的，能够按照自己的意志决定自己的生活，如果个体有能力、有精力，他可以得到想要的一切。但是，大多数人在现实生活中受到种种限制，他们常常无法选择自己的职业，选择娱乐的方法，选择自己的生活伴侣。结果是个体一方面感到自己拥有决定命运的无限力量，另一方面又感到完全彻底的无助。

在霍妮看来，西方文化中蕴藏的这些矛盾，就是神经症患者拼命想要调和的内心矛盾：攻击倾向与屈服倾向之间的冲突；贪得无厌的需求与对一无所获的恐惧之间的冲突；自我夸大的欲望与无依无助感之间的冲突。正常人与神经症患者的区别仅在于量上的不同，正常人可以在不损害人格的前提下处理这些困境，而所有神经症患者似乎是那些十分敏锐地体验到文化环境的人，他们通常由于孩提时代的体验，结果无法解决这些冲突，或者只能牺牲自己的人格来解决它们。因此霍妮将神经症患者称为“我们文化的继子”[②]。

（2）个体环境。

---

① 霍妮著，王铁梅等译：《我们的内心冲突》，上海文艺出版社 1998 年版，第 17 页。

② 霍妮著，陈收译：《我们时代的病态人格》，国际文化出版公司 2001 年版，第 17 页。

霍妮认为，生活于共同的文化环境中的个体，虽然面临同样的文化困境，但并不是所有个体都会患神经症。为此，霍妮追溯到了个人环境，这对于每个人来说都是不同的。实际上，霍妮所说的文化环境是宏观的社会条件，而个人环境是微观的社会条件。当然，在这里个人环境并非指的是个人的家庭环境，因为同一家庭中的子女也并非都患神经症。个人环境实际上是指一个人的人际关系。在同一个家庭中，子女的经历和经验的重要差别可以体现于子女与父母的关系、子女受到要求的程度、父母对孩子的偏爱、子女之间相互的关系等等。因此，从另外一个方面来说，霍妮认为神经症来源于人际关系的失调。这种失调能够对个体造成重大的影响主要是在童年期。

虽然霍妮也重视个体的童年经历和经验，但她与弗洛伊德有很大的不同。弗洛伊德对个体的早期生活的解释，特别是影响到儿童后期发展的家庭关系的解释，都是依据性本能以及由此引申出来的俄底浦斯情结。结论是发展的根基和顺序是不变的，但不同的个体发展则带有极大的偶然性。霍妮放弃了性本能、俄底浦斯情结等假设，她是通过文化环境去解释个体环境，认为个体环境是与文化环境相交织的，它体现或暗含着文化的影响。所以她说："弗洛伊德对文化因素的轻视也表现在他倾向于把某些环境的影响看做是个体偶然的命运，而没有认识到在这背后的文化影响的整个力量。"① 例如，一个人拥有一位专断的母亲或拥有一位自我牺牲的母亲，这看起来是个人偶然的命运，然而只有在特定的文化环境中，才会有专断的母亲或自我牺牲的母亲。并且正因为存在着这样的文化条件，才会对该人后来的生活发生影响。这就是说，"尽管童年期经验不仅在不同家庭，而且在同一家庭的每个儿童那里确实都有所不同，但是大多的经验都是整个文化情境的结果，并且绝不是偶然的"。② 显然，个体环境不能脱离开文化环境而孤立存在，那么在文化与神经症之间，个体环境就成了外在的中介。

弗洛伊德对个体童年期生活的重视和探索，在于把后来的心理行为看做是早期经验的直接对应和重复，而霍妮认为这种联系要比弗洛伊德设想的复杂得多。她重视和探索的是个体环境在童年期所导致的性格结构，后来的种种困难都是出自这种性格结构。特别是所形成的基本焦虑，在文化与神经症之间，这是其内在的中介。

总之，文化环境与个体环境相互交织，共同构成了个体的生活环境。文化环境是个体心理失调的最终根源，而个体环境则是其直接原因。虽然个

①② 葛鲁嘉、陈若莉著：《文化困境与内心挣扎——霍妮的文化心理病理学》，湖北教育出版社 1999 年版，第 45 页。

体环境导致了在相同文化环境中有的人患了神经症，有的人则是正常人，但神经症在质和量上又都取决于共同的文化环境。

#### 2. 神经症的衡量标准

对于心理健康和神经症的区别，霍妮首先坚持的是文化的标准。霍妮认为："我们指称一个人为神经症患者应用的一个标准就是，这个人的生活方式是否与我们时代普遍认可的行为模式合拍。"①她把社会文化看做是人的心理行为的决定因素，赋予了神经症以文化内涵。在不同的文化背景中，存在着不同的心理行为模式。在相同的文化背景中，随着时代的变迁，某一时代被认为是正常的心理行为模式，在另一个时代也许就是反常的。因此，不同的文化以及不同时代的文化，都把符合于自己标准的心理行为看做是人性的正常表现。神经症也就是对该文化或该时代的文化通行的心理行为模式的偏离。

霍妮指出，在实际的生活中存在着偏离了文化的心理行为方式却未真正患有神经症的情况，也存在着表面上适合现存的心理行为方式却患有神经症的情况。因此还应有衡量正常与反常的心理标准。神经症共有的心理因素就是病态焦虑及为对抗病态焦虑而建立起来的防御机制。这不但使患者缺乏自发性、具有强迫性，而且使自己成为自己发展的障碍。

显然，霍妮认为应该同时采用文化和心理标准来确定神经症。通过双重标准，霍妮提出了神经症的定义："神经症是一种由恐惧和防御恐惧并试图找到解决冲突倾向的种种努力所导致的心理困扰。基于实际的理由，我们最好只有在这种心理困扰偏离了特殊文化中的共通模式时，才称之为神经症。"②可以说，焦虑及对焦虑的防御是神经症的内在心理动力，而对同一文化模式的偏离则是判断神经症的外部根据。

### 五、神经症的治疗

#### 1. 治疗的目标

霍妮对弗洛伊德创立的精神分析理论进行了改造，并且把她的理论贯彻在了精神分析治疗实践中。"在很大程度上，这些概念决定了哪些因素应该被观察，哪些因素在神经症的产生、持续和治疗中被认为是重要的，也决

① 霍妮著，陈收译：《我们时代的病态人格》，国际文化出版公司 2001 年版，第 1 页。
② 霍妮著，陈收译：《我们时代的病态人格》，国际文化出版公司 2001 年版，第 13 页。

定了什么才是治疗目标。"①

首先，霍妮的精神分析治疗建筑在她对人性和人生的理解上。霍妮认为人生来具有实现自己潜能的建设性力量，神经症治疗就在于使病人发现并发展自己的潜能，将其天赋中的建设性力量引向自我实现的道路。因此，霍妮的精神分析治疗立足于解放和抒发人的本性。为此，霍妮赋予了精神分析治疗以新的目标。她认为，人际关系的障碍是神经症的直接起因，而神经症又是凭借本身的动力而发展的过程，是危害其人格、远离其真实自我的过程。那么精神分析的治疗目的就应该是帮助患者建立与他人的良好关系，帮助患者寻回他的真实自我，使其建设性力量朝向实现真实自我。

其次，霍妮反对弗洛伊德以本能为根源，认为弗洛伊德所说的本能实际上不过是患者为对抗焦虑而形成的神经症倾向。霍妮也反对弗洛伊德把神经症的症状简单地与童年期的个别经验相联系，认为童年期的亲子关系失调不是产生神经症的基础，问题是在此基础上形成的性格结构。霍妮根据自己对神经症的解释，提出要克服以往治疗中的两种错误：一是仅纠缠于神经症的症状；二是把症状直接与童年期的某些经验联系起来。霍妮指出这两个错误都在于未能认识到导致神经症失调的神经症倾向以及由神经症倾向构成的神经症的性格结构。因此，霍妮认为详细考察神经症倾向所起的作用和这种神经症倾向对患者的人格与生活造成的后果是治疗中的主要目标。通过梳理神经症倾向的后果，病人的焦虑就大大减小，他与自己和他人的关系就大大改善，这样他就摆脱了神经症倾向。②

**2. 治疗技术**

霍妮继承了弗洛伊德开创的精神分析治疗技术，如自由联想、梦的分析等等。但是，她的解释不同于弗洛伊德。她使用这些技术主要不是挖掘与性有关的早期经验，而重视的是早期的亲子关系。霍妮认为早期亲子关系是让无意识过程进入意识的手段，是认识病人与他人关系的性质的手段。另外，她关于分析者角色的观点也不同于弗洛伊德，根据弗洛伊德的观点，分析者的角色应相对被动些，但她认为分析者应有意识地引导治疗过程。

倡导自我分析也是霍妮对精神分析治疗的一大贡献。霍妮在《自我分析》一书中系统阐述了对自我分析的态度、规则、步骤和方法，以缓解社会对精神分析治疗的广泛需要与专家治疗的局限性之间的矛盾。

① 霍妮著，雷春林等译：《精神分析新法》，上海文艺出版社 1999 年版，第 188 页。
② 霍妮著，雷春林等译：《精神分析新法》，上海文艺出版社 1999 年版，第 192 页。

## 六、对霍妮理论的评价

### 1. 主要贡献

霍妮吸收了人类学、社会学等学科的新成果，根据变化了的社会文化条件创建了一种新的神经症病理学，一方面继承弗洛伊德的一些基本观点，如精神决定论、潜意识动机、防御机制等等；另一方面将重点从本能与文化的矛盾转移到文化本身的矛盾，强调自我分析，使精神分析治疗更广泛、更有效地满足现代人适应社会生活的需要。

首先，霍妮把精神分析的解释重心从个体之内转向了个体之外，从生物本能转向了社会文化。这使得霍妮学说的基本内容远远超出了弗洛伊德限定的范围，把精神分析引向了一个更为宽广的发展道路。弗洛伊德认为，人先天具有的本能驱力的性质已经确定，社会文化仅能对本能进行压抑和限制以及改变本能满足的渠道或途径，社会文化本身是本能升华的结果和产物。神经症是受压抑的本能驱力的一种变态的满足。而霍妮认为人的发展变化取决于文化环境的影响，而文化是复杂的社会过程的产物。神经症是文化环境中的个体与他人关系的失调和与自我关系的失调。显然，霍妮对神经症人格的解释抛开了内在的和本能的因素而引进了社会的和文化的因素，从而最早奠定了新精神分析的理论基础。

其次，霍妮坚信人生来具有自我实现的建设性力量，对人的发展抱有乐观主义的态度，驱散了弗洛伊德造成的悲观主义氛围，指出了人的向善发展的可能，为新精神分析通向后来兴起的人本主义心理学开辟了道路。

第三，霍妮把人的内在心理放在了社会文化的背景之下，清晰地阐明了人的内心的神经症驱力的来源，强迫性的神经症驱力所导致的内心冲突，为消除冲突而采取的内心应对方式，这些应对方式所导致的自我演变。这不仅在临床实践上，而且在文学、文化、政治心理学、哲学、宗教、传记、性别等领域的研究中都有巨大的价值。

### 2. 主要局限

虽然霍妮以其非凡的勇气对弗洛伊德的理论进行了全面改造，确立了精神分析的社会文化取向，从独特的视角出发，阐述了对人的心理的独特认识，但与其他心理学理论一样，她的理论也不可避免地带有明显的时代印记，存在很多理论缺陷和不足。

首先，霍妮的理论缺乏内部一致性。尽管霍妮把社会文化看做是人格发展和神经症形成的根源，但随着她对人的内在心理生活的逐步探讨，社会文化的作用或影响也就不断被削弱。这在某种程度上来看，背离了她的理论初衷。而且霍妮的分析重点是早期亲子关系的失调所导致的对儿童安全感的威胁，把丰富复杂、广阔多边的社会生活简单化了。尽管她反对过分重视早期经验，尽管她有开阔的社会文化视野，还是未能克服弗洛伊德在这一问题上的局限性。

其次，作为一个临床心理学家，创立一套完整的社会改革理论固然超出了职业范围，但霍妮一方面指出了现存的社会文化矛盾，另一方面又只关心个人如何去适应这种文化，没有提出社会改革的要求。相对于弗洛伊德对社会文化的批判态度，霍妮在这一点上是一种倒退。

最后，霍妮的理论和弗洛伊德的学说一样，把无意识动机放在首位。她认为，弗洛伊德学术贡献中最重要和最本质的学说是弗洛伊德认为精神过程受到严格制约，行为和情感可能受到无意识动机的制约，驱使人类的动机是各种情感力量。在霍妮看来，人的意识依旧扮演的是软弱无力的角色，人的意识或理性根本无法为人自身的发展提供引导。

## 第三节　沙利文的精神病学的人际理论

沙利文是美国著名的精神病学家和精神分析理论家，新精神分析学派的代表人物之一。沙利文将精神病学界定为研究人际关系的科学，他试图通过人际关系去分析人的心理发展变化。重视从发展的角度来探讨人的心理形成过程，把儿童的心理成长、人格发展放在人际关系中去研究。因此他的理论被称为精神病学的人际理论。

### 一、沙利文的生平与著作

哈里·斯塔克·沙利文(Harry Stack Sullivan，1892—1949)于 1892 年 2 月 21 日出生于美国纽约州的诺威奇。根据 H·佩里(H. Perry)撰写的沙

沙利文（Harry Stack Sullivan，1892—1949）

利文传记，沙利文的祖籍为爱尔兰，从小处于罗马天主教的环境之中。他的父亲托马斯·沙利文是一个害羞、内向、沉默寡言的人，在他妻子去世以及沙利文成为一名著名的医生以前从未与儿子建立起亲密的关系。托马斯曾经做过农场的劳工和工厂的工人。他的母亲叶拉·斯塔克·沙利文在嫁给托马斯·沙利文时已32岁，39岁那年生了哈里。她生的另外两个儿子出生不到一岁便夭折了。因此，她非常娇惯、溺爱这个唯一的儿子。在沙利文三岁生日时，托马斯迁居到妻子家的农场。大约就在此时，叶拉·斯塔克·沙利文神秘地离开了这个家，哈里由他的外祖母照顾。外祖母的盖尔族口音让年幼的沙利文很难听懂她的话。分离了一年多以后，叶拉·斯塔克·沙利文回到了家，她离家的那段日子极有可能是在精神病医院住院。之后有两个女人照顾哈里，就是他的母亲和他的外祖母。在1903年他的外祖母去世以后，一个未婚的姨妈过来帮助母亲照顾他。

尽管双亲都出生于贫穷的爱尔兰天主教家族，但母亲却认为斯塔克家族的社会地位高于沙利文家族。沙利文先前也一直认可斯塔克家族的社会地位比沙利文家族优越，直到他成为著名的精神病学家，创立了强调人们之间的相似性而非特异性的人际理论。

在上学之前，沙利文既没有朋友，也没有同龄玩伴，尽管在5岁前他确实虚构过好几个假想的玩伴。上学以后，他仍然觉得自己是个局外人，是一个生活在安格鲁撒克逊基督教社区的爱尔兰天主教男孩。在斯米尔纳上学的几年里，他的爱尔兰方言及机敏的思维使他在同学中显得很出众。

当哈里八岁半的时候，他与相邻农场的一个13岁男孩建立了亲密的友谊。这个密友叫克拉伦斯·伯林格，住在离哈里家一英里远的另外一个校区，当时他已经在斯米尔纳读中学了。尽管这两个男孩不是同龄伙伴，但他们在社交和智力方面有很多共同之处，两人在社会交往方面均是滞后的，但在智力方面却又是超前的，两人后来均成为精神病学家并终身未婚。他们二人的关系对沙利文的生活产生了畸形的影响。在沙利文的成熟理论中，他特别看重青春期以前亲密关系的治疗作用，认为它是一种不可思议的力量。这种观念与沙利文许多其他假设一样，似乎都是从他个人的童年经历中得来的。

沙利文很聪明，16岁那年，他作为致告别辞的毕业生代表从中学毕业。

1908年在康奈尔大学读过一个学期的课程，然而成绩并不令人满意，一年以后，他的学业就被终止了。这次退学或许不仅仅因为他学习成绩不好。他在康奈尔大学被扯进了法律纠纷，或许是涉嫌邮件欺诈。一些年龄较大、更成熟的男孩利用哈里去领取邮寄过来的非法订购的化学药品。在随后的两年里，沙利文从人们的视线中神秘地消失了。1911年，沙利文转学考入了芝加哥内外科医学院，在那里，虽然他的学习成绩平平，但比起在康奈尔大学来说，还是有了较大的改善。他于1915年完成了医学学业，但直到1917年才在芝加哥医学院获医学博士学位。但他在这两所学校获取的学识只能算是边缘性的，其盛年展现的精湛才能主要靠自学而获得。1918—1922年间，沙利文曾在陆军医疗队任军医，同时供职于处理退伍军人问题的联邦政府机构。他在军队中的生活经历构成了他的生活基础。这段经历使他获得了多方面的临床工作机会，并被政府正式承认为神经精神病学家。第一次世界大战后，沙利文因在巴尔的摩和华盛顿特区私人医院成功地治疗了精神分裂症而名声大振。1922年，沙利文进入首都华盛顿的圣伊利莎白医院，并担任了美国著名医学家怀特(W. A. White)的助理。怀特当时是美国最著名的神经病学家之一。在圣伊利莎白医院，沙利文第一次有机会治疗大量的精神分裂症病人。1923年到30年代初，沙利文在马里兰大学医学院任副教授，同时与马里兰州的夏普德和伊奥其普拉特医院取得联系。在这段时间里，沙利文花了大量的时间和精力筛选并训练医院的护理员。尽管他本人没做多少治疗，但他却发展了一套体系，要求非专业的、极具同情心的护理人员像对待正常人一样对待精神分裂症病人，给予他们尊重和关爱。这个具有创新的项目使他成了出色的临床医生，声名远播。在试图弄清精神分裂症患者的言语含义的过程中，沙利文意识到他们的疾病是一种应对由社会及人际环境引起的焦虑的手段。从事临床的实践经验使他的精神病学的人际理论的研究逐渐成形。沙利文开始形成自己的理论主要受两位朋友的激励：其一是汤普逊(C. Thompson)，两人于1923年见面；其二是萨皮尔(E. Sapir)，两人于1926年相遇。前者使他正式接触到精神分析；后者使他获得了对人际相互作用以及环境与社会文化具有重要意义这一信念的有力支持。

1930年3月，他辞职离开夏普德，之后到纽约开设了一家私人诊所，期望通过研究非精神分裂障碍，尤其是那些具有强迫性的人来扩充他对人际关系的理解。然而这一时期非常艰难，因为没有多少有钱的顾客光临他的诊所，以致难以维持必要的开销。1936年，沙利文创办了《精神医学》杂志，以推广他的人际关系理论。第二次世界大战期间，他担任美国士兵选拔委员会顾问，参与选拔军人的工作。战后参与制订联合国教科文组织的“紧张计划”，涉及紧张和应激问题。1949 年 1 月 14 日，他在去阿姆斯特丹出席国际心理卫生联合会的执行委员会会议后的返程途中，于巴黎死于脑出血，年仅 57 岁。

沙利文生前只出版了一部著作《现代精神医学的概念》(1947)。他去世后，其追随者根据他的手稿和笔记等材料整理出版了：《精神医学的人际理论》(1953)、《精神医学的会谈方法》(1954)、《精神医学的临床研究》(1956)、《作为人的过程的精神分裂症》(1962)、《精神医学与社会科学的结合》(1964)、《平民精神病学》(1972)等著作。

## 二、精神病学的人际理论

### 1. 人际关系与人格

与霍妮一样，沙利文也反对弗洛伊德的本能论和泛性论，他认为人格的形成和发展是人与人之间相互作用的结果。他从人际关系角度构建人格理论。沙利文作为精神分析学家，在这个领域有独特的贡献。在沙利文看来，人是人际的存在。人在本质上是离不开人际情境的，人只有在人际情境中才能生存，才能发展。沙利文借用了生物学的三个原理说明了这一点。(1) 共同生存原理。指生命离不开它所必需的生存环境；有机体的生存有赖于同环境不停地进行能量交换。(2) 组织结构原理。指生命体的静态构成和变异重组。这是指人的身体构造适合于同环境进行能量交换，共同生存。(3) 机能活动原理。指生命体在环境中的复杂反应。根据以上三个原理，沙利文认为，不应该像弗洛伊德那样孤立地研究人的心灵，而应该研究个体与必需的生存环境的关系，研究人际关系。

沙利文是把人格放到人际关系中去研究的，他将人格定义为：“人格就是使人类生活具有特征的周期性人际情境的相对持久的模式。”① 为了更好地理解人格概念，沙利文提出相互作用圈模式。相互作用圈是指人类生存所必需的环境，指生化环境、生物环境和由他人构成的环境(人际情境)，人际情境是人相互作用圈的主要模式。通俗地讲，人的生存除需要自然环境外，还需要社会文化环境。他说：“人极为显著地区别于生物界其他成员就在于人需要与文化界相互交换，因为文化是附属于人的抽象物，所以意味着

① 沙利文著，韦子木等译：《精神病学的人际理论》，浙江教育出版社 1999 年版，第 110 页。

人需要人际关系，或者需要与他人相互交换，否则会出现人格退化。”①可以说，人与社会文化的关系就是人际关系，在人与人的交往互动中，文化的某些成分内涵于人格之中。人格的差异也就是社会化过程中形成的人与人的不同，这是文化移入的前提和结果。

沙利文认为：“每个人有多少种人际关系，他就有多少种人格。”②他所说的人际关系既指现实中与他人的人际关系，也指与想象中的人物、古代的英雄、小说中的人物、祖先或者尚未出生的子孙之间的关系。后一种关系对个人生活具有同样甚至更大的有效性和重要性。

弗洛伊德的人格结构理论研究的是个体：自我、本我（伊底）、超我。三个“我”相互作用构成人格特征。他认为人的心理疾病或障碍都是由内心的三个“我”相互间的争斗不休、不能协调而发展出来的。弗洛伊德的视角集中在个体内部，而沙利文是从人际关系角度来阐述人格的。他认为人格都是在人际情境中形成的，如果离开人际环境，就不存在人格。人格是相对持久的人际关系模式，每个人在与他人相处过程中都会表现出独特的方式。这种独特的方式在和不同人交往时会表现出来，这种相对持久的关系模式就是人格。

弗洛伊德认为人格发展的动力是本能，人从一出生就带有各种各样的冲动，和动物没什么区别，是没经过文明驯化的，是起破坏作用的。沙利文反对这样的说法。他认为人格的形成与发展最初源于个体生理和心理上的紧张感，造成紧张的原因是生理需要和人际不安全感。③ 婴儿为了满足自己的生理需要，获得安全感，就必须和母亲建立最初的人际关系。他特别强调母婴之间的相互关系，认为婴儿生理需要的满足和安全感的获得都有赖于母亲的行为和态度，而婴儿对母亲的行为态度是非常敏感的。如果母亲在满足婴儿需要时行为粗暴或流露出紧张、愤怒和不愉快，那么婴儿会感觉到这些情绪，产生焦虑和不安全感。焦虑影响其生理需要的满足，影响母婴之间的正常关系，而婴儿却无力回避或摆脱它，这种焦虑会在儿童以后的成长中进一步扩散，影响个体正常的人际关系和人格的发展。在沙利文看来，生理需要的满足是人格发展的基础，而出现较晚的、更复杂的人际安全感的需要，则是人格发展的动力。

---

① 宛容、兰文杰：《沙利文人格发展思想探悉》，《贵州教育学院学报》（社会科学版），2001 年第 3 期，第 44 页。

② 黄希庭著：《人格心理学》，浙江教育出版社 2002 年版，第 133 页。

③ 杨鑫辉主编：《西方心理学名著提要》，江西人民出版社 1998 年版，第 306～311 页。

### 2. 紧张与能量转移

经验可被分解为“张力”的经验和“能量转化”(energy transformation)的经验。沙利文将人看成是一种能量系统，这种能量在性质上与物理学的能量是相同的。他认为个体把物理能量而不是力比多转化为满足需要的行为。能量的积累导致紧张，而能量转换的功能在于消除紧张。沙利文认为紧张分为四种：一是需要引发的紧张。需要产生的紧张与特定的来源相联系，例如缺氧、缺水、缺糖等。缓解这些缺乏引起的紧张，称为“对特定需要的满足”，即婴儿以其特定的活动，也就是说婴儿以其能量转化来弥补那种生物上的不平衡。换言之，当一种需要从广义的生物意义上讲不平衡时，这种需要便从活动或能量转化中获得其意义，从而导致满足。[①] 二是由焦虑而产生的紧张。他由人际情境引发，可以说是对人际安全的需求。由于婴儿控制他人的能力是有限的，他们没有能力去从事减轻焦虑的活动。由焦虑产生的紧张会干扰婴儿在与物理化学环境中共存成长的有效性。三是与睡眠的生命时相有关的紧张。它对立于清醒状态时的另外两种状态。生命处在睡眠时相，并非处在欣快状态之中，而是一种很特殊的紧张状态，且只有依靠睡眠才能使紧张解除。四是提供温柔的需要引发的紧张。婴儿的啼哭会引发抚育者的紧张，此种紧张会借由对婴儿表达了温柔体贴而得到纾解。当婴儿感受到抚养者的温柔，也能逐渐培养起表达温柔的能力。这也是婴儿最初的重要人际关系。如果抚养者对婴儿的痛苦表示出焦虑，那么婴儿表达温柔的能力就会被抑制。

为了强调人格是一个动态过程，沙利文将能量转移称为动能(或精神动力)。他给动能下了两种定义：一，动能为“一种相对持久的能量完形，它是在人际关系的独特过程中表现自身的”；二，动能是“相对持久的能量转化模式，它不断成为获得有机体的特性”。前一个定义强调人的社会性方面，后一个定义则可为生物学家或生理学家所使用。但两个定义都强调人的生命的流动和变化进入不可分辨的模式。沙利文认为，动能可以采取各种形式，包括外显的行动或谈话、隐蔽的幻想以及部分或完全的无意识过程。

### 3. 人格化与自我系统

沙利文用人格化来表示人的社会化和人格的形成，意指个体在追求生理需要和减少焦虑的经验中对自己、他人及各种事物所形成的具有态度倾向性的形象。人格化可以完全是假想的或幻想的，主要有以下四种类型：

---

① 沙利文著，韦子木等译：《精神病学的人际理论》，浙江教育出版社 1999 年版，第 199 页。

（1）对自己的人格化。将“好我”与“坏我”综合起来所形成的关于自己的整体形象。

（2）对他人的人格化。能带来满足或安全的他人在我们头脑中的形象就是好的，那些造成痛苦或焦虑的他人在我们头脑中的形象就是坏的。对同一个人，可能既有好的形象也有坏的形象。同一个母亲，在带来满足和安全时是好母亲，在引起焦虑时是坏母亲。

（3）对事物的人格化。如对自然现象、对所有物的人格化，使它们具有某种人的特性，对待它们像对待人一样。人也可能将社会组织或国家制度人格化，如将其视为母亲。

（4）对某种观念的人格化。如人们头脑中的上帝或神的观念往往是人格化的形象。

沙利文的自我系统概念是指在儿童社会化过程中，个人形成的一种具有防御功能的自我知觉系统或一套衡量自己行为的标准。自我系统是社会道德规范和文化的产物，其主要活动是为减轻焦虑、认识外界环境中的种种人际关系，并加以对付和适应。

自我系统的形成与“重要他人”是分不开的。所谓重要他人是指父母、教师、警察等对个体生活起指导作用的人。自我系统由好我、坏我和非我三部分构成，是儿童在与重要他人的互动中形成的有关“我”是什么的人格化。其最初形成可以追溯到儿童与母亲（或其他抚养者）的关系。在这种关系中，由于儿童满足需要必须依赖母亲的帮助，因此他格外关注母亲的赞许或责难。受赞许的行为就自我接受而形成“好我”；被反对的行为就自我禁止而形成“坏我”；既不能使需要得到满足又受到重要他人强烈反对的行为和经验构成“非我”。由此可以看出，自我系统的主要目标是减少焦虑，使儿童与父母相处融洽并满足他的需要。沙利文认为个体试图通过安全操作（security operation）的方式否认或歪曲与其自我系统相违背的人际经验。安全操作主要有两种：分裂和选择性忽视。分裂是指个体拒绝把某些冲动、欲望和需要纳入意识；选择性忽视是指拒绝看那些自己不希望看到的事，它与分裂的差别表现在程度和起源上，选择性忽视的经验比较容易被意识接受。

综上所述，自我系统一方面作为一种信号，提醒人们注意日益增多的焦虑，并且让他们有机会保护自己。另一方面，这种抵抗焦虑、保护自我的渴望使自我系统抵制变化，并且使人们不能从充满焦虑的经验中获益。因此可以说，自我系统是人格有利改变的主要绊脚石，但它也是阻挡人格不利改变的主要影响因素。人格化的个体或他人受个体自我系统特征的影响，并不一定是个体或他人的真实表征。

4. **人际关系与人格的发展**

沙利文认为,人生来具有一种自我调节和整合的功能,使人的潜能向完善的方向发展。人格的发展具有连续性,个体必须达到某种能力的成熟才能意识到外界环境中的种种人际关系,从而加以对待和适应。沙利文根据人际关系的特点将人格的发展划分为七个阶段:婴儿期、童年期、少年期、前青年期、青年初期、青年晚期、成人期或成熟期。

(1) 婴儿期(出生~18 个月或 24 个月)。是从出生后几分钟到出现发音清晰的言语为止。这个时期喂奶为婴儿提供了人际关系中最初的原始经验。口腔区带在这个阶段最为重要,它与呼吸、喂奶、哭、吮吸手指等功能密切联系,是婴儿与环境之间的人际关系区域。这一时期的人际交往经验使婴儿学会对"好乳头"和"坏乳头"这样的外部线索进行区分。婴儿通过哭来表现焦虑和饥饿。哭通常能够带来婴儿期望的安慰,这有助于婴儿发展预见力以及对原因和结果的理解。也就是说,婴儿将得出这样的结论:当我感到痛苦时我哭,这产生了缓解痛苦的某些变化。

在婴儿期中期,自我系统开始发展。这主要有两个因素:吮吸拇指对身体的探索与母亲的无条件的温柔、体贴、奖罚训练。此外,婴儿开始学习怎样通过言语进行交流。早期的交流是靠面部表情和各种发声,不能与他人产生共鸣。最后,手势和语言对婴儿和别人具有了相同的含义。这种交流标志着句法语言的开端和婴儿期的结束。并开始进入了人格发展的第二个阶段。

(2) 童年期(18 个月或 24 个月~5 岁或 6 岁)。从有能力发出清晰的声音到学会寻求玩伴。在该阶段,父母的惩罚促进自我系统的"坏我"方面的成长。只要父母通过足够的奖赏和温柔体贴,即可帮助"好我"人格化的发展,就不会产生大的伤害,有助于安全感的形成。但如果儿童对温柔体贴的需要不断地被父母的焦虑、烦躁或敌意所拒绝,"坏我"成分将最终支配自我系统,儿童就会发展出恶意的转化。它是人格发展中的一种扭曲,儿童会怀疑他人均是有敌意的,形成不可爱的非理性信念。有这种恶意的儿童可能是调皮的,行为像一个恶霸,或者更消极地表达愤恨。这种转化也损害了儿童与其他人的关系,它是由于父母不能加入儿童的游戏造成的。孤独的儿童求助于过多的白日梦,这抑制了儿童区分幻想与现实的能力。除了父母之外,这一时期儿童还有另外一种重要的关系,也就是与假想的玩伴的关系。沙利文认为拥有想象中的玩伴并不是情绪不稳定或病理性表现,而是有助于儿童在前青春期与真实的朋友建立亲密关系。

(3) 少年期(6~8 岁或 9 岁)。从步入学校生活起到亲近同性同伴。少年需学习适应教师等新的权威人物的要求、奖赏和惩罚。他观察到权威人物是如何对待其他少年的，继续发展能够减少焦虑和保持自尊的心理机能。少年开始学习与同辈相处，并且介入竞争与合作的社会化过程。此时，学校这个社会在个体的少年时代纠正或改变了人格演化过程中出现的大量的不幸倾向，而作为一种社会化影响的家庭的局限性开始得到补救。父母在少年心中开始失去上帝似的地位，形成更具有人性的、难免有错误的人格化。

综合的经验方式在这时居支配地位。理想的情况是：在少年末期，少年获得与其他人相处的足够知识，包括精确了解人际关系及恰当的相处之道。

（4）前青年期（9～12 岁）。始于某一个特定的、通常是与同一性别的人形成亲密关系的时期。这个时期最显著的特征是生成爱的能力。先前所有的人际关系都建立在满足个人需要的基础上，但是到了前青年期，亲密和爱成为友谊最重要的内容。事实上，密友的影响可能足以改变个体从前一阶段带来的人格扭曲和可能变得坚固的自我系统。因此，一个有效的密友关系可以帮助他改变一些错误的观点。例如，骄傲自大、过分依赖、一个人应当被每个人喜欢的观念。反之，与同性交往的困难常常是由于在前青年期不能发展这种重要的密友关系。

（5）青年初期（13～17 岁或 18 岁）。开始于身体发育出现性特征以及强烈的情欲动能（这里的情欲指一个人的生殖内驱力）的出现，这导致与异性成员发展密切关系的需要。

前青年期所产生的亲密关系的需要在青年初期仍然继续，同时又产生了一种独立的需要——性爱。沙利文认为，因为文化往往使个体在寻求情欲活动中面临障碍，青年初期充满严重失调的可能性。在这个重要的时候，必要的信息和引导可能完全没有，且父母给予嘲笑和讽刺而不是情感的支持也可能增添困扰。因此，青年人在异性恋上缺乏经验的尝试可能会导致麻烦的后果，诸如阳痿、性冷淡或早泄，从而严重降低了自尊。习惯性的低自尊使人难以表现对另一个人好的情感。

因此，青年初期是人格发展的一个转折点。顺利度过这一阶段的人能够博得亲密关系和控制性爱的能量转化。然而不幸的青年人很可能发展出对异性的强烈的厌恶和恐惧，而导致独身、过多的幻想或同性恋。一个在情绪发展上没有超出少年期的青年人可能太依赖于自我刺激以致不能形成健康的异性恋。一些青年成熟较晚，延迟了其对异性关系的需要。

但是沙利文并不认为性功能失调是精神病的最重要方面，他更强调不能形成满意的人际关系常常是性困难的根源。

（6）青年后期（19 岁或 20 岁到成熟）。始于个体对另外一个个体有性爱和亲密两种感觉时,结束于建立永久的恋爱关系。这一时期的突出特点是亲密和性爱的融合。这一阶段,个体不再只把异性当做性爱的对象来追求,而且能够给予对方无私的爱。与前一阶段不同的是,前一阶段表现的是生物学上的变化,而青年后期却完全由人际关系决定。这一时期青年必须与日益增加的社会责任,诸如工作和纳税等竞争。复杂的人际关系逐渐成熟,综合经验方式有所增加,自我系统更加稳定。由于教育和工作经验,人们对自己和他人的行为有了进一步认识,各方面的知识大增而趋于成熟,经验的积累会在以后的成熟人格中显露,成熟的人格基本上反映了亲近的需要和与他人的合作。社会经济地位也影响了这个阶段的人格发展。经过以上六个阶段,个人便进入成人期,发展成为一个真正的人。

综上所述,人格的发展史实际上是人际关系的发展史。沙利文指出,在任何一个发展阶段,焦虑都可以干扰令人愉悦的人际关系,而使个体出现人格障碍。因此可能出现下列10种综合征:(1) 自我专注的人;(2) 难以纠正的人;(3) 违拗的人;(4) 非整合性或心理变态的人;(5) 口吃的人;(6) 受野心驱使的人;(7) 反社会的人;(8) 不适当的人;(9) 同性恋的人;(10) 长期摆脱不了青年期的人。

## 三、精神病理论及其治疗技术

### 1. 精神病理论

沙利文认为精神疾病是由于存在人格障碍,而人格障碍则是人际关系困境造成的。他很少从遗传的、机体的或生物的方向去解释精神病。沙利文对精神病学的贡献在精神分裂症方面。沙利文将精神分裂症分为两类:第一类包括由器质性原因引起的所有症状,第二类包括所有基于环境原因的精神分裂障碍。后者是沙利文所关心的,因为只有后者才能通过人际精神病学家加以改变。他反对当时医学界关于精神分裂症是遗传决定的、不能彻底治愈的观点,主张精神分裂症是由不良的人际关系造成的,可能是早年与一个坏母亲的关系,也可能是以后生活中的其他人际关系,使个体产生严重焦虑,导致自我系统的防御功能失灵,将幻觉人格化为某种实体,不能将幻想或梦与现实分开来,人格发展停滞不前甚至倒退,经验模式倒退到并列的甚至原始的水平,现实的人际关系和个人的自信、自尊遭到严重的破坏。拥有分裂人格的人与正常人的共同之处在于,二者都试图建立一种自我系统,将威胁他们安全的经验屏蔽掉,把焦虑降低到最低程度。只是正常个体觉得人际关系是相对安全的,不需要总是依赖分裂反应作为维护自尊的手段，而对于有心理障碍的个体来说，他们会把自己的很多经验分裂出自我系统。

沙利文承认有些神经症患者存在着性的困扰，但他认为这不是关键性的问题。关键的问题是病人自我系统的局限与歪曲，这才是导致精神疾病的主要原因。他认为，由于过去的不幸经历，个体很容易产生偏离正常的观点、态度和信念；对自己人格的不正确看法，会导致对他人人格看法上的局限和歪曲，进而影响正常的人际关系。那些歪曲的观点、态度和信念总是纠缠着个体，使其陷入一种不适当的自相矛盾的情景中，于是不可避免地带来紧张与焦虑。而紧张与焦虑，又将妨碍个体清醒的思考、正确的认识和适当的行为，严重的焦虑将导致精神分裂。

**2. 治疗技术**

沙利文的治疗观与其精神病理论是分不开的，既然精神分裂症是由失败的人际关系造成的，治疗措施首先要创设良好的人际关系。沙利文将精神病院视为人格成长的学校，而不是人格缺陷的收留所。在这所学校里，精神病学家是人际关系的专家，他尊重患者，在治疗过程中参与观察，通过建立良好的医患关系，通过交谈、梦的分析等治疗技术，使患者恢复健康的人格。沙利文心理治疗的过程包含一连串的会谈，其发展经由下列四个阶段：

（1）起始阶段。在这个阶段，当事人第一次会见精神病学家，提供一些要求治疗的解释。沙利文会告诫治疗者，在此阶段营造融洽的气氛是基本任务，建立良好关系亦应后期治疗所需。沙利文提倡一种宁静观察的态度，其中之一是治疗者不能有太多问题。治疗者要聆听当事人的口语性内容，也要注意当事人自我表现的态度。依照沙利文的论点，当事人会将他们生活的习惯模式、偏见与期望以及对现实的曲解带进治疗中，治疗之技巧在于注意人际关系中的敏感部分以唤起当事人的敏锐知觉。

（2）探索阶段。这个时期通常需要7.5～15个小时，包括一些非结构性的询问，如病人的年龄、出生地、出生顺序、婚姻状况、教育背景、职业经历、父母的职业及婴儿期和儿童期家庭中其他重要成员的存在。在此阶段中，治疗者需要建立当事人的个案史，治疗者根据这些信息可以对当事人问题的性质与起源作某些假设。探查阶段结束时，治疗者简要叙述他所了解的病人情况，病人通常赞同的一些重要问题需要进一步研究。

（3）细节探究。治疗者在这一阶段需要当事人提供更重要的资料检查前面所得到的印象。于是，治疗者需要不断地倾听与发问以探索当事人重要的发展历史，包括排泄训练、学习语言、对竞争与合作的态度、学校经验、前青年期的密友、身体发育出现的特征、对有色情内容的谈话和性的态度以及职业和婚姻历史等等。病人在与治疗者的关系中所表现的焦虑和防御策略也是重要的信息。

(4) 终结阶段。治疗的最后阶段包括以下四个步骤：① 治疗者将治疗过程中所了解的情况作一简要说明；② 建议当事人应采取或避免作某些课业；③ 对病人可能的未来生活进行评估；④ 当事人的正式离去。

沙利文认为，精神病医生的工作是通过精神分析的方法，引导当事人正确认识自己，从人际关系中树立起对前途的信心。他强调对当事人的尊重，所以在治疗中不使用评论；重视敏感对面谈的价值，因此治疗者必须洞悉当事人焦虑信号所包含的意义。但是，对当事人尊重并不代表治疗师把自己置于与患者同等的水平。治疗者对当事人的人际关系进行鉴别性的观察是治疗的关键，因此治疗者必须参与和患者的交谈，但要避免使自己陷进去。

## 四、对沙利文理论的评价

### 1. 主要贡献

沙利文是精神分析的社会文化学派的第一个理论家。他融合了精神病学和社会科学，在其治疗实践的基础上提出了人际关系的精神病理论，开拓了精神分析学派的视野。其主要贡献有以下几方面：

首先，人际关系说的提出，是沙利文对弗洛伊德古典精神分析的重大变革。沙利文使正统精神分析的重心由个体转向个体之间，由专注于个体内部的冲突转向个体与个体之间的交流、个体与环境(人际情境)的交互作用。他突破了弗洛伊德理论的束缚，把人看做是社会性而非生物性动物，赋予了人更多的主动性和积极性。从这个角度来说，他发展了精神分析的思想。

其次，沙利文强调自我系统对人格发展的影响。弗洛伊德古典精神分析则将心理现象的原因放在了纯粹的内在生物力量上，把人视为一个与社会根本对立的自然存在物和非理性的动物，坚持用能量守恒和转化定律解释心理活动规律，主张先天的本能是人的一切心理和行为的动力。而沙利文不但纠正了弗洛伊德过分强调性和潜意识在人格发展中的作用，而且是对弗洛伊德晚期开始注意自我研究的一种重大的理论发展。

第三，从调节人际关系入手去改善精神障碍者的状况，这是一种富有创见的治疗策略。它使人们注意到：人际关系、社会能力与人的心理健康之间存在着重要的关系，因此在治疗时，不仅注意了解患者各种人际关系和症状之间的联系，并且注意在人际交往中促进患者的健康。这种调节人际关系的治疗观不仅给当时的治疗注入了新鲜的空气，而且对他身后以至于当今的治疗观（如家庭治疗、集体治疗）也有持续的影响。

2. **主要局限**

由于时代以及个人经历和知识的局限，沙利文的理论也存在着许多不完善之处。

首先，沙利文所提出的人际关系是比较狭隘的人与人之间的心理关系，而没有从宏观方面深入考虑人际关系。人际关系心理化、抽象化、表面化，在理论上缺乏更广大的社会现实作为研究背景与基础，难免显得单薄与不足。而且对人际关系的认识仍具有生物学色彩。在他看来，人际关系的基础是“一体化”，而所谓“一体化”是个体之间互利互惠，相互满足需要，尤其是躯体的需要。因此说沙利文所指的人际关系是建立在生物性能量交换基础上的，仍具有浓厚的生物学色彩。

其次，沙利文未能对人格的内在机制做出全面的理解。沙利文的学说重视人际关系，重视人际互动形成的动力场，个人只是这个动力场中的构成部分。在沙利文看来，人格只是个解释性的概念，它随着人际情境的变动而发生着改变。沙利文谈到了人的个体性、目的、意志、自由都是个人的幻觉或错觉，是个人给自己臆造出来的。沙利文未能认识到，西方社会对个人个体性、目的、意志、自由的剥夺，造成个人以幻觉或错觉来进行填补。他反而就此从人的人格中排除了个人的个体性、目的、意志、自由，这给沙利文对人格的理解造成了缺陷。人格成了个体在人际情境中的各种反应的集合，而失去了构成个体独特性和个体性的意义。

第三，沙利文创造自己特有术语的爱好和他蹩脚的写作方式为他的理论添加了许多不必要的内容，其理论术语的晦涩也使其实际效用大打折扣。

## 第四节　卡丁纳的文化与人格相互作用理论

阿布拉姆·卡丁纳是精神分析的社会文化学派的主要代表人物之一，是精神医学家出身的著名人类学家。他主要关心的是文化与人格的相互作用，不仅重视文化对人格形成的作用，而且重视人格对文化变迁的影响。

## 一、卡丁纳的生平与思想来源

阿布拉姆·卡丁纳(Abram Kardiner,1891—1981)

卡丁纳(Abram Kardiner,1891—1981)于1891年出生于纽约。他的父母是俄国移民,父亲是一名裁缝,依靠沿街兜售来维持生计。卡丁纳3岁时,母亲死于肺结核。这使原本艰辛的生活雪上加霜,卡丁纳深深的不安全感与此不无关联。在父亲的指示下,3岁的卡丁纳在这一年里,每次去教堂都为母亲唱祈祷歌。然而父亲没过多久就再婚了。卡丁纳主要由"善良、专制的"继母抚养。卡丁纳生前回忆他的童年如梦魇一般,伴随着饥饿、被忽视、低人一等和令人困惑的绝望感。他的个人经历对于后来的理论建构具有很大影响。卡丁纳于1912年毕业于纽约城市大学。在父亲的指导下,他选择了医学专业,同年到曼哈顿的康奈尔大学医学院学医。几个月之后,在经历了痛苦的失恋之后,于1913年进入哥伦比亚大学读研究生。尽管他最初选择的是哲学专业,师从著名的约翰·杜威(John Dewey,1859—1952)和菲利克斯·阿德勒(Felix Adler),但是他的理论兴趣很快就转向了文化人类学。他选了一年的人类学课程,由弗兰茨·博厄斯(Franz Boas,1858—1942)讲授欧洲民族志。卡丁纳还参加了由杜威和博厄斯联合主办的跨学科研讨会"民族志研讨会"。除了选修的民族志课程之外,卡丁纳还听了很多博厄斯、亚历山大·戈登怀瑟(Alexander Goldenweiser)的演讲。博厄斯的博学多才给卡丁纳留下了很深的印象。虽然卡丁纳很崇拜博厄斯,但是他觉得把人类学作为自己一生的事业是不现实的,最终决定回到医学院。在康奈尔大学的西奈山医院实习期间,卡丁纳既是精神病学家费伦茨(Sandor Ferenczi)的学生又是其分析的对象。费伦茨对弗洛伊德心理学的热情感染了卡丁纳,因此卡丁纳开始致力于精神病学。在第一次世界大战期间,卡丁纳接受了精神分析和人类学的训练。而这两门学科在当时的美国都是比较新的学科。1920年卡丁纳赴维也纳跟随弗洛伊德学习。作为弗洛伊德的分析对象,他很快就意识到了弗洛伊德精神分析的不可靠。尽管弗洛伊德能够解决卡丁纳童年的面纱恐惧,但是他显然不能够认识分析中的移情。1922年卡丁纳开始在纽约精神分析研究所任职，并在纽约开业从事精神分析治疗，热情地传播精神分析学说，训练精神分析专业人员。从1922年1月开始，卡丁纳还参加了由弗洛伊德组织的一系列演讲。弗洛伊德想通过卡丁纳等人类学家的理论介绍来补充他对学生的教学性分析①（Dadictic analysis）。卡丁纳受到人类学家的影响，他和这些人类学家都反对弗洛伊德关于图腾与禁忌的观点。1923年至1955年卡丁纳还在康奈尔大学、哥伦比亚大学任教。1955—1961年负责哥伦比亚大学诊疗所的工作。

卡丁纳虽然很重视精神分析的理论研究，但是他早在20年代开始就对弗洛伊德经典精神分析（尤其是本能理论和恋母情结学说）的普遍性产生了怀疑。但直到30年代中期他与杜波伊斯（Cora Du Bois）联合举办研讨会时，才开始真正地修正弗洛伊德的文化理论。

20世纪30年代，卡丁纳先后在《精神分析季刊》、《家庭》等杂志发表《癫痫反应的生物分析》（1932）、《经济保障在个人适应中的作用》（1936）、《安全、文化约束、社会依赖和敌意》（1937）等重要论文。在这些论文中，卡丁纳阐述了社会经济和文化因素在神经症和精神病形成中的重要作用，由此成为精神分析社会文化学派的重要成员。

1933年，他在纽约精神分析学会组织弗洛伊德的社会学著作研讨班，三年中有一百多名学员。由于卡丁纳试图用文化人类学的资料系统检验经典精神分析学的主要原理，因此他所吸收的学员大多数是人类学者，其中拉尔夫·林顿（Ralph Linton，1893—1953）、杜波伊斯等人后来均成为著名人类学家。他还邀请萨丕尔（Edward Sapir）、鲁斯·本尼迪克特（Ruth Benedict，1887—1948）等著名人类学家发表演讲。从1937年开始，林顿和卡丁纳都受聘于哥伦比亚大学人类学系，由此开始了他们的合作研究。他们继续举办研讨会，通常是先由几位人类学家介绍本人曾从事过现场研究的那一种文化，再由卡丁纳进行分析阐释，然后大家对这些阐释进行讨论。卡丁纳将这些研讨结果加以总结，写成《个人及其社会》（1939），并与林顿、杜波伊斯等合著《社会的心理疆界》（1945）一书。在这两部著作中，卡丁纳运用精神分析技术详尽地研究了五种土著社会的文化形态及其基本人格结构，系统地阐述了他关于文化与人格相互作用的理论内容，并对经典精神分析学提出了尖锐的批评和重要修正。由于卡丁纳等人的工作，30～50年代的哥伦

① 教学性精神分析（Dadictic analysis）：凡是学习精神分析治疗的医生，必须先经过另一位精神分析专家对自己进行一次精神分析，或者在他的指导下自己对自己进行一次彻底与合格的精神分析。在欧美国家的各精神分析教学机构中，一般规定学员要接受300～500小时的教学性分析（至少要一年至二年）。

比亚大学人类学系在社会心理学史上占据重要地位，而卡丁纳本人也成为一个开创性的人物。除了上述两部著作之外，卡丁纳还与人合作完成了《压抑的记号》(1951)和《他们研究了人》(1961)两部著作。

文化与人格相互作用理论在20世纪30年代的提出并不是偶然的，它在精神分析学史和文化人类学史上都有其重要原因。

文化是人类学家的研究主题，人格则是心理学家的兴趣中心。一直到20世纪20年代，把这两者联系起来加以考察虽有先例，但并没有成为科学上的一大重要领域。例如早在19世纪的巴斯典①时代，人类学家已注意到了文化的心理问题，随后的泰勒(Edward Tylor，1832—1917)②、斯宾塞(Herbert Spencer，1820—1903)③等进化主义者也把宗教、神话的起源归因于古代人类的心理状态。然而，20年代前的人类学研究的重心并不是文化与心理的关系问题，而是主要侧重于对文化特质的分析。换言之，他们关注的不是文化的进化问题，就是对民族文化做历史的重建工作，而对文化传递的心理历程和人格因素则漠不关心。

真正把文化与人格的关系问题作为科学研究中不可缺少的领域而加以考察的学者当推弗洛伊德。1913年，弗洛伊德提出了一个大胆而又近乎荒诞的臆测。他从原始人把图腾视为自己的共同祖先或原始父亲这一事实出发，为图腾崇拜和外婚制这两类原始社会常见的禁忌现象提供了心理学的解释。弗洛伊德在《图腾与禁忌》(1913)这部宗教心理学著作中，将原始部族对图腾既崇拜又恐惧的矛盾心理与儿童对父亲既崇拜又恐惧的矛盾心理作了类比，认为这两类现象源出于同一个原因：俄底浦斯情结(即恋母情结)。他从图腾的普遍性进而断定俄底浦斯情结的普遍性。

弗洛伊德对文化与人格的关系问题采取了这样一种立场：人在种系演化过程中被赋予了某种只有通过外部世界之客体才能获得满足的本能，由于禁忌的存在而使这种本能受到压抑，于是本能通过升华创造了文化。因此，文化是本能寻求表现而形成的赘生物，是本能压抑的产物，是人的生物力量的副产品。可见，在文化的起源上，弗洛伊德持一种生物本能起源论观点。

弗洛伊德关于文化的生物本能论观点对于潜心研究文化特质的人类学

① 巴斯典(Bastian，1826—1905)，19世纪德国哲学家、文化人类学的创始人之一。

② 爱德华·泰勒(1832—1917)，英国文化人类学的奠基人、古典进化论的主要代表人物，被称为“社会人类学之父”。

③ 赫伯特·斯宾塞(1820—1903)，英国社会学家、哲学家，进化论的早期倡导者，英国实证主义的代表人物之一。

者造成了巨大的冲击，促使了他们对文化与人格的关系问题进行审慎研究。英国人类学家马林诺夫斯基（Bronislaw Kaspar Malinowski，1884—1942）于1914年，对处在母权制社会的美拉尼西亚人进行现场研究，得出了这一文化中不存在俄底浦斯情结的结论，推翻了俄底浦斯情结的普遍性假设。他认为“情结”是由文化决定的，俄底浦斯情结只是父权社会的特殊产品。自20年代中叶始，哥伦比亚大学的人类学家博厄斯及其两位著名的女弟子鲁斯·本尼迪克特和玛格丽特·米德（Margaret Meed，1901—1978）通过大量的现场研究，把马林诺夫斯基对弗洛伊德的修正大大推进了一步。本尼迪克特的《文化模式》（1934）和米德的《萨摩亚人的成年》（1928）等著作，深入探讨了原始人赖以生存的文化环境是如何塑造其人格的。他们以弗洛伊德文化和人格的生物本能论假设为靶子，以人性、人格和文化变迁为主题，力图全方位揭示文化在人格形成中的决定作用，以展开对弗洛伊德主义的整体批判。

所有这些研究的结论是：基本的心理过程反映了文化对环境的适应，文化因素与生物因素相比较，在人格及其他心理特性的形成发展中起决定作用的是文化因素。个人的人格及其行为必须从社会的、文化的取向，而不是从生物的、本能的取向来理解。而这一结论对于弗洛伊德的人格以及文化起源的生物本能决定论无疑是一个沉重的打击。

然而，人类学家的文化决定论的观点似乎显示了，人类在其所创造的文化面前无能为力，是文化在役使人类。它在纠正弗洛伊德理论的偏颇的同时，又陷入了另一个极端。文化与人格的关系问题仍有待进一步探究。卡丁纳正是在这样的背景下，开始致力于文化与人格的相互作用的研究，并试图用文化人类学的事实去修正弗洛伊德的本能理论。如果说博厄斯师徒着重探讨了文化对人格形成的决定性作用，那么卡丁纳等人就将研究推进到文化与人格相互作用的问题上。1936年博厄斯退休，第二天林顿和卡丁纳受聘，正是这一发展趋势的标志。

## 二、文化与人格的相互作用理论

卡丁纳的文化与人格的相互作用理论是对精神分析学和人类学加以整合的结果，是精神分析社会文化学派的一个特殊方向。他强调文化因素对人格和心理发展的影响，认为文化与社会的变化为检验和发展人格理论提供了难得的背景。卡丁纳深信，借助人类学家所提供的第一手资料，运用精神分析的技术就能揭示出每种文化所特有的人格模式，即基本人格结构

(basic personality structure),而文化与人格相互作用理论的核心目标在于解释和说明:文化是如何影响人格的?已经形成的人格对文化的变迁又有何影响?

1. **文化与习俗**

要阐明卡丁纳理论中文化的含义,必须先了解他对于人的生物学特征的看法。卡丁纳反对弗洛伊德关于文化和人格的生物本能论,但是他不认为离开人的生物学特征能够对文化和人格获得正确的理解。相反,他主张:"心理学的研究必须开始于人的生物学特征。"①他认为人的生物学特征可以分为两类:一类是支配有机体内组织的生理特征;一类是适应外部世界的种系演化特征。种系演化特征又有两种:一种是个体出生时既已固定的反应技能或适应形式,不过这些反应技能或适应形式与动物相比较不仅数量有限,而且非常脆弱,因此不可能使个人对外部世界获得适当的定向和适应;另一种是个体日后生活中有待发展的反应技能或适应形式,诸如直立行走的能力、语言能力、制造和使用工具的能力等等。后一种反应技能或适应形式是动物永远所不能及的。因此,从生物学方面,人和动物的主要差别在于:(1) 人比动物具有更长的依赖期和更大的无助性;(2) 人比动物具有更大的可塑性和更强的适应性。所以假如从生物学的角度分析社会生活的意义,那么,人的依赖性和无助性足以证明有组织的社会生活的不可缺少性;而人的可塑性和适应性则为实现有组织的社会生活提供了生物学条件。

卡丁纳认为,个人在有组织的社会生活中形成了习惯化的社会规范,从外部世界中获得生活所必需的物质资料的技术,有关对待出生、成长、发展、衰退以及死亡的习惯化态度等等。当这些规范、技术、态度具有持续性和传播性时,即可把它们称之为文化(culture)。虽然不同社会文化的具体内容和表现形式不同,却具有以下共同特征:(1) 一切文化都拥有某种形式的家庭组织,父母、儿童(以及扩大家庭中的其他成员)是其主要成员;(2) 一切文化都拥有某种类型的团体组织;(3) 一切文化都拥有以家庭组织、血缘关系(真正的或象征的)或共同目标为基础的大团体;(4) 一切文化都具有从外部世界中获取生活资料的技术;(5) 一切文化都拥有用以激励或控制某种冲动、需要的基本规范;(6) 一切文化都具有用以控制或调解个人或团体彼此间的敌意、攻击的规则;(7) 一切文化都根据某种共同承认的心理力量使个人聚集在团体内;(8) 一切文化都确立了自己的独特的生活目标。

① Kardiner, A. (1939). The Individual and His Society. New York: Columbia University Press, p. 19.

文化一方面为个人克服无助性、促进成长提供了确定的条件；另一方面又对个人需要的满足制造了许多限制。因此，卡丁纳认为，文化不仅是个人适应外部世界和社会生活的有效工具，而且是社会延续和社会平衡的有效工具。

文化是一个整合性结构概念，它涵盖了社会生活的所有方面和所有层面，诸如习俗、信仰、习惯、规范等等。为了使文化这一概念具体化和操作化，卡丁纳认为需要建立一个能够普遍使用的表征文化单位的概念，这个概念就是习俗(institution)。在《个人及其社会》一书中，卡丁纳给习俗下了一个经典性定义，习俗是由能够彼此交流的个人所组成的团体所拥有的思想或行为的固有模式，它得到人们的普遍接受，对它的违反或背离就会造成个人或团体内部的失调。这一定义有两点含义：(1) 习俗是特定团体中普遍认同的思想或行为模式；(2) 属于该团体的任何个人的思想和行为必须与这些模式保持一致而不能违反或背离。作为团体中个人思想或行为的规范性准则，习俗必须通过个人与他人（如父母）的交往而被个人所知晓、所接受、所认同；同时，个人通过其思想或行为而成为习俗的载体，成为习俗得以永久传承的媒介。因此，从心理学的观点看习俗，就必须把它视为“人类彼此相互作用以及人类与外部环境交互作用的固有的积淀物(precipitates)”①。卡丁纳认为不同的习俗造就了不同的人格结构，但不是一个社会中的所有习俗都能决定基本人格结构。为了说明文化与人格的相互作用，卡丁纳把习俗划分为初级习俗(primary institution)和次级习俗(secondary institution)。前者是指儿童出生时就面临的最基本的行为规则的总和，其中包括家庭组织、群体结构、基本规范、哺乳和断奶方式、父母对儿童的关注或忽视的态度、大便训练的时间和方式、性禁忌、谋生技能等等，它是形成个人基本人格结构的文化基础，而且并不随着社会经济条件的改变而有重要变化。次级习俗是个人基本人格结构的投射物，其中包括禁忌系统、宗教、仪式、民间传说、神话和思维方式。次级习俗并不是初级习俗的直接衍生物，而是它在个人身上形成的心理特征的投射物。

**2. 基本人格结构**

在卡丁纳的文化与人格相互作用理论中，基本人格结构是一个核心概念。从其有关论述中可以窥见其较完整的定义。

在《个人及其社会》一书中，卡丁纳写道：

基本人格结构是指“个人在与同一习俗的相互作用中形成的心理特征

① 车文博主编：《弗洛伊德主义论评》，吉林教育出版社 1992 年版，第 819 页。

和行为特征的集合"①。"对于基本人格结构,我们指的是个人有效的适应工具,它对于特定社会中的每个人都是共同的。"②

在《社会的心理疆界》一书中,卡丁纳写道:

"在个人身上还存在着某些由儿童期的经验形成的东西,而儿童期经验构成了日后常常形成民间传说和宗教的投射系统的基础。个人身上的这些核心丛被称为基本人格结构。"③概括地说,所谓基本人格结构是指特定社会或团体的初级习俗在所属成员身上形成的共同的心理或行为特征的总和,它是个人适应外部世界的有效工具,并构成次级习俗的心理基础。卡丁纳还对基本人格结构与性格(character)做了区分,基本人格结构是指同一习俗中每个人都具有的共同的人格特征(相当于我们现在所说的"众数人格"或"民族性格"),性格则是指同一习俗背景中个人人格的独特特征,是基本人格结构的个人变量。当研究跨文化的个人人格差异时,就必须使用基本人格结构这一概念;而当我们研究同一文化中个体人格差异时,则用性格这一概念。用卡丁纳的话说:"一个爱斯基摩人(Eskimo)可能固执而多疑,而另一个人可能顺从而信任,这些是性格特征。但是爱斯基摩人的基本人格结构不同于马克萨斯人(Marquesans)的基本人格结构。"④

### 3. 习俗与基本人格结构的形成

卡丁纳认为不同的文化习俗会造就不同的人格结构。他对不同的文化进行了系统的研究,并推翻了弗洛伊德关于人格的生物本能论的观点。

为了说明初级习俗向基本人格结构的内化,卡丁纳作了如下假设:(1)个人的早期经验对其人格的发展具有持久的影响力;(2)相似的早期经验在经历这些经验的个人身上势必形成相似的人格;(3)任何社会的成员对儿童的护理方式和养育方式在文化上都是模式化的;(4)任何特定社会的成员都具有许多共同的早期经验的要素;(5)属于同一社会的成员具有许多共同的人格要素。⑤

根据以上假设,基本人格结构最初来源于个人的早期经验,而个人的早期经验无疑是在初级习俗的影响下产生的。因此,分析初级习俗对早期经验发生影响的过程就是说明基本人格结构形成的重要渠道。卡丁纳最为关

① 沈德灿著:《精神分析心理学》,东华书局2003年版,第383页。

② 车文博主编:《弗洛伊德主义论评》,吉林教育出版社1992年版,第820页。

③ 车文博主编:《弗洛伊德主义论评》,吉林教育出版社1992年版,第820页。

④ Kardiner, A.(1939). The Individual and His Society. New York: Columbia University Press, p.38.

⑤ 车文博主编:《弗洛伊德主义论评》,吉林教育出版社1992年版,第821页。

心的早期经验是与喂奶断奶、排泄训练、性的禁忌等有关的经验。以对儿童的排泄训练为例：(1) 婴儿最初的排泄活动完全是身体的不随意机能，随着排泄而产生紧张释放感；(2) 当不随意机能因训练被控制所代替时，儿童会产生与这种训练有关的新感觉和行为；(3) 如果儿童的排泄活动符合习俗的要求，儿童就会受到赞许，如果不符合习俗，他就会受到惩罚或训斥；(4) 经过一段时间的反复训练，儿童就会形成关于排泄活动的心理特征："如果我按对我的期望做了，我就会受到赞许。"①实际上，整洁是初级习俗的要求，儿童最初并没有意识到这种要求的意义；但是，当他爱清洁时，就会受到文化的赞许(通过父母)。因此整洁最初只是一种服从的心理特征。但他长大以后，就会转变成一种责任感和习惯，从而构成他的基本人格结构的一部分。如果儿童服从父母的要求并得到奖励，就可能达成一种平衡；如果儿童服从了却没有得到奖励，就会产生焦虑和抑制，或是产生好斗与反抗的人格。

初级习俗的执行者主要是父母，父母按照习俗的要求对儿童进行训练，训练的策略就是奖赏和惩罚，儿童正是在这种奖赏或惩罚的基础上形成基本人格结构。对儿童的这些训练必然导致儿童的某些需要的满足遭到挫折，而人对挫折的反应方式构成基本人格结构。对待挫折的反应方式不同，基本人格结构也就不同。卡丁纳分析了四类挫折反应方式及其人格结构特征：

(1) 喂奶挫折的反应。婴儿对延期喂奶的反应方式有两种：哭闹等攻击性反应和吮吸手指等替代性反应，前者可能形成攻击性人格，后者可能形成忍耐性人格。

(2) 食物挫折的反应。当个人摆脱对父母的依赖而获得独立后，他面对食物挫折的反应首先是愤怒，继而是冷漠和抑郁，并产生不同形式的文饰。在个人所有的潜力和努力遭到失败后，他就会产生无助感，从而退回到婴儿时代，并由此重现儿童期的人格特征，如依赖欲望、受保护的欲望。

(3) 对受保护欲受挫的反应。受保护欲是新生儿最直接、最重要的需要，并持续相当一个时期。当受保护欲不能实现时，个人可能以梦和幻想的形式来表达他的无助感。

(4) 对社会需要受挫的反应。社会需要包括个人对更高的地位、更高的能力、更多的财产、更高的声望以及更高的阶层的追求欲。这些需要对现代社会的个人来说是一种永久的激励物；而当这些需要被剥夺时，个人可能采取各种反应形式。例如，它可能力图解除他人对自己的妒忌、敌意的攻击，

① 车文博主编：《弗洛伊德主义论评》，吉林教育出版社 1992 年版，第 822 页。

确保自己业已拥有的地位、财产、声望等等；假如他对对方具有强烈的依赖性而无力控制对方时，他的攻击便可能转化为更加屈从于对方，并力图讨好对方，以便依靠对方的地位、权力、声望而使自己从中受益。这些不同的反应形式不仅反映了个人已有的人格特征，而且构成个人人格结构发展中的主要素材。

4. **基本人格结构对文化的反作用**

卡丁纳一方面将人格视为文化的产物，另一方面又将人视为文化的创造者。他认为基本人格结构能够创造和影响次级制度或适应性的文化。"基本人格结构虽然不能决定某一文化的全部变迁，但它提供了方向，规定了适应性文化的变迁所发生的方式。"[①]卡丁纳认为基本人格结构通过投射(projection)作用产生神话、宗教信仰等次级习俗。所谓投射作用就是主体无意识地将自己的过失或不能满足的欲望归咎于客体，以便减轻内心焦虑的过程。投射是由挫折引起的。如上所述，人格是对挫折的反应，而这些挫折经验又通过投射作用创造次级习俗，进而在想象中满足需要并缓解紧张。所以次级习俗是挫折经验的潜意识的派生物，是人的主观愿望的曲折体现。卡丁纳以先民的祈雨仪式为例来说明这一过程：

儿童期的依赖和无助与父母的关注和护理，形成儿童对父母的依恋感和崇敬心。而儿童对规范的违反势必导致父母的惩罚，从而形成儿童对父母的敬畏和恐惧。随着年龄的增长，儿童逐渐形成了适应外部世界的有效工具，即基本人格结构，并从父母那里独立出来。

与上述过程相似，人们在雨量充足的时候，能够顺利应付自然，获得足够的食物，人们处于自然界的滋养和呵护之下。假若长期干旱，个人原有的适应工具势必难以应付旱灾，使其生存需要受到挫折，食物焦虑产生。人们对自然也会产生敬畏和恐惧之情。

长期干旱使人的生存需要受到威胁，这种焦虑和紧张要得到缓解，对于无能为力的先民而言，只能求助于万能的神，正如无能为力的儿童只能求助于父母。人们把自己的愿望投射到神身上，自己无法做的事，万能的神能够做到。于是，通过祈雨仪式紧张得到缓解。这时，"你自己无能做的事，全能的父母能做到"的心理特征经投射转换成了"你自己无能做的事，全能的神灵能够做到"的心理特征。在这里民众与神的关系正如儿童与父母的关系，既完全依赖又充满敬畏。所以，宗教的心理根源是人在受挫后向童年时代的退行。民众与神的关系是以亲子关系的原型为基础的。

---

① 叶浩生主编：《西方心理学的历史与体系》，人民教育出版社 1998 年版，第 400 页。

## 三、对人类学现场研究材料的分析

卡丁纳对一些人类学现场研究材料做了系统的跨文化的精神分析研究，从而提出并验证了其文化与人格的相互作用理论。他从事这种比较研究的前提假设是：(1) 在文化上被模式化的儿童护理方式和养育方式在不同社会里存在着显著的差异；(2) 不同社会中的个人的基本人格结构势必存在着显著的差异。他认为，倘若文化与人格的相互作用理论是正确的，那么理应能够通过比较研究来证明这种理论的有效性。正是基于这样的信念，卡丁纳在《个人及其社会》和《社会的心理疆界》两书中，详尽研究了马克萨斯、塔纳拉、阿洛、科玛奇和普莱韦利五种文化形态。这里仅就卡丁纳对马克萨斯、塔纳拉和阿洛文化的分析作简要介绍。

### 1. 对马克萨斯文化的精神分析解读

马克萨斯人生活于中太平洋的波利尼亚，他们面临的主要威胁是严重干旱导致的周期性饥荒。为了控制人口，解决食物短缺问题，他们采用杀女婴的权宜之计。这就使男女比例失调(5∶2)，相应的婚姻制度就是一妻多夫制。这一事实对马克萨斯人的家庭结构、儿童和家长的关系、男性彼此之间及女性彼此间的关系产生了重要影响。妻子把大部分时间花在打扮自己和满足几个丈夫的需要上，为此甚至不给哺乳期的婴儿喂奶。孩子主要由母亲的大丈夫和小丈夫照料。成人对孩子基本上放任不管，缺乏基本的纪律要求。除了禁止与父母或兄弟姊妹乱伦之外，性行为不受任何限制。另外，在马克萨斯部落，儿童的大便训练开始得很晚，大便控制也不借助于强制措施。

马克萨斯部落的这些基本规范对于该文化中的个体的基本人格结构具有重大影响。首先，食物短缺以及对食物的焦虑导致了个人人格结构中特有的疑病症特质，例如担心自己被什么东西吃掉。“对被什么东西吃掉”的恐惧投射到次级风俗中就表现为食人肉的神话。例如，有些神话里讲，当男人满足了女人的性要求时，女人就丧失了吃人肉的习性。卡丁纳将其解释为，马克萨斯人一方面把阴茎当做喂养器官来看待；另一方面，把男人视为女人性欲的受害者。前者是食物焦虑的投射物，后者是对女人敌意的投射物。其次，孩子得不到来自母亲的爱和安全感，依恋对象是父亲或别的男人，而且从小就对女人怀有恐惧和憎恨之感。它的直接证据是马克萨斯的民间传说中，女人被描绘成恶毒、黑心的剥削者；她们吃人，勾引天真无邪的青年男子，抢夺儿童的食物。其文化中没有类似俄底浦斯的神话，却有类似爱勒克屈拉(Electra,恋父情结)的传说。卡丁纳认为,马克萨斯部落的这些民间传说作为次级习俗是男人对女人的不信任和恐惧的心理特征的体现,而这种对女人的不信任和恐惧是男人与女人的特殊关系(初级习俗)的产物。第三,无节制的性行为成为个人在别处受挫后的一种补偿物。马克萨斯人的食物焦虑、男人间被压抑的妒忌、对女人的憎恨和恐惧在无休止的性行为中获得了解脱和补偿。

通过对马克萨斯文化的精神分析研究,卡丁纳认为,构成马克萨斯文化的初级习俗包括:食物短缺、男女人口比例失调、缺乏对儿童的护理和关注、缺乏对儿童的限制性规范等等。由于这些初级习俗的影响,个人身上形成了相应的基本人格结构。例如,对被吃掉的恐惧、食物焦虑、疑病症性格、对男性的依恋和对女性的憎恨、无节制的性放纵等等。由于上述基本人格结构的投射形成了次级习俗。例如,食人肉的传说、对女人敌意性的描写、男性间的团结精神、妇女乱伦的传说等。

**2. 对塔纳拉文化的精神分析解读**

塔纳拉(Tanala)人生活于非洲南部的马达加斯加群岛,实行一夫多妻制,父亲的权力至高无上,但长子拥有特权。女人地位低。母亲的主要职责是照料孩子,婴儿断奶很晚。对孩子的大便训练很严格。性行为也受到很严格的限制,特别强调女人的贞节。

塔纳拉部落的这些基本规范使其社会中的个体具有了相应的基本人格结构。塔纳拉人对父亲既崇拜又恐惧,对母亲怀有强烈的依恋。在个人品质上,重视服从、忠诚、勤劳、认真等等。在他们的宗教观念中,家神具有至高无上的权威,人们对家神既崇拜又恐惧,不敢有丝毫的不恭和触犯。触犯了家神就会受到惩罚(如生病)。显然,家神仅仅是被神化了的父亲心象。在其神话传说中,有类似于杀父娶母的故事。

通过对塔纳拉文化的精神分析研究,卡丁纳发现塔纳拉文化的初级习俗包括:父亲的绝对权威、过长的哺乳期、过早的排便训练、严格的性禁忌、同胞间的不平等、过早的生产训练、对勤劳的关注等等。在此基础上形成了个人的适应工具(基本人格结构),例如,对父亲的崇拜和恐惧,对母亲的依恋、服从、讨好,同胞间的敌意、忠诚、责任心等等。基本人格结构的投射物(次级习俗)则表现为对家神的崇拜和恐惧、俄底浦斯情结、疾病观念等等。卡丁纳认为,马克萨斯社会与塔纳拉社会在初级习俗方面的显著差异导致了两个社会中个人的基本人格结构的根本不同;反过来,不同的基本人格结构创造了迥然不同的次级习俗(宗教和传说)。因此,仅仅把人格视为文化的形成物或仅仅把文化视为个人本能被压抑和升华的产物的观点,都不能全部把握文化和人格的实质性关系。只有从相互作用的观点出发研究文化与人格的关系，才能正确理解文化的发展和人的发展的一致性。

### 3. 对阿洛人文化的精神分析解读

著名人类学家杜波伊斯实地研究了阿洛人（Alorese），并出版了《阿洛人》（1949）一书。卡丁纳对阿洛人的现场研究材料进行了精神分析学的系统分析。阿洛人生活于东印度群岛。在阿洛人的生活中，男人负责供应肉食，女人负责供应蔬菜。在那里，新生儿只能受到母亲为期两周的护理。从第 14 天开始，母亲就去田野劳动。当母亲在田间种植蔬菜时，婴儿被留在村子里，主要由同胞兄姊负责照看。因此，吃奶或进食、恐惧、缺乏感情交流等方面的挫折贯穿于整个童年。对孩子的训练不系统，在走路、说话、排便等方面都是如此。这体现了对孩子成长的忽视。奖惩标准不明，前后矛盾。同一种行为有时得到赞许，有时受到惩罚。

这些初级习俗对个人造成严重的人格整合失调。阿洛人疑心重，焦虑不安，缺乏信任和信心，经常用谎言和诡计来诈骗他人。他们对外部世界不感兴趣，他们的人格缺乏进取心，充满了被压抑的憎恨和随时都可能爆发的攻击性。相应地，在民间故事中，最常见的主题是父母导致的挫折和对父母的仇恨。例如，在一个故事中，母亲要孩子用故意刺穿了底的水管打水，在孩子费尽心机试图装满水时，父母却扔下他走了。多年后，在他的婚宴上，父母出现了，但在给他们的食物容器中却装满了粪便。在阿洛人的宗教中，没有理想化的神灵。神不能给人安慰，不能满足希望得到奖赏的愿望，也没有积善得福的观念。

总之，个人的基本人格结构是初级习俗内化的结果；反过来，已经形成的基本人格结构通过投射创造了次级习俗。

## 四、对弗洛伊德的批判与修正

作为一个精神分析学家，卡丁纳在建构他的相互作用论时，不可避免地要触及弗洛伊德的经典精神分析学。弗洛伊德将文化视为本能寻求表现而形成的赘生物，是本能压抑的产物，是人的生物力量的副产品，而卡丁纳则认为个人既是文化的创造者、传播者，又是文化的形成物。因此，交互作用论和本能压抑论一开始就是直接对立的观点。卡丁纳试图根据他对土著文化及其人格的精神分析研究，来修正弗洛伊德的文化心理学观点。

### 1. 对本能论的批判

本能论既是经典精神分析学的主要基石之一，也是弗洛伊德解决文化起源问题的理论起点。弗洛伊德认为，人类文化起源于人的性本能，是性本能压抑和升华的产物。在他看来，只有通过升华，人的本能冲动才符合社会理想，因此，文明的进步是以本能的压抑为代价而获得的。这种极端的生物本能学说早在 20 世纪初就遭到弗洛伊德的门徒阿德勒的强烈抨击。由于 1929—1933 年间的世界性经济危机以及在此之前的第一次世界大战对资本主义国家人民造成的恶果之一就是，这些国家的神经症和精神病患者日益增多。到了 30 年代，随着精神分析学派内部的分裂，许多人都感到本能理论的无能为力。受到文化人类学家的影响，卡丁纳认为，若要彻底驳倒本能理论，必须对文化和人格问题进行跨文化的比较研究。在这种比较研究的基础上，卡丁纳分析了本能论的理论前提，揭示了本能理论在跨文化比较研究中的重重困难。

众所周知，本能理论是根据 19 世纪后半期的生物学理论建立起来的。而当弗洛伊德用本能理论去解决文化与个人的关系问题时，他把个体发育与种系演化的平行论作为其理论前提。根据这个前提，个体发育不过是种系演化模式的重复。由此，弗洛伊德引入了研究文化与个人关系的新方法："在神经症患者身上发现的心理过程，尤其是那些针对冲动或需要倾向受挫的心理过程应当在原始人的心理现象中获得重现。"①问题在于个体发育与种系演化的平行论仅仅是一个纯理论的假设，它只满足了一种理论建构上的需要，而不能从实施中获得检验。当弗洛伊德在图腾崇拜与儿童对动物的恐惧之间进行类比时，他正是利用了个人的发展是种族发展的复演的假设。卡丁纳认为，假若把这种基于个体发育与种系演化平行论的本能理论用于研究文化与人格的关系问题，便不可避免地带来许多不可思议的后果。首先，它从根本上堵塞了运用人类学资料来探讨文化与人格问题的途径。因为从复演论出发，就无须去了解文化的时代传承问题，只要弄清楚个体的心理过程便可推断原始人的心理。事实上，本能理论"没有提供探讨原始文化之间的显著差异的途径，也没有提供它对外部现实的习俗和群体生活情景发生影响的机会"②。

其次，本能理论的事实依据是通过对西方文化的研究而获得的，因此，对探讨人类的一般本性并非必然有效。卡丁纳认为，假若能用人类的特殊本性来推断人类的一般本性，那么，势必排除特定习俗对人类本性的影响。因此，只有通过跨文化的研究才能真正理解文化与人格的关系。

① 车文博主编：《弗洛伊德主义论评》，吉林教育出版社 1992 年版，第 833 页。
② 车文博主编：《弗洛伊德主义论评》，吉林教育出版社 1992 年版，第 833 页。

第三，用本能理论来探讨文化，势必把文化看做是纯粹偶然的事件。弗洛伊德把本能压抑视为文化的基础，不是习俗形成压抑的力量，而是压抑形成习俗。然而卡丁纳认为，文化研究应当把重点放在那些迫使个人压抑特定冲动的习俗上面。

第四，用性本能的发展来描述文化的发展显得拙劣而牵强附会。弗洛伊德把性本能的个体发育描述为口欲期、肛欲期、性器期、潜伏期、生殖期等。假如把这种方法用于研究文化，就不得不把文化的发展过程也做如此的描述。如把埃及文化描述为“潜伏的”，把资本主义文化描述为“肛门虐待性的”等。卡丁纳认为，这种描述之所以拙劣，“是因为它试图把社会力量的特征的根源归结为个人肉体的快乐，因此不能为风俗的比较提供基础”①。

总之，在文化与个人的关系问题上，弗洛伊德借助于个体发育和种族演化平行论的假设导致了“文化发展过程与个人力比多发展过程之间的类似性”的命题，从而支持了其关于文化起源的生物本能论。按照这种理论：“父母的特质、规范、惩罚或奖赏对儿童学会括约肌控制并不重要，儿童可能以各种方式反映这种规范也不重要；最重要的是种系演化与个体发育的平行展开；也就是个人肛门的压抑同种族压抑是平行的。”②这就是弗洛伊德把本能论应用于文化研究的实质。

### 2. 对俄底浦斯情结说的修正

支持弗洛伊德关于文化的生物本能起源论的主要事实依据就是所谓的俄底浦斯情结。它既可以在神经症患者身上发现，也可以在民间传说中识别的事实似乎使弗洛伊德有理由在个人过程和社会过程之间进行类比分析。根据这种分析，“俄底浦斯情结不仅是神经症的核心现象，而且是按同心圆分布的社会组织和文化中所有其他因素的核心情结”③。个人过程与社会过程相似甚至相同，个人有一种俄底浦斯情结，社会也有一种俄底浦斯情结，而这种情结基于种族在远古所发生的事件，如同他在个人早期所发生的事件一样。

卡丁纳对俄底浦斯情结说的修正主要表现在两方面。首先，他用人类

---

① Kardiner, A. (1939). The Individual and His Society. New York: Columbia University Press, p. 393.

② Kardiner, A. (1939). The Individual and His Society. New York: Columbia University Press, p. 400.

③ Kardiner, A. (1939). The Individual and His Society. New York: Columbia University Press, p. 384.

学的资料证明了俄底浦斯情结并非一种普遍的现象，并非所有的文化中都有有关俄底浦斯情结的民间传说。在马克萨斯文化里就没有母子乱伦的传说，男孩子不是对父亲而是对母亲怀有敌意感。这一事实显然是母亲缺乏对儿童护理和关注所导致的结果。而马克萨斯社会里父女乱伦的传说倒是相当普遍，这也只是由于父亲和女儿之间具有建立感情关系的文化条件。因此，“在马克萨斯人身上缺乏俄底浦斯情结不是偶然的，因为社会组织使然。”[①]与马克萨斯社会相反，在塔纳拉文化里，个人身上存在着普遍的俄底浦斯情结，但是具体表现形式却反映了塔纳拉社会的文化特点。民间传说不是直接表现父子之间的性冲突，而是表现兄弟同胞之间的性冲突，这显然是父亲权力至高无上而遭压抑之后的一种折射的表现。

其次，卡丁纳认为弗洛伊德仅仅满足于类比分析，而这种分析的理论前提正是他关于个体发育和种系演化平行论的一种具体体现。这种类比分析即使在纯理论范围内也不是科学的严肃方法。

可见，卡丁纳并不根本否认俄底浦斯情结，而是对此作了新的文化学的解释。从这一方面看，卡丁纳并非试图同弗洛伊德彻底决裂，他对弗洛伊德的反叛是有保留的。

## 五、对卡丁纳理论的评价

### 1. 主要贡献

首先，卡丁纳的文化与人格相互作用理论强调文化因素特别是社会的初级习俗对人格形成的决定作用，对弗洛伊德的本能论进行了突破性的修正。尽管与其同时代的霍妮、沙利文、弗洛姆这些精神分析社会文化学派的代表人物也强调社会文化因素，但他们的研究主要是在西方文化的背景上进行的，其理论主要建立于个体的心理病理学基础之上。卡丁纳与这些研究的区别在于，他的研究基于对土著文化的比较分析，而且着重于文化与群体的人格结构之间的关系。其特点在于人类学取向。尽管弗洛姆涉及到关于人的学科的广泛领域，也从事了跨文化研究，但他主要是哲学和社会学取向的，而且主要关心的是西方现代人的心理问题。因此，卡丁纳的研究丰富了社会文化学派的理论，成为该学派的一个不可替代的组成部分。同时，卡丁纳的基本人格结构概念为跨文化的群体心理学的研究提供了一种方法学

① Kardiner, A. (1939). The Individual and His Society. New York: Columbia University Press, p. 411.

上的工具和途径，开辟了一个对不同文化群体的人格差异进行比较研究的新领域。

其次，卡丁纳的文化与人格相互作用理论强调人格在文化创造和变迁中的能动作用，纠正了文化决定论的片面性。他既反对本能决定论，又不满足于博厄斯师徒的单向的文化决定论，主张人格既是文化的产物，又是文化的创造者。这种思路显然具有较多的合理性。在人类学的研究方法上，卡丁纳等人之前的文化人类学研究主要是现场调查和现象描述，没有形成解释性的理论。卡丁纳将精神分析技术引入文化人类学，为这一学科提供了一种研究文化与人格相互作用的具体过程的理论解释的方法论。

第三，基本人格结构的概念为跨文化群体心理学的研究提供了一个有价值的工具。长期以来，心理学界似乎形成了一种不言而喻的固定模式，认为心理学只能研究个体的心理活动，而不能研究群体的心理过程；只能研究超文化的共同心理规律，而不能研究跨文化的特殊心理规律。结果，心理学排除了对跨文化群体心理的比较研究。基本人格结构概念作为一种方法论工具是一个表征不同文化背景之间群体人格特质的差异性的概念。卡丁纳借助于这一概念对不同文化及其人格进行比较研究，检验了他的相互作用理论。他认为，这一概念是对不同文化中群体人格差异进行比较研究的有效工具。在理论上，这一概念的运用排除了所谓永恒的、普遍的"人性"假设，人性不是人的生物规定，而是社会文化条件的形成物。这一概念所体现出来的方法论特征为心理学拓宽了新视野，开辟了新途径。

2. **主要局限**

首先，文化与人格的相互作用理论中有些论述自相矛盾。卡丁纳强调文化在人格的形成中具有决定性作用，而人格在文化的创造和变迁中又具有能动作用。但在这一理论的具体阐述中又自相矛盾。卡丁纳把表征文化单元的风俗分为初级习俗和次级习俗两大层次。他认为初级习俗决定人格，而人格不能影响初级习俗的变迁。实际上由于存在着诸如畜牧、农耕、渔业等不同的经济形态，所以造成了不同的人格，继而形成了与之相适应的育儿方式，而育儿方式原被卡丁纳视为一种重要的初级习俗。显然，次级习俗和人格也会对初级习俗发生影响。在基本人格结构与次级习俗的关系上，卡丁纳重视的是单向的投射关系，忽视了次级习俗对基本人格结构的影响。卡丁纳也没有看到外来文化对习俗和人格的影响。此外，卡丁纳自己未作现场研究，而是利用其他人类学者搜集来的材料，这样形成的理论难免简单化。

其次，相互作用理论在方法论上仍未摆脱弗洛伊德历史唯心主义的影响。一方面他在方法论上接受了弗洛伊德的早期经验决定论，忽视了后期生活经验的作用；而且他将文化对人格的影响归结为家庭组织、育儿方式、早期规范对人格的影响，抹杀了文化和习俗的经济和政治等方面的广泛而深刻的内容。另一方面，虽然卡丁纳批判弗洛伊德在分析个人过程和社会过程时所采用的类比方法，但在基本人格结构和次级风俗的关系问题上，他又肯定地使用了这种类比方法。

## 第五节　弗洛姆的人本主义精神分析理论

埃利希·弗洛姆(Erich Fromm，1900—1980)

埃利希·弗洛姆是20世纪著名的心理学家、社会学家和哲学家。在心理学领域，他批判继承了弗洛伊德的潜意识理论等，是精神分析学派的代表人物；在哲学中，他又深受马克思的影响，是法兰克福学派和“西方马克思主义”的代表人物之一。在他看来，“人道主义和人性的基础乃是马克思和弗洛伊德的思想赖以产生的共同土壤”①。因此，他试图将两者的思想糅合起来，确立一种独特的“人本主义精神分析学”，这也是他终生的学术宗旨，用以促成“自为的人”和“健全的社会”。

### 一、弗洛姆的生平与思想来源

弗洛姆(Erich Fromm，1900—1980)于1900年3月23日出生在德国莱茵河畔的法兰克福。父母都是虔诚的犹太教徒，父系和母系的祖先有很多也是犹太教学者，这种犹太—基督教传统对他的影响主要在两个方面：一是宗教性的，强调人在生活中要以精神、宗教和道德规范为中心；二是政治性

① 弗洛姆著，王泽应等译：《人的呼唤》，上海三联书店1991年版，第26页。

的，主张对世界实行变革，以实现这些宗教原则。这种传统使他形成了乐观的救世情怀、和平的国际主义和一种新的社会主义思想。弗洛姆是一个独生子，其父亲纳福特里·弗洛姆(Naphtali Fromm)，性情急躁，喜怒无常，而其母亲则情绪低落、郁郁寡欢。父母情绪的不稳定使他内心深处感到孤独，这也是他对精神分析产生兴趣的一个主要的个人生活方面的原因。

弗洛姆12岁时亲眼见到的一件事情对他后来的发展产生了决定性的影响。邻居家一位年轻漂亮的女艺术家因为老朽的父亲的去世而选择了自杀，并且她的遗嘱是和她的父亲葬在一起。这位姑娘的死使弗洛姆百思不得其解，直到后来他阅读弗洛伊德的著作，知道了“恋父情结”之后才解开了他的迷惑。从此，弗洛姆开始崇拜弗洛伊德，并专心致志地研究精神分析。

第一次世界大战的爆发真正决定了他的发展道路，促使他走上了探索人性与社会生活规律性的道路，这种探索使他后来接受马克思的学说并成长为一位研究现代人与现代社会的思想家。1922年，弗洛姆获得海德堡大学哲学博士学位，由于对弗洛伊德学说的兴趣，1923年，弗洛姆又到慕尼黑大学专门学习精神分析。随后，他到著名的柏林精神分析研究所接受正规的教育，包括理论和临床两大方面。1925年加入由弗洛伊德领导的国际精神分析协会。1930年在弗洛伊德主办的《意象》杂志上发表关于基督教教义的演变及宗教的社会—心理功能的精神分析的长篇论文。1934年弗洛姆随法兰克福大学社会研究所一起离开纳粹德国，迁往纽约并入美国籍。弗洛姆逃往美国之后，先后在许多著名的大学和研究所任职，他从事广泛的教学、理论研究和精神分析的实践活动。1941年到佛蒙特州宁顿大学(Bennington)任教，同时也在美国精神分析研究所任职。1945年到怀特精神医学研究所任职。1951年到墨西哥国立大学医学院精神分析学系任教授，1957年回美国，任密执安州立大学教授。1980年3月18日在瑞士洛桑因心脏病发作而去世，结束了他漫长的、活跃的、富于创造性的学术生涯。

弗洛姆一生著作颇多，主要的著作有：《逃避自由》(1941)——这本书使他一举成名，被人们誉为运用精神分析于社会学研究领域的杰作；《为自己的人》(1947)——弗洛姆称其为《逃避自由》的续篇；《精神分析与宗教》(1950)——弗洛姆将其视为《为自己的人》的续篇；《被遗忘的语言》(1951)；《健全的社会》(1955)；《爱的艺术》(1956)——大概是弗洛姆著作中发行量最大的一部；《禅宗与精神分析》(1960)；《人能占优势吗》(1961)；《人之心》(1964)；《希望的革命》(1968)；《人的破坏性的剖析》(1973)；《占有还是存在》(1976)等等。

## 二、人本主义精神分析理论

### 1. 个人与社会

正如美国心理学家杜·舒尔茨所指出的那样："在弗洛姆的著作中，全部命题是人与社会的关系。"①其整个哲学思想的核心是人的问题。与自然界中的其他生物相比较，人具有生物上的软弱性，与动物相比较更缺乏本能的调节。人为了克服生物学意义上的弱点创造了文明，但是这却使人陷入了一系列的困境，这些困境植根于人的存在本身，所以弗洛姆称其为人的存在的矛盾性。这种存在的矛盾性主要有：

（1）个体化与孤独感的矛盾。弗洛姆把人从原始状态中脱离出来从而获得独立性和力量感的过程称为"个体化"，并认为在这个过程中由于与自然、他人和自我的疏远，人越来越感觉到孤独。

（2）生与死的矛盾。只要人活着，人就能够意识到死！死是无法避免的，人们对死无能为力。总之，人们无法回避求生的愿望和死的存在的必然性之间的矛盾。

（3）人的潜能的实现与生命之短暂的矛盾。每个人都会死亡，所以人的生命是有限的。这使得另一种矛盾的存在成为可能：每个人都具有潜能，但是在短暂的人生历程中，潜能不可能完全得到实现。

上述三种矛盾是相互关联的，但是对人不具有相等的意义。"死是一种自然的现象，是人作为一种自然实体的必然结局；而对死的意识、人实现潜能的愿望则是人作为人、作为超越自然的实体所特有的。因而生与死的矛盾、潜能的充分实现与生命之短暂的矛盾归根到底是人作为自然实体又超越了自然所造成的。所以个体化与孤独感的矛盾是实质性的人的存在的矛盾，它成为弗洛姆的全部理论的基石。"②

人所具有的存在的矛盾会受到所处的社会生活条件的影响。弗洛姆认为在中世纪，人们之间还是各种原始关系，个人通过"原始纽带"与社会合成一体。真正的"个人"是不存在的，人的个体化过程还没完成，个人在这种条件下虽然是不自由的，但是不会感到孤独。而到中世纪末期，人的个体化得到了加强，人的自由扩大了，但是孤独和疏远感也得到了加强。在资本主义

---

① 弗洛姆著，许俊达、许俊农译：《精神分析的危机》，国际文化出版公司 1988 年版，第 3 页。

② 郭永玉著：《孤立无援的现代人——弗洛姆的人本精神分析》，湖北教育出版社 1999 年版，第 51 页。

社会，出现了自由人，但是这时候的人在经济上丧失了一定的地位，市场经济和竞争的存在，使人与人之间变得陌生，甚至敌对，在这种状态下人感到极端的孤独和软弱。在关于个人和社会的探讨中，弗洛姆认为除了个体所具有的、不可解决的存在的矛盾之外，在个人和社会生活中还存在许多历史的矛盾，这些矛盾是人为造成的，是可以解决的。“即使在产生时不能解决，也可以在历史的稍后阶段解决。”①

**2. 人的需要**

弗洛姆认为由人的生存状况（矛盾性处境）所产生的需要是人本主义精神分析学所要解答的首要问题，而人的这些基本需要是对存在的矛盾性处境的反应。每种需要都有两种不同的满足方式，有的是积极的，有的是消极的。其中积极健康的满足方式是为了给消极的、不健康的满足方式提供一种标准和参照系。

（1）爱与自恋：关联的需要。

人为了克服孤独，就要与他人建立联系。婴儿不能客观地认识外部世界，没有“你——我”之分，弗洛伊德称这种状态为“原发性自恋”。随着个体的正常发展，他们逐渐认识到外部世界是独立于他们而存在的，认识到别人的需要和自己的需要一样的重要，即开始学着去爱别人。如果儿童能够建立起与他人爱的关系，就能达到从原发性自恋向爱的过程的正常发展；反之，如果没有建立起这样的关系，不能客观地认识外部世界，只是把别人看成是满足自己欲望的工具，而不是值得尊重和与自己平等的人，那么他就形成了一种“继发性自恋”。

爱和自恋两者起源相同，但是方向相反。两者都出于与他人、世界建立联系的需要；但是，爱是在保持自我独立又尊重他人独立的同时与世界建立联系，自恋则是以自我为中心来建立与世界的联系。

（2）创造与毁灭：超越的需要。

和其他的生物一样，人是身不由己被抛入这个世界的，但是人又不甘心安于生物的被动状态，这就是人作为一种生物又要超越生物的被动状态的需要。实现超越的途径之一就是创造，人能够创造生命、艺术，种植东西，生产物品；但是当人不能或不愿去创造的时候，就会去毁灭、去破坏，这成为实现超越的另一条途径。但是和弗洛伊德不同，他并不认为毁灭是人的一种先天的本能，相反，它只是在特定的生存状态下产生的，而创造是人性中更深刻的东西。由此可见，弗洛姆对人性是持一种积极的态度的。

---

① 叶浩生主编：《西方心理学的历史与体系》，人民教育出版社1998年版，第407页。

(3) 母爱与乱伦:寻根需要。

“人在与自然分离的同时,又有一种回归自然、回归大地的需要,即寻根的需要。”[①]人的诞生意味着与母亲和自然的分离,人失去了自然的根基,从而变得“无家可归”,这种情况是令人无法忍受的,所以人需要找寻新的根基,寻求安全感。人们往往通过依恋母亲及母亲的象征物(家庭、氏族、民族、教会等)建立生存的根基。如果这种依恋过于强烈,就容易陷入乱伦的精神状态。

(4) 个体性与一致性:同一感需要。

人从自然界和动物界分离出来之后,随着理性和想象力的发展,人开始意识到自己和他人是相区别而存在的,意识到无论何时何地我都是同一个人,是一个独立的实体,由此形成的主观感受称为“同一感”,人具有这种同一感的需要。满足这种需要的健康的方式就是要把自己看成不可替代的个体——我就是我,感受到自己身上所独有的东西,弗洛姆称之为“个性化”。具有个体性的人往往是生活的主人,主动选择、支配自己的生活。而“一致性”是指每个人和周围缺乏个性的人们保持一致和顺从,从而失去了自我的独立。

(5) 理性和非理性:定向需要。

人需要为自己确立一个目标,赋予生存以价值和意义,这就是“定向的需要”。有的人可以理性地确立目标,寻求有意义的人生道路,但是也有人在非理性的指导下解决人生的这个根本问题。

这五种需要是弗洛姆提出的“逃避孤独的需要”的进一步的展开,这五种需要实际上都是逃避孤独的需要。

### 3. 社会性格论

人的基本需要是人对生存处境的反应,而人的性格则是在与自然、他人和自己的关系的基础上形成的满足需要的方式和稳定的情感倾向。因此,弗洛姆是在以人与世界的关系为出发点研究人的性格的。人与世界的关系有两种:就人与物的关系而言,人要获取物体,即同化(assimilation);就人与人的关系而言,人要使自己和他人(及自己)发生联系,即社会化(socialization)。性格是把人之能量引向同化和社会化过程的相对稳定的方式[②](这里的能量是基于人的处境而产生的需要)。弗洛姆所说的性格是由一系列

① 郭永玉著:《孤立无援的现代人——弗洛姆的人本精神分析》,湖北教育出版社 1999 年版,第 93 页。

② 叶浩生:《西方心理学的历史与体系》,人民教育出版社 1998 年版,第 409 页。

的性格特征构成的。一些性格特征具有共同的倾向性,称之为性格取向。一个人的性格结构中可能有几种性格取向,我们根据占主导地位的性格取向来划分性格类型。

(1) 同化过程中的性格取向。

弗洛姆根据同化过程中的性格取向是否具有原创性(productiveness)将人的性格分为非原创性取向和原创性取向。

非原创性取向具体分为四种:

接受取向。这种取向的人特别乐于被动地接受外界给予的、所需要的东西,不论是物质的还是精神的。在选择所爱的对象时往往不加区分,只要觉得自己被爱着就满足了;在思维、宗教和社会中喜欢被动地接受别人的观点,屈从依赖别人。

剥夺取向。这种取向和接受取向的基本前提是相同的,即外界的东西都是好的。不同之处在于剥夺取向的人往往是通过强迫或欺诈的手段将别人的东西据为己有。在情感生活中这种人喜欢"夺人所爱";在认知活动中善于剽窃等。其人生哲学就是"强权就是真理"。

囤积取向。与前面的两种取向不同,这种取向的人并不期望从外界获得所需要的东西,相反他们依靠囤积和节约建立安全感。在钱财、情感、思想方面均表现出的"吝啬性"是对这种人最好的描述;这种性格的另一种特征是重秩序、有条理,他们喜欢把所有的东西收拾得整整齐齐,好像是要避免受到某种侵犯。其人生哲学是"资产和财富就是安全"。

市场取向。现代社会中市场的经济功能是这种性格取向得以发展的基础和基本条件。这种取向的人往往将自己视为商品,并以"是否可以适合别人利用和雇用"作为自己成功的标准。他们的口号是"我愿为您效劳"。

弗洛姆认为以上四种取向都是病态的,真正正常、成熟、健康的性格取向应该是原创性取向。"原创性是一种基本的人生态度,是人在一切领域中对客体的反应形式,包括对他人、对自己、对事物的心理反应方式,它关心人所特有的潜能的实现。"[①]原创性是每个人都具有的一种性格取向。这种性格取向在情感、思维和工作的过程中得以具体表现。在情感上表现为一种原创性的爱,即在保持个人独立性和完整性的同时和他人保持一种亲密和谐的关系,这也是解决人的存在的矛盾性的一种方法;在思维中表现为一种原创性的思维,即理性,这种思维方式使得人们不易于被事物的表面现象所

① 郭永玉著:《孤立无援的现代人——弗洛姆的人本精神分析》,湖北教育出版社 1999 年版,第 144 页。

迷惑，能够透过现象发现本质，客观地看待世界和自己；在工作上表现为，工作的目的不再是为了克服无聊和空虚，而是出于人的本性，是为了实现人的潜能。这种原创性取向有利于家庭、职业和生活，具有这种取向的人可以为社会做出创造性的贡献。

(2) 社会化过程中的性格取向。

人在社会化的过程中也会形成健康、不健康两种性格取向。不健康的性格取向包括受虐取向、施虐取向、破坏取向和迎合取向四种；健康的性格取向是自发性。社会化过程中的性格取向和同化过程中的取向是一一对应的，这些相应的概念所指的对象是同一的，如接受取向和受虐取向所指的是同一类人，依此类推。

不健康的性格取向具体分为四种：

受虐取向。具有这种取向的人深感自卑，往往对自己有较低的自我评价，因此他们常常屈从于某种强大的外在势力，并力图使自己成为这个势力的一部分，好像只有这样才能让他们感觉到安全，同时得到他们所希望得到的东西。受虐取向是非理性的，但是却常常以理性的形式出现，如把自卑说成是恰到好处地认识到了自己的缺点，把受虐式的依赖说成是爱或忠诚等。

施虐取向。"把自己的快乐建立在他人痛苦的基础之上"是对这种取向的最恰当的描述。具体讲又分为三种类型：把他人当成实现自己目的的工具，具有统治他人的强烈欲望；剥夺、利用、榨取他人的物质、情感和智慧；变态式的情感体验，因他人的不幸、痛苦而获得快乐和满足。与受虐取向相比较，施虐取向表现出更为强大的力量，更能为自己的行为制造合理化的解释。由此可见，这是一种与受虐相对立的取向，但是两者具有相一致的根源性，即在失去独立性的情况下，通过依赖他人来避免孤独和分离。

破坏取向。这是指由于害怕自己营造的世界(囤积)被侵犯而主动地、非理性地去消灭、摧毁对象。虽然破坏取向与上述两种性格取向具有共同点，即敌视敌人，但是两者还是有基本区别的：破坏性取向旨在消灭对象，而受虐取向和施虐取向却不能离开对象而存在。

迎合取向。"放弃个性、放弃自己；无独立、无自我"是对这种取向的概括。认为只有与他人保持一致，才不会感到孤独和无助。

以上四种性格取向体现了人与人之间的两种关系：一是共生关系(施虐和受虐)；二是疏远关系(破坏和迎合)。从一定意义上讲，"共生关系和疏远关系是两种方向相反的关系”①。

虽然上述四种取向出发点都是要克服孤独和不安全感，但事实却并非如此，最后都会使人陷入一种消极的自由状态，而积极的自由则“在于全面、总体的人格的自发性活动”②。

自发性活动，是人在社会化过程中形成的一种健康的性格取向。在自发性的活动中，人能够积极地挖掘和发展自己的情感和理性的潜能，既能保持自我的独立和完整性，又可以与自然、社会和他人融为一体，也就是说独立和自由并不必然意味着孤独和恐惧。“人完全可以做到既自由又不孤独，既具有批判的眼光又不怀疑一切，既独立又不与世界相脱离。这种自由只有通过实现人的自我，使人成为他自己才能获得。”③这与马斯洛的自我实现的理论是一致的，是人本主义的基本信念。这种自发性活动主要有两种：一是自发性的爱，即在保持自我和他人独立性的基础上建立和谐的人际关系；二是创造性的活动，在这种活动中人将自身和外部世界结为一体。

现实中人的性格是各种取向的混合（包括原创性和非原创性取向），只是某种取向占优势。

（3）堕落综合征和成长综合征。

弗洛姆后来在《人之心》(1964)一书中从病理学的角度对人的性格进行了进一步的研究，在先前性格理论的基础上提出了堕落综合征（syndrome of decay）和成长综合征（syndrome of growth）两种性格类型。前者是死之爱（love of death）或恋尸癖（necrophilia）、自恋（narcissism）、共生—乱伦的固着（symbiotic-incestuous fixation）三种取向的结合体；后者是生之爱（love of life）或恋生癖（biophilia）、人之爱和独立性三种取向的综合体，分别与前三种取向相对立。

恋尸癖与恋生癖。具有恋尸癖取向的人迷恋于腐朽的、机械僵化的事物，热衷于暴力和破坏活动，沉迷于过去而害怕未来。而与之相对应的恋生癖则是原创性的完整表现，这种取向的人被生命和生命的成长过程所吸引，“喜欢创造而不是维持现状，喜欢新生事物而不是因循守旧，以机能的方式而不是以机械的方式对待生命。”④

---

① 郭永玉著：《孤立无援的现代人——弗洛姆的人本精神分析》，湖北教育出版社 1999 年版，第 171 页。

② 弗洛姆著，陈学明译：《逃避自由》，工人出版社 1987 年版，第 333 页。

③ 弗洛姆著，陈学明译：《逃避自由》，工人出版社 1987 年版，第 333 页。

④ 郭永玉著：《孤立无援的现代人——弗洛姆的人本精神分析》，湖北教育出版社 1999 年版，第 180 页。

自恋与人之爱。自恋的实质是不能客观地评价自己、他人和世界，对自己或与自己关系密切的人的评价过高，而对他人、外界的事物评价过低，甚至将其视为自己的附属品或工具。极端的自恋是为社会所不容的，但是当个体自恋转变为群体自恋并得到合理的满足时，个体便可以获得一种安全感。无论是个体自恋还是群体自恋都是缺乏客观的或理性的判断的表现。人之爱则是建立在客观、理性基础上的爱，人与人是平等的，每个人都应该得到尊重。由此可见，弗洛姆的观点中渗透着人本主义的精神。

共生—乱伦的固着与独立性。弗洛姆认为由于害怕挫折、孤独和威胁，所以无论是男孩、女孩还是成年人都希望得到母亲的保护和爱，依附于母亲的象征物，如家庭和国家，这种依赖关系，弗洛姆称为共生—乱伦的固着。由于对母亲或母亲象征物的依赖，人失去了独立性，不能确定自我、不能坚持自己的信仰。

恋尸癖、自恋、共生—乱伦的固着这三种取向的极端形式混合在一起就是“堕落综合征”。而恋生癖、人之爱和独立性的完美结合，弗洛姆称之为“成长综合征”。大多数人处于这两种综合征之间，只是某种取向占优势。

以上对弗洛姆的性格类型理论从不同的角度进行了论述，更为明晰的表达参见表 1-1。

**表 1-1　弗洛姆性格类型说①**

| 提出年代 | 角度 | 不健康的性格 | 健康的性格 |
|---|---|---|---|
| 1941 | 社会化 | 受虐取向<br>施虐取向<br>破坏取向<br>迎合取向<br>}非自发性 | 自发性 |
| 1947 | 同化 | 接受取向<br>剥夺取向<br>囤积取向<br>市场取向<br>}非原创性 | 原创性 |
| 1964 | 病理学 | 恋尸癖<br>自恋<br>乱伦<br>}堕落综合征 | 成长综合征{<br>恋生癖<br>爱<br>独立性 |

上述性格类型是针对每个个体所具有的性格类型而言的，同时也是弗

① 参见郭永玉著:《孤立无援的现代人——弗洛姆的人本精神分析》，湖北教育出版社 1999 年版，第 211 页，术语名称略有改动。

洛姆性格理论的概念基础，是整个性格理论的有机组成部分。而所谓社会性格（social character）是指“一个社会中绝大多数成员所具有的基本性格结构”①。社会性格具有如下基本特征。首先，它是群体心理。这种“社会性格”是有一定的时空限制的，在不同的场合指不同的群体心理，有时指一定的民族或阶级心理。其次，社会性格是一个群体在共同的生存处境、共同的生活方式和基本的实践活动的基础上形成的。第三，社会性格是激发一个群体行为的共同的内在动力。社会性格是经济、政治、文化因素交互作用的结果，而经济因素在这种交互作用中占有一定的优势；家庭则起着一种将社会所需要的性格结构的基本特点转移到孩子们身上去的作用。

弗洛姆认为马克思和恩格斯没有具体说明经济基础是怎样决定意识形态这种上层建筑的。他提出“社会性格”是为了弥补马克思理论的这种不足，把社会性格看成是联系经济基础和上层建筑的重要的中介之一（另一种中介即“社会潜意识”）。一定的经济基础是造成某个社会的人的处境的决定性因素，社会性格就是在这种处境下形成的；具有一定社会性格的人会形成一些共同的观念，一些杰出的人物作为代言人将这些观念理论化就形成了意识形态。也就是说意识形态植根于社会性格中，而社会性格又是经济基础决定的。反过来，已经形成的意识形态很容易被具有一定社会性格的人所接受并强化这种社会性格，从而通过社会性格又作用于经济基础。所以，社会性格既是经济基础决定上层建筑的中介，也是上层建筑反作用于经济基础的中介。这种中介的作用并不是被动的，它作为一种能动的力量对社会进程起重要的作用。

#### 4. 社会潜意识

弗洛姆提出的“社会潜意识”概念既不同于弗洛伊德的“个体潜意识”，也有异于荣格的“集体潜意识”。与弗洛伊德相比，弗洛姆不同意弗洛伊德将意识和潜意识看做心理的不同部位、一种实体存在的主张，他将意识和潜意识看成是一种功能性的概念，指的是一种主观状态，意识是觉察到的经验、感情、欲望等，潜意识则是没有觉察到的经验、感情、欲望等；同时，弗洛姆的社会潜意识也不同于荣格的集体潜意识，集体潜意识是世代积累的、人类祖先的经验，它是与生俱来的，而社会潜意识是在特定的社会中形成的，是被社会所压抑的人的经验的某个部分。总之，弗洛姆的社会潜意识是指一个社会的大多数成员共同存在的被压抑的领域，这些领域正是具有某种特殊矛盾的社会所不允许它的成员们意识到的内容。压抑这些内容的主要

① 弗洛姆著，欧阳谦译：《健全的社会》，中国文联出版公司1988年版，第78页。

原因是害怕受到孤立和排斥。

压抑的机制是什么呢？弗洛姆认为任何一种社会都有一套决定人的认知方式的系统，这个系统就好比一个过滤器，只有进入这个过滤器的经验才可以成为意识。这种社会过滤器有三种要素组成。第一，语言。语言通过它的词汇、语法和句法，以某种特殊的方式决定进入我们意识中的经验。同样的经验和现象，在有的语言中有丰富的词汇来表达，而在另一种语言中却难以用语言来表达，这种难以用语言表达的经验和现象就难以进入意识领域，同时这也表明这些经验在这个社会中是不被鼓励、欢迎和允许的。第二，逻辑。逻辑在一定的文化中指导着人们的思维，合乎逻辑的经验容易成为意识，而不合乎逻辑的经验就被排斥在意识之外。第三，社会禁忌。这也是最重要的因素，每个社会都会排斥某些思想和情感，使之不被思考、感受和表达，有些事情不但不能做，甚至都不能想。社会潜意识是联系经济基础和意识形态的另一种中介环节，社会通过过滤器的压抑作用将与一定的经济基础不相符合的经验排斥在人的意识之外，而将那些与经济基础相符合的经验上升为意识形态。而意识形态反过来又加强了压抑过程，从而反作用于一定的经济基础。

社会潜意识能量的发泄途径除了战争等大规模的群体破坏性行为之外，还可以通过一些破坏性不大的宣泄方式，如各种各样的狂欢仪式。几乎所有的狂欢仪式都具有三个特征：首先，它们都是强烈的、狂暴的；其次，这种狂欢是一种灵与肉的高度统一和亢奋状态；第三，具有短暂性和周期性。

社会潜意识的活动规律通常以梦、神话等象征性的形式表现出来，因此，要了解潜意识的活动规律，必须了解“象征语言的理论”。“象征语言的理论”可以看做弗洛姆潜意识理论的有机组成部分。弗洛姆所说的象征语言是一种能代表心理经验的语言，用外在世界的图景代表内在的经验。和普通的语言不同，象征语言不遵循逻辑和时空法则。弗洛姆把象征语言分为两种：偶发的(accidental)象征语言和普遍的(universal)象征语言。前者是指象征语言和它所象征的事物间没有内在的联系，它们之间的关联是偶然的，往往仅限于个人的经验；后者是指此种语言和它所代表的事物之间有着内在的联系，往往植根于每个人的经验之中，带有普遍性，它包含着普遍语言难以表达的也无须说明的意义。弗洛姆也称这种象征语言为“被遗忘的语言”，意思是指这种语言从个人立场来看，在童年使用过；从人类眼光来看，在原始时代使用过，但是随着个人的成长或是文明的发展，我们逐渐将那些早期的语言遗忘了，更为确切地说是没有被公开的、有意识的使用。但是这种象征语言可以帮助我们了解人格的深层结构，加深对人类原本精神活动的理解。

弗洛姆认为梦是社会潜意识的一种重要的象征语言，因此，在批判和继承弗洛伊德和荣格的梦的观点的基础之上，提出关于梦的第三种理论。认为梦是人在睡眠的状态下各种心理活动的有意义和重要的天性的表现。它既有“合理的”或“不合理的”欲望，也有理性和智慧。他认为梦不仅仅是性的压抑和性欲的满足，也不能将梦归结为超越我们自身的祖先的启示，而应当将梦的内容看成是我们对自己现实处境的洞察，对我们生活于其中的社会文化的实质的洞察。在觉醒的状态下这种洞察由于逻辑、语言和社会禁忌的作用被假象和谎言所掩盖，但是在梦中却可以突破这些“过滤器”的作用，使潜意识的内容得以实现。

**5. 宗教与精神分析**

弗洛姆关注人的健康、尊严，关注爱和理性潜能的实现，即他所主张的心理学是一种人本主义心理学的思想，并且主张将这种人本主义的思想变成一种生活的具体准则，使这些准则成为人们的信仰——建立一种人本主义宗教。宗教作为人类特有的现象，其理论基础是弗洛姆关于人的处境和需要的学说，它是人对处境的原始的反应和对存在的矛盾问题寻求解决的一种方式。弗洛姆将宗教分为极权主义宗教(authoritarian religion)和人本主义宗教(humanistic religion)。

(1) 极权主义宗教。

极权主义宗教是极权主义社会的必然产物，在这种社会中自私自利的少数人掌握着权力，统治着大多数人，人变成了别人的工具而不是自己生活的目的。人们对于凌驾于自己之上，又控制自己命运的无形力量表现出一种服从、敬畏和崇拜的认识和体验。在这种宗教中，神被人们设想为全知全能，人则被看成无能为力和微不足道，这就意味着屈从于强有力的权威成为人从孤独和分离中摆脱出来的唯一途径。

(2) 人本主义宗教。

在人本主义宗教那里，人生的目的是最大限度地发展自己的潜能，而不是使自己无能为力；美德是自我实现，而不是被迫的屈从；忠诚是对建立在个人思想和情感基础上的某种东西的深信不疑，而不是由于某人的声望和权威而对他的趋炎附势；人的基本情绪是喜悦和快乐，而不是懊丧和负疚。在人本主义宗教那里，人感到自己是自由的，对自己的行为有种力量感。弗洛姆认为人本主义宗教扎根于宗教思想和社会思想的历史当中，是由正义、平等、友爱、自由、幸福等人类思想沉淀而成。在这种宗教所包含的内容中没有既定的具体概念，也没有特定的仪式。

人本主义宗教的核心,原始的、固定不变的实质是宗教体验,即人对自己及身在其中的环境的直接体验。宗教体验的内容包括三个方面。首先,对人的存在的醒悟。对宇宙人生感到疑惑不解和不可思议,从而去思考人与世界关系中的各种根本问题,最终达到一种醒悟,特别是对人的存在本身的醒悟。其次,终极忧患。对生活的意义、人的自我实现、如何完成生命赋予我们的使命等等问题的忧患。再次,万物归一。这种体验不仅是指体验到人自身内部的统一、个人与人类的统一,而是与万物众生及整个宇宙的同一感。这种体验包含着将自我作为分离的、唯一的实体的痛苦意识,这种痛苦来源于对自我生命不可重复和替代的特性的认识;也包含着对打破个体局限进而与整体融为一体的渴求。

宗教的态度就是感到骄傲与完善的同时又感到谦卑的那种态度,其中的谦卑感是由于个人体验到自己在宇宙中实在不过是沧海一粟而引起的。人本主义宗教态度主要包括几个方面:① 有感受生活的能力,将生活看成是需要不断解决的一个问题,将人的存在视为生活的根本;② 渴望以最适宜的方式发挥自己的潜能,得到自我发展;③ 在价值判断中,将人与人的原则放在首位;④ 坦荡地面对世界,具有团体意识和全身心参与的渴求;⑤ 具有超越精神,克服自我的局限性,摆脱个人主义、贪婪、自恋、各种形式的乱伦心态和破坏性等消极倾向,培养自己的爱的能力、创造力和认识真理的能力,使自己善于运用自由的权利,有为坚守自己的信念而吃苦的准备。

弗洛姆认为神经症的病因从一定意义上讲是因为缺乏人本主义宗教所致,精神分析的治疗就是帮助患者获得人本主义宗教的体验和态度,使患者恢复理性和爱的能力,能够认识真理,能够爱,成为自由的、独立的、有责任感的、能够聆听心灵呼唤的人。在整个治疗的过程中,精神分析家的作用是有限的,他的任务只是起到引导和启发患者的作用,让他们自己去发现身上的症结所在及所具有的走向健康的潜在因素。

### 三、心理病理学思想与治疗观

弗洛姆的心理病理学和治疗观是建立在对弗洛伊德和马克思理论观点批判继承的基础之上的。

弗洛伊德创立的精神分析治疗的目标在于使自我最大限度地发挥心理功能,把潜意识转变为意识,从而使一个人可以以成熟和理性的方式生活。弗洛伊德注重行为失常的个体心理问题的分析;而马克思认为心理疾病是人在异化的社会中的一种表现,所以心理治疗的目标是通过社会改革使人摆脱经济的枷锁，从而获得精神上的解放，与自然处于和谐的关系中。

弗洛姆认为两者的理论观点都是失之偏颇的，因此他试图将两者的理论观点加以整合。弗洛姆继承了精神分析的治疗理论、无意识理论和性格理论，但是突破了弗洛伊德所推崇的单纯治疗个人疾病的狭小圈子，把弗洛伊德个体病理分析推广到社会与人的病理分析，即从个体病理说转变为社会病理说。同时，这种主张也是弗洛姆对马克思的理论观点批判继承的结果。他的理论观点与马克思的治疗观点是不同的，马克思的学说和观点是建立在经济学的基础上的，而弗洛姆的学说是建立在心理学的基础上的。但是他却吸收了马克思的一些重要的观点，从社会因素上分析心理疾病的原因，认为造成人的心理疾病的原因是多方面的，包括经济、政治、社会、文化、个人心理等多个方面的因素，应把人放在更为广阔的社会、文化、历史中加以考察，提出心理治疗的多层次目标理论，并认为心理治疗的最终目标是对健全社会的追求，从而把医治心理疾病与改革现存的社会现实结合起来。要治疗心理疾病，发挥人的潜能，就需要改变社会的生活条件、不合理的人际关系，形成健康的人格。他认为一个健康的人是一个原创性的人，热爱自己、他人和社会。与他的人本主义的思想相吻合，在治疗的过程中他注重咨访双方的和谐关系，认为在治疗的过程中不仅咨询人员医治了来访者，同时来访者也影响了咨询者，双方都有了一种更为深刻的存在体验和生命境界的提高，这种治疗的理论体现了当今心理治疗发展的一个大方向——注重从人性、人生的幸福与人的价值这些深层次的原因来治疗和预防心理疾病。

弗洛姆在心理治疗的方法上强调文化的影响，并试图从东西方的文化和宗教中提取心理治疗的方法。根据弗洛姆的理论，神经症的病因从一定意义上说，就是缺乏宗教信仰、人本主义宗教或者屈从于极权主义宗教所致，而精神分析的治疗就是要帮人获得人本主义宗教体验。在这方面他特别推崇中国古老的禅宗思想，认为这种思想与人的本性是相符的，是人寻求问题解决的一种方式，能够促进人类理性和爱的发展，使人获得一种归属感。借助禅，我们可以更清楚地了解人的本性。

## 四、对弗洛姆理论的评价

### 1. 主要贡献

美国心理学家沃尔曼(B. B. Wolman)认为弗洛姆对心理学有四大贡献：首先，利用历史文献研究心理学问题。弗洛姆广泛引用历史文献，从希伯来历史、中世纪、宗教改革产业革命到纳粹主义兴起，并以此作为研究心理学的依据。其次，性格理论是弗洛姆对心理学的重要贡献。第三，从伦理学的角度对心理学的问题进行解释。弗洛姆始终没有忘记价值判断，其工作具有明确的目的性，即实现人本主义理想。第四，心理学研究的社会取向。他的心理学是一种社会心理学，他对社会比对人怀有更浓的兴趣。

弗洛姆人本主义精神分析学以人道主义为指导思想，以精神分析为基本方法论，以人性论为理论基础，以异化概念为核心，其心理学思想具有严谨的科学体系。其贡献具体表现在以下方面：

（1）丰富了科学历史观的内容。

弗洛姆把社会性格和社会潜意识作为联系经济基础和意识形态的中介，动态地考察经济、心理和意识形态之间的相互关系，同时指出马克思没有指出经济基础是怎样决定意识形态这种上层建筑的以及意识形态又是怎样反作用于经济基础。弗洛姆详细论述了社会心理的相对独立性以及它们在社会结构中的重要作用，并将社会心理具体化为社会性格和社会潜意识，在某种程度上说是一种进步。

（2）充实、发展了精神分析的理论和实践。

与弗洛伊德相比较，弗洛姆的进步在于跳出了“本能论”的怪圈，把人与所处社会环境相融合，注重社会因素及经济、政治因素对人性发展的影响。着重研究现实社会中实际的问题，关注实用性，表现在对精神病理学的研究上，就是将弗洛伊德的个体病理学发展为社会病理学；其研究对象不再仅仅局限于少数的精神病患者，而是以现代社会中的大多数人为研究对象；将心理疾病归结为在不健全的社会中人不能与社会和自我建立合乎理性和爱的原则的健康关系，这又不同于弗洛伊德对人的理解，不同于泛性论的观点；以精神分析为基本的方法论，以人本主义为核心和宗旨，将人本主义与精神分析相结合，主张人性潜能的发展对于克服精神危机的作用，同时对推动人本主义心理学的发展起了不可替代的作用。

（3）心理学范畴体系的新的探索。

弗洛姆提出人在一定的处境中形成一定的需要，在满足需要的过程中形成性格和潜意识，这种逻辑思路在心理学上是易于为人们所接受的；关于人的处境的分析，关于历史的矛盾性与存在的矛盾性的区分是具有启发意义的；在需要观点上，认为人的需要是在人与自然、他人和自我分离的处境下形成的与世界联系起来的需要，将人性放在人与世界的关系中去考察，这与弗洛伊德的本能论形成鲜明的对照；在性格理论上，提出了与现代西方社会相符合的具有针对性的性格类型学说，并且其性格类型说包含明确的价值判断。

（4）树立潜意识理论的第三个里程碑。

潜意识学说是弗洛伊德的核心理论，是精神分析的理论支柱。第一个里程碑是弗洛伊德的“个体潜意识”，它具有浓厚的生物学化和机械决定论的色彩；第二个里程碑是荣格的集体潜意识学说，它揭开了人类历史遗传文化心理结构的面纱，但是却具有浓厚的神秘主义先天论的倾向；弗洛姆的“社会潜意识”既不同于弗洛伊德的潜意识理论，也有异于荣格的集体潜意识理论，他强调时代性而不是遗传性，强调文化模式特别是意识形态的作用，强调统治阶级意志提倡什么和反对什么，从而更加全面地揭露了人格的时代与阶级的烙印，把“潜意识”范畴带到了一个新的天地。所以我们称弗洛姆为精神分析树立了潜意识理论的第三个里程碑。

**2. 主要局限**

（1）抽象的人性论。

将抽象的人性论作为理论的出发点。把人的本质归结为某种心理、精神和理性，没有抓住社会生产方式这一关键问题，也没有从阶级根源和剥削与被剥削的事实上去理解资本主义社会中现实的人，因此难免有“抽象人性论”之嫌。

（2）历史观上的局限。

弗洛姆只看到了现代文明与自然的对立，但是抛开具有辩证法思想的实践的观点和劳动的观点是不能正确理解人与自然的关系的。弗洛姆虽然重视马克思的劳动学说，但是并没有从总的思想体系上接受它。弗洛姆把整个人类历史描述为人逐渐从人与自然、人与人和人与自我的原始统一中分离出来，经过漫长的分离之后从而达到一种新的统一状态，这种历史观不完全符合人类历史发展的实际，是一种思辨的产物。

（3）思想的内在矛盾性。

在论及人的存在的矛盾时，认为这些矛盾无法解决，是一个悲观主义者；但是他又认为人的存在的矛盾可以通过社会改革得以解决，他又是一个乐观主义者，因此他身上存在着悲观和乐观的矛盾。不过总的来说，弗洛姆是一个乐观主义者。

在弗洛姆身上还存在非理性主义和理性主义的矛盾，弗洛姆对非理性的崇尚是潜意识的，处于压抑状态，但是在意识上他是崇尚理性主义的。由此可见，弗洛姆的思想在逻辑上存在着许多矛盾，他比较擅长具体经验的现象学描述。

# 第二章

# 精神分析学与马克思主义的结合

弗洛伊德—马克思主义学派是将弗洛伊德的精神分析学说与马克思的政治经济理论加以综合而形成的，也是循着精神分析的外部发展逻辑而诞生的一个分支。这一学派的早期形式是20世纪20～30年代出现的赖希的“弗洛伊德—马克思主义”，这一理论的特点是试图将性问题与社会革命相结合；晚期形式是50年代之后出现的马尔库塞的“爱欲解放论”和弗洛姆的“人本主义精神分析理论”。弗洛姆和马尔库塞借用了马克思社会批判中的一些概念，如意识形态、异化、人的解放等，结合弗洛伊德的基本观点，对当代资本主义社会文化进行了批判。

## 第一节　弗洛伊德—马克思主义学派的产生与特点

### 一、弗洛伊德—马克思主义学派的产生

弗洛伊德以倡导潜意识理论和性压抑学说闻名于世，马克思则以创立历史唯物主义名垂青史。两人各自开创了以他们本人名字命名的学术思潮和社会思潮——弗洛伊德主义与马克思主义，并且均产生了深远的影响。从表面上看，除了两人都属于德国文化传统，并且同为犹太人以外，他们之间无论就其关注的主要领域还是其学说的基本内容均无多少共同之处，也并不存在显而易见的思想上的联系。那么，是什么原因使得后来的研究者将晚于马克思主义半个世纪的弗洛伊德主义同马克思主义联系和综合起

来？这种综合的特色和结果又如何呢？这其中应该有政治、经济和社会文化的根源，也有对弗洛伊德的精神分析理论加以借鉴和修正的需要。

### 1. 马克思主义思潮的兴起

第一次世界大战之后，随着俄国十月革命的胜利，马克思主义思潮在欧洲风靡一时，许多学者加入共产党，举办马克思主义研讨会。1923 年 2 月 3 日，德国教育部批准成立法兰克福社会学研究所作为研究马克思主义的中心，附属于法兰克福大学。它的第一任所长是著名的经济学家和社会历史学家卡尔·格伦伯格(Carl Grunberg)，他强调马克思主义是一门社会科学，而不是哲学系统，其目标不是抽象的原则，而是变化、发展中的具体世界。在他的指导下，研究方向具有经验主义的色彩，主要从事实证的经济研究，如包括亚细亚的生产方式研究、资本主义经济发展方向、苏联由市场经济向计划经验的转型等。30 年后，由霍克海默(Max Horkheimer)担任所长，他强调社会哲学而不是经济学史的研究。这一时期，辩证法取代实证主义的方法，关心的主要问题是法西斯主义的起源和实质。马尔库塞和弗洛姆就是在这一时期进入法兰克福研究所，成为法兰克福学派(西方马克思主义流派)的重要成员，并试图将弗洛伊德的精神分析与马克思主义相结合。

20 世纪 50～60 年代是马克思主义盛行的另一高潮。“二战”后，法兰克福研究所恢复，正式形成了以持“批判理论”为核心的法兰克福学派。该派成员根据黑格尔的辩证法和马克思的异化理论以及《神圣宗族》、《德意志意识形态批判》等早期著作，提出了批判理论，矛头直指意识形态。他们认为，意识形态不仅具有阶级性，而且具有整体性，其特征是对社会全体成员进行有效的控制和不知不觉的压制。他们看到了意识形态所具有的平息和制止一切批判的危险，因而用批判理论鼓励人们说“不”，保留并发挥否定的权利。

60 年代末，西方爆发各种造反运动，如 1968 年 5～6 月间在法国发生了大规模的学生和工人造反运动，后来被称为“五月风暴”。在美国，也因越战、征兵等原因发生了大规模的学生示威活动。领导这场运动的是西方的“新左派”政治力量。因马尔库塞对资本主义文化、科学技术、官僚制度持严厉的批判态度，因而被“新左派”封为“精神领袖”，被青年学生称为“青年造反之父”。意大利学生甚至把他与马克思、毛泽东并列，称为造反运动的领袖“三 M”。①

---

① 英语中马克思(Marx)、毛泽东(Mao zetong)和马尔库塞(Marcuse)三个词的第一个字母都是 M，故称为“三 M”。

### 2. 社会的动荡

20 世纪是各种社会矛盾尖锐化的年代。经济危机、两次世界大战的爆发给人类带来了深重的灾难。政治、经济的危机也带来了思想和意识形态的震荡,60 年代末,在西方爆发的各种造反运动即是这种震荡的反映。赖希在治疗精神疾病的过程中,深深感受到了资本主义制度对人们心理的摧残和压迫,看到了恶劣的居住条件、经济贫困、教育不良所造成的广大中下层阶级的性压抑,而可悲的是,广大人民看不到自身的利益,不知反抗不合理的社会制度。赖希认为,他们已经受占统治地位的资产阶级意识形态所麻痹,丧失了批判力。要回答资本主义的运行规律、无产阶级的革命条件等问题,单单依靠弗洛伊德的潜意识学说或马克思的经济基础理论都是行不通的,只有将二者结合起来才能解决实际的问题。赖希的"弗洛伊德—马克思主义"由此诞生。

弗洛姆是 20 世纪的同龄人,他所处的时代是新旧世纪更迭的时期。他亲身感受到社会动荡、信仰危机给人的心理造成的巨大影响。面对动荡不安的社会、庞大的资产阶级国家机器的统治,人们倍感自身的渺小和卑弱。信仰的缺乏又使人产生了孤独和生命的无意义感。导致人类悲剧的原因是什么?人类是否会获得最终解放?怀着自人类文明以来对人本主义社会的共同向往,弗洛姆走上了人本主义精神分析的道路。他从弗洛伊德和马克思的理论中看到了人类解放的出路。

马尔库塞本人也是社会动荡的直接受害者,是社会变革的直接参与者。年轻时参加"十月革命"后在德国发生的革命,任士兵委员会委员,二战期间流亡美国,在 1968 年的学潮中不仅被封为"精神领袖",还亲自参加示威、静坐等。他对资本主义制度和文化的批判更加彻底和激进。

### 3. 弗洛伊德本人对马克思主义的态度

尽管弗洛伊德与马克思建构的是两种截然不同的理论体系。弗洛伊德关注的是人的行为的潜意识动机,开辟了心理学的新领域。但是弗洛伊德对马克思的学说还是有一定的了解,并且曾经谈起他的学说与马克思主义的关系。他认为马克思重视人们在经济生活中的地位是有道理的,甚至承认在社会生活中经济动机比起他所强调的潜意识的性本能更加重要:"性本能失去控制,必将溃决而不可收拾,则苦心建设而成的文化组织将被扫荡而去。……社会的基本动机是属于经济的;因为社会的各分子没有工作,社会便无法维持他们的生活,所以社会总希望不工作的分子越少越好,而且把精力都离开性的活动而从事于工作。——这个从原始时代存在的永久的生存竞争当然仍见于今。”[①]然而，弗洛伊德对马克思和马克思主义的了解显然是片面的。他把马克思主义当做一种经济决定论，认为他的精神分析学说在一定程度上可以对马克思主义起补充或纠偏作用：“马克思主义的力量不在于它对历史的见解，也不在于它的以此见解而对未来的预测，而在于它深刻理解了人类的经济状况对于学术、伦理及艺术反应的影响。因此，它乃发现了从前完全为人忽略的整个因果关系。然而我们可不能假定经济的动机是决定社会中人的行为的唯一动机。……我们可不能了解研究活人的行为如何能忽略心理的因素；不仅这种因素和经济基础的建设有关，而且即使受这些条件控制时，也只能动员其原始的本能冲动——如自存本能，攻击本能，爱的需要，求乐避苦冲动等。”[②]他认定他的伊底、自我、超我人格三结构中的超我理论较马克思的意识形态理论更多地注意到社会意识对经济发展的独立性，而忽视了意识形态和上层建筑对经济基础的依存关系。另外，受制于看待问题的心理学眼光，他完全不能理解马克思的阶级斗争学说，也无法认识正是具体的经济关系导致了社会革命。

#### 4. 创始人的政治取向

弗洛伊德—马克思主义学派的三位代表人物在政治取向上均倾向于批判资本主义制度，同情和支持无产阶级革命。其中尤以赖希典型。赖希是以“激进”和“左翼”而闻名的奇特人物，是弗洛伊德左翼的主要代表。所谓弗洛伊德的左翼是指“欧洲探索精神分析激进潜力的知识分子，他们不愿接受弗洛伊德思想中关于克制本能和保守的政治观点，相信他们在弗洛伊德著作中发现的激进的性的观点和政治哲学可用来破坏现存文化，以改变人们心目中弗洛伊德保守主义的形象”[③]。

马尔库塞早年受“十月革命”的影响很大，并加入德国社会民主党。1918 年德国爆发无产阶级的武装起义，他参加了武装斗争，并成为士兵委员会的成员。但在革命失败后，马尔库塞对革命斗争失去信心，随即退出了德国社会民主党。20 年代他参与青年马克思著作的编辑和出版工作，从 1927 年开始，利用编辑的方便条件对《1844 年经济学—哲学手稿》加以研究。他从手稿中得出结论，马克思主义本质上是一种人本主义，把人看做是“类存在物”。马克思对资本主义的批判主要是针对资本主义社会中人的异化和劳动的异化。他对精神分析和马克思主义的综合也正是从这一曲解出发

① 弗洛伊德著，高觉敷译：《精神分析引论》，商务印书馆 1984 年版，第 246 页。
② 弗洛伊德著，高觉敷译：《精神分析引论新编》，商务印书馆 1987 年版，第 144 页。
③ 车文博主编：《弗洛伊德主义论评》，吉林教育出版社 1992 年版，第 1074 页。

的。

## 二、弗洛伊德—马克思主义学派的特点

弗洛伊德的精神分析被法兰克福学派中的马克思主义者拉入宏观的政治语境中,并被改造为重新诠释资本主义社会文化和进行社会改造的理论武器,由此形成弗洛伊德—马克思主义学派这一新的理论形式。尽管其研究者各有自己的学术旨趣,分属不同的学术阵营,但他们在精神分析和马克思主义的结合上还是存在许多显明的共同特点。

### 1. 继承弗洛伊德的性本能观,重视欲望的积极性和革命性

在这一点上,赖希和马尔库塞的观点最为明显。赖希特别重视人的非理性的、潜意识的动机,强调性欲的作用。他认为,性欲望是一种带来紧张感的能量,性压抑是一种能量的抑制和闭锁,性解放则是性能量紧张的最大限度的释放。性本能是人类最基本的驱动力和革命的原始度量,文明的发展则是对本能的压抑。赖希相信,把性本能置于历史唯物主义所提供的社会分析中,必将会导致新发现,即性本能不仅是人类遗传的驱动力量,而且受经济、文化和政治的影响。性欲是人的精神发展和生活的动力,是工作的能力和斗争的热情,具有经济和政治的意义。因此,赖希把欲望问题视为社会和文化政策的核心,试图通过性欲自由来建立真正的劳动人民的民主。

马尔库塞认为,弗洛伊德的心理学力图对人的本质做出规定,把性欲作为人的本质。“性欲”可以指同生殖机能有关的对异性的肉欲追求,也可以指人的机体追求快乐的普遍属性。他把后者称作“爱欲”。马尔库塞强调,作为人的本质的“性欲”应是后一种意义上的“性欲”,即“爱欲”。马尔库塞赞同马克思关于人的解放就是人的本质的解放,人的幸福就是人的本质的实现的思想,因此,通过对人的本质的分析,很自然地得出结论:人的解放就是其爱欲的解放。只有使人类在解放爱欲的过程中真正恢复其本性,才能真正享受到本质得以实现的快感,体验到作为高级存在物的价值感。

### 2. 性与政治的联姻

赖希认为性和政治不可分,性压抑是政治统治的主要机制,因此,若要进行社会革命,必须将性欲的释放与政治运动相结合。为此,赖希提出性欲革命的主张,试图把人从道德的、社会的、经济的束缚中解放出来。他所提倡的方式就是将精神分析和马克思主义相结合的“性—政治运动”,即从改造人们的心理性格结构以及改造外部世界压抑性的社会文化制度两个方面

来消灭主体内部和外部的压抑或压制，创造新型的、革命性的、欲望性的人格。马尔库塞认为，在资本主义的生产制度中，人的身心都成了异化劳动的工具，因此，真正的爱欲解放应该是劳动的解放，即消除异化劳动，使工作与闲暇、快乐原则与现实原则内在地统一起来。弗洛姆把弗洛伊德的个体病理分析推广到社会与人的病理分析，即从个体病理说转变为社会病理说，将心理疾病归结为在不健全的社会中人无法与社会和自我建立合乎理性和爱的原则的健康关系，主张应把人放在更为广阔的社会、文化、历史中加以考察，提出心理治疗的多层次目标理论，并认为心理治疗的最终目标是对健全社会的追求，从而把医治心理疾病与改革现存的社会现实结合起来。

3. **政治上的激进主义**

在三个代表人物中，除了弗洛姆的观点较为温和之外，赖希和马尔库塞均表现出极端的、激进的政治倾向。赖希是 20 世纪 30 年代欧洲左翼运动中的风云人物，是弗洛伊德左翼的主要代表，极力鼓吹性解放，把性解放同社会主义革命扯在一起。马尔库塞则是自左翼运动发展而来的新左派运动中的精神领袖，他们均以彻底地反资本主义文化范式为目标，注重弗洛伊德理论的欲望冲撞力和文化不满情绪，在理论构架方面走得异常激进和炽热。他们批判资本主义社会机制和文化范式对人类欲望的压抑，并把性压抑的升华和性欲文明作为他们主体真正解放的乌托邦理想。

4. **变革社会的政治理想**

弗洛伊德—马克思主义学派的三个代表人物，因为都接受马克思主义的政治和经济观点，因而都抱有社会变革或社会革命的理想。赖希综合精神分析和马克思主义的最终目标是进行社会革命，他始终把心理学当做解释和解决社会政治问题的方法之一。马尔库塞也认为人的心理问题实质上是政治问题，所以，他十分重视将心理学与社会革命实践相结合。他认为，人性的本质是“爱欲”，人类生存的最高目标是爱欲的解放。任何社会政权和经济的革命如果不能触及人性的实质，不能使爱欲和本能得到解放，那么其革命都只能是形式上的革命。可见，马尔库塞所强调的社会革命并非是马克思主义的社会革命，而是以文化和精神上的革命为主导的资本主义的总体改良。弗洛姆始终关心人与社会的关系问题，他看到了人在社会化过程中的压抑和异化，分析了不健全社会的病态性格，强烈主张社会的变革，渴望建立一个人道主义的、民主的、社会主义的健全社会。然而，由于他没有看到资本主义社会根深蒂固的根本矛盾，所以，他的社会改革理想仍然是建立在资本主义私有制基础之上的，并没有根本的创新，他关于未来社会的构想也只能沦为一种美丽的乌托邦。所以，三位弗洛伊德—马克思主义学派的代表人物，尽管在理论上极具创新性和革命性，但是在社会实践中却是无力的，也可以说是失败的。

## 第二节　赖希的性格结构理论

### 一、赖希的生平与著作

威廉·赖希（Wilhelm Reich，1897—1957）

威廉·赖希（Wilhelm Reich，1897—1957）出生于奥地利，他的父亲是一个富裕的农场主，母亲是犹太人。赖希在农场长大，直到母亲去世前，他一直在家中接受教育。1915 年第一次世界大战期间，赖希服役于奥地利陆军，1916—1918 年任陆军中尉。1918 年进入维也纳大学学习法律，但很快就转到医学院学习医学，作为退伍军人，他被获准以 4 年时间完成 6 年学业并于 1922 年获医学博士学位。当他还是一名医学院学生时，发现了弗洛伊德的著作，从此对弗洛伊德的学说产生了兴趣，决心成为一名实践分析家，献身于性学研究。赖希在大学毕业以前，就开始进行精神分析学家的实际活动，并在不久之后就在当时的精神分析运动中获得一个有影响的地位，从 1920 年起他成为维也纳精神分析学会会员。1922 年，他帮助建立维也纳精神分析学会的分支机构——精神分析疗法维也纳研究班，在精神分析运动历史上第一次试图设计一种有效而系统的精神分析技术。

在 20 年代初期，赖希是弗洛伊德的最有发展前途的学生之一。弗洛伊德对赖希极为重视，虽然他们两人相差 32 岁，但弗洛伊德却把赖希纳入每月一次到他家里去参加碰头会的亲密友人的核心圈子之内；另一方面，弗洛伊德根据弗洛伊德小组关于如何把精神分析应用于社会问题的讨论而写成发表的《幻想的未来》和《文明及其不满》二书，又有相当部分是吸收了赖希的观点。赖希从其职业生涯一开始，就企图找到精神分析和政治革命的某种结合。他提出这样的问题：像在柏林这样一个城市里，有几百万人在心灵结构上神经失常时，怎么可能施展精神分析技术呢？他说，所以真正的任务不是治疗而是预防；但是，在现存的资本主义的社会政治情况下，特别是在性压抑的政权下，预防又是不可能的，只有在社会制度和意识形态中爆发了革命以后，才能为预防创造前提。赖希的这种把精神分析和政治革命结合起来的思想，在他参加工人政党以后便付诸实施。

1928 年，赖希加入奥地利共产党，从此，以精神分析学家和共产党员的双重身份从事活动。在理论上企图把马克思主义与弗洛伊德主义结合起来，在实践上企图把政治革命、社会革命与心理革命、性革命结合起来。他和另外 4 个激进的精神分析学家、3 个产科医生一起，建立了社会主义性卫生学和性学研究学会，竭力把社会主义政治和精神分析疗法融合在一起，为此，他在维也纳工人区建立了 6 个指导性卫生的诊所。这种性卫生诊所的任务，是向群众提出精神分析的忠告，并唤起群众对于必然伴随着革命而来的性改革的注意。然而奥地利共产党认为赖希的性卫生诊所会影响它的政治和经济活动，因而在 1930 年将其关闭，赖希本人也被开除出党。随后，赖希由奥地利迁居德国。在柏林，赖希加入了德国共产党。在那里他企图进一步把他作为性顾问的工作融入到更加广泛的改革运动中去，为此，他又在德国建立了更多的指导性卫生的诊所，并在德国共产主义工人运动内开展了著名的“性—政治”运动。但是到 1932 年底，德国共产党开始责备赖希过于强调性，认为他是非马克思主义的，并禁止发行他在柏林“性政治出版社”出版的书籍。1933 年 2 月，赖希又被开除出党。性—政治运动也因此迅速停止了。

1933 年，因为性—政治运动，赖希的精神分析见解同弗洛伊德正统派的精神分析见解发生尖锐矛盾，以致国际精神分析出版社虽然接受和印刷了赖希的《性格分析》一书的第一版，但是却不予发行，德国精神分析学会也秘密开除了赖希的会籍。1934 年，在国际精神分析学会卢萨那会议上，赖希同弗洛伊德正统派的矛盾公开化，又被国际精神分析学会开除，从此以后赖希的观点遭到一系列的指责和批判。

两次被马克思主义政党开除之后，赖希对政治逐渐表现出厌恶情绪，转而抛弃一切社会问题，开始从事自然科学的研究。1934 年夏，赖希接到挪威心理学家和哲学家施杰特尔普的邀请信，要他去挪威奥斯陆大学讲授性格分析。但他在飞离柏林之后，却先去丹麦逗留了几个月。在那里，他似乎又有了发起一个新的政治运动的冲动，他让他的一个追随者以性政治运动为口号去参加丹麦议会竞选。但由于丹麦政府拒绝更新赖希的签证，他只得离开丹麦。赖希在离开丹麦之后又去了瑞典，但他在瑞典同样遭到猜忌、敌视和攻击，于是，他只得离开瑞典而去挪威。赖希在奥斯陆大学讲课时，做了一系列奇妙的生理学实验，以测定处于兴奋状态中的性器官是否在其生物—电负荷方面有所增加，结果证明性兴奋能够使性器官的电负荷增加，从而证明性冲动就是一种生物电。

1937 年，挪威一些科学家在自由主义报纸上对赖希的生物物理实验发动了攻击，最后还搞到了一个规定一切精神分析学家要经由政府特许批准的皇家判决。1939 年，赖希宣布他发现了为生命和性所特有的“倭格昂能”（自然力，orgone energy），这是一种可以看见、可以测定并可以应用的能量，呈蓝色。如果把它收集起来，则可以用来医治许多疾病，如癌症、神经症等。由于这些学说带有许多神秘的成分，赖希又成为不受欢迎的人。1939 年 5 月，挪威政府在国内科学家批评的压力下，将赖希驱逐出境。于是，赖希决定接受美国精神病学者华尔夫的邀请，把他的“倭格昂能”实验室搬到美国纽约。

移居美国后，赖希先是在纽约市新社会研究学校任医药心理学副教授。1941 年 12 月，赖希被美国联邦调查局逮捕并被拘禁 3 周，逮捕的理由至今不明。1942 年，赖希在美国缅因州的森林里买了二百多英亩土地，建立了一个称作“倭格昂”的私人研究所。在那里，他在 12 个同事的协助下，继续进行其生物物理学实验，同时写信给美国国会，要求制订保护儿童和青春期性权利的立法。50 年代初期，赖希积极附和美国参议员麦卡锡的指控，认为自由主义者会把美国交给反革命的俄罗斯帝国惯常的密探，并责备美国的盟国、特别是英国与红色独裁者做买卖。

然而，从 1951 年开始，赖希却扩大了他对倭格昂能的解释，试图发现倭格昂能在宇宙论和宗教方面的含义。原先，赖希把倭格昂能说成是为生命所独有的一种能量；现在，他却把它说成是一切实在都从中发展而来的原始材料。后来，赖希的思想又一步步地滑向了宗教，甚至用他的倭格昂能理论去重新解释基督教教义。

1954 年 3 月，美国联邦食品和药物管理局指控赖希租给病人治病用的倭格昂能储存器（这是一种有电话棚大小的六面盒子，盒子里面是金属，外面是木质，病人坐在盒子里可以吸收集中起来的倭格昂能放射以治疗疾病）是一种骗人的治疗装置，为此法院发出禁令要赖希销毁一切倭格昂能储存器，并销毁和扣押赖希的著作和杂志。赖希在为期二周的上诉期内没有上诉，却写信给法院说法庭不是裁决科学问题的恰当地方。在法院的禁令生效以后的几个月内，赖希曾服从禁令。但是，在1954年10月，他却通知政府说他要恢复研究所的一切活动，包括继续发行图书杂志，这样就招致了1956年法院对他的审判，并以不服从政府禁令为由判处他服刑两年。赖希在服刑八个月后，由于心脏病发作，逝世于宾夕法尼亚州的刘易斯堡联邦监狱。

赖希是一个多产的作者，生前出版了十几部著作，其中代表性的著作有：《性格分析》（1933年德文版，1945年英文版）、《法西斯主义的大众心理学》（1933年德文版，1946年英文版）、《性革命》（1935年德文版，1945年英文版）、《性与文化》（1936年德文版）、《倭格昂能的发现》（2卷本，1948年英文版）和《瞧，小人！》（1948年英文版）。

## 二、"弗洛伊德马克思主义"学说

"弗洛伊德马克思主义"就是对弗洛伊德精神分析学与马克思主义进行改造、相互补充，以达到融合，并创造一种新理论，用"弗洛伊德马克思主义"来解释理论和现实问题。赖希是最早把弗洛伊德精神分析学与马克思主义进行综合的人，从其学术生涯一开始，就企图找到精神分析和政治革命的某种结合形式，企图从心理分析的角度去探索某些社会现象。他一方面努力使心理分析超越原来弗洛伊德作为治疗方法的局限性，把弗洛伊德的精神分析延伸到历史和文化领域，以揭示它的社会政治含义；另一方面，则想给马克思和恩格斯提出的"意识形态"、"主观因素"、"意识形态的积极作用"等概念阐述更加具体的内容。

### 1. 弗洛伊德精神分析与马克思主义结合的可能性

赖希在《辩证唯物主义与精神分析》中指出，以力比多理论为核心的弗洛伊德精神分析学说与以辩证唯物主义为核心的马克思主义在本质上是相通的，都是唯物的、辩证的、批判的和革命的，二者可以融合在一起。

（1）弗洛伊德的早期理论的唯物观。

赖希认为，弗洛伊德的早期理论实际上是一种"生理—心理学"，他提出的力比多冲动实际上就是一种生理的东西——一种生物能，根源于身体内部的化学过程。而且，弗洛伊德注重精神病产生的生理因素，认为精神病的产生是由于力比多未被释放。同时，弗洛伊德也提出"心理性精神病"，即因在童年时期受到某种创伤而长期铭记在头脑中形成的一种精神病。在这两种不同类型的精神病中，弗洛伊德认为前者是主要的，后者是次要的。赖希认为，弗洛伊德的早期理论具有唯物主义因素，而后来他把注意力转向自我心理学时，实际上是把具有唯物主义因素的理论唯心主义化。

（2）弗洛伊德的早期理论的辩证观。

赖希指出，弗洛伊德的早期理论围绕冲突展开，他的心理学理论是一种“冲突心理学”。弗洛伊德提出一系列相互对立的概念，如本能与外部世界、意识与潜意识、力比多冲动与焦虑等等，它们彼此处于矛盾和冲突之中，体现了辩证法的原则。此外，赖希认为在弗洛伊德早期理论中，把儿童的发展看成是本能和社会、欲望和挫折之间的冲突斗争的结果，也体现了辩证法的基本要点。

（3）弗洛伊德的早期理论的革命性。

赖希认为弗洛伊德理论具有深刻的革命性，包含有对当代资本主义对无产阶级心理压迫的批判内容。“正如马克思主义是人意识到经济规律和少数人剥削多数人在社会学上的表现那样，精神分析是人意识到性的社会压抑的心理学的表现；正如马克思主义是由资本主义矛盾所产生的对资产阶级经济学批判那样，精神分析是由内在的性压抑的矛盾所唤起的用辩证法对资产阶级道德学的批判。”①

### 2．弗洛伊德精神分析对马克思主义的补充

马克思主义认为，经济基础决定上层建筑，社会存在决定社会意识。但是赖希认为，这个论述需要作进一步的研究。因为这个论述不能说明日常生活是如何转化成意识形态的，也不能说明在这个转变过程中有哪些因素是促进的，又有哪些因素是阻碍的。他认为，马克思主义忽略了意识形态被内化在个人的性格结构中。因而，在理解经济基础与上层建筑的关系方面，赖希有两个明显不同于马克思主义的观点：第一，强调日常生活的重要作用。赖希认为，阶级意识正是在日常生活中形成的，它取决于人的衣、食、住、行等活动，很难被发现和理解。在日常生活中，经济窘迫并不是无产阶级遇到的唯一问题，资本主义的家庭父权结构，对性欲的压抑和对权威的崇拜，都是压迫人的东西，正是这些日常生活的压迫，维护着资本主义的商品生产，决定了资本主义社会中个人的政治态度。第二，他特别重视人的非理性、潜意识的动机，强调性欲的作用。在赖希看来，法西斯的胜利不能只归于国家宣传和工人领导的背叛，而且也应归于群众内心深处具有这种宣传和背叛的心理需要。

赖希认为，对于上述马克思主义的个人心理学的空白，弗洛伊德思想是一个必要的补充。尽管弗洛伊德犯有轻视社会的错误，但弗洛伊德的人格

---

① 车文博主编：《弗洛伊德主义评论》，吉林教育出版社1992年版，第1082页。

理论，特别是性压抑和潜意识理论的某些思想，揭示了社会统治在人的心理生活中的重演，如实反映了社会秩序对人的动机和需要的影响和歪曲，可以用它来填补马克思主义的空白。

**3. 马克思主义对弗洛伊德精神分析的改造**

赖希认为精神分析理论具有其局限性，并认为弗洛伊德理论体系的根本缺陷是对个人心理缺少社会学的理解。赖希指出，精神分析曾一度在生活的源头上进行工作，没有意识到社会本质这个事实，这是它急剧衰落的主要因素。弗洛伊德把人的潜意识内容看做是一种超越时间性的静止结构，把本能理解为根植于人性中的不变的生物性，尤其在晚年著作中，他提出了“死的本能”概念，对于人类从社会压迫中解脱出来和对文明的进步持悲观态度。因此，弗洛伊德不鼓励人性的解放，不主张完全消除性压抑，并且敌视社会主义的革命目标。在赖希看来，马克思主义对这一问题所持的立场显然高于弗洛伊德。马克思主义认为，人性受压抑和扭曲的根源只能从现实社会中的社会剥削和经济压迫的特殊结构中去寻找，只有消除了滋生不公正和不合理的社会形态之后，才能最终消灭各种心理生活中的压抑，单凭治疗解决不了个人问题，需要诉诸于社会变革。

所以，赖希宣称，要用马克思主义更新和补充精神分析，应把精神分析融合到马克思主义对整个社会的更广泛的分析中去。作为一种完整地、全面地说明人类处境并指明人类进步方向的理论，它不应单属马克思主义，也不单是弗洛伊德主义，而是二者的结合，它们每一方都需要另一方来补充。

**4. 性—经济学和性—政治学**

赖希对弗洛伊德主义和马克思主义的综合，首先体现为将性欲和社会经济、政治的融合。赖希相信，把性本能置于历史唯物主义所提供的社会分析中，必将会导致新发现，即性本能不仅是人类遗传的驱动力量，而且受经济、文化和政治的影响。性欲是人的精神的发展、生活的动力、工作的能力和斗争的热情，具有经济和政治的意义。在人们主动和被动地适应环境的同时，人的本能也能积极地参与社会生活。

赖希发现人类不可再分的需要有两种：营养的需要和性的需要。相比之下，他更强调性的需要，并认为性的需要和满足是指一种身体的潜力，被定义为能够没有任何禁止地达到生物能量的流动，一切受控制兴奋的完全释放。在赖希看来，性欲是社会生活和个人内心生活的核心，是人心理系统的中心机制，性欲没有得到满足的人就会得病。而他的独特之处是运用马克思历史唯物主义的经济学概念来说明性欲的压抑，创立了“性—经济学”(sex-economics)，并主张将人类的历史按照性压抑的出现来划分，即母系社会向父系社会的过渡。赖希认为，在母系社会阶段不存在性的压抑，只有充分获得肉体满足的健康性欲，父权制社会才产生了性压抑。赖希认为是经济因素导致了人类本能结构的这种转变。随着社会财富的累积出现了私有财产和阶级等级的划分，人们为了保存经济地位和财产，从而间接维护等级制和阶级剥削，就必须压抑自己的性欲。在此基础上，赖希批判弗洛伊德提出的“压抑是文明不可逆转的代价”这一思想，认为性压抑不是为文明发展所必需，而是为创造出维持统治阶级制度的心理条件所必需，是维护经济奴役的一个工具。

赖希认为，性欲的压抑和剥夺不仅具有个人病理学的精神病后果，而且还具有维护现存政治统治的效果。在他看来，性压抑的后果是社会的而非个人的，它导致恐惧、消沉、禁锢的性格结构，从而麻痹了资本主义社会中的劳动人民的反抗力量，因而，性压抑是妨碍社会政治革命的障碍，社会革命必须以性革命为起点。赖希进一步指出，正确的革命策略既是一种个人的治疗实践，也是阶级的集体实践，并认为对精神病患者的治疗实践应转向“革命”，只有通过革命，创立与现在不同的社会组织、家庭生活和教育方式，精神病才可以完全治疗和预防。与此同时，赖希又强调要消除社会对人的原始本能的压抑，推翻资本主义及其财产关系，建立新的社会制度，单纯突出经济和政治斗争也是不全面的，他指出：“不论马克思对资本主义经济规律的发现是多么辉煌，多么具有重大意义，它本身尚不能解决人类奴役和自我征服问题。”①因此，赖希强调必须用日常生活的革命来补充宏观的社会革命。这种把弗洛伊德的性概念理论与马克思主义的社会革命概念融合起来的观点就是赖希的“性—政治学”(sex-politics)。

### 三、性格结构理论

赖希在他的《性格分析》(1928)和《法西斯主义的大众心理学》(1933)等著作中，提出他的性格结构理论，这个理论被认为是赖希对精神分析学所做出的最大贡献。

赖希在他的精神分析实践中创立了性格结构理论，同时这也是他对弗洛伊德人格结构理论的改造。弗洛伊德在20世纪20年代之后开始转向自

① 转引自车文博主编：《弗洛伊德主义论评》，吉林教育出版社1992年版，第1090页。

我心理学的研究，他的转变始于对病人的阻抗现象(resistance)的发现，即在治疗过程中，弗洛伊德发现病人内心中有一种抵抗治疗、不合作的身心反应。当进一步研究时，病人常常矢口否认自己的抵抗，这说明病人的抵抗是其没有意识到的潜意识过程。弗洛伊德假设是自我来执行阻抗的机能，因此他创立了伊底、自我和超我的人格结构模式。赖希并不同意弗洛伊德的看法，他认为，病人对治疗的阻抗是出于某种内在的特质，这种内在的特质实际上就是病人的性格。因此，他要求精神分析将重点从阻抗现象转移到产生这种现象的"性格模式"上来，并提出"性格盔甲"(character armour)的概念。赖希认为："性格包含了自我的慢性变化，这种变化可以被描述成一种刚硬性，并构成了人的长期的特殊反应模式的基础，其意义在于保护自我免受外部和内部的危险。作为一种慢性的保护机制，它可以被恰当地称为性格盔甲。"①性格盔甲是在自我领域中形成的，它是作为本能要求与妨碍满足的外界之间冲突的漫长结果而发展起来的，它产生一种保护有机体，使之免于外部威胁的作用，"在肉体上表现为肌肉紧张和心境扰乱"②。因此，在治疗神经性机能疾病方面，他提出一种新的治疗方法——生长性疗法，即要通过身体来直接攻击性格防卫。此外，赖希特别强调性格盔甲不仅具有生物功能，还具有社会功能。他认为人们的行为之所以符合社会规范，是因为人们的心灵之中有一个由社会所安置的性格盔甲，它引导人们按照社会的要求行动。性格盔甲在内容和形式上都折射出社会的意识形态。由于意识形态被固置在人的性格结构中，从而使观念体系变成一种物质力量去加强和保护现存的社会秩序，去巩固压抑人性的剥削制度和权威国家。

赖希认为他所说的"性格盔甲"大致等同于弗洛伊德人格结构中的自我与超我。同时，赖希进一步修改了弗洛伊德的人格结构理论，提出新的性格结构理论。他把性格结构划分为三个层次。其一是表层，即虚伪的社会合作层，赖希称这一层次为性格的上层建筑，在这一层面中，人的真面目隐藏在亲切、礼貌和谦恭的伪装之下，这一层次的宗旨在于控制人的本能冲动，所谓性格盔甲的位置就在这里。其二是中间层，即反社会层，相当于弗洛伊德所谓的无意识，它是各种刺激冲动的总和，其中包括粗鲁的、暴虐的、性欲的冲动和变态的潜意识的欲望。赖希认为，当健康的本能冲动受到压抑时，才会形成此中间层。其三是深层，即生物核心层。它主要有两类冲动所构成：一是性欲冲动，二是本能的社会冲动。在生物核心层里，人实际上是诚

① 转引自车文博主编：《弗洛伊德主义论评》，吉林教育出版社1992年版，第1094页。

② 查·雷克罗夫特著，梅子译：《发现上帝的人——莱奇》，湖南人民出版社1988年版，第42页。

实的、勤劳的、合作的和爱的,即使被引起恨,也是合乎情理的。赖希的性格结构同弗洛伊德的人格结构有很大差别。首先他把"自我"和"超我"合二为一,称为表层,且在弗洛伊德所说最原始的伊底背后,他又提出了一个更原始、更本质的我,这就是性欲冲动和自然的社会冲动。赖希认为,这种冲动并不像弗洛伊德认为的那样必然成为一种破坏力量,而是单纯的、体面的、具有建设性的,是人类的本性所在。只有当它受到自我的压抑时,才歪曲为中间层上的冲动,具有破坏性。

赖希认为,他的这个性格结构理论填补了马克思主义的空白。如前所述,赖希认为,马克思虽然提出经济基础决定上层建筑的社会发展规律,但不能正确地说明经济发展过程是如何转化为意识的,也不能正确地说明意识的相对独立性,而性格结构理论则能解决这两个问题。

首先,他认为只要真正理解了人的性格结构是怎样形成的,就不难理解经济发展过程是如何转化为意识的。赖希认为,每个社会制度都创造出为保护自己所需要的那些性格形式。在阶级社会里,统治阶级在教育和家庭结构的帮助下,通过将其意识形态转变为统治全体社会成员的意识形态,确保自己的统治地位。然而,这不仅是一个把意识形态、态度和概念强加于社会成员的过程,同时也是在新一代心理深层的改造过程,是在各阶层人民中间塑造与现存社会秩序一致的心理结构过程。因此,家庭教育、抚养儿童的实质是:家庭代表整个社会,根据一定的经济发展过程要求,强使儿童形成与此经济发展过程相一致的性格结构。然而,具体言之,家庭是如何将社会的经济现实转变为儿童的意识形态的,赖希并没有就这个问题深入阐述下去。后来弗洛姆在此基础上提出了社会性格这一概念,并详尽阐述了社会经济发展过程和意识形态如何以社会性格为中介相互沟通的。

其次,性格结构代表个人固定的反应模式,具有相对的稳定性、独立性,它一经形成,便长期决定人的行为,即意识形态是以性格结构的形式出现的,所以,它具有一定的独立性和顽固性,并不会随经济基础的瓦解而自行消亡。那么当资产阶级的社会意识形态已经不适应经济基础时,无产阶级为什么不按照自己的经济利益起来革命呢?这是因为他们的性格中充斥着旧有的意识形态,其经济利益尚未转化为意识形态内化在他们的性格中。赖希还解释了为什么意识形态总是落后于经济发展过程。他指出,性格结构总是在儿童时期形成,它只能体现儿童时期的经济发展过程,当儿童长大,经济过程也进一步发展,可是意识形态还是旧的,因此,伴随着儿童性格形成而内化的意识形态便落后于经济基础的发展,成为保守的力量。

## 四、性革命理论

如果说荣格和阿德勒等人同弗洛伊德发生分歧，是因为他们不肯接受古典精神分析关于人的行为受性的制约这项原则的话，那么赖希则把性的问题当做其理论观念和实践活动的中心。在某种意义上，他甚至较弗洛伊德走得更远。赖希认为，人的健康和疾病取决于性能量释放可能达到的程度。性欲的压抑将导致心理和生活病症的形成。同时，他又认为，性压抑不是文明发展所必需的，而是维护阶级统治的工具。

如前文所说，赖希在他的理论中把弗洛伊德的精神分析观点同马克思的经济学理论结合起来创立性—经济学，反对马克思根据生产方式把社会发展分为奴隶制社会、封建社会，宣称按照性压抑的出现，人类历史只有一个重要的分水岭——母系社会向父系社会过渡时期（大约公元前 4000 年）。赖希认为，社会进化的最初阶段是母权制。在政治上，母权制的主要特征是没有统治制度；在经济上，它相当于马克思所说的原始共产主义时代。事实上，这是一个没有国家和阶级的社会，一个自由的部落，把人们联系在一起的是一个共同的母亲。在母权制社会里，青少年的性欲可以随意满足。因此，在这样一个社会里，性压抑并不具有必然性。只是到了父权制社会，人类才产生压抑。赖希认为是经济因素导致了这种转变的产生。随着社会财富的增加，特别是由于结婚为男人带来财富（如嫁妆），而增强男人的统治地位，出现私有财产、社会不平等和阶级划分。从此，积累财产、保存财产便和人的自然性欲的释放发生分裂。为了保住经济地位和财产，从而间接为维护等级制、阶级剥削和父权制，人们必须压抑自己的性欲。特别是资本主义社会通过家庭、教育和宗教等机构向人们灌输竞争、守纪律、自我牺牲和家庭责任等观念更加深了性压抑的程度，形成产品社会所固有的性本能压抑结构，因此，赖希认为性压抑并不是文明发展的工具，而是维护经济奴役生产过程的一个工具。性压抑的问题已超出了个人心理疾病而成为一个社会制度的问题。因此，精神病的治疗必须与改变社会对人的政治、经济方面的压抑结合。为此，他提出精神分析学家应该跳出精神分析的狭隘圈子，投身于改变现存的家庭、社会的斗争中，精神分析学家的重要任务不是“治疗”，而是“革命”。

在赖希提出精神分析学家应将主要精力从“治疗”转移到“革命”的同时，他吸收了马克思主义的革命理论。赖希认为马克思主义是最有影响的“宏观革命”学说，他倡导社会制度的更替和推翻资产阶级的政权，把消除资产阶级的经济剥削作为革命的目标，这是值得肯定和吸取的。但是要消除几千年来束缚人本能欲求的性压抑，仅仅靠这种宏观革命是不够的，必须实行性革命来达到人类的最终解放。因而，他提出"微观革命"论，认为马克思主义的宏观革命论必须用微观革命论来补充，即一方面推翻资本主义国家和资产阶级的财产关系，另一方面改变家庭社会培养人、教育人的方式；一方面实现外部世界的革命化，另一方面改造群众意识的"内部结构"，改造人的"性格结构"；一方面组织起反对统治阶级的权力和制度的斗争，另一方面削弱"性格盔甲"对成人的影响并阻止它在青年人中的发展。赖希把这种"微观革命"称为性革命，他认为，微观革命的内容很宽泛，包括文化革命、思想革命、教育革命等，但处于核心地位的则是性革命。性革命"不是无产阶级和资产阶级之间的阶级斗争"，"而是具有自由结构的人与具有独裁主义性格的人作斗争，是有着自由能力的上层社会阶级成员冒着生命危险，为所有人的利益同从无产阶级营垒中上升起来的独裁者作斗争"。①

在他看来，性革命具有特殊的意义。第一，性革命能够带来性健康。他根据性格结构理论，认为存在于人的心理最深层次的主要是性冲动，性冲动是人的最深层的本质。他接受人的本质的实现就是人的幸福的传统观点，并由此推导出本能的实现就是人的幸福和自由。性革命的目的就是要创造条件，把现存社会中人们不健康的性生活引入健康的轨道，从而使人真正体验到爱情生活的幸福。其次，性革命能建设新的社会。人类的性本能并非像弗洛伊德认为的那样是破坏性的，只有受压抑的性本能才具有这种性质。当性革命消除了性压抑以后，对于没有压抑的人道主义社会而言，性本能将是一种建设性的力量，通过性革命被释放出来的能量可以完全用于建设一个新的社会。

赖希不仅提出性革命理论，而且发动和领导了心理卫生运动与性—政治运动，并创办了性卫生诊所。赖希所憧憬的性—政治运动，赋予革命运动两个方面的性质：它一方面要求外部世界的革命化；另一方面又要求群众意识在同时得到内部的改造。这就意味着克服压抑性政治和经济结构而进行的斗争，必须同时也创造出为建立非压抑的组织形式所必需的新人，意味着对人和社会的必要改造，只有在群众自觉的革命意向也指向改变日常生活时才能够完成。赖希认为性卫生诊所为人们争取三方面的权利：(1) 妊娠中断权。他认为应从"性经济"和"性格学"的角度来考虑妊娠问题，凡是胎儿

① 赖希著：《性革命》，中国社会科学出版社1974年版，第15页。转引自杨英杰：《赖希的"法西斯群众心理学"理论评析》，哈尔滨工业大学硕士学位论文2005年，第32页。

不健康的和妊娠有可能危及母亲健康的，都应该允许停止妊娠。(2) 避孕权。他认为采取避孕措施可以保证人们过真正富有激情的爱情生活，应该克服人们羞于讨论避孕问题的心理障碍。(3) 自由恋爱、婚姻权。他认为彼此相爱的人应该不受社会附加因素的限制，而能够自由地结合在一起，为此，他要宣传什么是真正的爱情以及实现这种爱情的必要条件。此外，赖希还提倡用治疗的方法取代对性犯罪的惩罚，提出维护青少年的性权利，保护青少年免遭成年人的诱惑。赖希的性—政治运动始终以性改革为中心，其理论的基本内容是：维护性权利，提倡性自由，反对性混乱，禁止性犯罪。

## 五、对赖希理论的评价

### 1. 主要贡献

纵观赖希的一生，他的理论可以大致分为两个阶段：1935 年之前，赖希基本上是一位精神分析的政治理论家，他试图结合弗洛伊德主义和马克思主义，提出"弗洛伊德—马克思主义"体系，构成这一体系的是性欲高潮理论、性格结构理论和性革命理论，三者总称为"性—经济"理论。1935 年以后，赖希专心于性能量的研究，主要阐述倭格昂这种生命能。在这里，我们将分别对赖希的几个理论主张做一下简单的评价。

首先，赖希作为精神分析运动早期的一个特殊人物，试图把弗洛伊德精神分析学说与马克思主义理论结合，并提出性格结构理论和性革命的主张，使他在精神分析发展史上拥有十分特殊的地位和影响。弗洛伊德—马克思主义的提出，说明赖希对精神分析学说的不足和马克思主义理论的优点有一定的敏感性。作为弗洛伊德—马克思主义的创始人，赖希将社会性因素引入对本能的理解对后来的学者具有一定的启发意义。然而，马克思主义是被人类社会发展实践所证明了的科学真理，而精神分析则是解释和治疗资本积累时代所造成的心理压抑的特殊方法，两者在本质上根本对立，反映着完全相反的社会意识形态，因此他试图把这两种不同的思想体系结合在一起，只能取得一种折中主义的做法，既曲解了马克思主义，也曲解了弗洛伊德思想。

其次，赖希看重性本能的程度远甚于弗洛伊德，但赖希狭隘地理解了性概念，认为其仅限于性交、性高潮、性欲的满足和性能量的释放等。他确立了生殖功能作为生理功能、生物功能的性质，提出了性欲高潮理论，并将其作为他的理论基石,但这个理论却“遭受到曲解和粗鄙的批评”①。他把神经症的病因和社会的弊端一概归于性压抑,所以要求通过性解放、性革命来使个体心理健康和社会制度健全。这是使性本能社会化和政治化的一种主张,与新精神分析学派霍妮等人贬低性本能在致病原因上和在性格形成上的作用,以及以家庭生活、人际关系、文化习俗等社会因素来论述可能具有性含义的行为,在做法上极为不同。虽然赖希的性革命主张在实践中碰壁,在理论上不可取,但是赖希在他的性革命理论中,对性的社会功能的分析不无启发,他创办“性卫生诊所”的设想与尝试有值得参考借鉴之处。

第三,赖希也像弗洛伊德和其他精神分析学家一样,看重性格理论的建设,并提出各自的性格结构观点。赖希的性格结构理论是在马克思主义和弗洛伊德主义的相互改造中形成的。赖希否定了弗洛伊德把人类文明与本能压抑必然联系在一起的结论,使弗洛伊德主义从悲观主义变成一种乐观主义。性格结构理论的特点在于性格盔甲概念的提出和性格结构分层说。通过论述性格结构的形成,赖希用精神分析的理论弥补了马克思主义的意识形态学说两个明显的缺陷:一是不能正确地解释经济发展过程是怎样转化为意识的;二是不能正确地说明意识形态的相对独立性。因而他强调,性格结构的概念“架桥沟通”了马克思主义理论中关于社会情况和意识形态之间的鸿沟。值得注意的是,他在叙述时注意强调生物功能和社会功能,且使用诸如人的行动、反应模式等术语,使精神分析原先属于临床医学的理论具有了普通心理学、人格心理学与社会心理学的含义,在某种程度上预示了精神分析与心理学日益接近的未来发展方向。

**2. 主要局限**

赖希在其学术生涯里有自己的创见,如提出性格盔甲和性格结构层次;也有独特的见解,如用性压抑阐明人类历史时期的划分等;同时他也有自己的发现,如在理论后期对倭格昂能的发现。然而他的这些发现和独特的见解不免会使人怀疑其根据所在。由于其理论缺少内在的逻辑性,因而,赖希综合弗洛伊德和马克思主义的尝试,在理论和实践上均以失败而告终。但是,我们不能忽视赖希的理论给以后的研究所带来的启发作用。赖希不附庸时尚,我行我素,其一生也屡遭挫折。所以,他的思想中有一部分是他身处逆境而对资本主义社会的逆反写照。因而,我们对他的理论思想应采取取其精华、去其糟粕的态度,寻找出值得借鉴的东西,抛弃荒谬的东西,客观地加以评论。

① 雷克罗夫特著,梅子译:《发现上帝的人——莱奇》,湖南人民出版社 1988 年版,第 109 页。

# 第三节　弗洛姆的社会改革理论

## 一、占有与存在的价值取向

弗洛姆在其后期著作《占有还是存在》(1976)一文中，在原创性和非原创性、堕落综合征和成长综合征等概念的基础上，从价值观的角度将人的存在方式分为“重占有”和“重存在”两种。“重占有”的价值取向是一种不健康、消极的存在方式，所关注的是占有的对象，自己的价值要通过所占有的对象加以体现。这里占有不仅包括对物的占有，也包括对知识的占有。“重存在”的价值取向是一种积极的存在方式，关注生命存在本身，选择这种生活方式的人不希求去占有什么，他们心中充满欢乐，把自己潜能的实现作为生存的目的，并与世界融合为一体，这种存在方式的先决条件是独立、自由和具有批判性的理性。在这种存在方式中要区分两种形式：一种是占有的对立面，是一种原创性的表现，是人与世界的一种真实的关系；另一种是人的外表的对立面，与欺骗性的外表相反的人的本质和现实性。

这两种价值取向是与一定的社会特征相联系的，一个以“人为中心”的社会和一个以“物为中心”的社会之间的区别就是“占有”和“存在”两种价值取向之间的区别。西方工业社会的人是以占有为主要特征的，在这个社会，金钱、权利和对荣誉的追求是人们生活的中心，大多数人把占有看成是一种自然的、唯一可能的生活方式。在资本主义社会中，私有制的存在排除了别人使用和享受某些财产的可能性，从而使“我”成为财产的唯一主人。当然，在资本主义社会，在财产上富裕的人只是一小部分，但是对于社会上的大多数人来说，他们也是有占有的体验的，他们会像资本家迷恋其所拥有的资本一样，也会迷恋自己那些微不足道的所有物，甚至在保住自己财产的同时使其增值。在父权制社会，即使是最穷的男人也会占有自己的女人和孩子，是他们的唯一和绝对的主人。而对于女人来说，在子女尚未长大之前，母亲也是子女的占有者，因此，这是一种恶性的循环，即“丈夫剥削妻子，被剥削的妻子又剥削自己的孩子，而男孩子成年后又加入到父亲的行列，转过来剥削妇女”①。在发达的工业社会，人们占有的范围扩大了，除了财产、朋友、妻子之外还波及到了自我，自我成了重要的占有对象，在这里自我包括许多东西：自己的躯体、名字、知识和观念等，只有在对这些东西占有的基础之上我们才可以体验到自我的价值。人们对与自己关系密切的人也有一种占有感，人们经常会说“我的医生、我的老师、我的上司等等”。由此可见，“我有某物”是对这种价值取向的最好的概括，这句话的最终意思就是说：自我的规定性是由我所占有的对象来体现和决定的。在重占有的生活方式中，我和我所拥有的东西之间的关系是死的、没有生命的。这种生活方式也必然会导致对强权的要求，特别是当占有的对象涉及到生物时，这是因为所有的生物都有按照其自然本性生长的共同趋向，而当一种占有和支配的强制力量作用于他（它）的时候，必然会遭到他（它）的自然本性的反抗，这种反抗可能是公开的、直接的，也可能是无意识的、间接的；可能是积极的、有效的，也可能是消极的、无效的。在资本主义社会，最常见的反抗形式是“消极怠工式的罢工”，这是一种消极的、病态的、自我毁灭的行为。而占有者要想继续保持这种占有关系，就要想方设法对付被占有者的反抗，就要运用暴力，这也是私有制存在的必然要求。在重占有的生存方式中，一个人的幸福在于胜过别人，侵占、掠夺和统治别人。弗洛姆还认为占有、统治他人集中体现在对性欲的压抑上，压抑性欲的努力不仅仅是针对性欲本身，其根本的原因是毁灭人的意志，使人容易成为占有的对象。弗洛姆认为在没有剥削和压迫的原始社会，是没有必要毁灭人的意志的，因此，也没有性生活的禁令，性欲不会受到人们的谴责，人们可以没有任何罪恶感地享受性生活，即使是这样并没有导致无节制的性生活，从性生活中获得的快乐不是占有欲带来的，而是一种存在的生活方式的表现。我们看到弗洛姆用过去、落后的社会模式批判现在的社会，从而表现出对前工业社会的理想化取向。

在论及占有的生存方式时，我们需要明白功能性占有和作为一种价值取向的占有之间的区别。衣服、食物、住房、工具和身体是我们生存所必需的，对这些物品的占有是一种功能性的占有，这是一种合理的要求，为人类的生存和自我潜能的发挥创造必要的条件，这与作为价值取向的占有是不同的。功能性的占有不会和人的存在发生冲突，与存在相对抗的是那种占有的性格。

重占有的生存方式是现代社会中占主导地位的生存方式，但不是唯一

① 郭永玉著：《孤立无援的现代人——弗洛姆的人本精神分析》，湖北教育出版社 1999 年版，第 200 页。

的生存方式，在人们身上还存在一种重存在的生存方式，他们乐于从事某种活动，但是并不期待从中获得某种“永久性的东西”；他们可能尚未找到自己的路，也没有一个目标为他们的生活实践指明方向，但是他们却努力使自己成为自己而不去追求财富和消费。弗洛姆认为在资本主义社会中确实有些年轻人真正的想要放弃重占有的生存方式而采取重存在的生存方式，相当多的人是朝这个方向前进的，他们代表了一种崭新的取向。弗洛姆认为，人们放弃重占有的生存方式而代之以重存在的生存方式是有希望的，这就是：父权制的瓦解，民主的、朋友式的亲子关系的建立，妇女革命、子女革命等等。这些革命虽然没有完成，但是他们提出的要求已经被越来越多的人所接受，陈旧的意识形态变得荒唐可笑。

占有涉及到的是具体的物，而存在指的是一种体验，因此存在难以用语言加以描述，只能通过共同的经历彼此才可以沟通。重存在的生活方式的主要特征是积极主动的生活。这种主动性指的不是外在的身体活动，而是内在的活动，是创造性地发挥人的潜能。而活动是重存在的生活方式的一个重要的方面，为了明确活动的概念，弗洛姆将活动区分为异化的活动和原创性的活动。其中异化的活动是指单纯的忙碌，没有体验到自己是自己行为的主体，体验到的只是行为的结果，这种结果是与我相脱离的、超越于我之上的。在原创性的活动中，能够体验到自己是自己活动的主体，这种活动是一种创造、生产的过程，我与我的产品之间一直保持着内在的联系。

重占有和重存在是人的两种根本不同的体验，每个人身上都有这两种存在方式，只是不同的人占主导地位的存在方式有所不同。

## 二、人本主义的伦理学

### 1. 伦理学的分类

在文化上，弗洛姆要建立一种以人本主义心理学为基础的人本主义伦理学，把自古以来的人本主义理想变成社会的具体准则。这种人本主义伦理学的基本前提就是主张“未来识别善恶，必须懂得人性”。相信社会的道德规范要以人性为依据，而判断善恶的标准就在于是否促进了人的解放、自由和全面发展，是否促进了人的潜能的发挥。弗洛姆将伦理学分为以下两种：社会内在的伦理学和普遍的伦理学。

第一，社会内在的伦理学，是指这样一些规范，这些规范中包含的禁忌和要求是维护该社会正常运转和生存所必需的，是该社会特定的生产方式和生活方式所必不可少的。对该社会的成员来说，服从这些准则是符合社会要求的，所以凡社会成员的行为符合那些具有社会约束性的规范，就被认为是“道德的”，反之就是“不道德的”。因此，这种伦理学的特点是强调社会、强调服从。

第二，普遍的伦理学，是指以人本身的成长和发展为目的的行为规范。在这种伦理学的指导之下就不能仅仅用社会的标准来判断个人的行为是否符合道德了，而应该站在人类立场上来判断自己所处的社会是否道德，即它所设定的价值标准是否合乎人性。

后来，弗洛姆进一步将这两种伦理学分为极权主义伦理学和人本主义伦理学。

第一，极权主义伦理学。这种伦理学是建立在不健康的社会性格和对社会潜意识的压抑的基础上的，同时它也是不健康的社会性格形成的重要原因，造成压抑的重要的社会力量。极权主义伦理学意味着对自我的否定和对权威的服从，意味着压抑个性而不是最大限度地实现自我潜能，最大的善是服从，最大的恶是不服从，不可宽恕的罪行是反抗。在这种伦理学的指导之下要根据权威的标准来判断何为善、何为恶。

第二，人本主义伦理学。与极权主义伦理学相对应。人本主义伦理学是建立在健康的社会性格占主导地位和对社会潜意识的压抑解除的基础上的，当然它同时也是健康的社会性格形成的重要原因，是解除压抑的重要的社会力量。对人本主义伦理学来说，善就是肯定生命、展现人的力量；美德就是人对自身的存在负责任；恶就是削弱人的力量，罪孽就是人对自己不负责任。人本主义伦理学根据所有人的幸福来确定善恶的标准。

弗洛姆认为，从社会总的发展来看，两种伦理学的冲突在逐渐地减少并趋于消失，但是冲突是不会自动消失的，必须对此有一个清醒的认识，自觉地推动整个社会的改革，包括道德领域的改革，才能真正实现人本主义的理想。

**2. 良心——人对自我的呼唤**

因为良心是伦理学的一个重要概念，所以在此将其作为伦理学的重要组成部分加以论述。弗洛姆把良心分为两种：极权主义良心和人本主义良心。

(1) 极权主义良心。

这是将外在的权威(如父母、国家和舆论等)加以内化的结果。如果个人没有将权威的意志和要求加以认可和内化，那就谈不上什么良心，他的行为也只是出于对惩罚的恐惧和对奖励的渴望。但是如果权威得到了认可和内化，它就成了自己的一部分，这时他感到自己不是对身外之物负责任，而是对自己的良心负责任。良心比外在的权威更具有调节性，因为人不可能逃避自己。权威的内化包含两层含义：一是对权威的服从；二是人们自己担任权威的角色，以同样严厉的态度对待自己。因此，人不仅成了权威的奴隶，而且成了自己的奴隶，这意味着自己与自己作对，反对自己，将仇恨的目标指向自己。但是人们对权威的内化往往是不彻底的，他们常常能觉察到权威的存在。

极权主义良心的规范并不是当事人自己的价值判断，而是权威的要求、命令和戒律。这些规范的形成并不是因为它的善恶，而是因为它是权威提出的，所以成了良心的一部分。同时，良心也会影响人们头脑中外在权威的形象，人们倾向于把一些尽善尽美的特质加在权威的身上，所以造成人们头脑中权威的形象往往与权威实际的情况是迥然不同的。

具有极权主义良心的人往往具有极权主义的性格结构。在这种人看来，权威比自己要强大，只有依附于权威，成为权威的组成部分才可以感觉到安全感；而一旦被权威抛弃，就会感觉到一种无所依托的恐怖。在这种极权主义的环境中，最大的犯罪就是对权威统治的反抗。权威不允许批评，更不允许他人自认为是权威或者想成为权威，因为这与权威的唯一性相抵触：只有权威是自己的目的，别人都是他的手段；“只有权威是创造者，别人都是被创造者”，由此可见，极权主义良心存在的矛盾性，即“一个人感到独立、自豪、有力量、有创造性，反而有罪；倒是一个人去屈服、依赖，感到软弱无力、微不足道，他却心安理得。好的成了坏的，坏的反而成了好的”。①

（2）人本主义良心。

人本主义良心来自于我们自身，存在于每个人的心中，是我们自己的心声，不受外界奖惩影响，这种良心规定了我们作为人应该尽的责任。

对于那些可以使我们的整个人格充分发挥作用的思想、行为和情感，我们就会产生一种内在的认可和正直感，人本主义良心就会体验到“好”；反之那些有害于我们整个人格的思想、行为和情感，就会使我们感觉到不安，人本主义良心就会体验到“不好”或者“罪过”。所以良心是我们自己对自己的反应，它召唤我们充分地去发挥自己的潜能。但是对大多数人来说，我们往往不能清楚地意识到它的存在。其原因：一是因为缺少一种独处的能力。实际上我们害怕独处，害怕面对自己，因为一旦我们发现自己是一个既熟悉又陌生的人时，会感到窘迫和惊恐，所以我们经常忽视自己的良心。二是我

① 郭永玉著：《孤立无援的现代人——弗洛姆的人本精神分析》，湖北教育出版社 1999 年版，第 322 页。

们自己的良心的声音不像权威的声音那么直接和明确。本来良心在起作用,我们却觉察不到,我们只是觉察到某种焦虑和与良心没有直接关系的感受。人在清醒的时候,对自己的良心很难觉察,但是在睡梦中,良心往往不能被压抑,许多理性判断和觉悟就会得以出现,所以,睡梦是我们真正听到我们自己良心的唯一机会。

总之,极权主义良心注重人的服从、自我牺牲、责任和社会适应;人本主义良心是人自身利益和完整性的表现,它的目标是原创性和人的幸福。弗洛姆虽然将两者进行了区分,并加以分别论述,但是在现实生活中它们往往并不是相互分离的。在一个人身上,它们也不是绝对排斥的,一个人可能同时具有这两种良心。但在不同人身上,它们各自力量的大小以及相互关系是不一样的。弗洛姆认为人本主义良心占主导地位时,这个人的价值结构就是健康的;反之,就是不健康的。弗洛姆还认为极权主义良心和人本主义良心两者的内容可能是相同的,如不杀人、不仇恨等。在这种情况下,两者的差异在于接受规范的动机不同,前者出于恐惧和依赖,后者出于自我内心的呼唤。

### 三、未来人的目标:心理健康

一般认为适应现实社会的人就是健康的人。按照这个逻辑,以上所描述的资本主义社会的现代人都是健康的。但是那些在异化社会中被看做是健康的人,从人本主义的观点来看,就可能是病入膏肓的人,而那些被异化社会视为病态的人反而是最健康的。弗洛姆在去世前的最后谈话就是以"病人是最健康的人"为题发表的。实际上他所说的病态包括两种情况:一是适应很好的人。如那些剥削性格和市场性格的人,他们在社会中得到了金钱、权利和荣誉,但是却失去了爱和理性的能力,失去了生命的丰富性、创造性和独立性,这种人是不健康的。另一种是适应不好的人。如那些接受性性格和破坏性性格的人,他们或者被动、依赖,或者攻击、破坏,这些极端的反社会行为显然是不健康的。因此,适应不是心理健康的唯一标准,它只是心理健康的一个基本条件。完整的心理健康的概念是:"在一定适应的基础上谋求成长和发展,并增进自我与他人的爱和理性的充分实现。"①

根据弗洛姆的观点,真正健康的人具有一些特点:具有原创性的人格,

① 郭永玉著:《孤立无援的现代人——弗洛姆的人本精神分析》,湖北教育出版社 1999 年版,第 304 页。

热爱他人和自己并保持自我的独立性，以生命的存在决定生活方式；心理健康的人能够去爱和创造，能够摆脱对家庭和自然的乱伦依恋，具有自我同一感，可以客观地看待世界和自我；热爱生命，但是不畏惧死亡；承受生存中重大问题的不确定性，但又坚信自己的思想和情感；心理健康的人能够独立自处，也可以与被爱者共同生活，与地球上的人类和生物成为一体；遵从良心的呼唤，遵从我们自身的呼声，即使这种呼声很微弱以至于不被人们所感知，他也不会陷入自我怨恨中而不能自拔。这是弗洛姆关于心理健康的标准，并且将此为武器来批判资本主义社会，并将此作为未来社会变革的目标。

不健全的社会造成了人的心理疾病，这是人的天性对病态社会的一种反抗。一方面，社会的经济结构塑造了人；另一方面人的天性中具有的力量反过来又改造了社会环境。所以，面对社会，个人的两大使命就是适应和改造，这也是心理健康的两大基本内涵。

### 四、健全社会的蓝图

弗洛姆在继承人本主义传统的基础之上，提出了一套改革社会从而促进人的心理健康的理论。弗洛姆理想中的健全社会是“人道主义的民主的社会主义”，这个社会是在资本主义已经取得成就的基础之上并为了克服资本主义和苏联模式的弊端而建立起来的。他认为苏联和东欧的社会主义不是对资本主义的否定，而是对资本主义的倒退，他们对社会主义的解释和马克思所设想的社会主义大相径庭。西方和东方的社会主义是在资本主义范围内改善经济和社会政治状况的一场运动，对社会主义做了资本主义的解释；认为社会主义的原则，如生产资料的社会主义化和福利国家等，基本上与资本主义的原则是相同的；社会主义的理想遭到了歪曲，这种“社会主义”被描绘成工人将可以像资本家一样过上好日子，即所有的人都是资本家。因此，这些观点与马克思的观点是不一样的，马克思的观点是把人放在中心地位的。弗洛姆认为“马克思主义的目的在于建立一个超越资本主义社会的人道主义社会，一个以全面发展人的个性为宗旨的社会主义”①，“这个人道主义的社会既不同于苏联的共产主义，又不同于资本主义”②。

① 弗洛姆著，张燕译：《在幻想锁链的彼岸》，湖南人民出版社 1986 年版，第 149 页。
② 弗洛姆著，张燕译：《在幻想锁链的彼岸》，湖南人民出版社 1986 年版，第 155 页。

1. **人道主义的民主的社会主义的特征**

弗洛姆所说的健全的社会是人道主义的民主的社会主义。并认为健全的社会应该具有以下特征：首先，在健全的社会，每个人只是自己生活的目的，而不是别人达到目的的手段，人活着是为了展现自己身上的人性的力量。所以，在这个社会中，人是一切活动的中心，一切经济和政治活动都是为人服务、为人而存在的。其次，在健全的社会，贪婪、剥削和占有等一些品质，都不再被用来获得更多的物质财富和提高个人的威望。相反，按良心行事成了人们最基本的品质，机会主义和纪律松懈被认为是自私的行为。第三，在人与社会、人与他人的关系上，每个人都关心社会的公共事务，社会的事成了个人的事。个人与他人的关系好比个人与自己的关系。此外，在健全的社会，每个人在可以驾驭和认识的范围内进行活动，并成为社会生活的主动参与者，成为自己生活的主人。总之，在健全的社会，每个人都能够最大限度地发挥自己的潜能，得到创造性的发展，刺激爱和理性的发展。

2. **社会改革观**

为了实现这样一个健全的社会，需要进行社会生活改革，包括经济、政治和文化各个方面的改革。

(1) 在经济领域的改革。

首先，弗洛姆主张实行生产资料的公有制和国家干预的计划经济，保证每个劳动者都成为生产和管理过程中的积极参与者。在这种经济制度实施的过程中，要注意处理好公有制、计划经济和个人主动性之间的矛盾，使劳动真正成为有意义的活动，使劳动者可以从被奴役和压迫的状态下解放出来。要达到这种目的，需要建立一种改变劳动处境的新的经济制度，这种经济制度的建立不需要进行暴力革命，也无需改变西方的民主国家宪法，只需要经过立法就可以进行变革，通过立法来保证所有的成员都参与生产、管理和决策。

其次，在分配制度上，要保证每个人的收入水平达到可以维持其尊严的程度，即不再用饥饿迫使人们去接受不愿意接受的劳动条件。要保证人的尊严就要保证每个人都享受不受任何条件限制的生存权利。

再次，发达国家要帮助经济落后的国家。此外，要防止对自然环境的破坏和消减以至取消军事工业。

我们看到弗洛姆的这些主张存在自相矛盾之处。首先，一方面他主张要建立国家干预的计划经济，但是另一方面却要求“要把国家的集权活动降低到最小限度”①。实际上，在一个高度分权的国家要建立计划经济是很困难的。其次，在计划经济体制下，是不能实现劳动者成为社会活动“积极参与者”的目标的。经济发展的历史和经验证明计划经济不能克服资本主义经济制度的弊端，而市场经济不失为一种有效的经济运行方式。当然，市场经济的弊端可以在尊重市场经济规律的前提下，以国家的宏观调控和法制等手段加以弥补，但是彻底否定市场经济只会造成灾难性的后果。

弗洛姆对苏联和东欧社会主义的批评具有一定的深刻性和预见性，但是其批评恰恰没有包括对计划经济的批评，没有看到压制人的主动性和创造性的一个很重要的根源在于计划经济体制，苏联和东欧社会主义国家解体的一个很重要的原因也是计划经济的失败，而中国经济改革取得的成就却可以归功于从计划经济向市场经济的转变。

总之，弗洛姆的经济改革设想缺乏总体上的现实指导意义，但是他的社会改革理论主要是针对发达的资本主义而言的，考虑到计划经济是不能被完全抛弃的，所以，他的具体设想还是有一定的价值的。

（2）在政治领域的改革。

在政治上，弗洛姆主张不能把民主和普选投票画等号，而应该把民主的原则切实地贯彻到社会生活的方方面面，同时这也是与经济和生产活动中积极参与的原则相适应的。要实现真正的民主就要消除异化社会对人们思想的影响，这是因为现代社会中的异化只会使人们产生意见和偏见，而不会产生发扬民主所需要的信念和意志。

弗洛姆认为真正的民主是一种“参与民主制”，即所有的成员都能够全面地了解事实情况，自己做出判断，积极地参与和决策。并且认为要实现这一目标可以建立成千上万的面对面的群体，在这种群体中，成员之间可以相互接触和了解，掌握一切重要的信息，对专门的问题进行充分的讨论，最后做出决策。要想使这种决策对中央政府的决策产生影响，可以对两院制议会加以改革，即由面对面群体构成真正的“下院”，并同其他的政治机构分享权利。这是弗洛姆关于政治改革的一些理论观点。

（3）文化领域的改革。

弗洛姆主张在文化上要建立一种人本主义心理学为基础的人本主义伦理学，把人本主义理想变成社会生活的具体准则，并使这些准则成为人的信仰，即建立人本主义宗教。此外，弗洛姆还提出人本主义的教育观。

弗洛姆首先对现代的教育进行了批判，他认为现代教育的目的成了培

① 弗洛姆著，王泽应等译：《人的呼唤》，上海三联书店 1991 年版，第 119 页。

养与这个异化的社会相适应的人，只是传授一些在工业化的文明中可以发挥作用的知识，塑造社会所需要的性格模式，教会了人们竞争和有限的合作。这样，人们受到的教育越多，就越缺乏理性、判断力和信念，充其量只不过是使他们的智力得到了提高。弗洛姆提出自己关于教育改革的理论观点，他认为教育的首要任务是帮助人们找到确定的方向和为之献身的架构和参照系，即帮助人们确定人本主义的价值观。社会主义的教育目的是培养全面发展的人，使人的科学认识能力和艺术审美能力得到提高和发展，使人不仅成为物质生产者，而且要成为生活的享受者。弗洛姆还认为既然教育的目的在于人的健康发展，那么人一生都需要接受教育。从某种意义上讲，成年人比儿童更需要接受教育，一方面是因为成年人随着年龄的增长越来越失去了人性中许多美好的东西，所受到的毒害可能比儿童更深；另一方面是因为6岁到18岁这个年龄段也许并不像人们所认为的那样适宜学习，到了三四十岁时人们往往才会对自己有一个正确的认识。所以，弗洛姆主张社会不仅要重视儿童的教育，也要重视成年人的教育。

总之，弗洛姆主张要对现行的教育制度进行改革，使教育能培养出真正的全面发展的人。

## 五、对弗洛姆社会改革理论的评价

弗洛姆在人本主义精神分析的基础之上提出了一系列社会改革的理论，其理论在促进社会进步的探索上具有积极的影响，同时也存在一些不足。

### 1. 主要贡献

第一，对社会现象进行了新的探索。弗洛姆对社会现象的研究和探索不同于传统心理学对社会现象的关注，其表现为：在研究的对象上，选择那些关系整个社会进步的社会心理现象进行研究，而传统的心理学仅仅局限于研究局部的、对社会进步而言不是很迫切的现象。弗洛姆在继承启蒙运动的理性主义和人本主义批判精神的基础之上，借助精神分析的方法，对资本主义社会中的种种不健康的现象进行了深入的分析，这种关切人的健康和社会进步的精神是可贵的，而且为促进社会的进步进行了有益的探索。在方法上，弗洛姆把社会看成一个动态的整体，从宏观上来研究整个社会，而传统的社会心理学是缺少这种宏观的眼光的。

第二，将医治心理疾病和改革社会现实结合起来，恢复和发扬了精神分析对资本主义文化的批判精神。弗洛姆认为，心理疾病是人的天性对病态社会的一种反抗。一方面，社会的经济结构塑造了人；另一方面人的天性中具有的力量反过来又改造了社会环境。所以，面对社会，个人的两大使命就是适应和改造，这也是心理健康的两大基本内涵。而健全的社会的实现，则必须以经济、政治和文化的改革为条件。

第三，看到了现代文明与自然的对立，包括对自然的破坏，这是具有积极意义的。从人类命运所做的思考充分体现了弗洛姆一以贯之的关心人、关注人的生存境域的人道主义精神和人文情怀。弗洛姆的整个理论中洋溢着乐观主义的情绪，他对人的潜能是乐观的，相信人有能力建成一个健全的社会，从而发展出健全的人格，这种乐观主义使得许多人受到鼓舞。

**2. 主要局限**

弗洛姆的思想是一种彻头彻尾的唯心主义历史观。首先，将一切形式的异化看成是人性的异化，没有深入到阶级关系中进行分析，没有看到人与自然所形成的生产关系、阶级关系，否认了人与人、阶级与阶级之间的对立，从而否定了人性异化的经济根源、阶级根源，进而否认了无产阶级革命。其次，将异化归结为科学技术的进步，从而否定科学技术对社会进步的作用，鼓吹社会倒退，在本质上重复了弗洛伊德所发端的循环论。最后，他无视资本主义社会根深蒂固的根本矛盾，通过改良的方式来医治病态的资本主义社会的拯救方案根本没有跳出资本主义的框架，没有触动资本主义的根本制度。他所谓的健全社会的理论仍然是建立在资本主义私有制基础之上的，并没有根本的创新，他关于未来社会的构想无可避免地成为一种美丽的乌托邦。

## 第四节　马尔库塞的爱欲解放理论

### 一、马尔库塞的生平与著作

赫伯特·马尔库塞(Herbert Marcuse,1898—1979)于 1898 年 7 月 19 日出生于德国柏林一个犹太血统的资产阶级家庭。马尔库塞祖籍波麦省，中学毕业后，他没有上大学，1918 年 11 月到柏林飞船预备部队服兵役。当

赫伯特·马尔库塞
(Herbert Marcuse,1898—1979)

时,柏林工人在俄国十月革命的影响下举行武装起义,马尔库塞加入了德国社会民主党,并被选为士兵委员会委员。

1919 年至 1922 年,他先在柏林大学,后到弗莱堡大学学习和研究德国文学史、哲学和国民经济学。1922 年,他以学位论文《论德国的小说艺术家》在弗莱堡大学获博士学位。1923 年,他在海德格尔指导下又完成了题为《黑格尔的本体论和历史哲学的比较》的博士论文,并获哲学博士学位。然后,马尔库塞离开弗莱堡返回柏林。

1928 年,马尔库塞重返弗莱堡大学继续深造,给海德格尔当助手。这时,马尔库塞已经有了自己的哲学纲领并对海德格尔哲学的意义有了确定的想法。他的哲学纲领就是写作一篇《论具体的哲学》,而他对海德格尔的想法是,海德格尔的著作标志着“资产阶级哲学”已经从内部被超越了,而它的新方向就是“具体的哲学”。他认为,在具体的历史条件下,海德格尔没有考虑到具体的此在的存在。马尔库塞对海德格尔关于具体性问题的批判,使他们的关系恶化了。1933 年,海德格尔出乎人们意料,公开承认国家社会主义的事实,使马尔库塞认识到他在海德格尔那里完成授课资格论文已不可能,他遂于 1929 年携家眷再次离开弗莱堡重返柏林。

1931 年,马尔库塞完成并出版了他的大学讲师授课资格论文《黑格尔的本体论和历史性理论的基础》。这篇论文既反映了海德格尔对他的重大影响,也说明了他已脱离海德格尔转向黑格尔和狄尔泰。1932 年,马克思的《1844 年经济学—哲学手稿》公开发表,马尔库塞当即在鲁道夫·希法亭(Rudolf Hilferding)主编的《社会》杂志上发表了《论历史唯物主义基础的新来源》一文,对马克思的思想作了新的解释。他指出,马克思的本体论不同于黑格尔的本体论:黑格尔的本体论乃是关于生命及其历史性的存在概念,马克思的本体论始终是关于历史的人的本体论。同时,马尔库塞在这篇文章中试图解答这样的问题:历史必然性和作为实存的人的自由具有什么样的关系。马尔库塞认为,马克思从理论上提出了一种马克思主义的人道主义,一种彻底的人本主义,论证了消除异化是人获得自由解放的必然性。而卢卡奇(Ceorg Lukacs)等人阐述的马克思主义才是真正符合马克思本意的“真正的马克思主义”。

因此，从 1928 年至 1932 年期间，马尔库塞在其著作中一直试图将马克思主义与海德格尔的存在主义本体论原则和胡塞尔的现象学方法融合起来，从而解决他所谓的“马克思主义的基本困境”。马尔库塞认为，把马克思主义与存在主义结合在一起的关键是海德格尔关于人类存在的“历史性”概念。在《存在与时间》中，海德格尔认为，人是一种历史的存在物。马尔库塞将海德格尔的历史性概念的起源追溯到狄尔泰的“生命哲学”，并从狄尔泰进一步追溯到黑格尔。马尔库塞指出，海德格尔哲学中的历史性与马克思对历史科学的首要性的强调颇具相似性。随着马克思的《1844 年经济学—哲学手稿》在 1932 年出版，马尔库塞放弃了他融合马克思和海德格尔的尝试。因为他认为他在马克思的早期著作中发现了消除当代马克思主义理论困境的方法。

1933 年，马尔库塞一生的事业转折点出现了。首先，阿多诺（Theodor Wiesengrund Adorno）发表了一篇书评，对马尔库塞的《黑格尔的本体论和历史性理论的基础》一书大加褒奖，马尔库塞作为一位青年理论家引起了社会的关注。其次，胡塞尔把他推荐给法兰克福大学董事里泽尔，而里泽尔又把他推荐给霍克海默（M. Max Horkheimer）。霍克海默这时刚刚接任法兰克福社会研究所所长。霍克海默立即邀请马尔库塞加入法兰克福社会研究所。

加入法兰克福社会研究所是马尔库塞思想发展史的一个重要转折点。1933 年初，马尔库塞到了社会研究所设在日内瓦的分部供职，然后不久又转到巴黎分部，1934 年 7 月迁至美国。这时，法兰克福社会研究所在霍克海默的带领下全部搬到了美国。

加入社会研究所之后，从 1934 年到 1941 年期间，马尔库塞放弃了他改造马克思主义的尝试而同法兰克福学派的霍克海默、洛文塔尔、波洛克、阿多诺等人一起致力于发展一种“社会批判理论”，他在研究所的主要任务是对社会批判理论的基本原理进行哲学上的概括。1940 年马尔库塞加入美国籍，并开始重新研究黑格尔，1941 年出版了《理性与革命》一书。在这本书中，马尔库塞试图通过重新解释黑格尔、黑格尔与马克思的关系，通过解释理性主义与实证主义的对立，进一步在哲学上具体阐发和论证“社会批判理论”。他在黑格尔哲学中寻找马克思主义的“真正诞生地和秘密”，更主要的是试图在黑格尔哲学中寻找“社会批判理论”的“真正诞生地和秘密”。

从 1942 年到 1950 年，马尔库塞在美国战略情报所工作，并当过该所东欧部负责人。1951 年至 1954 年，马尔库塞在哥伦比亚大学俄国研究所和哈佛大学俄国研究中心的赞助下进行研究和教学工作。这段工作的结果就是

1958 年出版的《苏联的马克思主义》。这部著作剖析了“苏联模式的社会主义”,批判了斯大林主义的马克思主义。这部著作虽然是为美国战略情报研究所写的研究报告,但却以其理论性和哲学形式为西方的马克思主义研究提供了理论根据。它的发表标志着马尔库塞对马克思主义基本态度的转变。在此以前,马尔库塞对马克思主义基本上持“维护”态度,但在此书中,他借口历史条件的变化,认为马克思的理论结构有许多已经过时,列宁、斯大林的理论是错误的。

1954 年,马尔库塞受聘于勃兰第斯大学哲学系,在那里他从事教学和写作工作直到 1965 年退休。正在他准备从勃兰第斯大学退休时,加利福尼亚大学圣地亚哥分校又聘请他在该校哲学系主讲马克思主义。这样他一直到 1970 年才不情愿地以“名誉教授”的名义退休。

从 1967 年起,马尔库塞成了大学里最重要和最有影响的人物。他并没有囿于书斋,而是积极干预现实,特别是对 60 年代末在西方出现的那场既不满意资本主义社会,又反对十月革命道路的学生造反运动倾注了巨大的热情。1979 年 7 月 29 日,马尔库塞应麦克斯—普朗克研究所之邀赴西德访问和讲学途中,逝世于德国慕尼黑附近的施塔恩堡,终年 81 岁。

从 50 年代起到逝世,马尔库塞发表的重要著作有:1955 年的《爱欲与文明》、1964 年的《单向度的人》、1968 年的《论否定》、1969 年的《论解放》、《自由和历史使命》、《五篇讲演》、1972 年的《反革命和造反》、1978 年的《审美向度》等等。以《爱欲与文明》为开端所发表的一系列著作表明,马尔库塞的思想发生了一个新的转折:用弗洛伊德理论来补充马克思思想,并以此为武器批判发达资本主义社会,描绘未来文明的蓝图。在《单向度的人》中,马尔库塞批判了现代资本主义社会把既有物质需要又有精神需要的双面的人变成完全受物质欲望支配的单面的人,使具有批判功能的哲学成为与统治阶级利益协调一致的单面的思想。在《论解放》和《反革命和造反》等论文中,马尔库塞正确估价了同革命变革相对抗的力量,并对新左派的策略和目标进行了批评。在最后一部著作《审美向度》中,马尔库塞探讨了艺术与革命这一主题,抨击了正统马克思主义认为艺术仅仅是社会阶级的一种纯粹意识形态的反映从而贬低艺术的倾向。

## 二、对精神分析学进行马克思主义的重释

马尔库塞是法兰克福学派的左翼代表人物,是现代西方“弗洛伊德主义的马克思主义”最有影响的理论家,同时也是一位充满理想精神的社会批判

领袖。他不是一位精神分析学家，在他的晚年，也即他的理论发展的最后一个阶段里，他才开始了解和研究弗洛伊德的著作，并致力于实现弗洛伊德主义和马克思主义的结合。马尔库塞重新解释了弗洛伊德关于人的爱欲本质观，将社会因素引入了本能序列，在弗洛伊德抽象的生物本能理论中补充两个具有历史意义的概念：额外压抑和操作原则。

1．爱欲：人性的本质

马尔库塞在《爱欲与文明》中提出了一种心理分析的哲学，试图以弗洛伊德的精神分析学说来补充马克思主义和社会批判理论中所欠缺的社会心理学部分，以便把两种学说加以综合，创立一种所谓的弗洛伊德－马克思主义，并用这种批判的文明理论对现代发达工业社会，即资本主义社会进行总体批判。

马尔库塞认为，精神分析学不仅仅是一种心理学，而且是一种哲学，其主要哲学价值在于向人们揭示了人的心理结构的秘密，并由此在一种新的意义上规定了人的本质。他的《爱欲与文明》一书就是对弗洛伊德理论的哲学探究，通过剖析弗洛伊德的心理结构理论，提出人的本质是“爱欲”的思想。

马尔库塞认为弗洛伊德最大的贡献是关于人本质的思想。弗洛伊德把人的心理结构分为意识和无意识两部分，他在有意识的思维活动的底部，发现了一个一直被人忽视的“无意识”领域。马尔库塞认为这显然是一个了不起的贡献。但是，意识和无意识究竟哪一部分更能体现人的本质呢？马尔库塞觉得应该是后者，这是因为：其一，意识受现实原则支配，无意识受快乐原则支配；其二，意识是后天形成的，无意识与生俱来；其三，意识在人的整个精神世界中占很小一部分，而无意识所占的比例却大得多。在这里，弗洛伊德揭示无意识的存在是为了让人们更自觉地用意识去控制它，马尔库塞揭示无意识的存在，则是为了论证这就是人的本质，为了推倒意识对无意识的控制，让后者得到满足。

在弗洛伊德看来，作为人的精神活动核心的无意识，是由生本能和死本能组成的，这两种本能冲动的“能量总和”不变，此长彼消，彼增此减。马尔库塞认为，在这两种本能冲动中，只有生本能才真正体现了人的本质，其原因在于人首先是一种存在物，生本能与人的“存在原则”相一致。

弗洛伊德把生本能的主要内容规定为饥、渴、睡眠、性等。马尔库塞则进一步指出，在这些内容中性欲占统治地位。因此把生本能作为人的本质，实际上也就是把性欲作为人的本质。他认为，弗洛伊德的心理学力图对人的本质作出规定，把性欲作为人的本质。“性欲”在弗洛伊德的著作中，有时指同生殖机能有关的对异性的肉欲追求，有时指人的机体追求快乐的普遍属性。他在后一种意义上使用“性欲”一词时，为了与前者区别开来，又把它称作是“爱欲”。马尔库塞强调，作为人的本质的“性欲”应是后一种意义上的“性欲”，即“爱欲”。

马尔库塞认为“爱欲”是对“性欲”在量上和质上的提高。在量上，它不单纯指两性之间的生殖欲望，而是在人的器官、活动、对象方面量的扩张，从器官方面而言，它已从生殖器官扩展到了人的全部器官；从活动方面讲，它已从人的两性行为扩展到了人的全部活动；从对象方面看，它已从异性扩展到了所有能引起人的快感的“异物”。在质上，马尔库塞认为，即使是两性行为，也不是以生殖为目的，而是为了满足自己，是在肉体范围内获得快乐。和马尔库塞相比，赖希对性概念的理解则过于狭隘，认为性概念仅限于性交、性高潮、性欲的满足和性能量的释放，他只考虑到了性欲的量变，忽视了性欲的质变。在这一点上，马尔库塞显然比赖希更胜一筹。

**2. 基本压抑与额外压抑**

弗洛伊德认为，人的历史就是人被压抑的历史。文化不仅压制了人的社会生存，还压制了人的生物生存；不仅压制了人的一般方面，还压制了人的本能结构。但这样的压制恰恰是进步的前提，未加控制的爱欲，同其对立面死亡本能一样，是命运攸关的。本能之所以有破坏力量，是因为它们无时无刻不在追求一种为文化所不能给予的满足，这是一种纯粹的、作为自在目的的满足。人的首要目标是各种需要的完全满足，而文明则是以彻底抛弃个人目标为出发点的。弗洛伊德提出人格结构包括伊底、自我和超我，其中自我协调伊底和外界的关系，压抑那些与现实冲突的冲动，并通过改变其目标，延缓和改变其满足方式，使冲动与现实一致。这样，自我废黜了无可辩驳地支配伊底过程的快乐原则，取而代之的是可能提供较强的安全感和较高效率的现实原则。弗洛伊德认为，快乐原则向现实原则的转变过程就是本能冲动被压抑的过程。但弗洛伊德并未深入考察现实原则的具体内涵和实际的影响，而仅仅是在抽象的意义上规定了现实。因此，“现实仅仅是作为一个不可缺少的方面进入人格的生物学框架中，现实和环境只是像生物学中的环境概念那样具有一般的、泛泛的意义。”①

马尔库塞一方面继承精神分析理论，另一方面又运用历史唯物主义的分析方法对现实概念进行了引申。他认为现实世界支持着外部世界中的有机体。对人类有机体来说，这个外部世界就是一种历史的世界。成长着的

① 车文博主编：《弗洛伊德主义论评》，吉林教育出版社 1992 年版，第 1201 页。

自我所面对的外部世界在任何阶段都是某种现实的特定的社会—历史组织，它通过特定的社会机构及其代理人影响心理结构。马尔库塞批评说："弗洛伊德的现实原则概念由于把历史偶然性变成了生物必然性而抹杀了这个事实，因为他对本能在现实原则下发生的压抑性转变所作的分析，使现实的一种特定的历史形式成为纯粹、绝对的现实。"①马尔库塞认为，要纠正这一不足，恢复现实的历史本性，就需要展开其自身的内容。弗洛伊德的压抑概念是有效的，也确实是一种普遍的生物发展的必然性，它们缺乏的只是"没有在本能的生物变迁与社会的历史变迁之间作出恰当的区分，因此，对他的这些术语，现在必须配以相应的表示特定的社会—历史成分的术语"②。马尔库塞引入了这样两个术语：额外压抑（susplus repression）和操作原则（performance principle）。

马尔库塞指出，由于人类征服自然的能力和手段的限制，人类的生存总是处于不断的匮乏之中，也就是说，生存斗争是在一个很贫穷的世界上发生的，人们不能随心所欲地满足自己的需要，如果不加限制和节制，人们便无法继续生存下去。为了克服匮乏，人们必须工作，必须为获得满足需要的手段而从事颇为痛苦的劳动。工作的持久性使快乐受到阻碍，痛苦得以盛行。而且由于基本本能所追求的是快乐的放纵和痛苦的消失，快乐原则和现实之间发生冲突，本能被迫接受一种压抑性管制。那么这种压抑都是合理的吗？压抑都是文明发展所必需的吗？在具体的历史发展过程中，压抑都是千篇一律的吗？弗洛伊德的文明压抑理论并未回答这些问题。马尔库塞试图回答这些问题，他将压抑区分为基本压抑与额外压抑，把社会历史因素引入了本能压抑的概念中。

所谓基本压抑是为了维持文明发展和人类的生存所不得不进行的对本能的压抑，这种压抑是自然发生的。这一压抑主要起源于人在生物适应方面的软弱性。人类脱离动物界的时间还不长，控制自然、适应自然的能力很差，因此不可能花费少量的劳动就能获得足够的生活资料，不能创造足以丰富的物质财富来提供充分的欲望的满足。为了种族的延续，人们不得不压抑一些本能欲望，为了长远的利益牺牲一些短暂的利益。这种形式的压抑是不可避免的，也是合理的。然而，这只是就人类的一般性的软弱、文明发展的一般进程而言的压抑。就具体的社会、具体的个人来说情况并非如此简单。在社会历史发展中，阶级、阶层、社会关系是决定个人是否压抑本能

① 马尔库塞著，黄勇等译：《爱欲与文明》，上海译文出版社2005年版，第25页。
② 马尔库塞著，黄勇等译：《爱欲与文明》，上海译文出版社2005年版，第25页。

及压抑多少本能欲求的直接因素。在此，马尔库塞未指名地运用了马克思主义历史分析的观点。事实上，普遍存在的缺乏并非是均摊给个人的，而是在整个文明过程中都被组织了起来，使它不按照个体的需要分配而是做集体的分配；组织人们或其满足需要的物品也不是为了最好地满足个体日益发展的需要。人总是要生活于一定的社会形态中，社会又是由不同的组织机构、不同的利益集团和各种强制性的规章制度组成的。在社会制度中，缺乏的分配、克服缺乏的努力以及工作的方式，都是强加于个体的，首先是诉诸暴力，接着是通过对权力的较为合理的使用而达到其目的。但无论这种合理性对整体的进步是多么有用，它仍然是统治的合理性，而且对缺乏的逐渐征服也不可避免地牵涉到统治利益，并为这种统治利益所规定。而统治不同于合理使用职权，实行统治的目的总是为了维持和扩大自己的特权地位的特殊团体和个体。只要人的需求由统治阶级利益决定，其他被统治阶级的需求就要受到限制，就要付出比一般社会匮乏所需更多的压抑。

所以，虽然任何形式的现实原则都要求对本能实行相当程度和规模的压抑性控制，现实原则的特定历史机构和统治的特定利益，除了造成那些为文明人类的联合所必不可少的控制以外，还引进了一些附加的控制。马尔库塞把这种产生于特定统治机构的附加控制称为额外压抑。例如，为了维护一夫一妻制家庭，为了实行等级制的劳动分工，为了公共地控制个体的私人生存，都必须“改变”和“转移”本能能量，这就是特定的现实原则机构实行额外压抑的例子。在此，马尔库塞不无深刻地指出，许多压抑并不是不得不具有的，而是统治者强加于人民的，为了自己能够更多地纵欲，为了享受特权的利益，就必须要求老百姓禁欲，使他们把更多的精力投入到工作中，以便创造足以供统治者挥霍的财富。所以，在现实原则下的统治利益要求对本能组织施加额外压抑。这一问题的意义已远远超出了个人范围，而进入了社会政治生活领域。正是在这个意义上，马尔库塞强调，在现时代心理学概念成了政治概念，以致私人的、个体的精神一定程度上成了心甘情愿的容器，里面储藏了为社会所欲求、对社会所必要的志向、感情、满足和内驱力。从额外压抑出发，马尔库塞看到了资本主义社会的不合理性、虚伪性，认识到资本主义不仅造成了一种经济上的剥削，而且是一种对人性的摧残。

3. **操作原则**

在本能压抑的量的规定基础上，马尔库塞对本能的质的变化也做出了相应的规定。文明社会的发展要求本能的满足遵循现实原则，但现实原则并不是抽象的，而是含有特殊的社会内容，总是体现在特殊的社会经济、政治组织中。“因此，如果我们企图说明现代文明中主要压抑的范围和界限，就必须根据支配这一文明产生和发展的现实原则来进行描述。我们称这种特定的现实原则为操作原则。”[①]也就是说，当代发达的工业社会在“基本压抑”之外又强加给个人以“额外压抑”的时候，支配人们行动的“现实原则”就变成了“操作原则”。它是现实原则的现行历史形式，强调在这种原则统治之下，社会根据其成员竞争性的经济操作活动而被分成各个阶层。因此，现实原则对本能的压抑并不是赤裸裸的强制，而是采取较温和、貌似合理的控制方式。在漫长的历史发展中，社会对劳动的控制正以更大的规模、更好的条件表现出来，统治利益与整体利益的对立越来越小，统治变得越来越合理。对于绝大多数人来说，本能满足的规模和方式受制于自己的劳动。然而，他们分工的分化使其劳动成为一种异化劳动，他们是在为某种设施而劳动，却对这种设施无法控制。人们并不是在过自己的生活，而只是在履行某种事先确定的功能。他们在异化中工作，不能满足自己的需要和发挥自己的作用。所以，现实原则不仅对本能满足实施量的剥夺，而且以操作原则的形式即以异化劳动的方式对本能满足进行质的改造，本能压抑以貌似合理的、温和的压抑形式出现，本能驱力被转到对社会有用的操作上去，在这些操作中，个体从事着同自己的机能和需要根本不协调的活动。马尔库塞强调，在操作原则的支配下，本能压抑由外部强迫转变成为一种内部控制，社会权威已被吸收进了个体的良心和潜意识中，并成为欲望、道德和满足的东西在起作用。个体的欲求乃是虚假的社会强加物，人们表面上在工作中得到一种安全感、幸福感，实际上这正是社会统治和操纵个人的方式。在操作原则支配下，人的身心都成了异化劳动的工具，人们主动约束身体的求乐本能，对之在时间上作出了硬性分配。就性本能而言，它失去了原始的贯穿有机体全身的快乐机能。现在，身体的性本能只集中于身体的某一部位，性欲只是为生殖服务，其余的身体部位可以自由地用作劳动工具。于是力比多不仅在时间上减少了，而且在空间上也缩小了。马尔库塞认为，在资本主义社会中操作原则对本能的质的改造成为三种统治的心理基础：成为人对自己的统治、对自己的本性和自己的追求快乐的感觉动机统治的心理基础；成为劳动对人统治的心理基础，这一劳动由守纪律、受控制的个人完成；成为外界即科学技术对人统治的心理基础。

① 马尔库塞著，黄勇等译：《爱欲与文明》，上海译文出版社 2005 年版，第 33 页。

## 三、爱欲解放论

马尔库塞将修正后的弗洛伊德的爱欲本质论与马克思关于人类解放的理论相结合，提出了他的“爱欲解放论”的思想。马尔库塞认为，作为人的本质的爱欲的解放，有其历史必然性和现实性。

### 1. 爱欲解放的必然性

（1）人的解放就是爱欲的解放。

马尔库塞通过对人的本质的分析，很自然地得出结论：人的解放就是其爱欲的解放。他赞同马克思关于人的解放就是人的本质的解放，人的幸福就是人的本质的实现的思想，说《1844 年经济学—哲学手稿》的全部内容就是论证人的本质的实现对人的意义。既然人的解放就是人的本质的解放，人的本质就是人的爱欲，那么解放人就是解放人的爱欲。

他认为，由于爱欲是人的本质，所以，文明社会对爱欲的压抑使人陷于无限的痛苦之中。人类文明史上，当人的爱欲遭到压抑时，不仅是对人的某种功能的束缚，更主要的是用现实原则代替快乐原则，意识活动占据和控制了无意识，从而整个地改变了人的本质。在这种情况下，为了恢复人的本质，使人从痛苦的深渊中解放出来，就必须解放爱欲，把人类本性不断遭到歪曲的这个过程颠倒过来。只有使人类在解放爱欲的过程中真正恢复其本性，才能真正享受到本质得以实现的痛快。“人正是在他的满足中，特别是在他的爱欲满足中才成了一种高级存在物，才有了较高的存在的价值。”①

马尔库塞在把解放人具体化为解放爱欲的同时，又反复申明：“解放爱欲”不等于“放纵性欲”，爱欲的解放不等于性欲的解放。爱欲和性欲正如前面已指出的，两者是有重大区别的。性欲只是对于异性肉体占有的生物欲望，而爱欲作为生命本能，则包含更丰富的内容，既包括性欲，也包括食欲、休息、消遣等其他欲望。性欲对个人来说只能得到暂时的、局部的快乐；然而爱欲则会使个人获得一种全面、持久的快乐，并能建立起一种全新的社会联系。这是因为爱欲的器官遍及人体的各个部位，爱欲的活动包括了人类的一切活动。因此，爱欲不等同于性欲，爱欲乃是性欲向温柔和爱慕的自我升华，而且正是由于这种不同决定了“解放爱欲”与“放纵性欲”有着不同的含义和结果。对个人来说，性欲的放纵只能获得局部的、短暂的欢乐，而这种欢乐还得由痛苦做伴，人们常常因为获得这种局部的、短暂的欢乐而付出

---

① 苏国勋主编：《当代西方著名哲学家评传》（第十卷），山东人民出版社 1996 年版，第 229 页。

高昂的代价；对社会来说，放纵性欲意味着走向大混乱，倘若让每个人都自由自在地、毫无节制地追求性欲的满足，那么，不仅社会与个人，而且个人与个人之间都将陷入不可调和的冲突之中。而爱欲的解放对个人和社会所带来的结果则完全不同："个人在解放爱欲的过程中将获得一种全面的、持久的快感，人的整个身体都是快乐的工具，人的所有活动都与快乐联系在一起。"①

（2）爱欲解放的核心是劳动的解放。

马尔库塞认为，人的本质是爱欲，解放人也就是解放人的爱欲，而爱欲的解放关键是劳动的解放。他主要从四个方面加以说明：① 劳动是人最基本的爱欲活动，比起人的其他爱欲活动，劳动更加体现了人追求快乐的本性，它为各种爱欲冲动的释放提供了大量的机会。马尔库塞认为，真正有意义的劳动应是人的器官的自由消遣，应是爱欲发泄的快乐，而且这种快乐必然起源于正行动着的整个身体，起源于正活跃起来的爱欲器官。② 劳动占据了生命的很大一部分时间，如果不让爱欲进入劳动领域，如果人在劳动时不是发泄而是压抑了自己的原始本能，那么，在这占据生命的很大一部分时间里，人的本质就没有得到实现，人就不是在快乐原则的支配下生活。所以，从劳动所占生命活动的时间，也可推知解放劳动在解放爱欲中的重要地位。③ 劳动并不是单个人的活动，人们在劳动中总要发生一定的关系。劳动的爱欲化解放必然会导致其他社会关系的爱欲化解放。由于劳动成了一种受快乐原则所支配的爱欲活动，人们在此过程中所结成的关系也就不仅是一种利益上的关系，而更重要的是"力比多关系"，人们之间建立起了"力比多纽带"。④ 劳动与其他爱欲活动相比，它不单纯是爱欲的发泄，它同时创造了人类生活的必需品，因此劳动除了本身就是目的以外，它还是一种获取生活必需品的手段。由于劳动活动的这一特殊性，决定了它在爱欲活动中的特殊地位，决定了它有首先解放的可能，决定了劳动解放在爱欲解放中享有特殊的地位。

弗洛伊德虽然强调了工作对于由力比多构成的冲动的释放的重要性，但他并没有把异化劳动和非异化劳动区分开来。马尔库塞认为，能够满足爱欲的劳动只是非异化的劳动，而在现代资本主义社会条件下，劳动的异化压抑了爱欲。尤其是在现代工业社会里，随着科学技术的飞速发展，劳动分工的精细，人们的劳动异化程度更强了。首先，先进的流水线和工艺使人们完全附属于机械设备，人们的劳动更加成为一种单调的、机械的、无意义的

① 薛民：《马尔库塞的"爱欲解放论"述评》，《复旦学报》（社会科学版），1988 年第 5 期，第 108 页。

动作，劳动的整体性和乐趣不见了，只有无聊和空虚。其次，随着劳动技术性的增强，劳动紧张性增强了，为了更有效地劳动，人们不得不花费休息时间为掌握某种技术而苦思冥想。表面上看，劳动时间缩短了，实质上异化劳动的范围更大了。个体所付出的不仅仅是他们的劳动，而且还有他们的自由时间。在这种异化劳动中，人越来越成为一种工具，或者说，变成一种工具的某个部分，人成了机械化动作的工具，毫无快乐可言。劳动越来越成为手段而不是目的。现代资本主义社会不仅压抑作为人的本质的爱欲，而且还把不属于人的本质的东西——人的贪欲、获得舒适而又新奇的事物的各种欲望——强加于人，从而把人的这种欲望和需要纳入资本的秩序，使人陷入全面异化状态而麻木不仁。因此，现代资本主义社会虽然是人类文明迄今达到的顶点，同时也是人的异化和爱欲受到压抑的顶点。

就是说，只有使爱欲进入劳动领域，使人摆脱异化劳动的桎梏，才能在非异化的自由自觉的劳动中享受生命的快乐。马尔库塞认为，要真正树立劳动解放的核心地位，就必须把劳动与爱欲联系起来。劳动只是由于能够大规模解放爱欲构成的冲动，才集中体现了人的本质，爱欲虽然有各种表现形式，但劳动才是实现爱欲的主要渠道。因此，只有从满足人的爱欲这点来看劳动的本质，才能深刻理解为什么人在劳动时感到快乐，为什么劳动体现了人的本质，才能正确说明劳动的解放是人的彻底解放。

**2. 爱欲解放的现实性**

马尔库塞不但论证了解放爱欲的必要性，而且也论证了解放爱欲的现实可能性与必然性，他认为人类文明和社会进步与爱欲是相互协调的、一致的，因而爱欲的解放是有其文明的、社会的基础的。

(1) 非压抑性文明。

非压抑性文明的不可能性是弗洛伊德理论的一个基石，弗洛伊德有一个基本假设，即认为文明与爱欲是根本对立的。人类的文明史就是人类被压抑的历史。这就是说，爱欲之被压抑有其生物学上的必然性：它本身就具有反社会的性质。因此，不是压抑爱欲，就是毁灭文明，非压抑性的文明是不可能建立的。马尔库塞对弗洛伊德的观点进行了深入的批评。他认为，人类社会发展到今天，完全有可能建立一个爱欲解放了的文明社会，人类将走出在爱欲与文明之间只能择其一的可悲境地。同时，马尔库塞也注意到在弗洛伊德的理论中包含一些可能与这个基本假设相对立的成分：弗洛伊德在一定程度上看到，爱欲受压抑也有其社会历史根源。在 1908 年的《文明的性道德与现代神经症》一文中，他认为维多利亚伦理规范使神经症和新的精神病有增无减，特定文明的要求限制了人类的爱欲活动。不仅如此，弗洛伊德在一定程度上还看到了非压抑性文明的可能性。因为他认为，在人格结构最深层的无意识中，保存着以前本能欲望得到完整满足的记忆，而这种记忆将促使人们为重新争取这样的满足状态而斗争。

马尔库塞进一步发展了这种思想。首先，他认为爱欲有一种内在的约束力、凝聚力，但并不具有反社会性。原因在于：第一，同人类文明相冲突的是人们所理解的那种性欲，这种性欲只是爱欲的一种历史形态。在目前条件下，蕴藏在人的无意识中的力比多具有破坏性，同文明尖锐对立，然而，这并不是爱欲的固有特征，而是由外部条件造成的。假如促使本能形成这种性质的外部条件改变了，那么本能的这一特性也会随之改变。爱欲一旦恢复了原有的性质，就不但不会与人类文明发生冲突，而且还会促进人类的文明。第二，爱欲作为一种“多形态性欲”，在有些方面与人类文明确实不相容，如“恋母情结”就是如此。但他又认为，这些方面会随着个体的发育成熟而逐渐消失。

其次，科学技术的高度发展把一切不悦的工作降到最低限度，为压抑的消除创造了条件。物质生活资料的贫乏是弗洛伊德用以论证爱欲压抑合理性的另一个重要理由。在弗洛伊德看来，由于物质财富的贫乏，现实世界不得不要求人们压抑爱欲，从事单纯的以生存为目的的活动，创造维持文明社会所必需的物质财富。马尔库塞主要从四个方面驳斥了这种理由：第一，人类在历史开创之初，生产力水平是极端低下的，物质生活资料也是非常贫乏的，但人们的爱欲并没有受到人的社会性的压抑，而是充分实现的，这是对贫乏导致人类社会与爱欲相冲突的观点的有力反驳。第二，在现代工业社会里，随着科学技术迅猛发展，贫乏已基本消除。按照弗洛伊德理论，随着贫乏的消除，爱欲也必然会得到解放。可是在现代工业社会里，爱欲的压抑非但没有缓解以至消除，却反而愈演愈烈。这说明弗洛伊德的所谓贫乏引起爱欲受压抑的理论并不能成立。第三，如果生产力水平低下，物质生活资料贫乏导致爱欲受压抑，那么这种压抑应该是属于人类社会的，每个社会成员受压抑的程度应该是均等的，但实际的情况是一部分人的爱欲并没有受到压抑，他们放纵性欲、为所欲为，而另一部分人的爱欲则受到严重压抑，这说明造成爱欲受压抑，除贫乏之外还有其他原因。第四，弗洛伊德认为贫乏引起生存斗争，而生存斗争则势必造成压抑爱欲。马尔库塞认为，在一定的条件下，生存斗争不但不会压抑爱欲，反而是爱欲解放的条件。这个条件，就是指把异化劳动转变为爱欲活动，这样，生存斗争不但解决了物质生活资料的贫乏问题，又为爱欲的实现提供了实际的进程。

在批驳和分析了弗洛伊德的观点后，马尔库塞对造成爱欲压抑的原因进行了分析。他认为，造成爱欲压抑的原因既有爱欲本身的，也有外在的，二者相比，外在的原因占主要地位，在外在原因中，既有社会方面的，也有生物方面的，而社会方面的原因居于主导地位。他认为，造成爱欲在文明社会遭受压抑的主要因素是社会方面的原因，是人为造成的原因，具体地说，就是对生存斗争的那种别有用心的组织方式，而在迄今为止的一切文明社会里，生存斗争总是按照统治者的利益加以组织的。由于马尔库塞认为造成爱欲压抑的原因是多种多样的，因此，他要求必须具体地分析和对待造成爱欲压抑的原因。他认为，某种社会形态的文明程度的高低在某种程度上取决于人们所受的压抑主要是基本的压抑还是额外的压抑。如果基本的压抑是主要的，那就说明现实的社会还普遍处于较匮乏的状况，为了生存，人们必须克制自己的本能，不能尽情享受爱欲的解放。如果额外压抑是主要的，这说明社会在消费和闲暇的分配方面是不合理的，压抑是过重的、不必要的，主要来自统治利益。人们完全可以行动起来，消除统治利益，使文明发展与爱欲统一起来。人类物质文明发展到了今天，已经大大缩小了人们匮乏的范围和程度，人们的压抑主要不是文明发展必然强加的基本压抑，而是为了延长统治的额外压抑；人们的压制主要不是为了生存斗争，而是为了统治利益，这种压抑本身就是不合理的、不必要的。因此，只要推翻现行的统治制度就能使爱欲得到解放。他认为现代工业社会为爱欲的解放提供了现实的可能性。

(2) 性欲转化为爱欲。

既然爱欲的压抑并非文明所固有，而是因匮乏和社会统治所形成，那么，一旦消除了不合理的社会，一旦解除了匮乏，本能的压抑也就自然可以消除了。在马尔库塞看来，现代资本主义社会主要是运用操作原则来约束人的性欲，异化劳动是对人的本性的摧残，所以，解放爱欲的关键在于解放劳动，即使爱欲进入劳动领域，使人摆脱异化的痛苦，在劳动中获得快乐。

但如前文所述，爱欲的解放并不等同于性欲的放纵，解放爱欲的关键并不在于实现性欲的开放，而是“性欲”重新转化为“爱欲”。马尔库塞认为，切实可行的就是在把“纯粹性爱欲活动”减少到最低限度的同时，全面推行“多形态性欲”活动。实行“多形态性欲”活动就是打破性欲活动在时间和空间上的限制，给本能发泄开拓广泛的领域，只要使人的生物需求得以满足，无论什么发泄形式都要利用，从而使整个身体成为享乐的工具。实行“多形态性欲”活动的过程，实际上是对性欲加以改造的过程，把“纯粹性欲”改造成“爱欲”。所以，解放爱欲也可以说不是解放，而是对“纯粹性欲”的改造。他说：“解放爱欲不仅仅包括了解放力比多，而且也包括了改造力比多，把受生殖至上原则约束的性欲，改造成为整个人格所具有的爱欲。”[①]“改造了的力比多从现实原则之外的自由发展，同受压抑的力比多从现实原则下解放出来，有着本质的区别”[②]，只有前者，才是真正的“解放爱欲”。

马尔库塞把这种从性欲向爱欲的转变称为“性欲的自我升华”。这种自我升华同社会强加给本能的升华有着根本的不同。后者指现实原则强迫人们把性欲转变为有用的文化活动，它限制了性欲的功能和时间，造成了身体绝大部分器官的非性欲化；而前者完全自觉自由，它扩大了原始欲求的功能和时间，能使身体绝大部分器官爱欲化。它能创造出既不损害人类文明又不对本能加以压抑的人际关系。马尔库塞强调，判断一个社会是不是解放了爱欲，主要看人们的性欲是否完成了自我升华。性欲的自我升华，是性欲转变为爱欲的关键，也是爱欲解放的主要标志。

（3）爱欲的解放是人生存的最高目标。

弗洛伊德认为爱欲与文明的冲突永远无法摆脱，他所顾虑的是本能释放的无约束会导致一个性狂热社会的出现。所以他主张“本能压抑永恒论”，文明的存在必须以本能压抑为前提，这一悲观态度使他把人类的史前状况描绘成人间天堂，认为原始人没有任何本能压抑。但马尔库塞并不这样分析问题，他认为爱欲的解放并不意味着爱欲失去了节制，而是意味着一种崭新的生活方式，一种高超的生活质量。爱欲解放的主要目标是消除异化劳动，使工作与闲暇、快乐原则和现实原则内在地统一起来。在马尔库塞看来，使人类普遍获得幸福的高级文明将不会回复到前历史的原始状态，文明发展既不会走回头路，也不能周而复始地循环。高级文明并不仅仅是摆脱性压抑，而是在消除压抑的基础上建立一种新的、持久的劳动关系。解放本能并不是要消除劳动，而是要消除异化劳动，消除不合理的、为了维持统治利益而产生的压抑。因此，马尔库塞不同意单单根据生活标准的高低来衡量压抑的多少，而是用人的生活感受来衡量人类受压抑的程度。在此，马尔库塞把矛头直接指向操作原则。他认为，人的解放和文明的解放就在于超越维持现存统治利益的操作原则，只有超越操作原则，人们才能彻底摆脱本能压抑，获得真正的幸福。超越操作原则不等于追求不劳而获的舒适、安逸的生活水准，也不等于只知休息、厌烦劳动，而是新的工作与精神快乐的内在统一。新的文明是一种新的生存方式，人的生存斗争获得了新的基础和新的目标，它成了步调一致的斗争，反对给人的机能的自由消遣施加任何

① 马尔库塞著，黄勇等译，《爱欲与文明》，上海译文出版社2005年版，第155页。
② 马尔库塞著，黄勇等译，《爱欲与文明》，上海译文出版社2005年版，第155页。

压制，反对苦役、反对疾病和反对死亡。

## 四、对马尔库塞理论的评价

### 1. 主要贡献

第一，马尔库塞重新解释了弗洛伊德关于人的爱欲本质，将它与马克思关于人的解放理论相结合，提出了“爱欲解放论”，并以此对现代资本主义社会进行深刻的批判。但这种结合是隐蔽的，马尔库塞并没有直接指出弗洛伊德的理论缺少社会内容，需要马克思主义来补充，或者马克思主义缺少个人心理学内容，要由弗洛伊德来补充。马尔库塞对弗洛伊德精神分析和马克思主义的结合在理论上和逻辑上均比赖希要略胜一筹。他试图避开两种理论在细节上的异同，而是就思想实质和方法论等理论性较强的问题展开自己的观点。“他的‘精明之处’在于用马克思主义的观点和方法来对弗洛伊德理论进行重新解释，在结合中，他甚至只字不提马克思，但解释的角度却是从马克思主义出发的。”①

第二，马尔库塞运用历史唯物主义看问题的方法分析了弗洛伊德的本能概念，因此，他能在弗洛伊德抽象的生物本能理论中补充两个具有历史意义的概念：额外压抑和操作原则，将社会因素引入了本能序列。马尔库塞对本能中社会性因素的阐述不同于哈特曼，后者只是试图通过改造自我概念将社会因素引入本能序列，而对本能概念的自身的历史性注意得不够。涉及这一问题时，哈特曼仅仅提出了能量中性化和自我自主性概念，只是论述了自我的社会化问题，似乎认为只要把社会因素引入自我概念，加强自我的现实性及其自主性，就能使自我控制本能，进而使本能序列与社会过程联系起来。哈特曼和其他精神分析的自我心理学家忽视了本能自身的社会历史性，涉及本能概念时，仍然固守于弗洛伊德的生物学概念，认为本能是以求乐为目的的能量释放，主要包括爱欲和攻击欲。这主要是由于精神分析学家大都注重治疗的细节，缺少从历史哲学的高度看问题造成的。马尔库塞接触精神分析的道路则与此不同，他是从阅读和研究黑格尔、马克思开始接触弗洛伊德的，一开始就从较高的理论起点来分析弗洛伊德。

第三，正是因为马尔库塞能够把历史发展因素引入本能序列，所以，他对精神分析批判现实的潜力挖掘的较深刻。正是这种对弗洛伊德学说的极端批判性的肯定使马尔库塞与精神分析的社会文化学派区分开来。马尔库

① 车文博主编：《弗洛伊德主义论评》，吉林教育出版社 1992 年版，第 1196 页。

塞认为，在弗洛伊德的学说中，社会学的方面包括在其基本范畴中，而在社会文化学派对弗洛伊德的修正中，社会学方面是作为不可理解的因素硬行从外部塞给个体心理学的。社会文化学派表面上强调社会对人的影响的社会动力学，实际上是反动的。他们注重社会对人格形成的具体过程，忽视了社会的一切历史形式对人的压抑的影响。他们抛弃了弗洛伊德的死本能概念，就等于抛弃了精神分析的批判意义，承认资本主义的合理性。马尔库塞指出，弗洛姆表面上批判了资本主义的市场经济及其意识形态，但他并没有对生产性人格和更高级的自我重新作出评价，他的所谓的生产性人格不但没有超越资本主义，相反，正是资本主义所提倡的美德。马尔库塞认为，弗洛伊德的性本能概念不能抛弃，因为正是在性本能问题上，资本主义容纳不了个人，显露其统治的荒谬性，研究本能的压抑构成了对资本主义批判的起点。马尔库塞由此出发，揭发了资本主义对人的心理压迫，揭露了异化劳动和异化生活的危害性，从意识形态高度对资本主义进行了全面批判。

**2. 主要局限**

马尔库塞把爱欲的解放看做是一种新的生活方式，看做是劳动与快乐的统一、现实原则与快乐原则的统一。在爱欲解放的条件下，生命接近于满足状态，生命与死亡的冲突也大大缩小了，随着痛苦与匮乏的减少，现实原则与快乐原则统一了。在此，一切对立得到了统一，一切矛盾与冲突都结束了，生存变得宁静而和谐。显然，他的这种乌托邦思想违背了马克思的历史唯物主义，马尔库塞仍未彻底摆脱弗洛伊德生物学化的阴影，在幸福生活的理想目标问题上仍把爱欲的解放作为终极目的。马尔库塞本想通过结合弗洛伊德主义与马克思主义来完善他的社会批判理论，却最终把马克思主义弗洛伊德主义化或人本主义化。

# 第三章

# 存在分析学的建立

存在分析学即存在精神分析(existential psychoanalysis)于20世纪三四十年代兴起于欧洲,五六十年代发展于美国和英国。早期的主要代表是瑞士著名精神病学家宾斯万格、鲍斯和奥地利精神病医生弗兰克尔,后期的代表中以罗洛·梅和布根塔尔最为著名。存在分析学是存在主义哲学与精神分析相结合的产物。具体来说,“存在分析就是以存在主义和现象学哲学为理论基础,以精神分析为技术前提,以心理治疗为手段的一种心理学研究和心理治疗方法”①。严格说来,存在分析学只是心理学研究的一种共同取向,而非一个体系严谨的学派,它与现象学心理学和人本主义心理学一样,也是西方心理学“第三势力”的组成部分。

## 第一节 存在分析学的产生及特点

### 一、存在分析学的产生

从产生的历史背景来看,存在分析学的产生和发展是在适应当时社会现实需要的基础上,立足于精神分析对心理疾病的治疗,同时又借鉴了现象学的方法和存在主义哲学的观点发展起来的。

---

① 阿·米·鲁特凯维奇著,吴谷鹰译:《从弗洛伊德到海德格尔——存在精神分析评述》,东方出版社1989年版,第109页。

1. 社会背景

首先，20 世纪上半叶欧洲资本主义取得飞速的发展，使人的劳动和生存方式发生了巨大的变化，人在劳动中成为机器运作的一部分。人身处于庞大的社会机构中，逐渐发现自己只是社会渺小的一部分。人的异化现象非常强烈，人的生活中充斥着大量的不自主和偶然性。其次，第一次世界大战给人们的生活带来了巨大的影响和精神创伤。人们在重建家园的同时，更需要重建受到战争冲击的价值体系和治疗战争带来的心理创伤。最后，战争的阴影尚未退去，西方又经历了经济大萧条时代。社会危机和经济危机日益加剧，各个行业出现严重的衰退，大量中产阶级破产，无数工人失业，阶级矛盾日趋尖锐，整个社会弥漫着悲观的气氛。战争、暴力与贫困威胁人们的生存和生活，而传统价值体系的破坏和精神的空虚更使人们失去生活的动力和意义。与维多利亚时代突出的性禁忌问题不同，此时突出的是人的生活中的荒谬、空虚、孤独、焦虑、无意义等诸多问题。种种矛盾和危机威胁着人们的自由和生存，各种心理疾病频繁发生。正是在这种背景下，存在分析学首先从精神病医生中发展起来，并逐渐成为一种学术思潮。人的存在、生活和意义等主题成为存在分析学家关注的首要问题。

2. 哲学基础

心理学中的任何一个流派或思潮往往都以某种哲学思想作为理论基础，存在分析学的哲学根基主要是存在主义和胡塞尔的现象学。存在主义是一种关注人的存在及其基本状态、关注人的经验的哲学运动。不同于黑格尔的理性哲学，存在主义哲学反对对人作还原和机械的解释，力图通过存在的发掘来揭示人的真正面目。丹麦哲学家克尔凯郭尔（S. Kierkegarrd）是存在主义哲学的系统表述者，他以人的存在为核心，主张每个人都过着独特的、自己选择的生活，强调个人有自由选择的权力。在追问人如何成为独特的个体中，他探讨了各种经验，如内在冲突、自我丧失、心身问题等，对存在心理学产生了重要影响。弗兰克尔接受了这种观点，他提出的意义治疗学即沿着意志自由、意义的意志和生活的意义三方面展开，强调人具有意志的自由，能够在意义的意志的推动下，通过反思来寻求生活的意义，达到对自我的超越。

除了克尔凯郭尔等早期存在主义者的影响之外，20 世纪初由于海德格尔、雅斯贝尔斯和萨特等人的努力，存在主义哲学成为当时最主要的哲学流派之一，对存在分析学产生了更为直接的影响。

德国哲学家海德格尔（M. Heidegger）是存在主义哲学中最重要的成员。

他首创"Daseinanalytik"(此在分析,又译存在分析)术语,对人的存在进行了哲学层次上的卓越分析。海德格尔从区分存在与存在者入手:存在只能通过存在者而存在。在诸种存在者中,只有人的存在即此在(dasein)可以使存在显现出来。此在最根本的特点在于存在于世界中,始终是敞开的,而且此在最终要走向死亡。海德格尔的思想尤其对宾斯万格和鲍斯等早期存在分析学家产生了决定性的影响。宾斯万格受到海德格尔前期著作《存在与时间》(1927)的影响最大,力图将该书中的"此在分析"落实到心理学层次上。他将人的存在视为心理学研究的核心。人的存在最根本的性质是在世之在,人始终存在于世界之中。宾斯万格对人所存在的世界以及人的存在模式进行了细致的研究。另外,在世之在这种性质决定了人要在被抛的基础上通过自我设计等来发展自身,实现存在的全部可能性,达到超世存在(being-beyond-the-world)。与宾斯万格不同,鲍斯更多地受到海德格尔后期观点的影响。1959 年起,他主持佐林克研讨会(Zollikon Seminar),由海德格尔任主讲,长达十年。鲍斯将人的存在即此在视作存在的澄明(德语为 lichtung,英语为 lighting)。人的存在在对"此在"的彰显中展开自身,同时也理解了存在的意义。鲍斯由此出发分析了人的存在的具体形式,研究了性反常、梦和心身疾病等。

法国哲学家萨特(J-P. Satre)是存在主义的另一位重要成员。他发现,意识的存在始终超越自身,将混沌一片的存在本身虚无化。他举例说,看到一棵树,意识就如一场朝向树的风,在它后面什么也没有,由此可推及人的存在。首先,"存在先于本质",人始终在不断地生成变化,没有既定的本质。其次,人的存在是绝对自由的,不受任何条件的决定。但与自由相并列,是承担选择后果的责任。最后,人在自由中,有着相伴随的体验,即烦恼。人也可能逃避自由,进而自欺。萨特曾经指出:"只有一种学派是和我们出自同一原始自明性的,这就是弗洛伊德学派。"他提出了"存在精神分析"(existential psychoanalysis),以代替弗洛伊德的"经验精神分析"(empirical psychoanalysis)。①

德国哲学家和精神病学家雅斯贝尔斯(K. Jaspers)也是一位重要的存在主义者。他于 1913 年出版了《普通精神病理学》一书,在书中他提出"主观心理学"的观点,反对当时精神病学中流行的"客观心理学"。客观心理学采用自然科学模式,将心理疾病视作伴随生理病变的副现象。主观心理学则采用现象学方法,来描述精神病患者的体验。不仅如此,他还采用理解的方

① 郭本禹主编:《西方心理学史》,人民卫生出版社 2007 年版,第 298 页。

法，来理解患者自身。通过这项工作，雅斯贝尔斯成为存在分析学的一位重要先驱。

20世纪初由胡塞尔（E. Husserl，1859—1938）创立的现象学，目前已成为西方哲学中有重要影响的哲学流派。现象学关心的是存在与意识的关系问题，重视分析人的意识和研究人的生活世界，并把人生的意义、价值、人类历史的目的等问题作为哲学探讨的根本主题。胡塞尔强调只有把人的精神生活世界作为人的价值存在的基础，才能使失落的价值观和人生意义复归。他认为，实证主义把人的世界等同于自然世界，用自然科学的方法来研究人，从而加剧了价值观和人生意义的丧失。要想给人类提供意义、价值和真理，只有通过"严格的科学哲学"，即他的现象学，才能挽救欧洲文明的危机和人类的危机。他的现象学方法即本质还原和先验还原的方法。胡塞尔反对自然主义，得到了存在分析学家们的认同。他提出的"面向实事本身"的口号，为存在心理学直接面对经验世界提供了一条可行途径。他的现象学方法成为存在分析学的方法论。

**3. 精神分析学渊源**

存在分析学最早是在欧洲的精神病学家和心理学家中产生的，精神病的治疗实践和代表人物的精神分析的训练，使得存在分析最初是作为一种独特的心理治疗取向而存在的。存在分析学的代表人物最初都曾学习或研究过精神分析，无论是其早期的代表人物宾斯万格、鲍斯、弗兰克尔，还是后来的莱因、罗洛·梅、布根塔尔等人，莫不与精神分析有着千丝万缕的联系。例如，宾斯万格早年受到布洛伊勒（E. Bleuler）和荣格的影响，1912年，他结识弗洛伊德，并与其保持终生的友谊。鲍斯早年也受到弗洛伊德和荣格的影响，并在接受分析治疗技术的基础上，对精神分析理论进行改造。弗兰克尔早在十多岁时，就对弗洛伊德的理论产生了兴趣，后来接受阿德勒的个体心理学理论；罗洛·梅早年曾参加阿德勒的暑期研讨班，受到个体心理学的影响，此外，他还受到精神分析社会文化学派中的弗洛姆、沙利文等人的影响；布根塔尔（James Bugental，1915—）在美国存在分析学中的地位仅次于罗洛·梅；他受到罗杰斯和凯利（G. Kelly）等人的影响，但受罗洛·梅的影响最大；英国最重要的存在分析学家莱因（Ronald D. Laing，1927—1989）受到精神分析的影响，将弗洛伊德称作"迄今为止最伟大的精神病学家"。这些代表人物都从精神分析和精神病的治疗出发，借助存在主义哲学，对传统精神分析学说进行改造。

存在分析学与精神分析学的交汇点之一是它们都探讨了人的生存困境。弗洛伊德通过对患者的分析，阐述了人的内心世界的痛苦与挣扎。在他的人格结构观中,自我承受着伊底与超我的双重压迫,由此说明了人处于本能与文明之间的生存困境。可以说,精神分析为存在分析学展现了一幅处于挣扎中的人的图景。交汇点之二是都重视非理性心理因素的重要作用。尽管弗洛伊德在研究与治疗实践中持理性观点,但却揭示了动机、本能、欲望等非理性因素的重要作用。这给存在分析学提供了重要的资源,使得存在分析学能够更深入地探究情感、欲望、体验等内在心理世界。

不过,存在分析学在接受精神分析的观点时是持保留态度的。存在分析学倡导从人的存在出发,分析人类存在的结构,探讨人生的价值和意义。这与精神分析从潜意识和性本能出发而导致的泛性论和生物本能决定论倾向是大相径庭的。在治疗方法上,存在分析学提倡在对精神分析进行改造的基础上,发展存在分析心理治疗。尽管存在分析学家在治疗中也使用自由联想和释梦等传统精神分析的技术,但并不拘泥于专门的分析技术,而是重视患者此时此地的体验,启发病人认识自己当前的存在现实,"强调通过患者对其内心体验的描述,通过治疗者对患者当前经验的现象学分析,对其言语报告和行为的分析来描述在患者的当前经验中所展现出来的东西"①。总之,存在分析学在治疗观上强调技术必须服从于理解。

## 二、存在分析学的特点

作为一种有某些共同倾向的心理学思潮,存在分析学在理论和心理治疗方法上都有一些共同的特点,归纳起来,比较突出的有如下几个方面。

第一,在研究对象上,所有存在分析学家均坚持存在分析观。首先,在人的存在问题上,坚持在世之在(being-in-the-world)的观点。人是存在于世界之中的,人与世界密不可分,共同构成一个整体,在生成变化中展现自己的丰富性。不过,对在世之在的理解方面,每位存在分析学家各有侧重。其次,在坚持在世之在观点的基础上,存在分析学家们进一步考察了人的存在方式。他们尤其从海德格尔那里汲取资源,讨论了人所处的不同世界。海德格尔区分出三种世界:周围世界,即环境世界;共同世界,即人际世界;自我世界,即人与自我关系的世界。宾斯万格在此基础上,提出了人处于周围世界、共同世界和自我世界三种世界的观点,罗洛·梅在宾斯万格的基础上,提出人的在世之在具有三种方式:① 人与环境的关系方式,指人的自然世界或物质世界。② 人与人的关系方式,指人的人际世界,包括种族、性别

① 杨韶刚著:《存在分析学》,南京师范大学出版社 2000 年版,第 20 页。

等。③ 人与自我的关系方式，指人的自我世界，包括自我觉知和自我关联等。

第二，在研究主题上，着重探讨人的本真存在、人生的意义与价值追求、焦虑和冲突等主题。本真主要是宾斯万格、鲍斯和布根塔尔等人提出的核心存在主题之一。本真(authenticity)与非本真(inauthenticity)相对，是人的存在在生成变化中表现出的两种形态。在宾斯万格和鲍斯看来，本真的生存意味着人朝向未来的可能性发展，并逐渐实现可能性。本真的生存是指向未来的。布根塔尔将本真视作人的理想的存在方式，并区分出本真存在的四种维度：信念、献身、创造和爱。

焦虑(anxiety)是大多数存在心理学家提出的另一核心存在主题。在海德格尔那里，焦虑是此在本真的展开方式，是人对自身有限性的一种认识和体验。因此，焦虑处于人的存在的本体的层次。罗洛·梅提出了系统的焦虑观点，形成了焦虑的本体论。在他看来，当个体所持的最根本的一些价值观受到威胁时，自身安全受到威胁，由此引起的担忧便是焦虑。他区分出两种焦虑：正常焦虑和神经症焦虑。正常焦虑是人成长的一部分，当人意识到生老病死不可避免时，就会产生焦虑。此时重要的是直面焦虑和背后的威胁，从而更好地过当下的生活。神经症焦虑是对客观威胁做出的不适当的反应。人使用防御机制应对焦虑，并在内心冲突中出现退行。布根塔尔发展了罗洛·梅的焦虑理论，在他看来，焦虑是人对未来不确定性的一种体认，进而分析了存在的焦虑和神经症焦虑。莱因也从存在出发，探讨了焦虑问题。在他看来，焦虑产生于存在性不安(ontological insecurity)。正常人具有存在性安全感，具有现实性和统一性，稳定地感受生活中的一切。与此相反，具有存在性不安的人感受到世界的模糊、不安全甚至危险，同时感受不到自身的一致性。在这种情况下，他可能退回到自我之中，面临非存在性焦虑。

意义(meaning)也是大多数存在心理学家提出的核心存在主题。人的存在与意义具有直接的关联。正是通过意义，存在才在此、在那里得以彰显。在宾斯万格看来，人的存在的生成与变化过程是意义赋予的过程。这样，人的存在与所处的世界之间充满了意义关联。弗兰克尔将意义提升到更为重要的位置，他创立的意义疗法致力于存在的意义和意义的寻求。在他看来，意义问题是意义疗法最核心的问题，人最根本的动力是追求意义的意志，如果缺乏意义的意志，就会产生存在挫折和存在神经症，每个人都应该追求意义。

第三，在研究方法上主要使用现象学方法，但并不将现象学方法视为通向目标的唯一途径而排斥其他方法，所以在方法的使用上具有开放性。存在分析学家使用现象学方法探讨人的经验，试图通过揭示经验世界来展示人的现实存在。

存在分析学家在使用现象学方法上，存在两种倾向。第一种倾向是在“面向实事本身”的口号下，对经验进行详细的描述。雅斯贝尔斯是这一倾向的代表。在他看来，现象学的主要任务在于将心理现象“置于我们之前、划定边界、描述并加以整理”。例如，他描述了精神分裂症患者的知觉经验：如患者感受到自己好似透过一层纱来看世界，通过一堵墙来听别人的话。由此反映出患者在知觉上与感知到的世界相疏远。第二种倾向是使用现象学方法来发现经验的本质结构。例如，法国的明克夫斯基（E. Minkowsik，1885—1972）在分析精神分裂症抑郁患者时，区分了心理学与现象学两种研究层次。在心理学层次进行的是以通行的症状术语进行描述，在现象学层次进行的是对病理现象本身的更深层次理解。他发现，患者的时间经验是单调的、一成不变的。在患者的经验中，昨天和今天没有什么区别，仅仅是又过了一天。此外，患者的未来是受阻的，患者认为自己注定要受到惩罚。

第四，在治疗观上，重视医患之间心与心的交流和患者此时此地的体验，以帮助病人体验到自己的真实存在为目标。具体而言，在治疗方法上并不拘泥于专门的分析技术，而是提倡对精神分析进行改造的基础上，发展存在分析心理治疗。存在分析学家在治疗中也使用自由联想和释梦等精神分析的经典技术，但更重视患者此时此地的体验，重视启发病人认识自己当前的存在现实和不良的人际关系方式。存在心理学家强调，存在心理治疗就是通过启发病人对自己的存在产生深刻的内心体验，使其最终成为有自由选择能力的人，能负责地做出自我决定的人。因此，存在分析学家把病人能否自由地做出决定视为存在心理治疗的关键，而做出决定必须以病人的亲身实践为前提。

## 第二节　宾斯万格的存在分析学

路德维希·宾斯万格是瑞士著名的精神病学家，作为欧洲存在分析的先驱，他创立的存在分析学深深印刻在心理学的历史之中，影响非凡。他创立的存在分析学是存在主义哲学与精神分析相结合的产物，是在竭力补充和修正弗洛伊德精神分析中所隐含的人类体验的观点。① 具体来说，存在分析就是以存在主义和现象学哲学为理论基础，以精神分析为技术前提，以心理治疗为手段的一种心理学研究和心理治疗方法。其目的是为心理科学和精神病学的实践寻找新的根据，克服现代心理学的危机。②

## 一、宾斯万格的生平与著作

路德维希·宾斯万格（Ludwing Binswanger，1881—1966）

路德维希·宾斯万格（Ludwing Binswanger，1881—1966）于1881年4月13日出生在瑞士克罗茨林根的一个犹太医生家庭。他的祖父也叫路德维希（Ludwing Binswanger，1820—1880），祖籍在德国南部的巴伐利亚的奥斯特堡的乡村，家里拥有一个小工厂。他在慕尼黑学习医学，并成为一名从业者和精神治疗师，但由于是犹太人而不能进入政府的医疗机构。他积极参加了1848年的慕尼黑革命，极力为犹太人的平等权利而战斗，而这使他陷入了比以前更艰难的境地。后来，在声望极高的威廉·格里辛格（Wilhelm Griesinger，1817—1868）③的推荐下，他在瑞士康士坦茨湖附近的明斯特林根（Münsterlingen）的心理医院谋得了主管一职。老路德维希曾给他的孩子们都施行过基督教的洗礼，目的是为孩子们未来提供旅行的合法权利。而这个家族信奉基督教的家风，对宾斯万格后来极力主张在克罗茨林根买下费用不菲的拜里佛别墅、创立拜里佛疗养院，用基督教的爱来治疗精神疾病具有重要的影响。宾斯万格的父亲叫罗伯特·宾斯万格（Robert Binswanger，1850—1910），是老路德维希的大儿子，在1880—1910年间，他是疗养院的医学主管。这段时间拜里佛疗

① Needleman，J. （1963）. Being-in-the-World. *Selected Papers of Ludwing Binswanger*. New York：Basic Books. Inc.，No. 7.

② 阿·米·鲁特凯维奇著，吴谷鹰译：《从弗洛伊德到海德格尔——存在精神分析评述》，东方出版社1989版，第109页。

③ 威廉·格里辛格当时是柏林大学教授。1845年出版了《精神异常之病理及其治疗法》，提倡宽容对待精神病人。他把精神科和神经科结合为神经精神科，这对后世影响深远。

养院建了更多的别墅，在上流社会也越来越有名气了。此时的拜里佛疗养院更加关注精神治疗，对内科学和神经疾病的治疗更为感兴趣。罗伯特于1903年在对其他医生解释精神治疗的意义时说："内科医生通过详细了解病人的体验，通过研究他的特征以及通过同情(sympathy)的方法和安慰的语言，就能赢得病人的信任，这样我们就能指导他们。"[①]宾斯万格的叔父奥托(Otto Binswanger，1852—1929)于1882—1919年期间是耶拿大学神经学和精神病学的教授。1904年，他写过一本重要的有关癔症的书。奥托发现了一种类似于早老性痴呆症(Alzheimer)的精神疾病，后来一直被叫做宾斯万格病(Binswanger's disease)。他也是尼采的医生之一。由此可见，宾斯万格出生于医生世家，这对他的事业具有不可忽视的重要作用。

路德维希·宾斯万格于1906—1907年间，作为医学院的学生，师从卡尔·荣格，协助荣格参与处理弗洛伊德学会的工作，并跟随E·布鲁勒做见习医生，这两年的工作经历对宾斯万格影响极大。他于1907年获得了苏黎世大学的医学博士学位。宾斯万格兴趣广泛，不仅对精神治疗和精神分析感兴趣，而且对哲学和文学也兴趣盎然。1907年2月，宾斯万格陪伴荣格夫妇到维也纳做短途旅行，此时，荣格把宾斯万格引荐给弗洛伊德。尽管一开始弗洛伊德分析宾斯万格的梦显得有些武断和荒唐，[②]但友好和正式的氛围很快就消融了时年26岁的宾斯万格忐忑不安的焦虑心情。他当时就被弗洛伊德介绍给了全家，参与了他们全家周日的郊游。弗洛伊德还花了几个晚上的时间与宾斯万格进行交谈，像一位慈祥的老人对待自己儿子一样回答宾斯万格的问题。1910年，他再次拜访弗洛伊德，这次是和他的妻子(1908年结婚)一道去的。1912年在他生病(肿瘤切除)后的5月份，弗洛伊德专程去克罗茨林根看望宾斯万格。[③] 从此，宾斯万格成为弗洛伊德的终生朋友，从1907年到1936年，他6次拜访弗洛伊德，二人之间有190封公开出版的信件。他赞成弗洛伊德关于心理学必须成为科学的观点，也欣赏弗洛

---

① Lanzoni, S. M. (2001). *Bridging Phenomenology and the Clinic: Ludwig Binswanger's 'Science of Subjectivity'*. A dissertation for the degree of Doctor of Philosophy. Harvard University, No. 10, p. 51.

② 根据宾斯万格的回忆，见面以后，弗洛伊德就要他报告他的梦。宾斯万格报告的梦的主要内容是：在房子大厅的入口处，有树枝形的装饰灯出现并覆盖住了繁忙的大厅。弗洛伊德解释说，这表达了宾斯万格想和他的小女儿结婚的欲望。弗洛伊德还严肃地说，你不应该有此想法。参见 Fritz Schmidl (1959). Sigmund Freud and Ludwig Binswanger. *Psychoanalytic Quarterly*, No. 28, pp. 40～58.

③ 对此，荣格很不高兴，因为弗洛伊德从没有专程去拜访过他。这导致荣格和弗洛伊德之间的隔阂在增大，甚至荣格对宾斯万格的态度也变得冷淡了。参见 Joseph Reppen(2003). Ludwig Binswanger and Sigmund Freud: Portrait of a friendship. *Psychoanalytic Review*, No. 6, p. 286.

伊德同病人进行交流的许多特殊方法，比如对梦的解析和罗夏墨迹测试。应该说，宾斯万格受到弗洛伊德的影响是巨大的。宾斯万格认为，弗洛伊德心理学可以归结为两个主要问题，[①]即可以把人还原为驱力和本能来进行解释以及使心理学也模仿自然科学，但二人之间也存在许多分歧。1927 年 9 月的一个早晨，他们的会面主要讨论一个强迫性神经症的案例，涉及到有关的精神和本能问题。[②] 宾斯万格认为，假如那个病人在关键的时候不能领悟精神分析的精髓而仍然处于痛苦之中，这可能就是其精神缺失的结果；弗洛伊德却认为，"人类一直就清楚地知道自己拥有精神；我必须向人类表明，确实存在着诸如本能之类的东西"。在告别的时候，他用略带嘲笑地口吻对宾斯万格说："对不起，我不能满足你的宗教需要。"可见，他们在对待宗教、精神的态度上明显存在差异。尽管宾斯万格和弗洛伊德在理论上基本观点不一致，但他们的友谊却一直持续到 1939 年弗洛伊德去世。可见，二人的私人关系非同一般。

1907 年至 1908 年，宾斯万格在他叔父奥托的耶拿大学医院工作。1908 年，他回到拜里佛疗养院跟随他的父亲。1910 年 12 月，宾斯万格的父亲罗伯特突然去世，他开始着手管理父亲的这一摊子事务，并于 1911 年初成为拜里佛疗养院医学主管。这样，拜里佛疗养院也就成了他从事治疗和科学研究的个人的、专业的基地。宾斯万格总是与病人保持着密切的联系，因为只有这样他才能"走进"病人内心，才能体验他们的喜怒哀乐，才能指导他们。他不止一次地对他的朋友和同事说过："了解病人比从事精神治疗工作显得更为重要，因为了解病人会受到更多时间的限制。"[③]可见，宾斯万格对待自己的事业非常执著，这也是他事业有成的关键因素之一。

在他主管的 40 多年中，拜里佛疗养院成了欧洲人文化生活的中心之一，也是把精神分析作为主要方法来处理心理问题的少有的几个场所之一。许多著名人物，诸如俄国的舞蹈家瓦斯拉夫·尼金斯基（Vaslav Ni jinsky，1890—1950）、德国画家恩斯特·路德维希·基尔希纳（Ernst Ludwig Kirchner，1880—1938）、德国社会学家韦伯（Max Weber，1864—1920）和演

---

① Gulley, J. M. D. (2003). *Ludwing Binswanger's Existential Psychology*. A dissertation for the degree of Doctor of Philosophy. University of Arkansas, No. 5, p. 71.

② Needleman, J. (1963). Being-in-the-World. *Selected Papers of Ludwing Binswanger*. Basic Books, Inc., p. 2.

③ Lanzoni, S. M. (2001). *Bridging Phenomenology and the Clinic: Ludwig Binswanger's 'Science of Subjectivity'*. A dissertation for the degree of Doctor of Philosophy. Harvard University, No. 10, p. 52.

员兼导演古斯塔夫·格林德根斯(Gustav Gründgens,1899—1963)都曾在这里治疗过;拜里佛疗养院的来宾登记册和通讯录中的人物包括像弗洛伊德、胡塞尔、舍勒(Max Scheler)、海德格尔、卡尔·洛维特(Karl Löwith)、马丁·布伯(Martin Buber)、库特·戈德斯坦恩(Kurt Goldstein)、鲁道夫·亚历山大·施罗德(Rudolf Alexander Schröder)、威廉·福特文格勒(Wilhelm Furtwöngler)和沃纳·保根卢(Werner Bergengruen)等公认的艺术家、科学家和哲学家。[①] 由此可见,拜里佛疗养院在当时是何等的灿烂辉煌、引人注目和令人向往!

宾斯万格十分关注病人的体验,并由此揭开病人的病理情结,相信精神分析是第一个关于人的系统的实验研究。尽管宾斯万格通过他的经历寻找到了有用的精神分析技术,但他从来没有强烈地批评精神分析的那些破坏人的存在关系的生物学的、决定论的基础,[②]并一直保持着与弗洛伊德的联系,这也许是他与弗洛伊德之间友谊长存的重要原因之一。[③] 当然,宾斯万格也看到了精神分析的局限,他开始转向海德格尔,试图把胡塞尔的现象学、海德格尔的本体论和弗洛伊德的精神分析进行整合,他宣称自己并没有放弃弗洛伊德的基本概念。[④] 但事实上,他把视角慢慢转向别处,并努力寻找着适合自己的理论。1922 年,他在疗养院的计划书中没有特别提及精神分析。1927 年海德格尔的《存在与时间》出版,宾斯万格获得了不同于精神分析的概念的工具书,他需要理清对精神病学的方法。他的第一部案例集就是受海德格尔的启发写成的。1931—1933 年,海德格尔在《瑞士神经病和精神病学杂志》发表一组题为《意念的飘忽》的文章,宾斯万格受到启发,将其临床案例以类似名称发表在同一杂志上,这些文章于 1933 年结集成书《论意念飘忽》。1931 年,宾斯万格只是笼统地宣称,他的设备可以为精神病学和神经病学的研究提供最新的治疗,也没有提及精神分析。看来,他真正地转向了海德格尔的"此在分析"(Daseinsanalysis),对弗洛伊德的思想进行了修正。他积极地将存在主义哲学引进精神病学,把海德格尔"此在分

① Hoffmann, K. (1997). Ludwig Binswanger's Collected Papers-Introduction and Critical Remarks. *International Forum of Psycho-Analysis*, No. 6, p. 192.

② Lanzoni, S. M. (2001). *Bridging Phenomenology and the Clinic: Ludwig Binswanger's ''Science of Subjectivity'*. A dissertation for the degree of Doctor of Philosophy. Harvard University, No. 10, p. 67.

③ 宾斯万格在这点上明显与鲍斯(Medard Boss,1903—1990)不同。鲍斯总是猛烈地抨击弗洛伊德的思想,对荣格的理论也存有成见。他的每本书中在抨击弗洛伊德之后,就列专章抨击荣格。

④ Lowenfeld, H. (1967). Ludwig Binswanger-1881—1966. *Bulletin of the American Psychoanalytic Association*, No. 23, pp. 459～460.

析"概念与心理治疗的案例分析联系起来，将之改造为具有心理学意义的"存在分析"概念，并以此取代弗洛伊德的精神分析思想。[①] 从1941年开始，他开始把自己的心理治疗方法称为存在分析。这种方法，在于对病人的具体可见的病症进行现象学的理解。他试图克服笛卡儿主客二分的思想模式，从病人本身的生命史与世界结构去理解病症的意义，而不是从治疗者主观的观点去解析病人。1942年，他出版了他的重要著作《人类存在的基本形式和知识》，这明显受到海德格尔思想的影响，也发展了海德格尔的本体论。

在20世纪20年代初，宾斯万格还对胡塞尔产生了兴趣，并逐渐转向存在的观点。宾斯万格和海德格尔都从胡塞尔那儿吸取了现象学。海德格尔利用它让此在存在的现象自身显露出来；宾斯万格利用胡塞尔的现象学是比较复杂的，因为在许多场合下，他是用来描述特殊的心理特征、概念化的世界观以及此在存在的结构。胡塞尔是布伦塔诺的弟子，布伦塔诺提出了意识本质的意向性(intentionality)原则。胡塞尔把他老师的灵感拓展成为哲学的一种新的方法基础。意识现在被理解为有对象的意识，理解为纯粹的指向性。这种现象学哲学对宾斯万格的影响极大。宾斯万格开始了解胡塞尔的著作、认识其信徒们，于1923年还遇见胡塞尔本人。他认为，意识的意向性思想是建立能够把握主观意义世界的心理学的钥匙。[②]

由上述分析可见，宾斯万格的存在分析学主要源自精神分析学、存在主义和现象学三种学说。[③] 宾斯万格始终认为，精神分析和哲学都是自己理解病人的合适方法，而他一直把自己看做是一位临床医生。到20世纪30年代初，宾斯万格成为第一位真正的存在主义治疗学家。当然，也有学者认为，他与哲学家的联系远远多于同精神分析学家的联系，故而他是一位具有哲学才能的荣誉博士。[④] 他也确实于1941年被瑞士的巴塞尔大学授予哲学系的荣誉博士，但他一直到去世仍然是瑞士精神分析学会的正式会员。他经常把一些事务推给助手，把家庭的责任交给妻子，目的是抽出时间从事科学研究。由于疗养院的职责所限，他用来研究和写作的时间是有限的，其科

① 郭本禹：《外国心理学流派》(上)，山东教育出版社2000年版，第627页。

② 阿·米·鲁特凯维奇著，吴谷鹰译：《从弗洛伊德到海德格尔——存在精神分析评述》，东方出版社1989年版，第114页。

③ 郭本禹：《外国心理学流派》(上)，山东教育出版社2000年版，第627页。

④ Hoffmann, K. (1997). Ludwig Binswanger's Collected Papers-Introduction and Critical Remarks. *International Forum of Psycho-Analysis*, No. 6, p. 192.

学研究工作大部分是在星期天，所以存在分析就是一种星期天嗜好。① 1956年，宾斯万格从拜里佛疗养院的医学主管的职位上退了下来，继续研究存在分析和从事写作。1959年，他被弗莱堡大学授予医学系的荣誉博士，获得了普朗克②精神病学研究所颁发的克雷佩林③奖。宾斯万格于1966年2月7日去世，享年85岁。

宾斯万格是个多产的作家，包括大量的临床论文和理论著作，主要有：《普通心理学问题导论》(1922)、《对梦的解释和说明观点的变化》(1928)、《存在与梦》(1930)、《论意念飘忽》(1933)、《人类存在的基本形式与知识》(1942)、《精神分裂症》(1956)。其中，《人类存在的基本形式与知识》最集中地阐述了其存在分析学的理论。以上都是德文著作。20世纪50年代后期，英语国家的学者开始关注宾斯万格的思想，并进行研究。1958年，美国存在心理学的代表人物之一罗洛·梅等人主编的《存在》一书收录了他的三篇论文，即《存在分析的思想学派》、《作为生活史现象和作为心理疾病的精神错乱》和《艾伦·韦丝特案例》；1956年出版的《弗洛伊德：友谊的回忆》也由古特曼翻译成英文于1957年在美国出版；1963年，尼德尔曼编译了《在世界中的存在：宾斯万格论文选集》；菲希特纳主编的《弗洛伊德与宾斯万格通讯录(1908—1938)》一书于2003年由波默朗斯翻译成英文。

## 二、存在分析观

### 1. 人的在世之在

自笛卡儿确立了主客二分的原则以来，哲学家和思想家把现有的一切知识与观念都“放在理性的尺度上校正”，形成了西方主体形而上学。此后，近代西方的哲学家和思想家不断探索、求证，把科学和理性推向高峰。科学和理性成为人们认识包括自身在内的世界的唯一方式，这种世界观实际上是近代二元论或主客二分的思维方式的体现，这种二元论的思维方式主要体现在以下两个方面：(1) 本质主义，即一种先在设定对象的本质，然后用此种本质来解释对象的存在与发展；(2) 客观主义，即把世界看做自在存在的

---

① Lanzoni, S. M. (2001). *Bridging Phenomenology and the Clinic: Ludwig Binswanger's ''Science of Subjectivity'*. A dissertation for the degree of Doctor of Philosophy. Harvard University, No. 10, p. 28.

② 普朗克(Max Karl Ernst Ludwig, 1858—1947)，德国物理学家、量子论确立者，曾获1918年诺贝尔物理学奖。这个研究机构以普朗克名字命名，设在慕尼黑。

③ 克雷佩林(Emil Kraepelin, 1856—1926)，德国精神病学家、现代精神病学的创始人。

物理世界，人是世界之外的旁观者，人只能认识这个客观世界的本质和规律，追求关于这个自在世界的客观真理。崇尚科学和理性原本是为了使人摆脱奴役和愚昧，彰显人的价值与尊严。但是，一旦科学与理性被机械化、神圣化，人的存在就成了一场深刻的精神与意义危机。在这样的背景下，强调人的内心体验和个人情感的存在主义哲学应运而生了。作为存在主义鼻祖的哲学家克尔凯郭尔就特别关注人的"生存"。他所关切的"生存"是指有限的人在此世的生存，具有很强的"存在"意味，即作为个体的人在时间当中活着并且活下去的状态，很像现代哲学中讨论的"Dasein"。[①] 他断言：人的存在，首先表现为行动的存在，而人的行动是受非理性的主观性支配的，因而人的存在归根到底是主观的"非理性的内心体验"的存在。海德格尔在《存在与时间》一书中明确提出要解决"存在的意义"问题。[②] Dasein（此在）这个词在海德格尔的著作里主要是指人的生存，而且它对于海德格尔来讲是有内部结构的，即"Da-sein"。[③] 海德格尔的"此在"就是"此时此地"的"存在"，也就是"人的存在"或人的亲自存在。"此在"是建立在"在世界之中的存在"（或"在世之在"）（being-in-the-world）之上的，"在世之在"需要预先的解释，而不是推理或说明，"此在"的固有结构表明"在世之在"是预设的。[④] 某些西方解释者把在世之在的"构成"称为"先天的存在"（existential a priori）。[⑤] 可见，若无此在生存，亦无世界在世。海德格尔根据强加限制的领域来分析世界，认为此在或人的在世必须在周围世界和共同世界的背景下来理解。他理解世界的方法就是众所周知的此在分析（Daseinsanalysis）。[⑥] 显然，宾斯万格借用了海德格尔的此在和在世之在的概念。

"在世之在"是存在分析学的基本概念，人的存在的所有结构都是基于这个概念。宾斯万格阐述的这个概念包含着个体自身的世界以及与其他人和物的同时、同地的关系。有一些人并不关切自身是一个整体，就像生物学

---

① 叶秀山、王树人总主编：《西方哲学史》（学术版）（第七卷），谢地坤主编：《现代欧洲大陆哲学》（上），凤凰出版社、江苏人民出版社 2005 年版，第 449 页。

② 叶秀山、王树人总主编：《西方哲学史》（学术版）（第七卷），谢地坤主编：《现代欧洲大陆哲学》（上），凤凰出版社、江苏人民出版社，2005 年版，第 509 页。

③ 张祥龙：《海德格尔传》，河北人民出版社 1998 年版，第 152 页。

④ Needleman, J. (1963). Being-in-the-World. *Selected Papers of Ludwing Binswanger*. Basic Books, Inc., No. 17.

⑤ 阿·米·鲁特凯维奇著，吴谷鹰译：《从弗洛伊德到海德格尔——存在精神分析评述》，东方出版社 1989 年版，第 130 页。

⑥ Wayne Viney & D. Brett King，《心理学史观点与背景》（第 3 版），北京大学出版社 2004 年版，第 389 页。

家只不过把人类看做一个生命体那样仅仅把自己看做一个方面。① 这显然没有关注人的在世之在。人的存在指的是人的整体,包括主观和客观,既是物质的又是精神的。在世之在表达了人的基本的、直接的、必然的存在条件。离开了世界,人就不存在;离开了人,世界就不存在。在世之在克服了主观与客观之间的分裂,因而恢复了人与世界的统一性。② 可以说,宾斯万格是非常重视人的在世之在的。而这种重视是在 20 世纪 20 年代中期就开始了。那时他拒绝了精神分析的驱力理论,因为驱力理论使个体的体验显得毫无光泽。于是他转向了海德格尔,受《存在与时间》的启发,在 1931 年出版的第一个案例研究中就展示了他的存在人类学的方法。③ 在"存在"变为科学研究的客体之前,宾斯万格第一次使用这个术语是在 1929 年的一封信中,当时他的大儿子自杀,他刻画自己当时的那种失落的体验。1930 年,宾斯万格在一本文学杂志上为范围广泛的、有一定教养的读者对"存在"进行了诗一般的描述。这篇《梦与存在》的文章主题集中在隐喻和梦的存在维度。1931 年,宾斯万格的第一个系统研究躁狂症的意念飘忽的案例以一系列文章发表在《瑞士神经病学和精神病学杂志》上。④ 这样,宾斯万格对人的存在的理解就有了全新的变化。宾斯万格于 1948 年给他的同事的一封信中总结这种方法的变化时写道:"我很了解舍勒,并通过他的著作已经体验到了十分重要的指导和鼓舞,但我把人类存在结构的分析看成是在世之在,尽管海德格尔用这种手段是通过神经病和精神病的方式得以呈现的,而这种手段正是我们能清晰地描述和理解的在世之在的结构性变化。"⑤可见,随着用一种宽泛的关于存在的概念取代对心理认识的狭隘概念,宾斯万格真正关注的是人的在世之在。这些可以从其经典的 5 个存在分析的案例研究,尤其是艾伦·韦丝特和罗拉·弗丝两个案例的研究中反映出来。

对"在世之在"的理解,最重要的含义就是真实地理解一个人,尤其是一个患有心理疾病的人。人必须主要研究他自己的世界,而不是与他的世界

---

① Binswanger, L. Dream and Existence. In: Jacob Needleman(1963). *Being-in-the-World*, Selected Papers of Ludwing Binswanger. Basic Books, Inc., p. 223.

② 郭本禹:《外国心理学流派》(上),山东教育出版社 2000 年版,第 631 页。

③ Lanzoni, S. M. (2001). *Bridging Phenomenology and the Clinic: Ludwig Binswanger's "Science of Subjectivity'*. A dissertation for the degree of Doctor of Philosophy. Harvard University, No. 10, p. 149.

④ 这些文章集结成集,于 1933 年出版了《论意念飘忽》。

⑤ Lanzoni, S. M. (2001). *Bridging Phenomenology and the Clinic: Ludwig Binswanger's "Science of Subjectivity'*. A dissertation for the degree of Doctor of Philosophy. Harvard University, No. 10, p. 150.

相分离的有机体和人格。[1] 对于宾斯万格来说，自我与世界是有关联的概念，即：没有世界的自我，自我是残缺不全的；没有世界的中心——自我，世界也不存在。心理治疗的目的是使病人重新体验他自己的存在是真实的，使他更充实地体会到他自己的存在；反之，精神病患者的症状乃是由于他对自己的存在开始感觉暧昧，故而易于受外界影响，对自己的行为逐渐失去控制。因此，治疗过程中，增强病人自己的自我意识以及关注自己在世界中的存在是非常重要的。宾斯万格的研究方法似乎根据案例的问题特征来进行，在大多数案例中，他特别关注典型的世界的"原本状态"(worldliness)或清晰特征以及世界的时间和空间结构。[2] 只有这样，才能真正理解一个人的"在世之在"。

宾斯万格还认为，人不仅是"在世界中的存在"，而且是"超越于世界的存在"(being-beyond-the-world)。"超越于世界的存在"是宾斯万格试图对"整个人"进行解释的补充。宾斯万格同意海德格尔关于被抛(throwness)限制了个人自由的观点。被抛指人们被"抛入"世间这一事实，而这世间并不是人们选择的。当人们选择自己的生活，人们就开始决定自己的许多选择——基因、环境、社会、家庭等等。被抛为人的存在提供背景，被抛决定了人的自由的条件。被抛也指人们一出生就进入一个已经预设好了的社会世界中。人们丧失自己的自由而让自己受社会束缚，这就叫沉沦(fallenness)。M·布伯对沉沦的概念增加了更多的肯定的注解：它也指"大同"(we-ness)[3]，"我—你"(I and You)和"爱"。如果此在是"开放的"，人们彼此就能敞开胸怀。宾斯万格把这种可能性看做此在的一个内在成分，甚至给它一个特殊的地位，称作超越于世界的存在。"超越于世界的存在"是指人的存在的超越是对自己关爱的那部分，这也是理解人的新起点。人的存在不能仅仅理解为海德格尔意指的在世之在，而要理解为既包括在世之在，又包含超越于世界的存在。[4] 显然，宾斯万格的"超越于世界的存在"的概念是受到

---

① Spiegelberg, H. (1972). Phenomenology in Psychology and Psychiatry. *A Historical Introduction*. Evanston: Northwestern University Press, p. 221.

② Spiegelberg, H. (1972). Phenomenology in Psychology and Psychiatry. *A Historical Introduction*. Evanston: Northwestern University Press, p. 221.

③ 大同(we-ness)是指作为"我们的存在"、"众人的存在"，包括作为主体间性的大同、作为存在性的大同和作为双方的大同。参见 John Marcus Delafayette Gulley(2003). *Ludwing Binswanger's Existential Psychology*. A dissertation for the degree of Doctor of Philosophy. University of Arkansas, No. 5, pp. 141～147.

④ Gulley, J. M. D. (2003). *Ludwing Binswanger's Existential Psychology*. A dissertation for the degree of Doctor of Philosophy. University of Arkansas, No. 5, p. 134.

布伯对"我—你"关系解释的影响。然而,人的存在背景是有差异的,但不管一个人所处的环境如何,他总渴望超越它,[①]即人不仅拥有世界,而且渴望超越世界。作为"超越于世界的存在"的大同之爱和作为"在世之在"的自我关切之关爱呈现并不一致,因为此在关切的是不同的方向。

怎样达到"超越于世界的存在"这样的存在状态?在他看来,弗洛伊德的"自然"之爱不会也不可能适合自己关于人是一个整体以及充满爱的人类现象学的概念。[②] 他充分认识到爱的精神意蕴,并认为这是可以超越弗洛伊德的作为生物本能的力比多的。因为,"爱"就其精神意义而言,超越了人的暂时性。[③] 人类存在不能仅仅在海德格尔的"关注"中去理解,而呈现一种对"爱"的具有共同基础的本体论模式的全面分析。虽然宾斯万格后来宣称,这项工作是基于对海德格尔哲学的一种"创造性误解",但它无疑是对海德格尔哲学的一种有效、必要和相当具有远见的补充。[④] 当然,"超越于世界的存在"并不意味着达到冥界或进入天国,而是指人具有超越于他住所的世界、进入一个新世界的可能性。[⑤]

宾斯万格根据海德格尔把人的存在称为"向死而在"(being-towards-death),认为人们认识到这一点,就会产生焦虑(anxiety)和内疚(guilt)。焦虑是指当人们走向自己不确定的未来时他们所感受到的忧虑。焦虑不像害怕和死亡,没有一个固定的对象,它更是一种存在状态。如果人们没有做自己应该做的,人们就会感到内疚。因为此在总是处在发展过程之中,永不会结束,在同样的意义上人们总是面对不确定性。宾斯万格还特别提到本真(authenticity)与非本真(inauthenticity)。本真的生活意味着个人认识自己、自己的环境(被抛)、自己的社会世界(沉沦),以及个人选择自己的责任(理解)、焦虑、内疚和死亡的必然性。它更深地意味着在自我肯定的行动中接纳这些事情,换句话说,它意味着包容、同情和义务。宾斯万格把非本真看做是个人在日常生活领域中选择单一主题的内容,或者是一个较小的主题,和允许其余的此在被某一主题去支配。可见,本真的存在是通过承认一个

---

① 赫根汉著,郭本禹等译:《心理学史导论》(第四版),华东师范大学出版社 2004 年版,第 858～860 页。

② Spiegelberg, H. (1972). Phenomenology in Psychology and Psychiatry. *A Historical Introduction*. Evanston:Northwestern University Press,p. 223.

③ 杨韶刚著:《存在心理学》,南京师范大学出版社 2000 年版,第 44 页。

④ Needleman, J. (1963). *Being-in-the-World. Selected Papers of Ludwing Binswanger*. Basic Books,Inc. ,p. Viii.

⑤ 郭本禹主编:《心理学通史·第四卷·外国心理学流派》(上),山东教育出版社年版 2000 版,第 632 页。

人存在的基础来确定的；非本真的存在则导致个人自己脱离其存在的基础。

2. **相互存在的方式**

海德格尔强调真正的此在与过去、现在和未来等“暂时性”（temporality）的三个向度息息相关。存在分析学家认为，“过去”属于周围世界（Unwelt，around world），“现在”的大部分由共同世界（Mitwelt，with world）来统辖，“未来”属于自我世界（Eigenwelt，own world）。这样，未来就成为最重要的向度。周围世界是指外界的物质环境和人的生物环境；共同世界是指一种人际环境，即社会联系以及人与人之间的相互交往的世界；自我世界是指一个人自己内部的主观世界。宾斯万格认为，精神病学家必须强调自我世界，其主要任务就是指出病人的自我及世界的关系，使病人更熟悉在世之在的多种状态；存在分析要了解病人的生活史，但不解释生活史及病态特征，而是以病人的在世之在的完整性来了解病人的生活史。既然精神病会使病人局限于周围世界和共同世界、过去和现在，那么存在分析对自我世界的关注就显得非常重要了。这是因为自我世界是进入未来的窗口，而疾病只有在未来才可能完全治愈。由此也可以看出存在分析与精神分析之间的差异。在弗洛伊德80周岁那年，宾斯万格在维也纳医学杂志上发表了一篇纪念文章。文中指出，弗洛伊德的伟大贡献在于他提出的人的生物环境（周围世界），但他没有强调人际交往的共同世界，根本就忽视了自我世界。宾斯万格重视自我世界，目的是要为病人寻找一种新的存在方式。

对于世界的理解，宾斯万格有一个重要概念，即世界观或预设世界（world-design）。对宾斯万格来说，预设世界有两个涵义，但主要是指一个人对世界特殊理解的概念基础。[①] 这是宾斯万格对“存在的条件”的最普通解释，与“此在存在”同义；也在与“此在存在”相对比的意思上使用它，表示阻碍或促进此在存在的可能性。通俗地说，预设世界指的是个体怎样看待和接受世界。预设世界可以是开放的，或是封闭的；可以是扩张性的，也可以是结构性的；可以是积极的，也可以是消极的；可以是简单的，也可以是复杂的，或者具有许多其他的特性。[②] 根据宾斯万格的观点，为了理解病人就必须理解病人的世界，因为病人的存在是唯一可以理解的在世之在。只有挖掘病人的预设世界，对病人具有特殊意义的世界才是可以理解的。为什

① Gulley, J. M. D. (2003). *Ludwing Binswanger's Existential Psychology*. A dissertation for the degree of Doctor of Philosophy. University of Arkansas, No. 5, p. 98.

② 赫根汉著，郭本禹等译：《心理学史导论》（第四版），华东师范大学出版社2004年版，第859～860页。

么这样呢？因为有了预设世界，人们才过着属于自己的生活，因而预设世界影响了人们生活的各个方面。如果预设世界出现不当，带来了过多的焦虑、恐惧或内疚，那么治疗师就应该帮助病人看到还有别的方式来接受世界、他人和自己。那么，又怎样呈现这种预设世界呢？宾斯万格与其他的存在分析学者一样，均认为社会存在也是非真实的，承认社会存在的非真实性对人的正常精神生活具有客观意义。正是在这个基础上，他们提出了治疗神经官能症的新方法，即要求病人感觉到自己是不依赖于社会而存在的；要求病人通过其他的“存在样态”来认清观察世界的可能性；要求病人根据自己的“设计”来创造现实。甚至一些存在分析学者认为，治疗精神病可以借助于“神话和宗教仪式”，借助麻醉剂的办法使病人进入神魂颠倒的状态，并以此来“变换意识”，从而达到治好精神病的目的。①

当然，这也说明宾斯万格是十分重视人的存在的共同世界的。1942 年，宾斯万格在《人类存在的基本形式和认识》这本哲学人类学的著作中提出了人的存在的基本结构与认识、主体间性或其与别人的关系，为个体存在的主要要素。② 宾斯万格在布伯描述的存在的双重模式(dual mode)、复数模式(plural mode)的基础上，又增加了单数模式(singular mode)和匿名模式(anonymous mode)。③ 宾斯万格认识到他的工作是对海德格尔本体论的拓展和精细化，超越了作为在世之在的个人存在结构。人的存在总是属于社会中的存在，也必然会扮演不同的社会角色，其存在方式也会随着角色的变化而发生改变。这四种模式各有特点。④ 双重模式是最悦人心意的，它会形成正常存在经验的核心。在这样的模式中，每个人都要考虑自己，不是一个隔离的人，而是作为“我们”，双方融入一种十分重要和互为满意的关系之中。它以关注和体谅他人为特征，对他人产生挚爱反应，对他人的情感、思想发生兴趣并愿与他人分享。这样的关系可以用如下情况作为例子，如亲密关系、挚爱关系、亲子关系、与知己的亲密友谊、爱与被爱的关系。其中，

---

① 周金生：《从精神分析到存在主义——“存在主义精神分析”简介》，《社会科学》，1988 年第 11 期，第 58 页。

② Lanzoni, S. M. (2001). *Bridging Phenomenology and the Clinic: Ludwig Binswanger's 'Science of Subjectivity'*. A dissertation for the degree of Doctor of Philosophy. Harvard University, No. 10, p. 278.

③ May, R. et al(1958). *Existence-A new Dimension in Psychiatry and Psychology*. New York: Basic Books, Inc., p. 121. 也可参见 Joseph T. Coltrera. *Psychoanalysis and Existentialism*. Journal of the American Psychoanalytic Association. 1962(10): 186～187.

④ May, R. et al(1958). *Existence-A new Dimension in Psychiatry and Psychology*. New York: Basic Books, Inc., p. 122.

爱的关系是强大有力和意味深长的。按照宾斯万格的观点，这种爱的内心世界超越了空间范畴，时间和房屋融合在一起，构成了正常存在经验的核心。复数模式是指与别人相关联的所有方式，可以用所有"正式"关系作为例子，包括双方的竞争、服务、探索和服从。在这种模式中，没有同别人的个人关注、体谅或情感卷入。单数模式是指个人叙述、评价、鉴别自己的所有方式，包括他对自己身体作出反应和评价的方式，可以用自恋、自我惩罚或自我毁灭的言行作为例子。在匿名模式中，个体遮蔽了自己的同一性，别人和他自己都不能认为他对其行动负有责任。个体生活和行动"在一种匿名的集体中"，因此淹没了他自己的个性，可以用顺从的人作为例子，如戴面具的跳舞者，一个杀死他不认识的人的士兵，或一个被他不认识的人杀死的士兵。这些人用他们的匿名方式去执行行动，因为他们不需要作为一个身份确认的人来承担责任。

宾斯万格认为，在正常情况下，一个人并不是只有一种存在方式，而是具有多种存在方式。① 这也应验了存在分析受到存在主义哲学的深层影响。存在主义哲学的一个显著特点就是强调哲学的研究对象应是单独的个人，② 并且在研究单独个人时应把个人放在社会联系中，强调个体面临的困境以及由此而产生的焦虑、痛苦、空虚、孤独等情绪体验。

### 三、心理治疗观

存在分析乃是受存在主义哲学影响的心理治疗方法。③ 可见，存在分析的理论应用于心理治疗，是存在分析的形成、发展的前提条件，也是存在分析的显著特色。实际上，宾斯万格没有主张采用任何一种特殊的治疗方法。作为治疗学家，他是一位折中主义者。④ 开始，他坚持弗洛伊德的严格的精神分析技术，后来他认识到精神分析治疗的局限性，并接受了海德格尔的此在分析的理论观点。可以说，存在分析的心理治疗是对精神分析的心理治疗的一种"发展"。弗洛伊德认为，人受潜意识、非理性观念和以往经历的支

---

① 郭本禹主编：《心理学通史·第4卷·外国心理学流派（上）》，山东教育出版社2000年版，第634页。

② 存在主义哲学的另一个特点就是强调人的自由选择能力。参见叶浩生：《心理学理论精粹》，福建教育出版社2000年版，第137页。

③ 蕾登·贝克等著，叶玄译：《存在主义与心理分析》，巨流图书公司1986年版，第48页。

④ Spiegelberg, H. (1972). Phenomenology in Psychology and Psychiatry. *A Historical Introduction*. Evanston: Northwestern University Press, p. 228.

配。基于此，弗洛伊德的精神分析主要研究周围世界，充其量也仅涉及共同世界，根本忽视自我世界。而存在分析强调自我及病人与其自我的关系形式，关注病人的“此时此地”(here-now)情境。①

存在主义认为，人是充分自由的，能选择自己的生活，也因此对自己的生活负有责任。因此，存在分析的心理治疗关注人的本性以及焦虑、失望、孤独的本质，也强调人的创造性和爱。宾斯万格认为，存在分析对治疗的意义重大，他甚至提出了如下的指导方针：②(1) 存在分析理解病人的生活史，不是按照某一种理论，而是作为在世之在的一种补充；(2) 存在分析让病人去体验他是怎么迷失方向的，并试图让他醒悟，帮他重构公共世界；(3) 存在分析既不把病人仅仅当做一个客体，也不是仅仅当做一个病人，而是一个伙伴，治疗意味着“会心”(encounter)而不仅仅是接触；(4) 存在分析理解梦不是通过解释，而是通过作为在世之在去直接理解；(5) 存在分析使用另外的精神治疗的方法作为对病人开放的途径，进而理解人的存在。

存在分析的心理治疗是基于对病人生活史的研究而进行治疗的，虽然有自己的框架结构，但都是借用其精神治疗的方法。③ 实际上，存在分析的心理治疗并不“解释”病人的生活史，而是把病人的生活史“理解”为对其在世之在的整体结构的矫正。存在分析的心理治疗以过程作为治疗基础，不是仅仅显示病人在何地、何时以及什么程度上不能认识其人性的完满(fullness)，而是试图使他尽可能从根本上体验这个过程。④ 心理治疗师可比作一个登山向导。整个治疗过程应该是当事人自我反省的过程。治疗师的功能是提示病人注意自己内心的本真体验，并及时地表露这种本真，同时也让病人注意到自己躲避选择的原因并分析评判这些原因。存在分析的心理治疗强调治疗师与病人的共同存在(common existence)，强调治疗中的伙伴关系和会心技术。⑤ 存在主义治疗的实质就是在治疗师和来访者之间建立伙伴关系。伙伴是某一个此在对另一个此在的真正在场，一个对另一个的“敞开”。有了这种伙伴关系，主要是与病人共享存在的整体，要与病人共享其全部的经验世界。⑥ 不像多数“正规”的治疗，例如弗洛伊德的治疗；也不像

---

① 蕾登·贝克等著，叶玄译：《存在主义与心理分析》，巨流图书公司 1986 年版，第 11 页。

② Spiegelberg, H. (1972). Phenomenology in Psychology and Psychiatry. *A Historical Introduction*. Evanston: Northwestern University Press, pp. 228～229.

③ Beek, R. (1962). *Psychoanalysis and Existential Philosophy*. New York: Dutton, p. 19.

④ Beek, R. (1962). *Psychoanalysis and Existential Philosophy*. New York: Dutton, p. 19.

⑤ Beek, R. (1962). *Psychoanalysis and Existential Philosophy*. New York: Dutton, p. 21.

⑥ 蕾登·贝克等著，叶玄译：《存在主义与心理分析》，巨流图书公司 1986 年版，第 11 页。

多数“技术性”的治疗，例如行为主义学家的治疗。存在分析的心理治疗师与病人有着更多的心理相容，所以移情和反移情被看做“伙伴”的本来的部分，二者都不可或缺。

存在主义治疗师同病人在一起更可能是“自然的”，因为他们常常是静静地倾听。但有时也表达他们的思想、经验，甚至情感。当然，这种“自然的”状态也意味着认识到了病人与治疗师之间是必然的不同，毕竟治疗师拥有心理治疗技术和经验。存在主义治疗被当做一种对话，而非治疗师的独白或病人的独白。

宾斯万格在描述具体的临床病例时，明显是对弗洛伊德精神分析的修正。他认为存在分析在研究和治疗病人时，主要用存在的结构、结构的结合和结构的改造来代替诸如“快乐原则”、“现实原则”等理论概念的表述。① 例如，他提到艾伦·韦丝特案例中的艾伦·韦丝特②因害怕长胖而拒绝进食，发展到自杀。经过治疗，通过坚持饮食和使用镇静药，她身体越来越健康，但她仍然觉得有恐惧的郁闷感。宾斯万格用她的存在、她的主观体验的世界进行治疗。③ 后来，宾斯万格在解释艾伦·韦丝特的自杀时，认为那是解决她内心迷茫的有效途径，把她的自杀看做是一种“武断的行为”和“必然的事件”，自杀是她自由人格的终结，因为她的灵魂已死。④

存在分析治疗的目的在于帮助病人恢复自己的存在意识，担负起选择的责任和后果。如果一个人不准备承担责任，那么这人就缺乏改变生活的基本动机，这样的治疗效果是很差的。存在分析把病人的自主作为其目标。像教孩子骑自行车，你可能要抱着他一会儿，但最终你必须让他们自己去骑。他们也许跌倒过，但是，如果你从不让他们自己骑，他们就永远也学不会骑车。这也说明，存在分析作为一种新的心理治疗方法，在很大程度上使病人摆脱了在精神分析中的那种“十分被动”的地位。

针对存在分析的治疗实践，有学者总结出了存在分析治疗的主要观

---

① Beek, R. (1962). *Psychoanalysis and Existential Philosophy*. New York: Dutton, p. 22.

② 艾伦·韦丝特出生于一个富有的犹太人家庭。20岁时就出现了害怕长胖的病理性恐惧症，并一直成为影响她生活的障碍。她与十分关爱她的表兄结了婚。虽然得到宾斯万格的精心治疗，但她最后还是自杀了。

③ Reppen, J. (2003). Ludwig Binswanger and Sigmund Freud. Portrait of a Friendship. In: *Psychoanalytic Review*, No. 6, p. 290.

④ Reppen, J. (2003). Ludwig Binswanger and Sigmund Freud. Portrait of a Friendship. In: *Psychoanalytic Review*, No. 6, p. 290. 也可参见 B. Seidman(1983). *Absent at the creation. The Existential Psychiatry of Ludwig Binswanger*. New York: Libra, p. 81.

点：[①](1) 人的存在是一种过程，人类通过投射不断创造自身；(2) 治疗针对当前，但也顾及以往，观望将来；(3) 人是自由选择的，但也由此对选择负有责任。(4) 因为选择，所以必然产生焦虑，但如果放弃选择就会使人产生负疚感；(5) 改变生活应成为治疗的核心；(6) 治疗的主要目标是激发当事人认识前景的广阔，帮助他们选择新的生活。其实，宾斯万格存在分析的心理治疗观点可以通过其研究的案例得以反映出来，他尤其关注“过程”、“整体”和“选择”。在他的复杂而丰富的病例中，都是整体把握病人的经验现象及强调病人的选择。[②]

值得一提的是，宾斯万格出版了不少精神分裂症病人的案例分析，其中有些就没有用存在分析独有的方法来进行治疗。[③] 但这并没有妨碍宾斯万格的存在分析的心理治疗的发展。他认为，在治疗过程中，治疗者应该抛弃各种理论、成见或臆想，从现象学的视角，用存在主义的观点理解病人的内心世界。他发现通过理解病人目前的生活经历，可以理解他们行为的意义，这比把治疗者自己的理解附加于病人的行为要有成效得多。实际上，存在分析的心理治疗方法灵活多变，不拘一格，重视从患者自己当前生活的存在情境中获取意义，重视“在场”体验，强调医患双方的共同参与，要求把阻碍病人在场的行为方式和内在障碍分析出来，让患者体验到自己的真实存在，尤其强调亲身实践的重要性。虽然存在分析在治疗技巧上，没有一套可适用于所有病人的特殊技术和方法，但是它运用其他心理学派的治疗手段，帮助病人重新确立世界观、人生观和价值观，引导病人认识自我，正确对待自己的经历和经验，这无疑有着更为开阔的学术远见。我们不得不承认，所有的治疗都有一种哲学作为其基础，只是很少有像存在分析这样与哲学发生了如此密切的关系。[④]

## 四、对宾斯万格理论的评价

### 1. 主要贡献

首先，宾斯万格在精神治疗和精神分析领域的影响是巨大的。1945 年以后，宾斯万格在德国精神治疗和精神分析领域已是闻名遐迩，尤其是他把

① 李鸣：《存在主义治疗(上)》，《临床精神医学杂志》，1999 年第 2 期，第 115 页。

② 蕾登·贝克等著，叶玄译：《存在主义与心理分析》，巨流图书公司 1986 年版，第 45 页。

③ 存在分析的心理治疗更多的是带有哲学层面的“治疗”，具体技术不拘一格，而是使用其他学派的心理治疗的方式、方法；甚至宾斯万格也并非对所有病人均采用存在分析的方法和技术。

④ 蕾登·贝克等著，叶玄译：《存在主义与心理分析》，巨流图书公司 1986 年版，第 45 页。

哲学带入精神治疗更是为人们所熟知。[1] 不仅在德国，宾斯万格在欧洲也都有一定的影响。宾斯万格没有建立学派，从没有主动与任何大学或研究机构发生联系。但他的克罗茨林根的诊所却成了吸引最主要思想者的知识和文化的中心，并且比学院派影响更为广泛。[2] 事实上，受其影响的人很多，如曼弗雷德(Manfred)[3]、雅各布·韦尔斯基(Jakob Wyrsch)[4]、梅达德·鲍斯(Medard Boss)[5]，在宾斯万格的追随者当中，最重要的人物就是罗兰德·库恩(Roland Kuhn)。库恩是明斯特林根公立医院[6]的副主管，他也用宾斯万格的方法出版了几个案例研究，其中一个案例被罗洛·梅收录在《存在》一书中。[7] 不幸的是，到了 20 世纪 60 年代，存在分析的影响如同存在哲学一样日趋衰微，以至于宾斯万格苦心经营的拜里佛疗养院也门庭冷落，直至倒闭。[8] 但这丝毫不影响宾斯万格存在分析的独特魅力。

其次，宾斯万格是系统地把海德格尔思想运用于临床精神病理学的第一人。他具有原创性和独立思想，不允许自己束缚于传统上对哲学家的完美解读。[9] 存在分析是存在主义哲学与精神分析相结合的产物，从产生的历史背景来看，必然有着它产生、发展的现实需要和理论基础。正是人类生存的困境和精神分析的固有缺陷，使宾斯万格主动运用存在主义、现象学对精神分析进行修正。由于存在分析对焦虑不安的哲学意义的醒悟，它似乎比弗洛伊德之后其他的精神治疗学派更适合我们时代处于烦恼和困扰中的人的需要。[10] 宾斯万格也是把自己看成是先行者，而不是一个系统理论的建构

---

① Hoffmann, K. (1997). Ludwig Binswanger's Collected Papers-Introduction and Critical Remarks. *International Forum of Psycho-Analysis*, No. 6, p. 197.

② Spiegelberg, H. (1972). Phenomenology in Psychology and Psychiatry. *A Historical Introduction*. Evanston: Northwestern University Press, pp. 102～111.

③ 曼弗雷德是布洛伊尔的儿子。布洛伊尔曾是宾斯万格的老师之一。

④ 雅各布·韦尔斯基是波恩大学的精神病治疗学家，受宾斯万格的影响巨大。

⑤ 鲍斯后来脱离宾斯万格独立进行研究，并更多地直接转向了海德格尔。

⑥ 1910—1912 年间，赫尔曼·罗夏在这所重要的公立医院里构思了他那著名的心理诊断测验。罗兰德·库恩渴望进入罗夏的课题研究。

⑦ 这篇文章的题目是《一个妓女的自杀企图》。参见：Rollo May, et al(1958). *Existence-A new Dimension in Psychiatry and Psychology*. New York: Basic Books, Inc., pp. 365～425.

⑧ 宾斯万格的儿子沃尔夫冈(Wolfgang, 1914—1993)于 1956 年接管了拜里佛疗养院。由于经济和内部纷争等原因，拜里佛疗养院日渐衰落，最终于 1980 年关闭，所有的房产被拍卖，且大部分在 1986 年遭到破坏。就这样，昔日辉煌显赫的欧洲精神病学、精神治疗和精神分析的中心之一已经变成只有一个办公室和空空的平地。参见 Hoffmann, K. (1997). Ludwig Binswanger's Collected Papers-Introduction and Critical Remarks. *International Forum of Psycho-Analysis*, No. 6, pp. 191～200.

⑨ Ghaeni, S. N. (2001). *Rediscovering Existential Psychotherapy*: The Contribution of Ludwig Binswanger. *American Journal of Psychotherapy*, No. 1, p. 64.

⑩ 蕾登·贝克等著，叶玄译：《存在主义与心理分析》，巨流图书公司 1986 年版，第 14 页。

者。他的目标就是打开对心理疾病秘密的传统研究的缺口。他所用的新武器就是精神分析、现象学以及存在分析。对于他来说,重要和唯一的事情就是他的先行者的精神,他从来没有放弃过。所以,他努力的结果不是一种体系,最多是一个序言。[①]

最后,宾斯万格是临床医生、精神病学家,极为擅长精神分析。他在案例研究中更擅长临床描述的方法。他研究了许多案例,其中艾伦·韦丝特、罗拉·弗丝[②]等案例均为经典案例,他也因此而声名远扬。案例研究中,他提供了丰富的材料,努力运用存在主义的观点,特别是在具体分析中浸蕴了他的存在分析的思想,也充分显示了他在这方面的卓越才华。存在分析的心理治疗的基本假设就是人在本质上是独立的个体、人是可以自由选择的、人要为自己的选择和行动负责。他强调人的在世之在,强调人的自由选择和主动性,这种观点同弗洛伊德精神分析的机械决定论相比,无疑具有巨大的优势。宾斯万格的存在分析理论具有以下几个基本特征:[③]反对因果论,主张对人的行为进行存在分析;反对二分法,主张对人类经验进行整体理解;反对机械论,主张对人的生存进行本真解读;反对本能论,主张对人的存在进行现象学描述。存在分析的这些特点在很大程度上吸引了本来就对精神分析学说颇有微词的一大批精神病学家。但是,宾斯万格一方面宣称他的存在分析不是精神病理学的;另一方面,他并没有完全舍弃精神分析的原理。他一次又一次地指出,他的存在分析方法和解释以及他的存在理解,同心理学或精神病理学的解释、理解完全不同,然而在他应用存在分析时,他甚至常常会以心理学或精神病理学的方法来讨论和分析经验。[④] 这种做法也成为后人对他进行批评的重要把柄。其实,宾斯万格是把存在哲学应用于精神分析的先行者,存在分析还处于发展阶段,尚不成熟。要让临床心理学家对复杂多样的病人进行分析时避免使用诸如升华、投射、替代等自己熟悉的精神分析的概念,是相当困难的。[⑤]

---

① Spiegelberg, H. (1972). Phenomenology in Psychology and Psychiatry. *A Historical Introduction*. Evanston:Northwestern University Press, p. 231.

② 罗拉·弗丝是一个 20 岁的拉丁美洲女人,在 20 岁或更早就表现为行为古怪。10 岁时形成了一种强迫的观念和行为,20 岁时又有妄想的倾向。她恐惧,不信任别人,认为别人要杀她,因而自己感觉很不快乐。

③ 郭本禹教授曾对这四个方面进行了论述,笔者在此处对具体说法稍作了修饰。参见:郭本禹主编:《心理学通史·第四卷·外国心理学流派(上)》,山东教育出版社 2000 年版,第 629~631 页。

④ 蕾登·贝克等著,叶玄译:《存在主义与心理分析》,巨流图书公司 1986 年版,第 86 页。

⑤ 蕾登·贝克等著,叶玄译:《存在主义与心理分析》,巨流图书公司 1986 年版,第 16 页。

2. 主要局限

宾斯万格的缺陷同他的贡献一样不能掩盖。他的工作受到来自哲学和精神治疗学两方面的严肃批评。[①] 海德格尔批评他滥用了他的哲学，[②]雅斯贝尔斯在了解了宾斯万格的一些特殊研究后，也反对他的主要目标和成果，弗洛伊德也根本不理会他的理论。存在分析的最大弱点就是某种程度上的知识杂乱，表现为对不同思想的过度折中使用，而实际上，它们似乎很少相关。[③] 他虽然用海德格尔的术语，但解释却是精神病理学的。比如，尽管他比较详细地剖析了正常人和精神病患者的典型存在方式，但明显表现出只是术语上的更新。其次，存在分析的心理治疗方法缺乏特定的原则和技术，或者说缺乏应有的独立性，完全借用其他心理学派的方法和技术。宾斯万格所发表的案例研究，实际操作时基本上都是精神分析的，然后再进行存在分析的解释。[④] 若确实要遴选出有特色的方面，那就是它的哲学味很浓，而这又成为它的另一个缺陷，即其理论语句深奥、抽象，在具体治疗运用时较为困难，实际操作也有一定难度。许多术语是从哲学的传统中抽取出来的，对于哲学家也许是熟悉的，但对于许多心理学家则是陌生的。有些术语隐晦不清，还有一些术语难以翻译，一些术语完全古怪，或者是虚构的。如果再加上治疗师哲学理念不强的话，治疗要么会给人故弄玄虚的感觉，要么就落入泛泛而谈的俗套。

此外，宾斯万格的临床实践与其哲学观也发生很大的冲突。[⑤] 他一方面试图使心理学和精神病学摆脱客观性，抛弃对心理现象的因果解释，从而强调人的整体性，克服笛卡儿以来的主客二分世界的缺陷；另一方面又强调人的在世之在，重视人的存在方式的多样性，特别关注病人的自我世界，这明显陷入唯我论的深潭，使心理学和精神病学丧失了坚实的基础。他本人虽然也知道这一点，但他无法克服。就好比他也希望了解人类，但他所讨论的

---

① Spiegelberg, H. (1972). Phenomenology in Psychology and Psychiatry. *A Historical Introduction*. Evanston: Northwestern University Press, pp. 230～231.

② 海德格尔甚至反对把自己列入存在主义者之列。他认为，也希望别人认为他的哲学是“基本存在论”。

③ Ghaeni, S. N. (2001). Rediscovering Existential Psychotherapy: The Contribution of Ludwig Binswanger. *American Journal of Psychotherapy*, No. 1, p. 64.

④ 蕾登·贝克等著，叶玄译：《存在主义与心理分析》，巨流图书公司 1986 年版，第 88 页。

⑤ 阿·米·鲁特凯维奇著，吴谷鹰译：《从弗洛伊德到海德格尔——存在精神分析评述》，东方出版社 1989 年版，第 131～156 页。也可参见杨韶刚：《存在心理学》，南京师范大学出版社 2000 年版，第 46 页。

却是个人。[①]

不过，从总的方面来看，宾斯万格在他的哲学、心理学和精神病理学的工作中对现象学的运用，虽不完善，但富有启发性和富于想象力。他在追随弗洛伊德精神分析的过程中，逐渐对精神分析进行了存在主义的"改造"，使存在分析更贴近心理学和精神病学。虽然其创立的学说还不成体系，有些术语过于晦涩难懂，临床实践与哲学观点又有很大冲突，但宾斯万格本人没有宣称要建立什么更为宏大的东西，他只是在他那个时代对他所从事和追求的研究领域做了大胆的探索，并为存在分析在欧美的进一步发展拓展了思路，对后人的研究提供了重要的启示。从这个意义上来说，他就是在精神病理学中使用新方法的一名开路先锋，或者说，他是创立存在分析学的先驱。在透视当今社会人们的心灵困惑和精神失落后，我们甚至敢断言：当代的精神病学有可能从重新验证他的一些思想中获益。

## 第三节　鲍斯的存在分析学

### 一、鲍斯的生平与著作

梅达特·鲍斯（Medard Boss，1903—1990）出生于瑞士的圣·加仑，在苏黎世成长并接受教育。当时的苏黎世在一定程度上是心理学特别是心理治疗学和精神病学活动的中心，当地的布格豪林泽里医院是著名精神病学"苏黎世学派"的主要活动阵地，也是以物理疗法为主的传统精神病学和新兴的精神分析学激烈交锋的场所。浓厚的心理学、精神病学的学术环境为鲍斯后来的医学学习提供了良好条件。

梅达特·鲍斯（Medard Boss，1903—1990）

鲍斯于 1928 年在苏黎世大学获得了医学学士学位，早在本科学习阶段（1925 年）他就抽出时间到维也

① 蕾登·贝克等著，叶玄译：《存在主义与心理分析》，巨流图书公司 1986 年版，第 87 页。

纳接受了弗洛伊德本人的分析，并开始了正统的精神分析训练。回到苏黎世后，鲍斯在布格豪林泽里医院担任“苏黎世学派”代表人物欧根·布洛伊勒(Eugen Bleuler)的助手。1932年至1933年间，他先后赴柏林和伦敦继续深造神经病学和精神分析。在柏林精神分析研究所，鲍斯接受了霍妮和奥图·费尼谢尔(Otto Fennichel)的培训和督导，并得到了与库尔特·戈尔德茨坦(Kurt Goldstein)一起工作的机会。在伦敦的国立精神病院学习期间，鲍斯亦获得了与埃内斯特·琼斯(Ernest Jones)一起工作的机会。从鲍斯的老师和督导的角度来看，鲍斯的身上流淌着的是纯正的精神分析血液。但是像很多20世纪30年代学习精神分析的年轻分析师一样，鲍斯开始质疑甚而“窒息于”弗洛伊德的经典精神分析里。他被一个矛盾所困扰着，即精神分析作为一种决定论色彩如此之强烈的心理学理论，在运用到治疗中去之时，却无时无刻不以使病患获得自由为目标。另外，在鲍斯看来，弗洛伊德假设的很多抽象概念也与生活经验中的各种现象不相符合。

正是在这段彷徨时期，鲍斯遇到了荣格，荣格使鲍斯认识到弗洛伊德的精神分析的局限性，即由于弗洛伊德坚持严格的自然科学立场，从而使他不得不将人这种特殊的生命形式大大地加以简化和客观化。“(弗洛伊德)将人类的心理现象孤立并客观化，把它们比作和人类身体器官相类似的装置。”①和荣格一样，鲍斯认为人格是不能被客观化并分为伊底、自我和超我三个孤立部分的。正是因为这种相似的理论趋向，促使鲍斯与荣格在工作上保持了为期十年的亲密合作关系。

1943年左右，鲍斯在瑞士军队服役，在此期间他对时间的概念产生了兴趣，并碰巧遇到了海德格尔的《存在与时间》一书。当时他还不能完全领会书中一些基本概念的含义，但已经隐约觉察到：“这是一种全新的东西，一种新颖而具有决定性的方法。”②有鉴于此，鲍斯遂于1946年写信给海德格尔，而这封信就成了两人30年深厚友情的开始，也正是其后与海德格尔频繁而深刻的交流使鲍斯最终从精神分析转向了存在分析，并对后者保持了终生不渝的热情。

一直以来，鲍斯和宾斯万格两人都被视为存在分析心理学的共同创立者，两人共同的思想及灵感来源均是海德格尔的哲学。正是宾斯万格第一

---

① Boss, M. (1949). *Meaning and Content of Sexual Perversions*. Translated by Liese Lewis Ahell, PH. D. New York: Grune & Stratton, Inc., pp. 11～12.

② Marshall, J. M. (1974). *Martin Heidegger and Medard Boss: Dialogue between Philosophy and Psychotherapy*. A dissertation for the degree of Doctor of Philosophy. The University of Oklahoma, p. 23.

次将海德格尔的存在主义哲学应用到心理治疗领域，并由此创立了一种正式的心理治疗模式；而鲍斯作为心理学中的存在主义—现象学运动的发起者之一，也是在这一运动中唯一一位与海德格尔有密切合作关系的心理学家。从1958年开始，海德格尔每年都会去几次鲍斯位于瑞士佐林克的家中，给鲍斯的学生和同事进行讲座，开展讲习班。[①] 并且，鲍斯本人最重要的著作《医学和心理学的存在主义基础》也是在海德格尔亲自指导下完成的。由此可见，相对于宾斯万格而言，鲍斯的理论更贴近于海德格尔本人的哲学思想，甚至可以说是将后者的思想忠实而全面地移植到了心理学和精神病学领域。

鲍斯一生著述颇丰，主要著作有：《性倒错的意义和内容》(1947)、《梦的分析》(1953)、《身心医学导论》(1954)、《精神分析与存在分析》(1957)、《一位精神病学家所发现的印度》(1965)、《医学和心理学的存在主义基础》(1971)和《我昨夜梦见……》(1975)。另外值得一提的是由鲍斯主编的《佐林克讲习班》(1987)，该书收录了由海德格尔主持的佐林克讲习班的会议记录，以及鲍斯本人与海德格尔之间的私人信件和谈话。这些著作真实地反映了鲍斯的思想演化历程：使我们看到了他从一个正统的精神分析师到“独立的精神分析理论家”，直到最后转向存在分析学；从质疑精神分析到质疑心理学，直到最后提出所有与人有关的科学(包括心理学、医学、生理学和生物学等)的新范式所走过的心路历程。

## 二、存在分析观

### 1. 存在分析学与自然科学的对立原则

鲍斯的学术生涯从医学和精神分析出发，最终走向存在分析。之所以如此，乃是由于鲍斯本人素来不囿于自身所学专业之羁绊，而努力将其置于一个更为宽广的境域去审思和反省。鲍斯指出：“一门科学，只有不断地重新检视自己立足的基础及其基本概念，才值得被称为一门科学。”[②]正是出于这种严谨的科学精神，才促使鲍斯对诸门自然科学的哲学基础及其方法论原则进行了深刻的反思，并将其与存在分析学的基本原则进行对比。

鲍斯认为，当今的医生和心理学家们皆以与哲学产生瓜葛为耻，他们所

① 据说鲍斯只允许具有医学博士学位的人参加讲习班。

② Boss, M. (1979). *Existential Foundations of Medicine and Psychology*. New York: Jason Aronson, pp. XXVII-XXVIII.

接受的专业训练教导他们要注重行动，关注实效，而不要把时间浪费在“空洞的”哲学思辨上。但正是这些自诩为“纯净”、“非思辨”的自然科学从一开始就沾染上了哲学色彩，因为每一门自然科学无疑都受到了其产生时代的占统治地位的哲学的影响，致使它们对人和世界做出了若干基本假设，鲍斯将之称为“自然科学的前科学假设”。无论研究者本人是否意识到这些基本假设在科学研究中所扮演的角色，后者都潜移默化地渗透到了每项具体的研究之中。如果将这些假设加以总结，就会发现它们：“一是有一个外在的‘真实的’世界，世界独立于人并自给自足地存在着。二是所谓‘真实的’事物只能是可测量、可计算的事物，因此它们是确定无疑的。这些事物构成了世界，而且所谓的现实就是它们的总和。三是这些事物之间及其各部分之间的关系，均是可预见的因果关系。因此，这一因果关系链条是永不会被打破的。四是所有‘真实的东西’均适合空间的三维性和时间的一维性……”① 这些潜藏在各门自然科学之后的基本假设，皆来自于柏拉图肇始的传统形而上学思想。这种以心物、主客二分为代表的形而上学在笛卡儿的时代达到了顶峰。笛卡儿将除上帝以外的一切存在都归属于心灵和肉体这两种彼此独立的实体，外部事物只不过是其在人脑中反映出的表象，并且人只有通过明确无误的认识才能达到实体。除此之外，笛卡儿更是将人的身体比作一台会吃会呼吸会行走的机器，其运行机制严格地遵循着因果规律。

鲍斯认为，哲学上的认识论转变时期也正是各门科学方兴未艾之时，在后者产生及其发展的过程中，虽然也与其欲脱离的哲学母亲发生过龃龉，但一旦落实到具体研究中去时，却无一不遵循着笛卡儿的教诲。以医学为例，难道医师们在分析患者的病症时，不是将病患的身体当做一台臣服于机械因果规律甚至与无生命的客体无异的机器吗？难道他们所寻找的不仅仅是那些可见的、可测量的“真实的”生理指标吗？由此足以窥得鲍斯所说的前科学假设之一斑。

鲍斯在阐明了现代科学的前科学假设后，接下来所做的就是要求人们重新检视“科学”一词的含义，因为只有如此我们才能获得这个词的始源和本真含义。鲍斯指出，在拉丁文中，“科学”的原始含义乃是“带来知识”之意。② 因此，如果我们无偏见地使用“科学”的这一原始含义，就会发现其范围被大大缩减了，“获得知识”的方式绝不会局限于一种，而 300 年来自然科

① Boss, M. (1963). *Psychoanalysis and Daseinsanalysis*. Translated by Ludwig B. Lefebre. New York: Basic Books, Inc., pp. 75～76.

② Boss, M. (1963). *Psychoanalysis and Daseinsanalysis*. Translated by Ludwig B. Lefebre. New York: Basic Books, Inc., p. 29.

学所采用的假设加证实(或证伪)的认知方法,只不过是诸多获得知识的方法中的一种。并且毫无疑问,这种相对狭隘的、经过润色的科学方法源出于前科学主客二分的形而上学假设。

综上所述,我们可以发现,自然科学所坚持的方法是对主客二分的前科学偏见的抱守,并且无疑贬低了现象本身,其实质是殚精竭虑地"迫使"现象说话,让它们"交代"出那些潜藏在现象之后,并构成其真实性的深刻规律,尽管这些规律的存在是科学家们自己的假设和猜度。例如,弗洛伊德就完全复制了自然科学的这种研究方法,他在自己的著作中写道:"我们的目的不仅仅是描述现象并给它们分类,而是把它们设想成思想中各种力量运作的结果……因此,我们推断出的趋势比我们感知到的现象更重要。"①鲍斯认为,因为弗洛伊德一心想把精神分析打造为一门严谨的自然科学,所以他忠实地采纳了自然科学的研究方法,即用臆断和推测出的"心灵"实体代替了直观的现象,而这无疑将后者贬低到了从属的地位。

但是,如果我们转向另一种方法论,即存在分析学的方法论,我们就会发现现象自身富有诸多的内容和意义,而这种方法无疑也是"带来知识"的一个重要途径。"与自然科学方法探询人类本质问题相抵触的是,处理人及其世界的存在分析要求我们,当现象呈现在我们面前时,只此一次仅仅注视着现象本身,并在它们身上停留足够长的时间,从而充分意识到现象直接向我们倾诉的它们自身的意义和本质。"②存在分析所采纳的实际上就是现象学的方法,这种研究方法本身没有任何先决条件,无须进行任何认识论或本体论的假设,所以它能够在直观中揭示出现象是什么。

此外,鲍斯还认为,胡塞尔和海德格尔所使用的现象学方法与自然科学方法在本质上是相抵触的,因为后者的工作原则乃是根据浮现出的现象进行不断的推测,以求找到现象身后的本质,最后再用自己早已成竹在胸的预想去证明这些本质。而存在分析学所使用的现象学方法则不然,它绝不会在开始观察之前就强迫观察者假设一些抽象的概念,例如"意识""灵魂"或"心灵"等。这样做的目的乃是使观察者在最大程度上开放自己,从而能够在完全的直观中倾听和注视现象的显现。总之,鲍斯提出的存在分析学忠实于现象,而自然科学醉心于抽象的假设和机械的简化(如统计、测量等),这是两种截然不同的研究原则,它们在本质上是对立的。

---

① Freud, S. (1943). *A General Introduction to Psychoanalysis*. Translated by Joan Riviere. New York: Garden City, p. 60.

② Boss, M. (1963). *Psychoanalysis and Daseinsanalysis*. Translated by Ludwig B. Lefebre. New York: Basic Books, Inc., p. 32.

2. 存在的本质：在世之在

人是一种怎样的存在者？其本质又是什么？这是心理学界和哲学界历来最为纠缠不清的问题。无论采取什么样的立场，科学家和哲学家们总是毫无例外地将人及其世界分离开来，他们用“意识”、“心灵”、“自我”等抽象的概念来表示人的主体性，但除此之外，他们却无论如何也拿不出充分的证据，表明人作为一个主体，可以通过“意识”“自我”等概念，达到那个客体的世界。

鲍斯则认为，哲学家们和心理学家们素来爱将简单的问题复杂化，因此很难抓住问题的关键。他认为，在探讨人的本质以前，我们首先应该无条件地放弃那些先入为主的成见和假设（如放弃“意识”、“自我”等代表主体性的概念），从而在一种开放的状态下让现象自己显现出来。在这种状态下，为了阐明人的本质，鲍斯通常会向自己的学生提出一个问题：“当你看见对面那幢黄色的房子时，你本人处于什么位置？”无论学生的回答是“在教室里”还是在“意识中”，鲍斯都会敦促他们在更为直观的经验中继续感受，直到他们得到类似于这样的答案：“当我在观察那幢房子时，我想我和它在一起。”这个答案是令人满意的，因为所有的直观经验都表明，当我们观察或思考其他事物的时候，那些事物会立刻吸引我们的知觉甚至全部存在，而我们的本质也在此刻被聚合起来，指向那些被观察到的事物。由此可见，人并非存在于一个具体的三维空间之中，他从一开始就在“外面”，存在于指向某人或某物的行为的空间中，而这种行为空间则是由“人与他人或他物的关系所构成的”，因此，只有在讨论与他人及他物的关系时，人的本质才会浮现出来。这充分说明，人不仅仅拥有某种关系，其本身就是作为与其世界的关系而存在。在这种无法割裂的关系之中，人总是与他所遇到的他人和他物在一起，由此导出人之初始本质——“在世界中存在”即“在世之在”（being-in-the-world）。

鲍斯强调，“being-in-the-world”中的“being-in”绝不是指人存在于某一具体的空间位置之中，它永远都是指人与“某一事物在一起”（being with a thing）。因此对鲍斯而言，在世之在又可解读为“在外面与世界在一起”。这就意味着人与世界从来就不曾分离，而是保持着一种原始的浑然一体的关系——人并不是作为一个主体孤立地存在，然后再用认知的方法跳出自己的存在，从而达到那个与自己相对的客体世界；他从一开始就亲自[①]与世界上的事物在一起，所以他能够在直观中领悟这些事物及其丰富多彩的意义。

① “亲自”意味着与人打交道的是真实的事物，而不是这些事物在“意识”或“自我”中形成的表象。

但科学家和哲学家们偏偏喜欢用“自我”、“心灵”等概念，精巧地把人描绘成一个主体，从而将“人与世界在一起”的在世之在本质给遮蔽了。对鲍斯而言，他们皆是聪明反被聪明误——自己给自己“打了一个矫揉造作而且永远也解不开的哑谜”①。通读两千年来哲学史和几百年来的科学史，多少哲人和科学家孜孜不倦、穷精竭虑地研究认识论问题，研究主体如何达到客体的问题，最终都只能在同一个预设的哑谜中迷失方向，他们谁也没有意识到，主客相连的问题从一开始就是一个假问题（pseudo-problem），人与世界（主体与客体）从一开始就不曾分离。

鲍斯同时指出，人类具有在世之在的本质，这一论断实际上存在一个基本前提，即必须将人类本身视为一个“充满光明的开放领域”，“人类必须是一个开放领域，在这个领域中人类所遇到的各种特殊的存在者才能将自己去蔽（disclosure）成自己本来的样子……”②通俗地说，将人类视为一片充满光明的开放领域，实际上是指人具有一种基本的悟性（primary understanding），这是一种能够在直观中理解事物和他人“是什么”的领悟力。婴儿在出生后不久就能“把握”住母亲的重要意义；我们很小的时候便能提出“这是什么”、“那是什么”的问题。这些鲜活的经验都表明，我们对“是”（is-ness），即对“存在”（being-ness）有一种基本的意识，哪怕这种意识再怎么模糊不清，甚至无以言表，却也始终伴随着我们，并作为一个坚实的基础帮助我们揭示世间万物的意义（如果对“是”没有起码的意识，又怎能提出“是什么”的问题）。鲍斯将这种悟性称为“对存在本身的基本意识”（the primary awareness of“Being-ness as such”），它是我们得以去蔽和理解万事万物的基本条件，是我们可以如此轻松地说出“这是什么”、“那是什么”的初始前提。除人类以外，没有任何存在者具有这种悟性，它们皆无法追问存在是什么。所以，人类在本质上就是这种照亮一切的基本意识（或悟性），是一片充满光明的开放领域，光亮的天职就是澄明和去蔽，因此，人类在此基本悟性的基础上发展出各种官能，使我们可用多种具体的方式（如：看、听、闻、想以及做梦，等等）去蔽所遇到的人和物。

鲍斯反复强调，只有了解到人是一片充满光明的开放领域，具有一种“对存在本身的基本意识”，我们才能真正把握住在世之在的意义：在世之在表明人与世间万物一同存在，并无时无刻不与它们保持着联系。而人与个

① Boss, M. (1963). *Psychoanalysis and Daseinsanalysis*. Translated by Ludwig B. Lefebre. New York: Basic Books, Inc., p. 34.

② Boss, M. (1963). *Psychoanalysis and Daseinsanalysis*. Translated by Ludwig B. Lefebre. New York: Basic Books, Inc., p. 34.

别事物所保持的每一个具体关系，究其本质，都是人对该事物的去蔽。人之所以能与世间万物保持联系，能够以在世之在的方式存在，是因为人具有去蔽的本质，他本身就是光亮的，而光亮的天职就是照亮，即去蔽。人通过去蔽自己所遇到的人和事（包括看、听、思考以及潜意识反应，等等），才与它们保持着联系。因此，若不将人类视为光明的开放领域，赋予去蔽的本质，在世之在就会沦为与具体行为完全脱钩的康德式的“先验范畴”，充其量不过是在主体身上增添的一种“新特质”而已。

3. **人的存在性**

存在分析学将作为“此在”（Dasein）①的人的基本特性，称之为人的“存在性”（the existentiali），如上文所说的在世之在就是此在最基本的存在性。除此之外，此在的其他存在性还包括空间性、时间性、躯体性、共同世界中的存在以及心境的协调性等。鲍斯认为，此在的这些存在性和康德所提出的“范畴”概念截然不同。范畴是一种先验的结构，它们独立地存在于超出感知的领域。而海德格尔所说的存在性绝非先验的特性，它们乃是看得见摸得着的人类行为的直观本质，是人类日常行为在直观经验中所显现出的意义。由此可见，人类的存在性无法脱离人类本身，亦非孤立地存在于纯粹的形而上学领域之中。

（1）存在的空间性。

此在的原始空间性被海德格尔称为“存在的空间性”，这种空间性具有始源的意义，它不是由此在的身体所处的位置决定的，相反，是由它来决定此在的躯体位置。此在之所以具备这种原始的空间性，乃是因为在世之在的“此在”能够直观地揭示与其一同存在的人和物存在的意义。有一些特殊的人和事物可能对此在来说意义更大，因此，此在就离它们更“近”一些，这时候有可能此在的躯体也靠近了那些特殊的事物，但在这之前，一种原始的靠近早就已经发生了。因此，存在的空间性不是由具体的距离（例如厘米、公里等）来衡量的，而是由其他存在者对于此在的意义来决定。在这种原始的空间性中，身在他国的爱人可能会比置于眼前的桌子更“近”，虽然在可测量的空间中，前者是那么遥不可及。当然，存在的空间也可被简化为可测量的空间，但即便如此，我们也绝对无法通过后者去理解前者。试想，身处远方的亲人们如果被简化为若干个地图上的标记，那么这些小黑点对我们来

① 海德格尔不喜欢使用“人”这个概念，他认为这个词带有过于浓厚的主体性色彩。因此他选择了具有中性色彩的“此在”（Dasein）来代表现象学本体论意义上的人的存在，即先于主客、心物之分的，没有规定性的原始状态下的人的存在，又可译为“纯在”、“亲在”。

说还有什么意义呢？它们代表的仅仅只是一段丧失原有温情和含义的距离罢了。

（2）存在的时间性。

鲍斯认为，存在意味着一种持续性，而任何事物都只能在时间的基础上保持持续性，正是由于存在与时间之间这种无法离弃的关系，才促使海德格尔在其著作《存在与时间》中花费了大量篇幅来追问时间的基本意义。鲍斯认为，人类是一种时间性的存在者，但不能将作为此在的人的时间性与日常生活中所说的时间相混淆。后者是太阳移动的速率、月亮的盈亏或者指针的转动，这些只不过是时间的测量而非此在的时间本身。那么具有初始意义的时间性究竟是怎样的呢？在鲍斯看来，人类的时间性就是其自身存在的显现和展开。前文已有论述，人类存在的本质乃是在世之在，也就是说人是作为与其世界的关系而存在的。那么显现和展开自身的存在，其实质就是去蔽或关心那些与自己一同存在的人和物。因此，此在的时间性只能以它对他人、他物的关心和去蔽作为参考，也正是在关心和去蔽的情况下，人类才有了时间性。因此，每个“现在”都是“现在该吃饭了”，“现在我要去孩子那儿了”的“现在”；每个“那时”都是“那时我遇到了个朋友”的“那时”。并且一些日常的经验也揭示了这种原始时间性的意义，例如，当朋友要离开的时候，我们会很不情愿地说：“您难道就不能再待一根烟的功夫吗?”由此可见，我们是无法脱离人类生活中发生的具体事件（即对于这些事件的关心），而孤立地去谈论时间性的。

日常生活中的时间计量无疑也是出自于这种原始的时间性，并且这是一个缓慢的演化过程。最初人们的关心是指向太阳的，人们会说：“太阳下山后我就回家”，“太阳升起时就得起床”，因此，每一次指向太阳的关心都具有了一定的时间性。接着，人们根据太阳的运行规律发明了日晷，于是大家都有了较为精确的时间计量，而无须再去直接地参考太阳的起落。而近代所发明的钟表则将原始的时间性进一步简化，以至于最后钟表的时间成为了时间性的代名词，而时间性的原始意义则为之所遮蔽。时间成了与一个个与“现在”有关的点，这些点没有具体的意义，也不再指向任何具体的事件。由此可知，我们将存在的时间性称为“原始的”时间，是因为它决定了日常生活中的时间计量。并且这种决定性是绝不能颠倒的，我们不可能通过钟表上一系列表示“现在”的冰冷的点，创造出一个有着丰富存在意义的“现在”。

（3）存在的躯体性。

根据自然科学的一般观点，人类的躯体就是其全部存在。换句话说，用人的身体可以说明人的一切问题。而包括萨特在内的一些现代哲学家也做出了“我就是我身体”的论断。鲍斯认为，如此看待人这种特殊的存在者，其实质是把人当成了一种“物体”，这个物体由一堆肉体和心灵元件堆砌而成。但无论把这些元件设想得如何复杂，我们还是无法通过它们来说明人是如何知觉并理解其他人的，更不用说他是如何被其他人所触动的。人之所以能理解他人并被他人所打动，其前提乃是人具有一种基本的开放性，这种开放性决定了人从一开始就和世界一同存在，而这种在世之在的本质是一般的物体无法具备的。

既然人不是一种物体，那么人的存在也就不可能只是他的身体那么简单。因为当我们在直观的经验中体会自身时，绝不会只有身体浮现出来。相反，我们会发现一个总是与他人、他物一同存在的自己，而身体只是这种在世之在的一个具体部分，并且这是一个看得见摸得着的部分。当此在与其世界发生各种联系时，我们可以看见它的身体也相应地与之产生了各种联系。但绝不能说只有通过身体此在方能与世界产生联系，因为在身体行动开始以前，一种更为基本的联系早已存在了，身体只是表现这种联系的媒介，它与思想、情绪一样是诸多媒介中的一种。

鲍斯将这种作为人类存在的一部分的躯体性称为“存在的躯体性”，它是存在不可或缺的部分，是存在的必要条件，但绝非充分条件。现有的直接经验可以说明这个问题，在与世界产生联系时，我们不会有单独关于身体的直接经验。例如，当我们急切地去赴朋友之约时，我们从一开始就和他在一起了，在赶路的过程中我们绝不会考虑自己的双脚，虽然这双脚每迈一步都承受着一百多斤的重量；我们豪赌的时候也绝不会想到自己的双手，即使每次出手都可能耗费千金。

躯体性作为人类存在的一个看得见摸得着的部分，总是伴随着此在参与到各种关系中去，它总会响应此在在任何时刻与世界发生的联系。例如，当我们见到骇人的景象时，我们整个存在都转化为一种关系，即逃离这一可怕的情境。那么这种关系也会表现在身体层面上：首先是神经兴奋，其次是随意肌肉的收缩，再次是荷尔蒙的分泌，如果这一惊吓维持时间过长，身体组织还会产生某些病变。由此可见，哪怕是身体最不敏感的部分也会参与到此在与世界发生的联系中去。但若是此在与世界毫无联系，也无法澄明和去蔽与其共同在世的其他人和物，那么即使是最基本的身体器官也无法得到演化和发展。

(4) 共同世界中的存在。

存在分析学经常将人比喻成一片充满光明的领域，在这片领域中其他人和事物能够被此在的光芒所照亮，从而使自身得以显现。通俗地说，将人比喻成光乃是指此在具有一种基本的领悟能力，这种领悟能力让此在得以去蔽和澄明自己所遇到的人和物，从而使后者的本质和意义得到显现。既然此在是一片光明的领域，对其遭遇到的人和物有一种基本的领悟力，那么，如果没有其他人与此在共同在世的话，此在本身也就不可能存在。因为哪怕是一束物理光线，若是遇不到可以被照亮的东西，那么它自身也无法表现为一束光线。由此可见，人总是共同世界中的存在（existence-in-the-shared-world），正是此在和他人之间的这种不可割裂的关系，才使两者共同存在并显现出来。

（5）心境的协调性。

这是鲍斯特别关注的一种存在性，这种存在性可以用来解释我们的存在为何会开放和收缩。众所周知，无论是生理学还是精神分析学都将情绪视为"主体"或"心灵"的一种机能，因此研究者们总是说我们拥有这种或那种情绪。但事实上，直接经验告诉我们，当我们处于某种情绪状态时，我们自己的存在实际上就完全成为了那种情绪状态。例如，在盛怒之下，我们会完全丧失理性，言行也变得盲目；在充满强烈的爱意之时，我们会全身心地关注所爱之人而不会理会自己。这些日常生活中的直观经验都指向一个事实：情绪实际上是此在本身在某一时刻的特殊形式。如果说此在是一片光明的领域，那么情绪就是这些光亮具体的色调。有些色调能使我们对那些与之协调的事物更加敏感，使我们更加开放。例如，强烈的憎恨能使我们察觉到所恨之人最为隐秘的敌意；而另一些色调则使我们的存在收缩，如狂怒会使我们对一些无辜的人做出侵犯行为，因为怒气使我们收缩了自己的分辨能力。

由此可见，此在只能去蔽和澄明那些与自己色调相符的事物，并且同一事物在不同的色调之下其意义和性质也会相异。鲍斯认为，色调（情绪）决定此在某一时刻开放或收缩的事实，不但澄清了情绪的本质，而且可以去蔽许多在精神病学中原本无法解释的现象。

**4. 人的基本约定**

前文已述及，存在分析学将人类的存在视为一个充满光明的开放领域，正是在这个空旷的领域中，一切涌现出来的现象才得以被照亮（即被人知觉和理解）。由此可见，所有显现出来的事物都需要有一个使其自身的显现成为可能的领域，而人所充当的正是这样一个开放的领域。鲍斯认为，人之所以会扮演这样一个角色，实际上是“存在的要求”。[①] 人的任务就是充当“存在的侍者和看护者”。这一任务意味着，人必须负责任地实现他与世界产生联系的所有可能性，从而使得在联系过程中被光芒所照亮的一切事物，可以在最大程度上显现出来。换句话说，人与存在之间有着一个基本约定，即“人要接受其生命的一切可能性，他得拥有一个本真的自我，不再为‘常人’狭隘的心性所羁绊”[②]。

正因为人与存在之间拥有这样的基本约定，因此，只要人活在世上，其良心都会不停地提醒他这一约定的存在，从而使他产生负罪感，进而促进其去实现生命赋予他的各种可能性，去与世上的其他人和事物产生联系。但由于人的每一次选择都意味着对其他可能性的放弃；又由于直到人之将死，未来的可能性都还在等着他去实现。所以终其一生，人都会感到自己处于未竟之中，都会满怀着愧疚感和负罪感，这是人对于自身存在所抱有的基本亏欠感，也是他的良心在呼唤着他去实现生而为人必须要履行的约定。

**5. 对存在分析的最常见误解**

鲍斯认为，存在分析学对人类存在的见解是非客观化的，但西方两千多年积累沉淀而来的思维传统，却要求人们不断地将世间万物具体化和客观化。因此可以毫不夸张地说，存在分析学实际上是在以只身之力挑战具有两千多年的思维习惯。这无疑是一项艰巨的任务，也注定要遭受多重的误解和责难。对存在分析学最常见的误解主要有以下几种。

(1) 寓言误解。

存在分析学认为，此在是一种面向世界的开放状态，是一片充满光明的领域。以这样的术语来描述人，无疑会产生诸多误解：有些人认为存在分析学的论断过于抽象，与人类具体的行为方式没有多大的干系；还有人干脆将这些基本见解视为具有寓言性质的比喻，充其量是哲人坐而论道时打的一个比方。而鲍斯认为，人们之所以产生这样的误解，是由于其没有付出足够的精神努力，从而未能面向直观经验的结果。存在分析学在描述人的本质时，采用的是最为直接和直观的语言，整个过程中没有使用任何比喻。因此，如果有其他的术语能够更好地表现人类的基本面貌，存在分析学也随时乐于接受它们，前提条件是那些术语比现在使用得更加直观。

---

① Boss, M. (1963). *Psychoanalysis and Daseinsanalysis*. Translated by Ludwig B. Lefebre. New York: Basic Books, Inc., p. 47.

② Boss, M. (1963). *Psychoanalysis and Daseinsanalysis*. Translated by Ludwig B. Lefebre. New York: Basic Books, Inc., p. 47.

(2) 唯心主义误解。

有些人断言存在分析学是唯心主义，认为此在所去蔽和澄明的事物，实际上是此在通过自己的思维创造出来的，并且它们也仅仅存在于此在的头脑之中。对于这种看法，鲍斯视之为荒谬："我在一个黑屋子里开了灯，从而看见了屋里的家具，但你却说是灯把家具'制造'了出来，这无疑是荒谬的。"①

鲍斯与海德格尔也不同意另一种唯心主义的说法，即主体通过自己的知觉赋予世间万物以意义。这种观点认为，我们感觉到的只是杂多的事物，没有组织也没有意义，是人类的知觉将杂多现象组织起来并赋予了其意义。鲍斯认为，如果以这种观点来看待存在分析，就是误解了此在的去蔽和解释的功能。正如海德格尔指出："解释并不意味着丢给光秃秃的现存之物一个'意义'，也不是给它附加上某些价值。"②我们在这个世界上所遭遇到的事物本身就含有丰富的意义，而且总是在一个充满意义的背景中显现出来。因此，只要我们停留在现象之上，其意义就会在我们光芒的照耀下自行显现出来，这绝非人为创造之结果。

还有一种来自于存在主义内部的唯心主义观点：即萨特的存在主义和宾斯万格带有主观主义色彩的存在分析学。这些理论家认为，人无法直接接触到他们所遭遇的事物，而只能通过某种"设计"和"计划"来知觉它们。但海德格尔却十分强调人具有直接领悟自己和世界的能力。因为人的存在会拓展到他所照亮的整个领域，他永远都是直接地"在外面"与事物、他人在一起，在世之在的"在世"(in-the-world)永远是一种直接的"在世"(directly in-the-world)。

(3) 柏拉图主义误解。

萨特曾公开宣称，海德格尔描述的只是人类存在的"本体论"结构，这是一些纯粹抽象的结构，与心理学所研究的具体人类行为属于两个截然不同的层面。并且，我们无法通过任何途径将这两个层面联系起来，因此，不同层面中存在的问题需要用不同的方式来解决。鲍斯认为，萨特之所以会这样理解存在分析，是由于他先入为主地接受了新柏拉图主义的观点，区分出了一个"理念"的世界和一个可用感官感知到的"物质"世界。但存在分析学曾不止一次地驳斥过这种区分，当存在分析学描述人类的澄明、去蔽特性和

① Boss, M. (1963). *Psychoanalysis and Daseinsanalysis*. Translated by Ludwig B. Lefebre. New York: Basic Books, Inc., p. 50.

② Heidegger, M. (1927). *Sein und Zeit*. Halle, p. 16.

在世之在的本质时，总是与具体的人类行为和知觉联系在一起，指责这些描述超越了心理学所研究的层面是没有依据的。打个比方，一个鞋匠在修鞋时，总是“自动”而不假思索地拿起一把锤子。如果鞋匠不是从一开始就和这把锤子在一起，如果他的存在不是一片充满光明的开放领域，那么他根本就不可能在对锤子的意义“不假思考”的前提下，就把锤子当成修鞋工具并使用它。虽说拿锤子的过程中他压根没思考，但是他的整个存在都变成了使用锤子的行动。正是在这种有意义的具体行动中，人的存在及其澄明的特性才得以直观地显现。

总而言之，此在乃是以一种具体可见的行为方式存在，因此根本无须假设出一个不同的“本体论”层面来对应这种直观的存在方式。

（4）主观主义误解。

对存在分析一知半解的人最容易产生存在分析是一种主观主义的误解。他们在了解了此在、在世之在的本质之后，便想当然地把在世之在当成了人的一种特性，甚至是一种性格特质。这种特质仍然存在于人——这个预设的主体身上，就像他所占有的一份“财产”一样。但当你追问主体是怎样通过在世之在的“特质”达到客体时，他们也只能像其他主观主义者那样耸耸肩膀。

鲍斯认为，仅知道此在具有在世之在的本质，而不去追问在世之在的特殊性质，这样做无异于将存在分析加以阉割。海德格尔就曾明确指出：“对人类存在的全部领悟，皆有赖于仔细地阐明人类在世之在的特殊性质。”①并且他写作《存在与时间》一书的唯一目的也正是为了对在世之在的具体性质做出详述。② 在海德格尔那儿，人的在世之在首先被描述为一种“对于存在的基本意识”，稍后海德格尔给出了更为细致的描述，即在世之在是“一片充满光亮的领域，在这片领域中所有的现象都会显现出来”③。只有对在世之在做出性质上的描述，并将其铭记于心，才能保持在世之在的生命力，使之不至于沦为一个徒有其表的空壳。

如果像上文所说的那样，把在世之在仅仅当成主体身上的一种性质，那么实际上仍没有脱离主客两分的传统知识架构，仍然要面对着主体如何达到客体的老大难问题。但是，如果我们把此在视为一个充满光明的存在领

---

① Heidegger, M. (1927). *Sein und Zeit*. Halle, p. 133.

② Boss, M. (1963). *Psychoanalysis and Daseinsanalysis*. Translated by Ludwig B. Lefebre. New York: Basic Books, Inc., p. 53.

③ Boss, M. (1963). *Psychoanalysis and Daseinsanalysis*. Translated by Ludwig B. Lefebre. New York: Basic Books, Inc., p. 55.

域，那么，一切有关主客如何联系的问题都将烟消云散了。

(5) 个人主义误解。

最后，还有一些人认为，存在分析只关注个体的存在以及个体与其世界的关系问题，它宣扬的是一种个人主义，因此无法用之解释日常生活中的人际关系。但实际情况是，存在分析学有可能是最为强调人类社会性的一门学说。按照存在分析学的观点，人并不是先作为不同的主体独自存在，然后再进入到人际关系中去的。直观经验表明，此在从一开始就和其他人共同在世，这就是为什么我们能够直接而直观地领会他人的原因(例如婴儿对母亲的直接理解)。因此，人类总体就是一片充满光明的领域，是他们用自己共同的存在让事物闪光，即让现象自行显现出来。

与他人共同在世作为此在的一个基本属性，不仅驳斥了存在分析学是一种个人主义的观点，而且还为社会科学特别是社会精神分析学和社会精神病学提供了一个坚实的哲学基础。鲍斯认为，鉴于"共同在世"的基础地位，所有的心理疾病症状都可以理解为社会关系的失调；并且每一个精神病学诊断，从一开始也都要以病患的人际关系作为参考。

## 三、心理治疗观

### 1. 治疗的目标

鲍斯的心理治疗目标乃是基于存在主义哲学对人性的理解之上的，他也将自己的治疗目标与弗洛伊德的进行了对比，他习惯于在战斗中树立自己的旗帜。弗洛伊德的精神分析治疗目标是"将患者从神经症的奴役中解放出来，并允许其回到'原始的自然状态'"，而且"保证患者能在没有负罪感的情况下享受生活"。① 鲍斯不同意这样的治疗目标，因为根据存在主义的观点，人类是生而具有负罪感的，这是此在的基本属性，是无法被抹去的。因为作为"此在"的人，在其出生后就一直想要实现生活赐予他的所有可能性，终其一生，他都会对这些"未来替他们保存的"的可能性充满着愧疚和负罪感。另一方面，人在任何时刻的每个行为、每个选择和决定都意味着对其他可能性的拒绝，人只能活在一种可能之中。由于无法实现所有的可能性，人注定要一生背负着罪疚感。鲍斯将这种罪疚感称为"存在的负罪感"。他认为，作为人的基本属性，这种负罪感优先于一切具体的神经症负罪感，也

① Boss, M. (1963). *Psychoanalysis and Daseinsanalysis*. Translated by Ludwig B. Lefebre. New York: Basic Books, Inc., pp. 259～260.

是任何技艺高超的精神分析师都无法解除的。鲍斯否定了弗洛伊德的治疗目标，即免除患者的负罪感。那么合适的治疗目标又是什么呢？在鲍斯看来，它应该是“通过阐明患者的过去、现在以及将来，使其充分意识到并承认自己‘存在性的负罪感’”①。不是逃避，亦非装聋作哑，而是“充分意识到”，只有这样，患者才可能倾听良心的呼唤，从“异常人”的群体中走出来，并对存在的各种可能性产生觉知，继而负责任地去实现它们。

### 2. 治疗师对待患者的态度

存在分析学并不会赋予治疗师神奇的魔力，使其更为透彻地看清患者身上起伏交错的各种隐秘欲望。相反，存在分析学要求治疗师对患者（作为一个“开放的此在”）身上自行显现和闪光的现象持一种“基本的尊重”。这就意味着，“治疗师没有必要破坏自己从患者那里看到和听到的实际内容，也没有必要用那些假设的力量替代这些内容”，只有这样才能“使从业者摆脱精神分析治疗所要求的那些乏味的智力杂耍”。② 在这种治疗态度下，治疗师不必再去寻找这个力必多固着在哪里，那个象征又意味着什么，他们只需描述和审查那些直观的人类行为以及潜藏在这些行为之下的同样直观的心情。

鲍斯认为抛弃精神分析治疗的诸多假设而注重直观的现象，至少有两大好处：一是能够减少治疗师的偏见。因为治疗师不必再携着大量先入为主的科学假设去接近患者，也不必再为患者身上诸多隐秘的欲望而分心，从而得以保持一种“持续稳定的注意力”，这种注意力也正是弗洛伊德本人所要求的；二是能够帮助患者成功地规避一种名叫“精神分析综合征”的新神经症。鲍斯认为，这种神经症绝不在少数。患者通常是接受精神分析治疗的人群，他们身上旧有的神经症症状也许已经消除，但新的症状却能很快地被发现：他们漠视直观的现象，却总推测着现象“背后”有什么；他们不相信任何直接出现的东西，而执意要“解析”它们，所以，精神分析理论最终成了一种限制自由的新防御机制。鲍斯认为，采用存在分析的治疗态度，可完全抛弃烦琐的假设和偏见，返回到现象自身，由此避免这种“次级神经症”。

### 3. 治疗技术

鲍斯曾说过，存在分析学在治疗层面上“比精神分析还要精神分析”，因

① Boss, M. (1963). *Psychoanalysis and Daseinsanalysis*. Translated by Ludwig B. Lefebre. New York: Basic Books, Inc., p. 271.

② Boss, M. (1963). *Psychoanalysis and Daseinsanalysis*. Translated by Ludwig B. Lefebre. New York: Basic Books, Inc., p. 234.

为在鲍斯看来，如果要使心理治疗师真正地理解弗洛伊德在治疗中的具体做法和建议，存在分析肯定比弗洛伊德本人所建构的理论做得更好。在治疗中，如果你发现“存在分析师比正统的精神分析师更严格地遵循着弗洛伊德的治疗建议，那么，这无疑是极其平常之事”①。其实，在实践层面上，鲍斯和弗洛伊德在治疗信念上有着惊人的相似性。这也正是他反对弗洛伊德“杂耍一般的”理论的同时，却赞同进而采纳其治疗方法的原因。但鲍斯并没有忘记“在少数几个重要的治疗领域中，弗洛伊德来源于治疗实践的二手理论消极地影响了其首要的治疗过程”②。正是在这些被“污染”的治疗领域中，存在分析学展现了自身独特的治疗魅力。

（1）让患者的移情“表现出来”。

鲍斯的存在分析学与弗洛伊德的精神分析学对移情有着截然不同的理解，因此，处理的方式自然也就不会合辙。弗洛伊德对移情的看法和处理方式是：在移情过程中，患者早年被压抑的爱恨之情（多是针对父母的）将变得明显起来，他们会对分析师“表现出”这种幼稚的幼年情绪，并且对自己的所作所为毫无觉知。他还认为，患者将早年的情绪“表现出来”，其实是为了在意识中压抑它们。因此，对分析师而言，其治疗任务就在于使患者回忆起那些早年情绪的真实客体，而不是将情绪“表现出来”。换句话说，移情必须要被克服，分析师“要指出患者的情绪并非源自于当下的治疗情境，也并非针对治疗师，而是发生在很久以前的情绪的重演……我们要求他用回忆，即回忆起幼年情绪的真实客体，来代替重复的（移情）表现”③。鲍斯完全不同意弗洛伊德对移情的看法及其处理方式，因为没有任何令人信服的证据证明患者的情绪与当下情境无关。相反，鲍斯认为，那些看似幼稚的爱恨之情其实是患者与分析师之间真实的人际关系，是患者切身的感受，而不是被转移了客体的幼年情绪。因为“他们意识到（可能是生命中第一次意识到）治疗师会接受自己，会与自己站在一起，尽管自己被神经症所困扰”④。而且，分析师给患者提供了一种安全的人际关系，使后者能够在这种关系中完整地展现自己真实而本质的存在，这一切都是患者依恋、爱慕分析师的原因。那

① Boss, M. (1963). *Psychoanalysis and Daseinsanalysis*. Translated by Ludwig B. Lefebre. New York: Basic Books, Inc., p. 237.

② 鲍斯一直认为治疗实践层面的精神分析是首要的、基本的；而理论层面的精神分析则是次要的、二手的。

③ Freud, S. (1943). *A General Introduction to Psychoanalysis*. Translated by Joan Riviere. New York: Garden City, p. 461.

④ Boss, M. (1963). *Psychoanalysis and Daseinsanalysis*. Translated by Ludwig B. Lefebre. New York: Basic Books, Inc., p. 239.

么鲍斯又将如何处理这种“真实的”感情及其表现呢？弗洛伊德对于移情的表现基本上采取压制的态度，他要使表现转变为记忆。但鲍斯则不然，他并不认为患者在身体上和情绪上将爱恨“表现出来”是为了压抑早年的情绪，相反，他坚信“这是在患者身上萌生的一种与他人联系的全新的可能性……是一种真实的现象”①。因此，他会允许这些情绪在最大程度上“表现出来”，并认为这种允许是“唯一有效的治疗行为”②。在治疗师的允许下，患者会重复地体验和表现自己的爱憎，以至于最终敢于将它们表现在从前发出禁止的人身上（如父母和老师），由此，成熟的行为模式也会在最大程度的允许下自发地显现出来。

（2）用“为什么不”代替“为什么”。

传统的精神分析师喜欢问“为什么”，他们期待这个问题能将患者的移情表现转化为回忆，从而使他们意识到幼年被压抑的情绪。但是，鲍斯却认为，过早地问“为什么”，即在患者充分表现出移情行为以前就问为什么，反而会给他们施加过大的压力，迫使其在神经症的幼年状态下毫无准备地、做作地进入到成人状态，从而使真正的成熟化为乌有。在鲍斯看来，欲使患者摆脱阻碍其成长的早年束缚，不能通过问“为什么”来追溯往昔，而应该通过问“为什么不”来指出未来的可能性。“为什么你仍然不能将自己从幼年的束缚中解放出来？”“为什么你不能允许自己有瑕疵？”“为什么你不敢在治疗中表现出愤怒？”，等等。只有反复地问“为什么不”，患者才会一点一点地放松那些刻板的神经症法则，并最终打破幼年禁令。总之，“为什么不”作为一种“挫败性的允许”（或者“允许性的挫败”），挫败的是神经症症状，允许的是新的存在方式，因此可以成为一种积极的治愈因素。

（3）释梦技术。

鲍斯可能是存在分析学家中对梦研究得最多的人，他写过两本讨论梦的专著，并且在治疗实践中也经常运用释梦技术。但是鲍斯对梦的看法与弗洛伊德有着本质的区别。他认为，我们没有权力用清醒时的标准去评断梦境中的现象，因为梦境状态和清醒状态一样，都是此在自主而真实的存在方式，我们在梦中也会与所遇到的各种现象一同存在，并且此在的光芒会使这些现象自己照亮自己，而无需用抽象理论去“逼迫”其说话。因此，在治疗情境中，鲍斯绝不会像弗洛伊德那样去分析所谓“梦的工作”，反之，他让梦

① Boss, M. (1963). *Psychoanalysis and Daseinsanalysis*. Translated by Ludwig B. Lefebre. New York: Basic, Books, Inc., p. 240.

② Boss, M. (1963). *Psychoanalysis and Daseinsanalysis*. Translated by Ludwig B. Lefebre. New York: Basic, Books, Inc., p. 240.

境现象"自己说话"。例如,感到自由时我们会梦见鸟,无能为力时我们会梦到被困住。现象自身显现其意义,根本没有什么"稽查者"值得它们去躲避。此外,鲍斯还会一视同仁地看待患者的梦境和其清醒状态,即他会观察患者清醒时与世界联系的方式,同时也会以平等的眼光来看待他们在梦中的联系方式。例如,他会用"为什么不"来质询患者在梦中所表现出的受限制的人际关系,从而揭示患者的焦虑、羞愧等人际障碍。

## 四、对鲍斯理论的评价

### 1. 主要贡献

首先,鲍斯的存在分析学拓展了人们对科学的理解,拓展了科学的范围。鲍斯曾明确指出,"科学"一词的本源含义乃是"带来知识",但是从近代科学时代开始,科学家们却受到了前科学偏见的深刻影响,将"科学"狭隘地界定为"用可见的、可接触的以及可测量的认知方法带来知识"。毫无疑问,这样的定义不仅大大缩小了科学的研究范围,而且还排挤了诸多有价值的研究方法。鲍斯通过指出现代自然科学的形而上学基础,提出了一个意义重大的命题,即从思辨的哲学中分离出来的"纯科学",其实根本无法做到自认为的"纯净",它们早已被身心二元论、还原论等形而上学所"污染"。可以想象,若将这种"科学"当做衡量对错是非的绝对法则,无疑是偏颇的、狭隘的。因此,在鲍斯看来,根据科学的初始意义,只要能给人类"带来知识"的方法都可被称为科学方法,一切能增加人类理解的现象均可成为科学对象。而他本人也身体力行,研究了人类的各种主观现象,如主观的时间性、空间性以及社会性(这些现象虽然不可见、不可测量,却是人类身上真实的主观体验),等等。其理论和实践工作不仅具有充分的现实价值,而且无疑还启发了那些"在反思中的"科学研究者。

其次,存在分析学将人作为在世之在的完整的人来进行研究,从而克服了长期以来困扰心理学的身心二元论和还原论。我们知道,绝大多数心理学在研究人这种特殊的生命形式时,总是想当然地将其身体和精神以及作为主体的人与作为客体的世界分离开来。但鲍斯对此坚决抵制,他无法忍受科学家们将一个完整的人肢解,更难以相信一个活生生的人最后会沦为"欲望"或"刺激—反应"的堆砌物。他认为,作为在世之在的人,从一开始就与世界在一起,不可分离,此乃人之本质。如果心理学家想把人当做真正存在着的人来研究,就必须要认清这一本质。

再次,鲍斯的存在分析学在某种程度上"净化了"精神分析的治疗工作,并在临床领域做出了不可忽视的贡献。存在分析对精神分析的“净化”体现在：它保留了弗洛伊德的诸多有价值的治疗技术（如自由联想、躺椅等等），但却坚决抵制了其“心理玄学”对治疗过程的消极影响，如反对用本能理论释梦、反对移情分析等，从而使治疗过程变得既人性又不失深刻。鲍斯尊重发生在患者身上的所有现象，相信它们都是真实的，但他又会敏感地面质患者身上受到局限的存在方式，使他们觉得“自己的世界被动摇”。因此，其患者对存在分析治疗的普遍反馈是：在挫败中看到允许，在允许中获得新的存在方式。

2. **主要局限**

首先，存在分析学对于人的描述是不完整的。海德格尔承认，他所描绘的仅仅是“此在的一些碎片，尽管是一些重要的碎片”①。鲍斯在其著作中也只阐述了人的一些基本属性，如时间性、空间性、社会性等，但无论这些属性如何重要，也仍是人类生活的某些侧面。我们无法仅通过“碎片”去勾勒一幅完满的人类图景，这也正是批评者抱怨鲍斯笔下的此在过于抽象的原因。

其次，在理论上过于依赖海德格尔的思想。第一个局限亦反映了一个不争的事实，即鲍斯作为一个“独立的理论家”，其实很难说是“独立的”。他在一定程度上对海德格尔的理论过于忠实，以至于当后者在《存在与时间》中无法对此在进行完整描述时，他也只能选择接受，而无法做出自己应有的补充。另外，鲍斯在其《医学和心理学的存在主义基础》中，对于科学的态度几乎和海德格尔如出一辙，甚至会使读者产生“究竟是谁在说话”的疑惑。虽然鲍斯多次在公开场合指出，宾斯万格的理论偏离了海德格尔的哲学，但为什么人们提起存在分析学的两位创始人，首先想到的总是宾斯万格呢？其原因很复杂，或许是因为它的第二位创始人常常跟从在另一位伟大的人身后，从而遮蔽了自己的光芒。

最后，对直观经验的过分强调，导致存在分析学无法跻身于当代主流心理学的行列。鲍斯经常引以为据的直观经验，其实质是一种主观的经验，很难得到客观的验证，因此有人称其为“一拍脑门儿”就能产生的经验。虽然鲍斯认为，证实或证伪那一套本身就是自然科学方法论的局限，不能用来评鉴存在分析的理论，但是我们不得不指出，在一个心理学研究注重数据、只看重客观结果的时代，这种言论似乎颇有些螳臂当车的味道。鲍斯曾说过，存在主义必能为将来的科学奠定一个更为坚实的基础，言下之意也就是，目

---

① Heidegger, M. (1962). *Being and Time*. Translated by John Macquarrie and Edward Robinson. New York: Harper and Row, p. 38.

前的存在分析仍只能游离于主流心理学之外。

# 第四节 弗兰克尔的意义治疗学

## 一、弗兰克尔的生平与著作

弗兰克尔（Viktor E. Frankl，1905—1997）是奥地利著名的神经病学家和精神病学家，也是意义治疗学（Logotherapy）的创始人。1905年3月26日，弗兰克尔出生在维也纳的一个犹太人家庭里，弗兰克尔的父亲加百利·弗兰克尔（Gabriel Frankl）是一位性格坚强、纪律严明的人，他的母亲埃利莎·弗兰克尔（Elsa Frankl）是一位心地温和的人，同时也是一位虔诚的宗教信仰者。弗兰克尔家中兄妹三人，弗兰克尔排行第二。弗兰克尔智力发育较早，且充满了求知欲和好奇心。在他四岁的时候，就声称长大后想要当一名医生。

弗兰克尔（Viktor E. Frankl，1905—1997）

弗兰克尔在中学时，就积极投身于本地的青年社会主义工人组织，同时，他对“人”很感兴趣，这促使他转向心理学的学习。弗兰克尔以一篇关于哲学家叔本华的精神分析文章结束了他的中学生活，这篇文章发表在《国际精神分析杂志》上，弗兰克尔由此与伟大的精神分析学家西格蒙德·弗洛伊德开始书信往来。

虽然弗兰克尔更喜欢阿尔弗雷德·阿德勒的理论，但在1925年，弗兰克尔还是与弗洛伊德见面了。同年，弗兰克尔在阿德勒的《国际个体心理学杂志》上发表了一篇题为《心理治疗与世界观》（Psychotherapy and Weltanschauung）的文章。1926年，弗兰克尔第一次在公众演讲中使用“意义治疗学”这一术语。

在1928年至1929年间，弗兰克尔在维也纳以及其他六个城市为青少年成立了免费的咨询服务中心，以帮助经济萧条时期大量失业的沮丧青年人，同时也开始在维也纳大学的精神病学诊疗所工作。1930年，弗兰克尔获得医学博士学位。此后，他开始任职于维也纳大学的精神病诊所，并开始在神经病学和精神病学方面的实践活动。在接下来的几年里，弗兰克尔继续接受他在神经病学方面的训练。

1933年，弗兰克尔开始负责精神病院中为自杀妇女设立的病房，每年都有数以千计的病人入住。1938年，希特勒军队开始入侵奥地利。在纳粹德国占领奥地利的时期，弗兰克尔获得了到美国的签证，弗兰克尔本来可以趁此机会出国，但是考虑到年迈的双亲，他没有离开，签证最终过期。1940年，弗兰克尔担任罗特希尔德医院（Rothschild Hospital）的神经病科主任。罗特希尔德医院是纳粹统治时期维也纳唯一的一所犹太人医院。弗兰克尔在此有意为他的病人做过很多错误的诊断，以避开要求精神病人安乐死的新规定。也正是在这一段时间里，弗兰克尔开始了他的手稿《医生与灵魂》（Ärztliche Seelsorge）的写作。

1942年，弗兰克尔结婚了。不幸的是，同年9月，弗兰克尔、他新婚的妻子、他的父亲、母亲、哥哥都被逮捕并囚禁于纳粹集中营中。他的父亲在集中营中被饿死，他的母亲和哥哥于1944年在奥斯威辛（Auschwitz）被杀害。他的妻子也于1945年在卑尔根—贝尔森（Bergen-Belsen）死去。只有他的妹妹斯特拉（Stella）设法移民去了澳大利亚，才幸免于难。

弗兰克尔被囚禁于纳粹集中营中整整三年，先后辗转奥斯威辛等四所集中营，受尽非人的折磨，是少数幸存者之一。在他被转入奥斯威辛时，他的《医生与灵魂》被发现并被毁掉了。正是出于完成他的作品以及能与家人再次相聚的希望，才使弗兰克尔在几乎绝望的情境中活了下来。1945年4月，弗兰克尔所在的集中营解放了。他回到了维也纳，不料得到的却是亲人逝世的消息。弗兰克尔忍受失去亲人的悲伤和痛苦，以巨大的热情恢复其专业工作，并被任命为维也纳神经病学门诊部主任，弗兰克尔在这个职位上一做就是25年。弗兰克尔还将他的著作《医生与灵魂》重新修复并出版，这为他赢得了维也纳大学医学院教师的资格。仅仅九天，弗兰克尔又写出了另一本书《追寻生命的意义》（Man's Search for Meaning）。在弗兰克尔去世之前，该书已卖出900万本，仅在美国就售出500万本。

1947年，弗兰克尔与操作室助理员伊利奥诺·施温特（Eleonore Schwindt）结婚。虽然她的年龄只有他一半大，但是弗兰克尔认为，是她给了他重建自己的勇气，他们育有一女，名为加百利（Gabriele）。1948年，弗兰克尔获得哲学博士学位，他的博士论文《无意识之神》(The Unconscious God)是一篇考察心理学与宗教关系的文章。同年，弗兰克尔被任命为维也纳大学精神病学和神经病学副教授。1950 年，弗兰克尔创立了奥地利心理治疗医学协会，并担任会长之职。

1955 年，弗兰克尔升任正教授。随着他的提升，弗兰克尔在维也纳学术界中已是一位众所周知的人物了。他的客座教授、荣誉博士头衔以及奖项数不胜数。其中最引人注目的是美国精神病学协会授予弗兰克尔的奥士加·浮士达(Oskar Pfister)奖以及奥斯卡和平奖的提名。奥地利政府曾授予弗兰克尔奥地利公众教育国家奖。多年来，弗兰克尔一直与美国发生着密切的联系。先后到美国巡回讲学 30 多次。1970—1973 年担任美国国际大学教授，并先后做过哈佛大学教授、斯坦福等大学的访问教授。

弗兰克尔是一位精力旺盛的人，他的一生一直不停地向上攀登、超越自己。弗兰克尔一直在维也纳大学教书，直至 1990 年弗兰克尔 85 岁时才停止教学工作。他在 67 岁时还获得了飞行员执照。

1992 年，弗兰克尔的家人及朋友成立了维克多·弗兰克尔研究所。1995 年，弗兰克尔完成了他的个人自传。1997 年，弗兰克尔根据自己的博士论文，出版了最后一本著作《追寻生命的终极意义》(Man's Search for Ultimate Meaning)。

1997 年 9 月 2 日，弗兰克尔由于心脏衰竭而逝世。《华盛顿邮报》、《洛杉矶时报》、《伦敦经济学家杂志》和《纽约时报》等多家著名报纸与杂志纷纷刊登出悼念弗兰克尔的文章，并把弗兰克尔看做是 20 世纪最后一位伟大的精神病学家。

弗兰克尔先后出版了 32 本著作，这些著作已经被翻译成 27 种语言。其中《从死亡集中营到存在主义》(后来改名为《追寻生命的意义：意义治疗学导论》)一书发表于 1946 年。他当初本不想署名发表的著作后来竟成为世界性的畅销书。弗兰克尔的其他著作都是进一步扩展和精致其意义治疗学，主要有：《医生与心灵：从心理治疗到意义治疗》(1946 年德文版，1955 年英文版)、《心理治疗与存在主义：意义治疗学文选》(1967)、《意义的意志：意义治疗学的基础与应用》(1967)、《潜意识的上帝：心理治疗与神学》(1975)、《对意义的无声呼唤：心理治疗与人道主义》(1978)、《无意义生活之痛苦：当今心理治疗法》(1985)、《追寻生命的终极意义》(1997)等。

## 二、意义治疗学的理论基础

### 1. 从存在分析学到意义治疗学

弗兰克尔的意义治疗学实际上是一种存在分析学。弗兰克尔在吸收存在主义和人本主义心理学、超越弗洛伊德的精神分析和阿德勒的个体心理学局限性的基础上，结合自身在纳粹集中营的生活经历和医疗实践，提出了一种新的心理治疗理论和方法，即意义治疗学。弗兰克尔最初把其理论称为“存在分析学”（Existenzanalyse），但他的 Existenzanalyse 与宾斯万格的 Daseinsanalyse（“存在分析学”）都可以翻译为英语的 Existential analysis（“存在分析学”）。为了便于区别起见，后来弗兰克尔就把自己的理论叫做“意义治疗学”（Logotherapy），其意取自希腊语 Logos，即意义（meaning）。

早在青年时代，弗兰克尔就开始与弗洛伊德交往，后来弗兰克尔又成为已经背叛弗洛伊德的弟子阿德勒圈内的成员。但是，在他自己以后的临床实践中，弗兰克尔却发现了他们学说中各自的缺点。弗洛伊德的正统精神分析学只看到了人们追求快乐的意志（快乐原则），阿德勒的个体心理学只看到了人们追求权力的意志（权力原则），他们都没有看到人们追求意义的意志，而往往正是意义的意志才是决定人们行为的根本因素。例如在 20 世纪 30 年代经济萧条时期，弗兰克尔发现，对于很多失业的青年人，即使做一些没有报酬的工作，也感觉很不错。这是因为对于失业者来说，生活的空虚远比没有工作报酬更让人难以忍受。主张人追求生存的意义，正是存在主义哲学的基础。于是，弗兰克尔就把存在主义哲学与精神分析学结合起来，提出了他的意义治疗学。他自称是“心理治疗的第三维也纳学派”，以与弗洛伊德学派和阿德勒学派相区别。弗兰克尔的意义治疗学既是一种心理治疗的理论，又是一种心理治疗的方法。其理论基础包括相互联系的三个方面，即意志自由（the freedom of will）、意义的意志（the will to meaning）和生活的意义（the meaning of life）。其中意志自由是意义意志的心理学前提，意义意志则是生命意义的促动力，而生活的意义则是对前两个命题的充实和体现。[①] 下面我们分别来看上述三个理论命题。

### 2. 意志自由

弗兰克尔主张，意志自由是人类的一个特征，是属于人的经验直接给予

---

① 贾林祥：《试论意义治疗的三个理论命题》，《常州工学院学报》（社科版），2006 年第 24 卷第 2 期，第 32 页。

的东西。他认为，人具有意志自由，因为“他登上自己生存的身体和心理决定因素的领域……他自由地占据对这些条件的阵地；他始终保持着选择自己的方针和对待它们态度的自由”①。

在弗兰克尔看来，只有两种人的意志是不自由的，即那些幻想自己的意志和思想被别人操纵、控制的精神分裂症患者和宿命论哲学家。这些哲学家认为，我们体验着自己的意志，好像它是自由的，但实际上这是一种自我欺骗，最终我们的想法和愿望都是由一种不由自主的力量控制着的。这不符合实际的情况，一个正常而清醒的人是能够感受到意志的自由的，即便是身体被囚禁了，可思想仍是自由的。

当然，说人有意志自由并不是说人可以随心所欲，弗兰克尔认为，作为有限存在的人，其自由也是有一定限制的。因为人既不能自由地控制其条件，其自由又要受其命运的限制，同时人还要受生理、心理和社会因素的制约。尽管如此，但由于人是唯一能反省自己，也是唯一能拒绝自己的存在体，人可以成为自己行为的裁判者，因而最终能够超越自己，离开其生理的和心理的水平而走向精神的空间，也就是达到弗兰克尔所谓的“精神理智”(noological)的人类特殊境界。在这样的境界中，人就达到超越一切限制和约束的境地，获得了他的意志自由。人具有意志自由就能选择、解决或拒绝他们所面临的问题。而要获得这种自由就要求人要战胜自己的动物本能，使其生活具有精神内核，并摒弃对物质价值的追求，代之以普遍的以“人的精神存在和人活着的目的等等”为基础的精神价值，因此从终极意义上讲，要成为什么样的人是由人自己来决定的。弗兰克尔的这些主张与其在纳粹集中营中的切身经历有着密切的关系。正是在纳粹集中营的那种极端恶劣的环境中，在目睹许多难友由于没能发现生存的意义而迅速死亡的情况下，弗兰克尔才发现：人可以失去他所拥有的任何东西，唯独人性的自由，即人在任何境遇中选择自己态度和生活方式的自由不能被剥夺。这种自由给人生提供了意义和目的，没有了它，人也就没有了生活下去的理由。

3. **意义意志**

弗兰克尔把人的原始驱动力看做是人运用自己的精神自由，通过自己的选择，战胜环境的限制并努力去探索人生的意义。因此，对照弗洛伊德精神分析所着重的“唯乐原则”(或可称为唯乐意志)和阿德勒心理学所着重的

① 转引自郭本禹主编：《心理学通史・第四卷・外国心理学流派(上)》，山东教育出版社 2000 年版，第 641 页。

并称之为追求优越的“求权意志”，弗兰克尔提出了意义意志。[①] 他认为，人对意义的寻求是其生命的初级动机，而不是本能驱力的“二次合理化”。这一意义是惟一的、特定的，它必须而且可以被人独自地实现。

由于人具有追求意义的意志，因此人会不断地去发现其生命的目的和意义。人并不像弗洛伊德所说的那样仅仅为了消除“紧张”而去追求享乐，也不会像阿德勒所说的那样仅仅为了克服自卑感和争取优越的地位而追求权力。因为这些都不是人类存在的终极追求。弗兰克尔认为，弗洛伊德所谓的追求快乐原则实质上是一种自我挫折原则，因为人追求快乐越多，他得到的快乐就越少，例如性变态患者就是如此；而阿德勒所谓的追求权力只是达到追求意义目标的手段，例如经济或财富权力乃是意义实现的前奏。实际上，追求快乐意志和追求权力意志都是实现意义的意志之派生物或副产品。前者错把结果当目的，后者错把手段当目的。[②] 另外，弗洛伊德、阿德勒把人看做是被动地在追求，而弗兰克尔则认为人是主动地在追求；被动的追求忽视了人的主观能动性，而主动的追求彰显了人性的主动和能动方面。因此弗兰克尔认为，追求满足的意志和追求权力的意志都是实现意义的原始派生物，人类最主要、最根本的动机就是追求意义意志。求乐意志和求权意志都是从意义意志中派生出来的，两者从属于意义的意志。

弗兰克尔认为，完整的人包括生理、心理和精神理智三个方面，其中精神理智就是人追求意义的意志。换句话说，人达到精神理智的境界的过程实际上就是对意义的追求过程。在弗兰克尔看来，人缺少生理需要就会导致身体疾病，缺少心理需要就会导致人格障碍。但如果人缺少意义意志，不理解他存在的意义，就会产生存在挫折（existential frustration）和存在神经症（existential neurosis），其主要特征是人在精神上脱离自由和责任。弗兰克尔指出，我们今天已经不再像弗洛伊德时代那样，生活在一个性挫折的时代了。我们的时代是一个存在挫折的时代，尤其是对于那些意义受挫的年轻人，更多地忍受着生活的无聊感、内心空虚、找不到人生的希望，他们来到心理诊所，并不是出于某一明显的心身病症，而是出于对人生的绝望，他们有性的满足，甚至对权力并不在乎，但就是觉得生活没有意义或没意思，心烦意乱，但又不知道烦的是什么具体的事情。在弗兰克尔看来，人对意义的渴求与对其他方面的渴求相比是更为强烈和迫切的。意义治疗就是帮助病

---

① 转引自刘翔平著：《寻找生命的意义——弗兰克尔的意义治疗学说》，湖北教育出版社 1999 年版，第 36 页。

② 转引自郭本禹主编：《心理学通史 · 第四卷 · 外国心理学流派（上）》，山东教育出版社 2000 年版，第 642 页。

人找回他的特殊意义。

总之，意义的意志是人原始的对意义的追求及其倾向性，作为起点它是先天的，人所固有的，属于人的存在、人的本性。人最终要面临意义，一旦意义意志变成面临意义即达到成熟和发展的时期，人就要实现他的责任，人就是要完成他个人生命之特殊的意义。自由和责任是人的两个本质特征。追求意义意志是人的基本动机，它表现在人对生活意义的理解之中。

4. **生活的意义**

生活的意义是弗兰克尔的第三个理论基础和基本假设。弗兰克尔认为，意义治疗家并没有先入为主地规定什么是生活的意义，而只是描述现实生活中人的意义，运用现象学的方法，避开一切未经验证的假设和解释，来考察人们所经历的有意义的事物。人生的意义是因人而异、因时而异的。重要的不是泛泛地谈论一般的生活的意义，而是要明白在具体时间的个人的具体意义。笼统地谈论这个问题，同问象棋冠军“哪步棋是世界上最妙的棋”一样。一盘棋如果离开了对局的具体形势以及对手的状况，就无从谈论什么是最妙的棋，甚至也无所谓好棋。人的存在也是这个道理。我们寻求的不是抽象的人生意义。每个人都有自己的使命或天职，要完成赋予他的具体任务，在这一点上，每个人都是不可替代的。每个人的一生都不能重复，每个人完成其使命的特定机会也是如此。

在弗兰克尔看来，意义包含在个人的生活经验之中。因此，任何生活包括在难以忍受的苦难中度过的生活（如弗兰克尔在纳粹集中营里的生活）都是可以理解的。寻求生活的意义是每个人的责任。弗兰克尔在纳粹集中营里就曾秘密成立攀登阿尔卑斯山爱好小组，以帮助狱友们看到生活的意义。弗兰克尔认为，人可以通过三种方法来发现生活的意义。第一，完成一定绩效的行为，如工作、爱好体育运动等。他认为，每一种活动都蕴含一定的意义。一个电梯管理员能在清洁而有秩序的电梯中找到其工作的意义。相反，一位只以赚钱为目的的画家，就不会在绘画中创造出多少美来。因为这样的作品表现对他来说实际上没有艺术意义。要使一个人的日常生活变成有意义的绩效行为，他必须指向这一活动并超越自己。只要是考虑了他人需要的行为，都会成为自我超越的有意义行为。第二，体验一种价值，即体验那些丰富和提高人类经验的价值。例如展示优美的艺术，包括自然之美和人性的完美。他还主张爱是具有最高价值的人类体验。他说：“爱极大地提高了价值完满的感受性。如果这样，整个价值宇宙之门就会打开。”①第三，经历痛苦。虽然痛苦不是人所追求的，但在每个人生活中都存在着痛苦。弗兰克尔认为，人的生活不仅通过创造和欢乐来实现，也通过痛苦来完成。如伟大的艺术家尽管在经历着外部的痛苦，却在描绘内在的完满。痛苦、罪恶和死亡是人生的三大悲剧。英雄人物的视死如归行为就是一种有意义的行为，相反，那些看不见生活中的意义，体验着存在空虚的人，则往往会产生自杀的行为。

上述意志自由、意义的意志和生命的意义这三个基本假设，构成了弗兰克尔意义疗法的理论基础，三者缺一不可。意志自由是意义的意志的一个心理学前提，没有意志自由，人就不可能对生活进行态度上的选择，就只能被动地受本能需要的支配；而意义的意志则是生命意义的动力，人们对意义的追求和倾向，使人无论在什么样的生活环境下都要拷问生命的意义。有时人表面上在追求快乐，实质上是追求快乐后面的意义，而快乐不过是这一追求的副产品。人类具有意志的自由和对意义的追求，因此人的生活是有意义的。人先天地就有寻找生命意义的倾向，没有意义的生命是不可思议和不可想象的，也是不可能的；看上去最没有什么意义的生命和生活，仍然充满了意义，只不过人可能没有认识它罢了。

## 三、意义治疗方法

### 1. 从心理治疗到意义治疗

弗兰克尔认为，心理治疗不仅要探寻深度的问题，而且也要探寻高度的问题。因此，我们不仅要超出生理的范围，而且也要超出心理的范围，而将精神或者说人类精神的领域纳入进来。② 弗兰克尔认为，以往的心理治疗对人类的精神领域给予的关注太少了。而心理治疗则必须要超越生物的、社会的、心理的领域，引入心理层次之上的价值与潜能层次。

弗兰克尔认为，意义治疗与其他的心理治疗方法并不是针锋相对的，而是相互补充的，意义治疗并不排斥精神分析的深层分析。因此，他认为，应该由更高层次的意义分析来对传统的精神分析进行补充。治疗师也应善于

---

① 转引自郭本禹主编：《心理学通史·第四卷·外国心理学流派（上）》，山东教育出版社 2000 年版，第 643 页。

② Frankl, Viktor E. (1956). From psychotherapy to logotherapy. *Pastoral Psychology*, Vol 7, No. 5, p. 56.

利用自我的理想和追求来为病人进行治疗，应该将病人的潜在的价值挖掘出来。弗兰克尔引用了歌德的一句格言作为心理治疗的座右铭："如果我们按照人的本来面目来对待他们，我们就会使他们变得更糟糕；如果我们按照他们应当成为的样子来对待他们，我们就是在帮助他们成为他们能够成为的那样。"①心理治疗不能回避人生理想和价值观的问题，它涉及到人的潜能和实现潜能的问题，绝不是生活环境的影响和家庭影响所能解释的。

通过对弗洛伊德和阿德勒的理论缺陷的分析，弗兰克尔发现了心理治疗科学存在的空白，他的使命就是要填补这一空白。弗兰克尔指出，心理治疗是超越"恋母情结"和"自卑情结"的时候了，或者说要超越一切所谓的情感动力学。② 意义治疗的任务就是帮助患者发现人生意义。由于意义疗法使患者领悟到他的存在所蕴藏的意义，因此是一个分析的过程。在这一点上，意义疗法与精神分析学相似。然而，意义疗法在力图启发病人意识的过程中，其活动并不局限于患者个人潜意识中的本能因素，而是同时顾及存在的现实，诸如病人的意义意志以及有待实现的他的存在的潜在意义等。不过，即使在治疗过程中不涉及精神方面，任何分析都是设法帮助病人意识到自己内心深处真正渴望着什么。意义疗法同精神分析学相异之处就在于意义疗法认为，对人来说，人生最重要的是实现一种意义，而不是仅仅满足驱力和本能，也不是仅仅调和伊底、自我和超我要求的冲突，更不是仅仅适应社会和环境。

固然，探索人生意义会引起人的内心紧张，而失去心情平静。但是，这种紧张恰恰是精神健康所不可或缺的前提。弗兰克尔认为，在这个世界上能有效地帮助人们在最恶劣的逆境中坚持下来的，莫过于对生命意义的认识。正如尼采所说：知道为何活着的人，几乎能够忍受任何如何。弗兰克尔认为，这句话是适用于任何心理疗法的座右铭。正如弗兰克尔在被关进奥斯威辛集中营时，他的一份准备付印的手稿被没收了，他决心从头写起。正是依靠内心深处这个强烈愿望的支撑，他才经受住了集中营中严峻的考验，才能战胜斑疹伤寒和心血管衰竭的威胁。由此，弗兰克尔认为，一定程度的紧张是精神健康的基础。这种紧张是一个人已取得的成就与尚未完成的使命之间的张力，也就是一个人现在已成为的人与应成为的人之间的差距。这种紧张是人所固有的，因此，是精神健康所不可或缺的。作为治疗学家，

① Frankl, Viktor E. (1956). From psychotherapy to logotherapy. *Pastoral Psychology*, Vol 7, No. 5, p. 56.

② Frankl, Viktor E. (1956). From psychotherapy to logotherapy. *Pastoral Psychology*, Vol 7, No. 5, p. 57.

应当毫不犹豫地用有待实现的生命潜在意义向病人挑战，只有这样，才能够将他们的意义意志从潜伏状态中唤醒。人真正需要的并不是不紧张的状态，也就是生物学上所称的“体内平衡”，而是为寻求有价值的目标、自由选择的使命而努力奋斗。人需要的不是不惜任何代价去排除紧张，而是等候有待他去实现的生命意义的召唤。他需要的不是体内平衡，而是“精神动力”，也就是张力场中的存在动力。其中一极是有待实现的意义，另一极则是必须实现这一意义的人。治疗学家若要使病人精神健康，就要敢于引导他们面对人生意义，从而产生一定程度的紧张。

“认真地对待生活，犹如你现在的生命已是第二次，犹如你曾虚度了前生，而现在，你即将重新来过。”①意义治疗的这条箴言反映了它对责任的强调。在弗兰克尔看来，这一箴言最能够激发人的责任感。它使人领悟到：一，现在稍纵即逝，马上成为过去；二，过去犹可改变和补救。它引导人正视生命的有限，正视自己有限生命的最终目标，即成为什么样的人，怎样度过一生。意义治疗设法使病人充分领悟自己的责任，因此，必须由病人自己定夺他要负的责任、对什么或对谁负责。意义治疗学家绝不允许病人把做出判断的责任推卸给医生。因此，必须由病人自己决定如何理解自己的人生使命，是否对社会负责抑或对良心负责。

意义疗法既不说教，也不布道；既不进行道德规劝，也不诉诸逻辑推理。形象地说，意义治疗家的作用好比眼科专家，而非画家。画家试图向我们展现他眼里的世界；而眼科医生却尽力使我们能够看到真实的世界，意义治疗学家的作用是扩大病人的视野，使他们意识到并清楚地看到人生的全部潜在意义。②

在提倡人应负责任和必须实现生命潜在意义时，弗兰克尔强调，要发现生命的真正意义应当到现实世界中去，而不是在人的内心世界寻找，仿佛自成一个封闭系统。这个基本特性，弗兰克尔称之为“人存在的自我超越”。它意味着人活着永远不是为了自己，而是为了某事或某人——而不论其是有待实现的意义，或是有待相遇的某个人。人献身事业或爱某个人，越是忘我，就越富有人性，越充分地实现自我。

由此，弗兰克尔将一个超越弗洛伊德和阿德勒的重要观点——人生信念、意义与价值引入了心理治疗，在传统的纯心理治疗之上还应有一个决定

① 维克托·E·弗兰克尔著，桑建平译：《人生的真谛》，中国对外翻译出版公司1994年版，第117页。

② 维克托·E·弗兰克尔著，桑建平译：《人生的真谛》，中国对外翻译出版公司1994年版，第85页。

整个治疗特色的东西:人生哲学。这一哲学与人的生活信念有关,与心理病理没有太大的关系,它应是治疗关注的主要目标。但弗兰克尔指出,意义治疗不可能也不打算替代心理治疗,而只是对其他心理治疗的一种补充。意义分析是开放式的,它并不绝对排斥其他心理治疗方法的作用,它不像精神分析疗法那样与各种疗法格格不入,它同人本心理学治疗理论、存在主义的治疗理论和认知疗法都是相互补充的,所以,这一疗法具有活跃的生命力。

**2. 意义治疗的具体方法**

弗兰克尔在长期的治疗实践中总结了一套行之有效的意义治疗方法和技术。去反思(de-reflection)、矛盾意向(paradoxical intention)和态度改变是三种常用的意义治疗方法。

(1)去反思。

去反思疗法是弗兰克尔在 1955 年提出的一种意义治疗方法,它"使我们能够'忘记'自己指向一种治疗的注意中心,即使注意力从问题转向他人或自己思想中的积极方面"①。许多人都过于反思自己的问题和自己的消极情感与体验。去反思的目的在于系统地改变我们注意的焦点。在治疗过程中,治疗师的任务就是鼓励患者去想或去做他们问题以外的事情。如帮助癌症患者集中注意帮助他人而不去想自己的身体,帮助退休人员找到自己有益的爱好活动。环境事实固然是不可改变的,疾病、衰老、孤独也不会构成积极的因素,但治疗师能做的是帮助患者找到他们集中注意力的事物。注意力的改变会导致生活中的核心意义的变化,患者会发现新的生活意义,确立新的生活目标。

去反思疗法是一种简单的治疗方法,但它的应用却是广泛的。比如在性机能障碍中,争取快感,争取性高潮,对快感的某种强迫的过分意向,不但会使一个人丧失快感,而且还会带来某种同样是强迫的过分反思,致使自发的冲动不复存在了。比如产生性冷淡,为自己无力达到性高潮而苦闷。这是由于病人对性高潮产生了过分意向,即将注意力过分引向、投向性行为本身,是他(她)对自己的性能力的"过分关注"导致的。如果他(她)能在性交过程中更多地将自己的注意力转到对方身上去,即只要做到某种非反思,并自然大方地委身于对方,便足以带来性高潮。

(2)矛盾意向。

矛盾意向疗法是弗兰克尔早在 1939 年就提出的一种意义治疗方法,是

① 转引自郭本禹主编:《心理学通史·第四卷·外国心理学流派(上)》,山东教育出版社 2000 年版,第 644 页。

意义治疗所使用的一种主要治疗技术。所谓矛盾意向的方法是指，当病人为某一顽固的想法所纠缠时，或是为某一症状所困扰时，他要做的不是与症状或该想法作斗争，而是相反，利用与之斗争的相反的想法或行为，来消除这一症状。例如，一位患有失眠症的病人，一上床，他就开始担心自己会睡不着觉，要失眠。弗兰克尔的矛盾意向疗法是让病人不想如何能睡着觉，而是想如何能一夜不睡觉。这种想法与想睡觉的想法正好是相反的，当病人这样想的时候，他的症状反而能大大减轻了，也就是说他反而可以睡着觉了。弗兰克尔也曾遇到一位患有严重的恐旷症的患者，该患者非常害怕在广场上昏厥，弗兰克尔运用传统的精神分析方法和其他方法都没有疗效。最后他建议该患者尽量尝试昏厥，希望自己昏厥。结果患者尝试的次数越多，昏厥的程度就越轻，最后昏厥的恐惧完全消失了。

弗兰克尔以预期性焦虑症来说明矛盾意向的治疗方法的治疗学基础。简单地说，预期性焦虑指的就是担心不好的事情的出现。比如，一个担心或害怕自己在众人面前会面红耳赤、汗流浃背的人，一旦真地到了众人面前，他果真面红耳赤、汗流浃背了。在预期性焦虑中，引起心理反应的症状的焦虑会加剧或导致症状的产生，而症状的产生又会进一步强化预期性焦虑，从而形成一个恶性循环。在这一恶性循环中，病人被封闭起来，他宛若作茧自缚，不能自拔。一个人越是担心某一令自己害怕的事情，他越会觉得这件事情可怕，因而这件事情就真的令人害怕了；同样，一个人越是想要这个东西，他的欲望越强，就会阻碍他实现这个愿望。这就是矛盾意向所依据的两个基本事实，意义治疗所利用的就是这个原理。它试图引导病人，让他去做或让他希望发生正是他所害怕的事情，即矛盾地去期望并着手某事。

弗兰克尔指出，要想很好地应用矛盾意向方法，病人要善于利用自身固有的幽默感，弗兰克尔把幽默视为人的一种特殊潜能，即所谓的自我隔离能力。这是一种人与生俱来的自我超越能力。在矛盾意向治疗中，患者一旦超越了自我和现实，使自己与病症之间有一段距离，或是使自己超越神经症，达到精神理智的境界，那么他的意向就会发生逆转，患者就会看到新的意义。

当运用矛盾意向治疗时，目的是能够使病人发展出一种自我超越的感觉，而这只能通过对病症的嘲笑来做到。正如著名人格心理学家奥尔波特所说，学会嘲笑自己的神经症病人可能走上了自我管理之路，也许已经走上了治愈之路。

矛盾意向疗法在较短疗程的治疗中取得了很好的效果，被证明是一种能在短期内治疗心理病症的有效方法。但是，弗兰克尔认为，矛盾意向疗法并非是灵丹妙药，并不适合所有的病人，而且它也不能保证100%的成功。意义疗法并不排斥其他心理治疗方法，而是经常与其他方法结合。使用这一方法的心理治疗学家已将矛盾意向方法与放松训练、催眠和行为治疗等方法联系起来，都取得了较好的治疗效果。

（3）态度改变。

态度改变法也是弗兰克尔经常使用的一种意义治疗方法。患者往往对自己和生活抱有消极悲观的态度，如一个人看起来很有魅力，也很惹人喜爱，但却对生活异常失望。对此，意义治疗的任务就是要改变这个人思考生活的方式，以积极乐观的生活态度代替消极悲观的生活态度，而最终是帮助患者对生活意义的认识，确立新的生活目标。这就需要人类的两种能力：一种是自我分离的能力，另一种是自我超越的能力。

所谓自我分离的能力指的是人的两种能力：一是从外界环境中分离出自我的能力，对外界保持一种旁观的态度；二是将自己同自己分离的能力。人类的存在总是指向自我以外的某物或某人，即指向需要去实现的意义，指向乐于交往的他人，这就是人类的第二种能力——自我超越的能力。一个人只有超越了自我，他才能真正成为自己，真正成为人，真正实现了自我。就像沉浸在爱情之中的人一样，他们能够超越自己，从而实现自己。在意义治疗中，自我超越是指一种去赋予意义的意图。如果人能够找到他生命的意义，那么他不仅会变得很开心，而且还会面对生命的苦难，幸福也就成了自我超越的一个意想不到的礼物。换句话说，幸福不是追求来的，我们越是追求幸福，幸福反而走得越远。幸福是自然产生的。通过帮助患者认识到上述两种能力，就可以帮助患者转变态度，认识到人生的意义，进而促进患者的心理健康。

## 四、对弗兰克尔理论的评价

### 1. 主要贡献

首先，弗兰克尔的意义治疗学看到了人对生活意义的追求，以及确立有意义的生活目标和正确的价值观的重要性，主张人应该对生活持积极乐观的态度，把人视为主动选择生活、发现生活意义的人。这是其理论的最大贡献。“如果把20世纪的前半叶称为心理分析的时代，那么20世纪的后半叶将被看作是重新发现精神的时代。"[①]当今社会物质文明极大发展，而人的精神文明的发展却稍显滞后。许多人为了美好的物质生活而忙忙碌碌，却不知这样做的意义是什么。弗兰克尔用其亲身经历向人们展现了困扰现代人心灵的生命意义的主题。现代人遇到的最严重的疾病将不是癌症，而是普遍蔓延和广泛存在的精神空虚和无意义感。一个人的躯体可能还活着，但他的精神却已经枯萎，已经死亡。弗兰克尔从存在分析的角度，得出了对人性的解释和治疗方法的理解，他的治疗理论为揭示现代人的心灵苦闷、寻找解脱出路提供了良药。

其次，弗兰克尔的理论恢复了人的尊严，是对人本主义思想的有益补充。弗兰克尔的意义治疗学说已经获得了世界范围内的关注，而他所强调的人的精神层面，正是大部分传统心理学所忽视的部分。一些人本主义取向的心理学家将弗兰克尔的这一思想看做是一个非常重要的贡献。戈登·奥尔波特在1959年为弗兰克尔写的序言中将意义治疗学说称为"当今最重要的心理学运动"[②]。从弗兰克尔对人的观点中，我们可以看出，他实际上恢复了人的尊严。在他看来，人并不是一个高度复杂的计算机、有机体或动物，而是带有独特的精神特征的人。弗兰克尔成功地将人呈现为一个精神存在——这是一个对所有心理学家都很重要的概念。

同时，我们应该看到，弗兰克尔并无意发展一个完整的理论，他只是想强调那些在传统的心理学理论中被忽视的一些观点或思想。弗兰克尔将自己比做是站在巨人——弗洛伊德——肩膀上的矮子，因而能够比巨人看得更远。[③]

再次，弗兰克尔对心理治疗的独特贡献是他强调了心理健康的本质，提出了一套具体的、行之有效的治疗方法。在他看来，人不仅仅是追求驱力和需要的满足与平衡的状态。弗兰克尔认为，作为一个人，他的动力并不是围绕着满足驱力或解决由焦虑引起的冲突而进行的，而是这样的：

人需要由方向引发的焦虑。意义的意义是设定存在的步伐。作为人，意味着要面对即将实现的意义和即将完成的价值。这意味着在现实和理想所建立的焦虑的两级之间生活。人为了理想和价值而活。人的存在只有生

① 贾林祥：《试论意义治疗的三个理论命题》，《常州工学院学报》（社科版），2006年4月，第24卷第2期，第32页。

② Shantall, H. M. (1989). *Viktor Frankl's existential theory*. Johannesburg: Lexicon, p. 439.

③ Shantall, H. M. (1989). *Viktor Frankl's existential theory*. Johannesburg: Lexicon, p. 438.

活在超越自我之中才是真实的。[1]

弗兰克尔创立的意义治疗学在国际上产生了重要的影响。从 1980 年起，每年都举行一次世界意义治疗学大会，并于同一年创办了《国际意义治疗学论坛》杂志。他的美国追随者也在加利福尼亚大学的伯克利分校建立了意义治疗学研究中心，并且拥有自己的出版服务机构。美国学者还做了大量的研究来验证弗兰克尔提出的某些理论，例如设计了一种心理测量工具——PIL（purpose in life，生活目标量表）来测量人们完善其生活所确立的有意义的目标的程度。

**2. 主要局限**

弗兰克尔意义治疗学中有合理的和科学的成分，当然也存在消极的和错误的方面。

首先，由于弗兰克尔从存在主义哲学观点出发，认为人对意义的追求不是对现实生活意义的追求，而是对超越现实和自我的精神意义的追求。在他看来，人的生理需要和社会需要都没有意义，只有吸收超验的价值生活才会充满意义，他甚至把死亡和痛苦作为人的最深远意义和最高价值的实现，这就走向了彻底的唯心主义的立场。

其次，弗兰克尔的学说也容易与宗教同流合污。因为他认为，只有信仰宗教的人才能认识到生存的意义和道义上的责任与良心。所以，在美国最早看到意义治疗学的作用的不是精神病学家而是神学家，也就不足为奇了。

此外，对弗兰克尔的其他的一些常见批评还包括他的写作风格，即认为弗兰克尔的写作风格更像一个传教士或政治家，在试图说服他的听众，而这并不符合科学推理的要求。而且，弗兰克尔通常使用隐喻的方式来解释某一观点，并继续沿着这个方式进行讨论，就好像隐喻就是事实一样。再有，弗兰克尔的理论并不是建立在科学实证研究的基础之上，因而不易于进行重复性的验证研究。

① 贾林祥：《试论意义治疗的三个理论命题》，《常州工学院学报》（社科版），2006 年 4 月，第 24 卷第 2 期，第 32 页。

# 第四章

## 存在分析学的发展

存在分析学在20世纪30～40年代兴起于欧洲，并在20世纪50年代发展于美国和英国。它在美国的首次系统阐述是沃尔夫（W. Wolff，1904—1957）的《价值与人格：一种危机的存在心理学》（1950）一书。四年后，欧洲移民学者索恩曼（U. Sonnemann）出版了《存在与治疗》（1954）一书。该书首次在美国讨论了欧洲的存在心理治疗。不过，该书未能受到人们的广泛关注。四年后，由罗洛·梅等主编的《存在：心理学与精神病学中的一种新维度》（1958）则是存在分析学在美国发展的一个重要里程碑。这部著作翻译了欧洲的存在分析学文献，并进行概述，成为存在分析学的经典著作。1959年，在美国心理学会的年会上举办了关于存在分析学的研讨会，参会论文由罗洛·梅主编，以《存在心理学》（1961）为题出版。1960年开始，美国陆续创办了几种存在心理学杂志，如《存在精神病学》（1960，后更名为《存在主义杂志》）、《存在心理学与精神病学评论》（1961）、《存在分析者》（1964，为纽约存在分析研究所的通讯）、《存在精神病学》（1964）等，这些刊物成为美国存在分析心理学最为重要的理论阵地。美国本土存在分析学在产生与发展中，与人本主义心理学、现象学心理学共同构成了美国的"第三势力"心理学。在美国的存在分析学阵营中，罗洛·梅是领军人物，在他之后，有布根塔尔（J. F. T. Bugental）、施奈德（K. J. Schneider）和雅洛姆（E. Yalom）等人。英国存在分析学的主要代表是莱因，在他之后是范多伊曾—史密斯（E. van Deurzen-Smith）等人为代表的"英国学派"。

# 第一节　罗洛·梅的存在分析学

罗洛·梅的存在分析学又称存在主义心理学。这一理论体系是以存在主义哲学为基础，以精神分析特别是新精神分析为出发点，经过罗洛·梅个人的心理治疗实践而形成和发展起来的。罗洛·梅运用现象学方法研究人的具体经验，把人生的意义、价值观、自由选择、潜能和责任等作为研究的主题，探讨了如焦虑、爱与意志、存在的方式等本体论问题，由此发展起来的人格心理学理论成为人本主义心理学倾向中的一个重要分支。罗洛·梅在美国本土创立的存在心理治疗，受到许多临床心理学家的欢迎，并成为当前众多心理治疗学说中颇具特色的一种治疗体系。

## 一、罗洛·梅的生平与著作

罗洛·梅（Rollo Resse May，1909—1994），是美国著名的存在分析学家，也是人本主义心理学的主要倡导者之一。1909 年 4 月 21 日出生于俄亥俄州的艾达镇。1930 年在奥柏林学院获得文学学士学位，后随一个艺术家组成的旅行团到欧洲旅游和绘画创作。1932 年夏，罗洛·梅参加了在维也纳山区一个避暑胜地举办的阿德勒暑期研讨班。他有幸结识了著名精神分析学家阿德勒，并从他身上学到了许多关于人类行为、本性、社会兴趣等方面的思想。在某种意义上，可以说三年的欧洲之行是促使他把兴趣转向心理学的转折点。

罗洛·梅（Rollo Resse May，1909—1994）

回到美国后，罗洛·梅先在密西根州立学院任学生心理咨询员，不久他被纽约联合神学院录取，并于 1938 年获得神学硕士学位。在联合神学院就读期间，他结识了流亡美国的德裔存在主义哲学家保罗·蒂利希(P. Tillich)，并成为终生好友。从蒂利希那里他第一次系统地接受了存在主义思想，了解了欧洲的存在主义哲学家。1973年，罗洛·梅把自己写的《保罗：友谊的回忆》作为礼物献给蒂利希(1965年去世)。在获得神学学位后，罗洛·梅在新泽西的蒙特克莱尔当了两年的牧师。40年代初，罗洛·梅进入当时由沙利文为基金会主席的威廉·阿伦森·怀特学院学习精神分析，当时，另一位新精神分析学家弗洛姆也在该校任教。新精神分析的社会文化观就是在这里影响罗洛·梅的。1946年，罗洛·梅年成为一名开业的心理治疗师。而后罗洛·梅进入哥伦比亚大学攻读博士课程，但在拿到学位之前他感染了肺结核，差点死去。在患病和疗养期间，罗洛·梅有过深刻的焦虑体验。为了更好地理解焦虑这个主题，他仔细阅读了弗洛伊德《焦虑的问题》和克尔凯廓尔的《恐惧的概念》。他认为在当时的疾病状况下，克尔凯廓尔的话更能打动他的心，因为它触及到了焦虑的最深层结构，即人类存在的本体论问题。罗洛·梅康复之后，以其亲身体验和内心顿悟写出博士论文《焦虑的意义》，1949年获得哥伦比亚大学授予的第一个临床心理学博士学位。而这篇论文经修改后成为他的著作《焦虑的意义》(1950)。

罗洛·梅先后执教于哈佛、耶鲁、普林斯敦、哥伦比亚等大学和纽约大学艺术学院，最后成为加里弗尼亚大学的终身教授。他曾担任纽约威廉·怀特学院的研究员，1958年任该学院的院长，一直工作到1974年退休。他还曾担任纽约心理学会和美国精神分析学会主席等职务。在其一生的大部分时间，他还坚持从事私人临床心理治疗。

罗洛·梅一生著述丰富，许多著作在西方都有相当大的影响。他的《爱与意志》一书曾是美国最受欢迎的畅销书之一，荣获“爱默生”名著奖。该书阐述了他对爱的心理学意义的看法，最明确地表达了他对人类的生命力和意向性的信念，并分析了这些概念在心理治疗中的作用。1958年他与安捷尔和埃伦伯格合作发表了《存在：精神病学与心理学的一种新维度》，向美国人介绍了欧洲存在心理治疗，推动了存在主义在美国的传播和流行，也标志着美国本土化的存在分析学的诞生。除了上述著作之外，罗洛·梅的其他重要著作还有：《咨询的艺术：怎样给予和获得心理健康》(1939)、《创造性生命的春天：人性与神的研究》(1940)、《对自我的追寻》(1953)、《爱与意志》(1969)、《心理学与人类困境》(1967)、《梦与象征：人的潜意识语言》(1968)、《力量与纯真：追寻暴力的起源》(1972)、《创造的勇气》(1975)、《自由与命运》(1981)、《存在的发现：存在心理学著作》(1983)、《我对美的探索》(1985)和《呼唤神话》(1991)等。他的最后一部著作是与施奈德合著的《存在心理学》(1994),在书中他把人生的体验用于心理治疗,对他的一生做了最后的总结。

1994 年 10 月 22 日,罗洛·梅因多种疾病而去世。

## 二、人的存在分析

罗洛·梅认为,一切心理学,尤其是临床心理学,若要获得治疗的效果,必须预先澄清人的基本观念。他毕生都在致力于澄清他对人的基本看法,即人的存在特征。他认为,只有从人的存在入手,才能把握人格的本质。罗洛·梅对存在的表述大体经历三个阶段:早期关于存在的基本原则的研究,50 年代关于存在方式的研究和 60 年代关于存在的本体论特点的研究。

"人的存在"这一概念来自海德格尔,是指不同于非人存在的存在。罗洛·梅用它来表示人的整体,即有血有肉、有思想、有意志的人,也就是"经验中的个体"。罗洛·梅强调应把个体的内在经验视作心理学研究的首要对象,而不应仅仅专注于外显的行为和抽象的理论解释。每个人最早接触的经验来自生活世界,也就是人们每天生活于其中,并为他们所直接接触的经验世界。这一生活世界早在科学、哲学、音乐、文艺等特殊世界出现之前就已存在,这显然是现象学对罗洛·梅的启示。他指出,如要正确认识人的存在的真相,揭示人的存在的本质特征,必须重新回到生活的直接经验世界,再度去领悟、去感觉直接与我们接触的内在经验,然后把这些经验忠实地描写出来。因此,现象学的现象分析和经验描述是罗洛·梅研究人的存在的重要方法。而罗洛·梅作为临床心理学家,他在临床实践中积累的大量丰富的临床资料,为他提炼"关于人的基本观念"的思想作了充分的准备。

### 1. 存在的基本原则

在《咨询的艺术》一书中,罗洛·梅初步探讨了人之存在的四条基本原则,即自由、个体性、社会整合与宗教紧张感,并把它们看做构成人格的基本结构。

(1) 自由。

自由是人类存在的基础和基本条件。罗洛·梅认为,个人的行为并不是盲目的,也不是被环境所决定的,而是在自由选择的过程中进行的。在他看来,人类的潜能与责任感与存在自由是不可分的。一个人的存在如果没有自由作基础,没有创造性意志或潜能,甚至也没有自由抉择的能力,那么,在他身上发挥作用的就只有弗洛伊德式的本能或达尔文理论中的因果关系决定论原则了。罗洛·梅深信,自由选择的可能性不仅是心理治疗的先决条件，同时也是使病人重获责任感、重新决定自己生活的唯一基础。

但是，自由并不意味着可以为所欲为。罗洛·梅认为，人首先是受时空限制的。人只能在有限的时空范围内自由地处理各种存在的资料，在诸如种族、国家、社会地位、时代、经济因素中进行自由选择。其次，人还受遗传和环境的限制。不过，人虽然不能选择自己的遗传和环境，却能在一定程度上利用和改造遗传和环境的影响。因此在人的生活中，不论有多少决定的力量对人的存在起作用，个体都能相对自由地塑造自己的存在。

(2) 个体性。

个体性是人的自我区别于他人的独特性。罗洛·梅和奥尔波特一样，强调每一自由的个体都是独立自主、与众不同的，而且在形成他独特的生活模式之前，个人必须首先接受他的自我。一个人若不能承认自己的独特性和个体性，他也就丧失了自我，就会产生心理疾病。人格障碍的主要原因之一就是自我无法个体化，丧失了自我的独特性。为此，心理治疗专家应帮助患者发现他真实的自我，发掘他的自我与众不同的独特品质。他进一步指出，个体若想发现“真正的自我”，就必须把“意识的自我和他的各种水平的潜意识结合起来”。显然，罗洛·梅既承认潜意识是心理活动的内在动力，也坚持认为，自我内部的这些潜意识内容都是靠完整的主体和自由的个体来接受的。人正是通过个体独特的自由选择能力来发现和肯定其真实自我的。

(3) 社会整合。

罗洛·梅认为，人类自由的实现必须依赖自我与社会的协调，即自由的个人必须与社会整合。社会整合就是指个人在保持自我独立性的同时，参与社会活动，进行人际交往，以个人的影响力作用于社会。罗洛·梅用“整合”而不用自我心理学家惯用的“适应”概念，是试图表明个人与社会的相互作用。在他看来，适应偏重社会的影响力，含有单方向个人向社会迎合、屈服和附和的意思。“整合”作用则是双向的，既有社会影响、改变个人，也有个人影响社会甚至改革社会的含义。

罗洛·梅反对把“社会适应良好”作为心理健康的最佳标准。他认为正常人的特征，是他能够接受社会，并运用选择的自由，发掘建设性的及良好的社会因素，以充实自我，实现自我。因此真正自由的个体既表现为强烈的个体性，又表现为他对世界、对社会的一种成熟的责任感。

(4) 宗教紧张感。

宗教紧张感是指存在于人格中的一种紧张或不平衡状态。罗洛·梅认为，自由的个体尽管可以获得自我的独特性并实现自我与社会的整合，但这一过程并非一成不变，而是需要不断更新，因此，人格也经历着连续不断地更新和重建。促使人格不断变化完善的动力因素就是宗教紧张感。那么，这种动力或紧张感为何具有宗教性质呢？这源于罗洛·梅所受的宗教教育。我们知道，罗洛·梅曾在纽约联合神学院学习并获得神学学位，宗教思想的影响在他的学术观点中随处可见。他把宗教紧张视为人的最深刻的道德体验，是对人生意义的最基本信念，是所谓上帝在人类心灵中存在的一个明证。罗洛·梅认为，宗教具有动力性，在宗教内个人才能获得人生的最高价值以及生命的意义；宗教不但不控制个人或压抑个人，反而能提升个人的自由意志，发展个人的道德意识，鼓励个人负起自己的责任，勇敢地迈向人性的自我实现。

宗教紧张感最明显的证明是人不断体验到罪疚感。人之所以有罪疚感，在于人是自由、自主、有责任的动物。当他不可能使自己达到完善，不可能实现自己的所有理想时，必然体验到一种罪疚感。这种罪疚感使人不断产生心理紧张，这种紧张状态正是人格发展的动力源泉。

罗洛·梅从积极的角度看待罪疚感，认为罪疚感是存在的一个基本因素，是一个不断完善的、存在着的人趋向完善的渴望，因而它是积极的和富有建设的。罗洛·梅认为，健康的个体能创造性地承认自己的不完善性，并在宗教紧张感的驱使下，鼓起生活的勇气，克服阻碍自我发展的恐惧和焦虑，战胜自我、完善自我。他主张健康人格所需要的并不是消除各种冲突，而是使破坏性的冲突转变为建设性的冲突。

**2. 人的存在状态**

罗洛·梅认为，人格处于不断的演变和形成中，并在不断整合环境、协调人际关系、实现自我潜能的过程中，获得发展和取得平衡。他全面接受了存在哲学关于人的存在范畴的划分，把它改造为人存在于世界上的三种方式或状态，深刻地分析了自我和世界的关系。

存在主义哲学家通常把人类的存在划分为三种范畴，即人与物的世界(Umwelt)、人与人的世界(Mitwelt)和人与己的世界(Eigenwelt)。其中Umwelt指人的内外环境的自然方面，是人所生存的周围世界和生物世界；Mitwelt指人际关系领域，即人与人的关系世界；Eigenwelt指人与自我的关系世界，它由个体的自我意识组成。他们认为，每一个人都同时存在于这三个世界上，只有把这三个世界结合在一起才能全面地解释人的存在。罗洛·梅据此提出了人的存在的三种状态。

第一，人与环境的关系状态即“环境”，罗洛·梅称之为“自然的世界”，它是一个有规律的和不断循环的世界，是世界万物的自然总汇。对人而言，自然的世界除了自然环境之外，还包括个人先天的遗传因素、生理需求、本能、驱力等生理的内在环境。罗洛·梅认为，人类是被先天注定地投入到这个世界上来的，因此这是一个“被投入的世界”(thrown world)。也就是说，自然的世界是不以人的意志为转移的客观存在，在这一世界中，人必然要受自然规律的制约，所以人必须处理好自我与环境的关系，学会适应环境。

第二，自我与他人的关系状态，即人与人的关系世界，是人所特有的人际世界。它是社会活动的结果，是人的社会性的重要体现。人际世界的标志就是“关系”。罗洛·梅强调，人际关系的关键在于，在相互作用的时候，彼此都受到影响，彼此都开始发展，都更加趋于成熟，人与人的关系是双向的。因此，不能把人际世界理解为群体对个体的影响，也不能理解为集体意识，更不能把人际世界与各种各样的社会决定论相混淆，因为后者均主张传统文化、集体对个人的单方向作用。在罗洛·梅所谓的人际世界中，群体与个人或个人与个人的关系是相互作用和相互影响的。通过对人际世界的论述，罗洛·梅进一步强调了人与社会关系的重要性。在他看来，人不仅是精神与肉体的统一体，而且是与社会的整合体。人不仅被社会所改造和影响，而且也在不断组织和改造社会。人格始终处于改变、组合、发展之中。

第三，人与自我的关系状态，是人类所特有的自我意识世界，是主观和意义的世界。它以自我归属和自我意识为前提。也就是说，人必须对自己有足够的了解和认识，把知己作为知彼的基础，这就需要一种强烈的存在感，它是指人对自己存在的体验，其核心是人的自我意识。“自我的世界已经预言到自我意识的存在，也只有人类才会产生这种体验。”[①]自我的世界由人与自我的关系所组成，它能告诉我们，哪些事情是“为我”的方面，它们的颜色、味道等对我具有什么样的意义，以及我最喜欢和最不喜欢的东西是什么。在自我意识的世界中，我们可以清楚地观察世界，并与之发生关系；可以顿悟、理解世界上的事物对我们个人所产生的意义。在罗洛·梅看来，现代人之所以失落精神活力，缺乏经验与情感的实在意识，盖缘于放弃了人与自我的内在世界，导致了世界与自我的对立。他进一步强调说，当个人缺乏明确而坚强的自我意识时，他的人际关系必将趋于表面化和虚伪化，真正的友谊也将无从建立。

以上三种状态或人所存在的三个世界是相互依赖、相互联系、互为条件、同时存在的。它说明人同时存在于物—人—己三个世界之中。忽略或

① May, R. (1958). Existence: A new dimension in psychology and psychiatry. New York: Random House, p. 62.

放弃其中的一种，就难以真实而全面地揭示人的存在状态或人的生存模式。

## 三、存在人格观

罗洛·梅的人格观与其对人的存在的探讨是紧密相联的。他对于人格的基本特征的分析和阐释，实际上就是在说明存在的本体论特点。他认为，自我中心、自我肯定、参与、觉知、自我意识和焦虑这六大特征是每个人都必须拥有的，只是在各人身上表现的程度有所不同。

### 1. 人格的基本特征

（1）自我中心或自我的独特性，这是指个体在本质上是一个与众不同的独立存在。罗洛·梅坚持认为，每个人都是独一无二的，没有人可以占有其他的自我，心理健康的首要条件亦在于接受自我的唯一性或独特性。因而人的存在需要保持自我中心，并以自我的存在为中心点，使自我与他人、环境区别开来。

（2）自我肯定，指一个人保持其自我核心的勇气。在罗洛·梅看来，人的自我中心性不会自然发展和成长，人必须不断地鼓励自己、督促自己，使自我的独立性或中心性趋于成熟。罗洛·梅把这种督促和鼓励称为自我肯定，这是一种勇气的肯定。自我肯定是一种生存的勇气，缺少勇气，个人不仅无法建立他的自我，更不能实现他的自我。

（3）参与和分享，它是与中心性相对应的人格特征，指一个人在社会中必须不断地与别人交往，加入到其他个体中去，同他人建立和保持必要的相互关系。罗洛·梅认为，个体必须保持独立，才能维护自我的中心性。但是，人又是必须生活于世界中的存在体，必须与人与物分享和沟通，共享这一世界。独立与分享必须适得其所，平衡发展，过分的独立和过分的分享，都是非正常的表现。现代社会许多人感到心灵空虚、孤独、生活无意义，在很大程度上是这两个方面配合不当所致。

（4）觉知，是自我中心的主观方面，是对人的感觉、愿望、身体需要和欲望的体验。但它是一种比自我前意识更加直接，包含着人的具体存在的体验。因此，它是人和动物所共有的。只不过在动物身上表现为受到威胁时的一种警觉和防备，而在人身上则可能表现为一种焦虑，由此才能转变为自我意识。

（5）自我意识，是人类具有的特殊的觉知现象，是个人能够跳出来自己观察自己的能力。它是人类最显著的本质特征，也是罗洛·梅思想的核心。罗洛·梅认为，自我意识作为人不同于其他动物的标志，对人类具有重要的意义。自我意识使人有能力超越直接具体的世界，而生活在“可能”的世界之中。面对这个世界，自我意识给人类启示了多种选择的途径，它是心理自由的基础。此外，自我意识也使人有能力超越自己，有能力拥有抽象观念，能用言语和象征符号与他人沟通。总之，正是因为有了自我意识，人们才有时间和历史观念，才能利用过去的经验来发展自己、规划自己。

(6) 焦虑，是人的存在面临威胁时产生的一种痛苦的情绪体验。因为焦虑直接威胁人的基本存在和自我意识，所以罗洛·梅把它作为人格的基本特征之一。罗洛·梅认为，我们在凭借自我意识进行想象和创造的同时，不可避免地会遇到各种威胁。这些威胁既可以是危及个人生存的疾病、天灾人祸甚至死亡等，也可以是与人的生命同等重要的精神信念、理想和价值等。只要自我意识到他的这些存在受到威胁，焦虑便油然而生。在这个意义上说，焦虑是指个体对有可能丧失其存在的一种担心。焦虑不可避免，一定程度和一定数量的焦虑是正常的。

**2. 健康人格的形成条件**

罗洛·梅的人格理论重视心理健康与存在的关系，他试图揭示人在运用其自由和责任来实现自己的存在时的基本人格特点。而在分析人格的形成和发展过程时，他突出了自我意识、创造性、勇气和力量所起的作用，从许多不同的侧面阐释了健康人格的形成及其特征，为我们全面认识人格提供了新的启迪。

(1) 自我意识和自由对人格发展的作用。

罗洛·梅认为自我意识是人从外部看待自我的能力。这种能力是在发展过程中获得的。虽然父母的教养态度对儿童的自我意识发展有很大影响，但成熟的个体不是消极发展的。他应该有自我选择的自由，能为自己的发展负责，具有自我选择的理想和目标需要。即他的人格组织功能的最终目的是要达到自我实现。自由意味着人格的开放和发展，具有灵活性，在追求更大的人类价值方面发生变化。自由虽然发源于自我意识的核心，但它并不是自动产生的，而是通过有意识地选择获得健康与整合，通过肯定自己的责任和存在而获得的。也就是说，自由并不意味着放弃限制，而是接受限制，但又尽可能创造性地、有勇气地参与活动。

(2) 创造性活动对形成健康人格的影响。

具有创造性的人会细心地审视过去和未来，积极地选择目标和价值。他能够认识到并积极地运用自己的能力来肯定人的价值。当然，有创造性的人也会产生冲突和焦虑。例如，外部力量过于强大，使人被迫服从或处于附属地位，都会使人感到自己的内在力量受到了破坏，因而引起愤怒。但是，罗洛·梅认为，具有创造性的人特别易于调整自己的内心冲突，他们比较敏捷，遭受的痛苦较多，但也享受着更多的东西。因此在他看来，重新调整人格紧张或内心冲突是创造性的同义词。当然，神经症患者也具有这种创造的潜能，只是他们往往拒绝这样做，因而表现为各种神经症的症状。心理咨询者的基本职责便是帮助人们进行更具有创造性的人格调整。

(3) 人格的健康成长需要勇气。

罗洛·梅指出，人格要健康发展，个体要进行自由的选择和负责任的生活，都是需要勇气的。因为有勇气的人才能有尊严地实现其潜能，使人获得成长所需要的基本价值。而在现代社会中，勇气的主要特点是和存在密切联系着的，概括而言，勇气在人格发展中有四种表现形式。

真正的身体勇气。在美国主要指在西部边疆开发者的神话般传说中的那种勇气，即靠自力更生、个人奋斗而成功的勇气，它使人能忍受常人难以忍受的痛苦。

道德勇气。它使人关注精神需要的满足，既能认识到自己的需要，体验到别人的痛苦，也能理智地承认自己有可能犯错误。

社会勇气。指与其他社会成员建立联系的勇气。为了在社会生活中获得真正的友情，具有这种勇气的人甘愿冒着丧失自我的危险。

创造的勇气，又称艺术的勇气。是一种能促使人与社会和谐共存继续发展的新模式和新象征。人们无论从事哪一种工作，都或多或少地需要创造的勇气。罗洛·梅出于对艺术事业的偏爱，认为最有创造性勇气的人应该是艺术家，他们能通过自己的想象创造新的模式。但普通人若能欣赏艺术家的作品，并从中获得某种启示与灵感，也是一种创造性的行为。

罗洛·梅强调，生活的价值在于使自己成为一个有创造性勇气的人。他坚信，我们越是有意识地指导自己的生命，并根据我们独特的心理发展水平而做出负责任的选择，那么，我们的人格发展就越有建设性，就越接近诚实、整合、勇气和爱的最终标准。

(4) 力量是形成善恶人格的基础。

罗洛·梅对人类本性持善恶共存的观点，但他又认为人性是人的力量的反映，而力量则是使人进行生命的选择、确定人格善恶的基础。为了说明力量对人格发展的作用，罗洛·梅对力量的水平做了划分。

存在的力量。在儿童身上表现为提出自己的要求。把渴望获得作为一种反应。在人的一生中，这种力量驱使人不断地实现自己的需要，直到生命的终结。

自我肯定的力量。伴随着自我意识的发展而产生。在生活中我们寻求自尊，希望得到社会的认可，获得意义。这会使人形成一种坚定的自信，即相信自己是有价值的。在这一方面，父母的教诲和外界的强化都有助于这种力量的形成。

自我主张的力量。这是当自我肯定受到他人力量的阻碍时所表现出来的一种较强烈的反应形式，是人格不愿意屈服于外界压力的象征。

攻击的力量。当自我主张的力量长期受压抑时，人就会转向攻击。表现为攫取别人的东西，并声称那是自己的。若长期否认和压抑攻击的力量，会使人的自我意识减弱，造成神经症、精神病或暴力。

暴力。长期的压抑会使人产生无力量感，从而引发持续的焦虑，使人感到空虚。为了弥补空虚，许多人往往在暴力中寻求解脱。因此，暴力实际上是无力量的表现，而无力量是由社会的不公、生活无意义和人际疏远引起的。

## 四、存在焦虑观

### 1. 焦虑的内涵及根源

罗洛·梅对焦虑现象的研究是很著名的。他不仅从自我成熟的角度阐明了焦虑的内涵与起因，而且探讨了正常的和病态的焦虑以及如何来控制焦虑。他把焦虑与罪疚感联系了起来，认为焦虑和罪疚感都是自我意识和自由选择带来的结果。

罗洛·梅给焦虑的定义是：当个人的人格及生存的基本价值受到威胁时所产生的忧虑即为焦虑。这里所说的威胁，不仅是危及生命的天灾人祸，也可能是对一个人的信念和理想等造成的威胁。综合弗洛伊德的“匮乏恐惧”观和克尔凯郭尔的“虚无恐惧”观，罗洛·梅认为焦虑的基本来源是死亡，焦虑既来自实际的死亡，也来自精神空虚。

罗洛·梅认为，造成现代人焦虑增多的主要原因有二：一是现代社会的价值观丧失，二是由空虚和孤独造成的焦虑。针对第一种根源，罗洛·梅指出有三种传统的价值观已被现代社会所抛弃，即最大限度地谋求利益的健康竞争观念、解决问题时的理性功效信念、人的价值感和尊严感。由于人们以前所信赖的价值观受到了怀疑，焦虑便成为人们所体验到的对个人存在的一种威胁。一个人若没有恰当的价值观系统，他就会倾向于信赖外界的评价，进而导致自我的丧失，人的焦虑感会越来越深。

罗洛·梅认为，空虚感并不意味着内心空无所有，也不意味着没有表现情感的潜能。相反，空虚和孤独起源于人对自己力量的渺小和软弱无力感到失望。在庞大的缺乏人性的社会机器面前，个体深感无能为力。其结果是，如果我们认为自己的行动不会对他人、对社会产生任何影响，我们就会放弃自己的要求和情感，变得更加冷漠。此时最大的危险是，想保护自己以免陷入绝望的企图将使人产生痛苦的焦虑。机械地遵从他人与社会只能使人逐渐减少自己的存在感，更使人感到心灵空虚和无意义，焦虑便油然而生。

罗洛·梅还把焦虑与罪疚感联系了起来。他认为，焦虑和罪疚感都是自我意识和自由选择带来的结果。个人的自我意识越强，自由选择的能力越大，他越富有创造性，越是敏感，他所负的罪疚感和焦虑也越大。在罗洛·梅看来，自由并不只是一种单纯的功能，更不是一种一劳永逸的成就；自由站在可能成功或可能失败的拉锯线上，它是一种紧张的过程，一种既想实现潜能又怕实现潜能的紧张状态。这种紧张状态的综合即焦虑。所以，自由产生选择的可能性，这种可能性带来焦虑和罪疚感。

2. **焦虑的影响与控制**

焦虑是一种心理状态，是人的存在的必然现象。焦虑所打击的对象不是具体的东西，而是整个存在的基础——自我。面对焦虑，各人的反应有所不同，所以焦虑带给各人的影响也就有差异。有的人能做出健康的反应，即能够进行建设性的、积极的抗虑：直面焦虑，勇往直前。另有一种消极病态的反应，即消极的避虑：用压抑、禁止或回避任何困难的方式来逃避焦虑。这种消极的避虑方式，是以牺牲他的自由、牺牲他的心理的健康成长为代价的。因此，根据个人面临焦虑时所作反应的不同，可将焦虑划分为正常的焦虑和病态的焦虑。前者是指个人对威胁能作适当的反应，它并不带来压抑或心理冲突。后者指对威胁作完全不适当的反应，常伴有压抑与心理冲突等现象出现。对大多数人而言，这两种焦虑常混杂在一起。但是，正常与病态的焦虑可辨而不可分，二者均属基本的焦虑。这种基本的焦虑同时存在于心理正常及心理病态的人身上，唯一不同的是，病态个人因为拒绝面对初始的焦虑，使自己变得更加心理紧张，更容易遭受焦虑的打击。所以病态焦虑只是一种不敢面对正常基本焦虑的结果。罗洛·梅指出，病态的强迫性症状，实际上只是一种保护行为，保护脆弱的自我免受焦虑的打击。

不管是哪种焦虑，它对人的身心必然造成一定的影响。为此，罗洛·梅提供了两条建议来控制焦虑。首先，从消极的方面来说，个人必须面对生存的事实，接受有限的人生，接受死亡的来临，接受一切不可避免的意外事件。简言之，即把焦虑作为人类存在中的一种本体论的、不可分离的、不可避免的东西来接受。从积极的方面来说，我们可以利用焦虑来建立自我，肯定自我，在充满焦虑的经验中，寻求重新定向，勇敢地实现无限的潜能。罗洛·梅指出，当个体意识到他过去的象征已经四分五裂时，就会产生一种寻求重新定向的趋势。假如他能够有勇气从心灵深处承认人的不确定性和焦虑，去寻求新的价值观和存在基础，并对其存在感进行重新阐释，那么，对这种寻求提供信息并加以指导的就是一种创造性活力，就是一种有意向的、负责任的人格类型。罗洛·梅抱着极端乐观主义的态度，相信我们只要虚心接受人生不可避免的一切困难、限制、选择与焦虑等，就能走上无限美好的坦途——负责、成熟、快乐及自我的最后实现。

## 五、存在治疗观

罗洛·梅的存在分析心理治疗观是当代人本主义心理治疗理论中最重要的分支。他以人的本体论存在为基础，针对患者经常出现的神经症焦虑、存在感的丧失、失去自由选择能力等症状，提出了存在分析的心理治疗理论。

### 1. 症状的根源与治疗的目标

罗洛·梅总结自己的临床心理治疗病例，并对当代美国社会现实进行研究之后发现，现代人所患心理疾病的主要根源不再是性本能受到压抑所致，而是一种更大、更广泛的压抑——精神需求的压抑所导致的。因此，现代神经症的核心症结在于个人存在感和自由选择能力的丧失，在于意志和责任感的丧失。既然如此，对人的分析、对病人的心理治疗，就不仅是心理学问题，更是一种哲学问题。他提出存在心理治疗的目标是：寻求人生的意义，发现存在感，找回失落的自我。

罗洛·梅强调，心理治疗的首要目的并不在于症状的辨认和消除，而是使患者重新发掘和体认他自己的存在意识，体认他的潜能，并能发挥这些潜能。在他看来，心理治疗者的任务是双重的：一是了解患者当前的症状，二是进一步认识患者的内在世界，即他的人格存在的基本条件和特征。后者比前者更为困难，因而常为一般的心理治疗者所忽略。

### 2. 治疗的原则

在进行心理治疗时，罗洛·梅强调既要把每个患者看做独一无二的个体，又要视其为一个内外统一、与他人相联系、与社会相整合的整体，因此他坚持个体性和整体性原则。此外，在重视相互作用的基础上，罗洛·梅把弗洛伊德的移情过程阐述为会心（encounter）作用，并从新的角度分析了心理治疗者与患者的关系。

（1）个体性原则。

罗洛·梅强调，心理健康的先决条件在于接受自我的独特性和唯一性。因此，心理治疗必须建立在个体性原则之上，个人必须发展成为他自己。相应地，心理治疗者的首要任务，是使患者重新认识自己并接受自己。另外，既然认识到了病人的个体性，那么心理治疗者在治疗技术上就应该采取灵活的态度，能够因人而异。

（2）整体性原则。

整体性原则要求把个人看做是身与心、个体与自然、个体与社会、个体与他人的统一整体。罗洛·梅认为，心理健康的前提之一，就是个人把自我存在视为一个整体的、不可分割的统一结构。这就要求，在心理治疗中应促使病人把两种自我加以整合：一种是脆弱的、消极的和防御性的自我（ego），它是心理发展或存在感的必要前提；另一种是在人的心灵深处的自我（self，又译自身），是个体内部的组织和使一个人能与另一个人建立联系的功能。只有这两种自我整合起来，个体才能产生完整、健康的存在体验。

（3）会心作用。

传统精神分析认为，移情是病人把自己对父母或对过去生活环境中某些重要人物的情感转移到治疗者身上，从而产生某种潜意识的幻想或体验。移情作用不但可以帮助分析者认清病人过去被压抑的情绪和冲突，而且可以了解病人对其回忆加了阻抗的意义。当病人把压抑的情绪通过移情向分析者宣泄之后，分析者就可以帮助病人在现实生活中把这些情绪重新表现出来，从而获得治疗的效果。因此，移情是心理治疗中的一种重要手段。罗洛·梅认为移情忽视了分析过程中分析者与病人之间的分享和参与，即忽视了二者的相互作用。因此，他用“会心”代替了移情。所谓会心是分析者与病人在分析过程中所产生的情感交流现象，是二者之间的共鸣。他认为，心理治疗是两个独特个体之间的会心和情感共鸣，而不仅是被分析者对分析者的移情。他说：“移情只是会心的一种表面现象，只有在会心中，移情作用才能获得真实的意义。”①

罗洛·梅把分析过程中产生的会心现象分为三个层次：初级会心——分析者与病人诚心的交谈，通过诚心诚意的接纳与分享，二者之间的隔膜渐渐消除；次级会心——经过多次交谈，双方开始关切对方的感情，甚至不惜被误解或轻视；高级会心——或会心的最高峰，指分析者与病人互相尊重，

① May, R. (1978). *The Courage to Creat*. Bantam Bood, p. 119.

进入水乳交融、你我不分的境地。要达到此种“忘我”的会心境界，分析者必须有良好的修养，对人性的尊严有坦诚的接纳和仰慕。罗洛·梅进一步指出，会心与坦诚不可避免地带来焦虑和愉悦的矛盾现象。这是因为坦诚要求自我的开放，对自我而言，这种自我的开放既是产生犹豫和焦虑的冒险行为，又可使人产生创造性的新经验，可以拓展个人的自我意识，使自我变得更丰富、更充实。

3. **治疗的阶段**

60年代，罗洛·梅把心理治疗同人的意志和意向性结合起来，提出了存在心理治疗的三个阶段的思想。他认为，对病人进行心理治疗的过程，实际上就是把患者的愿望、意志与决心这三个不同的层面加以整合的过程。当病人在整合过程中由一个层面到达下一个层面时，先前那一个层面就会被合并到后一个层面中，并被保留在那里。

(1) 第一个阶段或层面即愿望，它在觉知的水平上发生，是人与动物共有的一个层面。对童年愿望的体验、对生理需要和肉体欲望的体验以及发生在任何个体身上的一切欲望都属于这一层面。这一层面也是从古典精神分析学到存在分析学在心理治疗中所共同关注的中心问题。罗洛·梅认为，个人对身体、愿望和欲望的日益成熟的觉知，与个人对自身真实存在的体验有着明显的联系。在通常情况下，这种体验还能提高人对作为一个存在物的自己的欣赏，提高到对存在本身的尊敬。他指出，当人们在心理上产生了对愿望的压抑，形成了拒绝介入社会生活、无欲无望的厌烦感，甚至发展为绝望时，在心理治疗中帮助病人把被压抑的愿望引导到意识层面上来显得尤为重要。因此，必须努力使病人意识到自己是有愿望的，而且经过自己的意志努力，愿望也是可以实现的。这就必须使病人产生满足愿望的强烈需要，使他们注意与他人、与周围世界和各种情境的关系，以便获得某种情感上的活力与真诚。

(2) 第二个阶段或层面即意志，即将觉知转化为自我意识。罗洛·梅用“意志”一词来表示自我意识到的自觉意向。意志为个体提供了改变自我行为的可能性，使个人既能够“反省”自己，又能够在与自我的关系中洞察世界和他人，所以意志反映出意向行为所具有的积极主动性和自我确证性。罗洛·梅强调，意志的出现不是对愿望的否定，而是把愿望合并和提升到一个更高的意识水平上。在此阶段，治疗的目的就是使病人产生“自我意识的意向”，其特点是：使病人承认自己是一个拥有某种愿望的人，一个相信自己能以其愿望为世界做点事情的人，一个能够自由自在地向别人传达和分享其心理体验的人。人类的创造性就表现在这一阶段。

(3)第三个阶段或层面即决心与责任感。决心和责任感是那些走向自我实现、走向整合和成熟的人特有的意识形式。决心是对愿望和意志的整合或综合,它从先前的两个层面中,创造出一种行动模式和生存模式,这种行动模式和生存模式被愿望强化和丰富,被意志肯定和确证,并对那些在个人长远的自我目标中有重要意义的他人做出反应和承担责任。所以,“决心也是一种行动,它永远涉及失败的危险;而且,它是一种‘我’以整个存在参与其中的行动”①。这一阶段的治疗目标是达到负责任的自我实现、自我整合与成熟。罗洛·梅认为,当病人对其愿望、意志行为和决定表示关注并负起责任时,即当他不仅关心他人、关心自己,而且关心具有不可分割关系的双方时,第三个阶段的治疗目标才能达到。

## 六、对罗洛·梅理论的评价

### 1. 主要贡献

罗洛·梅结合自己的人生体验和心理治疗实践,以一系列富有影响的理论著述,创建了美国的存在分析心理学。他对人类本性的探讨,对人生意义和价值观的研究,对人格和心理治疗的阐释,都与人本主义心理学的基本观点一致,因此他被公认为是人本主义心理学中提倡自我选择的存在倾向的主要代表,其存在分析学成为人本主义心理学的重要组成部分,他本人也成为人本主义心理学运动的主要领导者之一。罗洛·梅的存在分析心理学的主要贡献表现在:

第一,促进了存在分析学在美国的发展。

存在分析学是20世纪30年代在欧洲发展起来的,到50年代主要通过罗洛·梅的努力而在美国心理学中产生影响。其明显的标志是1958年罗洛·梅等人合作主编的《存在:精神病学与心理学的一种新维度》的出版。罗洛·梅在书中详尽地分析了存在分析学的起源及其意义,探讨了存在心理治疗的作用,批评了来自美国的一些传统思想对存在分析学的阻碍,阐发了他对存在分析学的赞赏之情。该书的出版促进了存在分析学和存在心理治疗在美国的迅速传播,使之成为美国心理学,特别是心理治疗中的一支重要力量。

第二,开创人本主义心理学中的一种新取向。

罗洛·梅创立的美国存在分析学,在基本观点上与人本主义心理学非

① 罗洛·梅著,冯川等译:《罗洛·梅文集》,中国言实出版社1996年版,第322页。

常一致，因而受到人本主义心理学家的重视和欢迎。1959 年，罗洛·梅在辛辛那提同马斯洛、奥尔波特、凯利、墨菲、罗杰斯等人共同出席了第一届存在分析学研讨会，使存在分析学开始与人本主义相结合。这不仅壮大了存在分析学的影响，同时也增强了人本主义心理学的势力。近年来，罗洛·梅被公认为人本主义心理学的“三领袖之一”。他的自由选择论的存在分析学已成为人本主义心理学中的两种主要取向之一，另一种取向是以马斯洛、罗杰斯为代表的自我实现理论。

第三，丰富了人格心理学理论。

罗洛·梅对人格的研究始于 20 世纪 30 年代，到 60 年代末完整的人格理论基本形成。他从存在的本体论出发，阐述了构成人格的六大基本特征，探讨了人的存在感、自我意识、价值观、社会整合、自由选择等人格概念，从理论与实际生活的结合上分析了现代人的人格形成、发展、病变和诊治的一系列过程。他强调对人格进行完整的分析，关注人生存于世界上的三种方式，重视自我意识在促进人格发展中的作用，这些都促进了人格心理学的研究，丰富了人格心理学的理论。

第四，深化了心理治疗的理论和实践。

罗洛·梅毕生致力于心理治疗的理论建设和临床实践。在理论上他开创了存在心理治疗的取向，受到了当代许多临床心理学家的欢迎。存在心理治疗的许多概念，如存在感、真诚、人类困境、正常焦虑和神经症焦虑、罪疚感等在临床心理治疗中比较真实有效。在治疗实践中，罗洛·梅提倡治疗过程中的理解，通过医患之间动力性的交往关系，帮助病人理解其现实存在。存在心理治疗以帮助病人认识和体验他自己的存在为目标，以加强病人的自我意识，协助病人自我发展、自我实现为己任，把心理治疗与人生的意义等重大问题联系了起来，目的是提高病人面对现实的勇气和责任感。罗洛·梅的存在心理治疗与罗杰斯的“来访者中心疗法”一样，成为临床心理治疗的重要方法。

**2. 主要局限**

罗洛·梅的存在分析心理学的局限性也是显而易见的，具体表现如下：

首先，其理论缺乏可验证性。罗洛·梅看到了行为主义只强调客观实证性而不得不减缩心理学的研究对象这一弊端，转而研究个人的内在经验，与此相应，提倡现象学的分析和经验描述的方法。这种方法对于理解人性、了解人的内心世界具有特殊的优越性和积极的意义。但是，通过主观性、经验性的描述和直觉经验所得出的结论难于进行科学验证，从而降低了其理论的科学性。

其次，方法的局限性导致其理论体系不够严密，概念缺乏准确性。罗洛·梅的存在分析学由一系列联系非常松散的观点组成，难以进行系统的科学分析，为人们从整体上把握他的思想带来困难。他所使用的概念往往缺乏严格的界定，而且在不同的著作中经常加以任意的解释，使人难以从整体上把握其含义。比如，仅“自我意识”一词，罗洛·梅就先后用过“存在感”(sense of being)、“自我存在的经验”(experiencing one's being)、“自我存在”(self existence)等不同的名称。

再次，理论中带有浓厚的哲学思辨和宗教神秘主义色彩。罗洛·梅深受现象学和存在主义哲学的影响，他的许多概念和基本观点都来自存在主义哲学。他对人的基本特征的论述带有明显的主观思辨性。此外，罗洛·梅虽然看到了罪疚感、紧张状态的积极方面，并把他们视为人格发展的动力，但是，当他把这种紧张状态归因于宗教时，又不免落入神秘主义的巢臼。这一切导致他走向了非理性主义。

## 第二节　莱因的存在精神病学

### 一、莱因的生平与著作

莱因(Ronald D. Laing，1927—1989)

莱因(Ronald D. Laing，1927—1989)是英国的存在精神病学家，也是20世纪心理学、哲学和精神病学领域中最具争议的人物之一。他于1927年10月7日生于英国格拉斯哥的一个贫困工人家庭。据他后来回忆，在其早年的家庭中，时常笼罩着不幸的气氛。也许正因为如此，他才更愿意理解或更容易理解不幸的人们。

莱因先在格拉斯哥文法中学学习，后在格拉斯哥大学学习医学和精神病学。1951年，莱因从格拉斯哥大学医学院毕业，开始在格拉斯哥与西苏格兰的神经外科医院做内科医师。莱因在此只工作了6个月就被迫入伍了,此时正值朝鲜战争期间。从1951年到1953年,莱因在军队中做一名精神病医生。在此期间,莱因见识了传统精神病治疗的方法——药物、电击和胰岛素休克疗法。莱因开始对这些传统的治疗方法非常反感。1953年,莱因离开了部队到格拉斯哥的加尔托纳韦皇家精神病院,在安格斯·麦克奈文(Angus MacNiven)的指导下工作。莱因在此建立了他的第一个实验性的治疗环境——喧闹室(the Rumpus Room)。

1956年,莱因及其家人来到了伦敦。莱因开始在塔维斯托克门诊部工作,并接受了4年的精神分析学训练。莱因的分析师是查尔斯·里克罗夫特(Charles Rycroft),经过一年的分析和学习之后,D·W·温尼克特和玛丽恩·米尔纳(Marion Milner)成为莱因的临床督导。此时的莱因几乎不再迷恋大多数分析师保守的、教条的世界观以及对精神病患者贬损的态度。他开始形成自己独特的观点。

1962年,莱因被任命为兰厄姆诊疗所(Langham Clinic)的院长。1965年,莱因与大卫·库柏(D. G. Cooper)、阿龙·埃斯特森(A. Esterson)等一起成立了费城协会(Philadelphia Association,简称P. A.)。其中最著名的实践基地——金利斯会所(Kingsley Hall)得到了众多媒体的注意,莱因从一名英国的知名人士、左翼与艺术先锋派的宠儿变为一名与萨特和马歇尔·麦克卢汉[①]不相上下的国际名人。[②] 到了1970年,金利斯会所却关闭了。这时的莱因已经不再想引人注目,于是他去了印度,在那里学习了18个月的佛教冥想和瑜伽。等莱因从印度回来时,一切都已经变了。此时米歇尔·福柯(Michel Foucault)、雅克·拉康(Jaques Lacan)等思想家的思想正流行,莱因在这些思想家的思想中被埋葬了。

到了70年代后期,莱因试图重新塑造自己。他开始参与音乐及电影制作。然而,此时他的健康开始恶化。到了20世纪80年代后期,莱因遭遇了一系列危机:信誉危机、创造力危机、经济危机以及婚姻危机。1986年1月,一位病人投诉莱因酒醉行医并有违反职业规则的行为,莱因被迫接受调查,并最终被吊销了行医资格。到1987年4月,曾经闻名一时的莱因,既没有职业,又没有固定住所,也没有钱,而且身体也日渐衰老。最后,在1989年,年仅62岁的莱因在打网球时因突发心脏病而去世。

---

① Marshall McLuhan(1911—1980):现代传播学之父,地球村这个词就是他首先提出的。

② Burston, D. (2001). *R. D. Laing and The Politics of Diagnosis*. Janus Head. Special Issue: The Legacy of R. D. Laing. http://www.janushead.org/4—1/index.cfm.〈2007—2—4〉.

作为一名精神分析学家和精神病学家，莱因主要从事人际沟通、不同家庭和各种人类经验中的严重障碍问题的研究，并对精神分裂症的病因特别关注。他在工作中积累了大量的临床经验、观察和案例。在思想渊源上，莱因深受弗洛伊德、萨特、温妮克特等人的影响。弗洛伊德作为现代精神分析之父，对莱因的影响是宏观的、深远的。莱因对弗洛伊德充满着无比崇拜之情。他说："迄今为止，最伟大的精神病学家是弗洛伊德，他是一位英雄。他进入了'潜意识世界'，在那里遇到彻底的恐怖；他随身带去的理论，就像美杜莎的头，把这些恐怖变为石头。我们这些追随弗洛伊德的人，能够分享他从那里带来的知识。他成功了。现在，轮到我们证明自己能否成功，而毋需借助于一种在某种意义上只是防御性的理论。"①这段引文的最后一段也暗示了他不是完全接受弗洛伊德的理论，他还受到存在主义哲学的影响。正如莱因在他的第一部著作《分裂的自我》一书中所说："存在主义思想传统是我的主要思想来源。"②他将该书的副标题命名为"对健全与疯狂的生存论研究"，并在序言中写道："本书想通过朴素的英语，将存在主义的词汇用于讨论某些疯狂的形式。我相信这是一件开创性的工作。"③莱因对萨特的思想尤为着迷，在 1966 年，他与 D·G·库柏合著了《理性与暴力——萨特哲学十年 1950—1960》一书，请萨特亲自为该书写了序言。这本书是莱因整个职业生涯中唯一的一本对一个具体的人的思想进行研究而撰写的纯粹的理论著作。因此，萨特对莱因也产生了最直接、最深刻、最重要的影响。英国的儿童精神分析家唐纳德·伍兹·温尼克特作为莱因的临床督导，在精神上和思想上对莱因起到鼓励和支持的作用。

莱因的第一部著作《分裂的自我：对健全与疯狂的生存论研究》自 1960 年出版以来，多次再版，并被翻译为多国语言。1987 年，林和生和侯东民将其翻译成中文，成为我国学者接触莱因思想的最早的一本译著。2000 年，在郭本禹主编的《心理学通史·第四卷·外国心理学流派（上）》（总主编杨鑫辉）中，专门用一节来系统介绍莱因的存在精神病学说，可以说，这是国内对莱因的生平和思想做的较为系统和完整的介绍。近几年来，国外涌现出了大量有关莱因的文章和著作，还建立了莱因研究协会（The Society for

① 郭本禹主编：《心理学通史·第四卷·外国心理学流派（上）》，山东教育出版社 2000 年版，第 647 页。

② 莱因著，林和生等译：《分裂的自我——对健全与疯狂的生存论研究》，贵州人民出版社 1994 年版，第 2 页。

③ 莱因著，林和生等译：《分裂的自我——对健全与疯狂的生存论研究》，贵州人民出版社 1994 年版，第 2 页。

Laingian Studies,简称 SLS,网址:http://laingsociety.org/index.htm)和国际莱因研究所(The International R. D. Laing Institute,简称 ILT,网址:http://lainginstitut.ch/。)2001 年春,《双面人》(Janus Head)[1]中发表了一期莱因特别研究专辑——《莱因的遗产》[2](The Legacy of R. D. Laing)。此外,在《精神分析评论》(Psychoanalytic Review)上还发表了大量关于莱因的文章。

《分裂的自我》发表后,莱因又陆续出版了《自我与他人》(1961)、《理性与暴力》(1964,与 D·库柏合著)、《健全、疯狂与家庭》(1964,与 A·埃斯特森合著)、《人际知觉》(与 H·菲利普森和 A·R·利合著)、《经验的政治与天堂之鸟》(1968)、《家庭的政治》(1971)、《生活的真谛》(1976)、《经验的声音》(1982)等。莱因还是一位诗人,曾出版诗集《花结》(1970)。此外,莱因还参与了电影的拍摄工作,并录制了有声出版物。如电影《疯人院》就是以莱因伦敦的金利斯会所为基础拍摄的纪录片,真实地记录了金利斯会所中的生活。有声出版物《死前的生活》(1978)是将莱因的《十四行诗》配乐,莱因亲自朗诵录制而成。根据莱因学会的统计,莱因参与录制的电影和有声出版物共 19 部。

## 二、精神病的存在分析观

莱因认为,传统的临床精神病学将精神病患者从生活中孤立出来,看做单个的人、生物或精神机器。精神病医生就像修理机器一样,借助于药物制剂、电休克疗法等手段来治疗病人。莱因从存在现象学的观点出发,对传统的精神病及其治疗作了重新的解释。在他看来,精神病主要表现为一种经验整体的分裂:其一,患者与周围世界的关系出现了分裂;其二,患者与自身的关系出现了分裂。他没有能力把自己与他人"一道"加以体验,也没有能力把自己"置身于"环境中加以体验。相反,他在绝望的孤独中体验自己,并且他所体验的自己并非是一个完整的人,而是以不同方式"分裂"了的人。[3]因此,存在精神病学家要尊重患者"存在于世"的方式,努力与患者"一道存在",通过对患者的童年经历以及生存状况的了解,去理解患者疯狂的言行

① 这是一个跨学科的期刊,其重点是文学、欧洲哲学、现象学心理学和艺术。http://www.janushead.org.

② http://www.janushead.org/4-1/〈2007-01-30〉.

③ 莱因著,林和生等译:《分裂的自我——对健全与疯狂的生存论研究》,贵州人民出版社 1994 年版,第 3 页。

中隐含的现实意义及内容，将精神病患者的特殊经验置于“在他世界中的存在”(being-in-his-world)的前后关系之中来解释。莱因认为，人不仅仅是生物系统，而是从一出生开始就处于与他人的关系之中的，因此，不能将人从与他人的关系的世界中抽象出来，而应该对处于一定关系背景中的人的整体进行探讨。对正常与疯狂的判断也应该从人的背景出发，而不能仅仅根据门诊室里观察到的行为、言语或其家人及亲友的报告而得出疯狂或正常的结论。

精神病学家一直努力对正常与疯狂做出区分，因为这是精神疾病诊断的基本要求。现代的精神病学将原来医学上的“机体性的、结构性的疾病”扩展到“功能性的、精神性的疾病”，从而使对“疯子”的判断变成了作为医学分支的精神病学的诊断。作为医学科学的精神病学，试图通过收集各种精神疾病的现象，如各种行为和思维的异常表现，分析和诠释这些现象背后的本质，找出其共通性和差异性，进行分类组合，并通过实验的手段和理论的构建和阐释，分析和解释各种症状的成因和机理，建构起精神疾病的系谱，即精神疾病分类手册。[①] 比如西方现有的两大精神疾病分类系统：《精神疾病诊断与统计手册》(Diagnostic and Statistical Manual of Mental Disorders, DSM)和《国际疾病分类手册》(International Classification of Diseases, ICD)，它们分别由美国精神病学会和世界卫生组织公布，是精神病学家和其他精神卫生工作者的权威参考手册，也代表了目前对精神疾病的科学理解。

是否根据精神疾病诊断手册就可以对正常与疯狂做出科学的判断呢？莱因认为，这是不可能的。他指出，想要“公正地”把人作为“客观的”研究“对象”而非人化，那么这种“客观性”绝非科学的态度。对于一种研究人的理论，这种非人化的企图和精神分裂性人格解体一样虚假，这样物化的过程虽然打着科学的旗号，却只能得到一个虚假的真理。[②] 做出精神疾病诊断的是人，他们总是认同某些行为模式；被诊断的对象是人的某些经验和行为，因此，这种判断本身不可避免具有人为的主观性。而这种主观性的判断可能会带来严重的后果。如果一个人被诊断为患有精神分裂症，那么相应地他也将会被当做精神分裂症患者来对待。这同将一个人当做正常人来对待有着天壤之别。

当精神病医生希望自己尽可能客观、科学地观察病症时，事实上，他是

① 戴庆康：《精神疾病诊断：科学的判断？伦理的判断？》，《医学与哲学》，2005 年第 1 期，第 22～24 页。

② 中国精神障碍诊断与分类标准网 http://www.ccmd.net.cn/〈2007－01－30〉.

不会客观、中立的。正如一个人不会将微笑客观、中性地观察为肌肉收缩一样。只要我们进入与对象的关系，我们就只能以这样或那样的方式去认识他，去理解他的行为。相反，如果一位医生在面对患者时，试图从他的讲话中找出不正常的地方，或是推测他的脑细胞的新陈代谢，并以此来解释他讲话的含义，或者通过研究他的生活史来推测他为什么此刻会说这样的话，这样的做法是根本无法理解患者希望告诉我们的东西的。总之，我们可能知道有关精神分裂症的所有病理学知识，但却不能真正地理解一位精神分裂症患者。

因此，莱因认为，精神正常或精神错乱是由两人之间联系或分裂的程度来决定的，在这两人之中，有一人被公认是正常的。换句话说，把一位患者判断为精神病，主要是判断和被判断双方之间缺乏理解、存在分裂。①

莱因最初用"存在性安全感"(ontological security)来描述大部分他的时代被称为正常的人们。具有存在性安全感的人在这个世界上是活生生的、真实的，在时间上是连续的。② 莱因认为，具有存在性安全感的人能够认同他或她自己的身体，而且在环境条件允许的情况下，也能够真实地自我表露，而不会遭受毁灭的恐惧。莱因将"正常的"或"非精神分裂的"人描述为在人的存在的两极——孤独和群聚之间摇摆的人，这样的人不会经历恐慌或绝望，也不会绝望地依附于别人。与此相对，所谓的疯狂就是具有存在性不安(ontological insecurity)的个体。这样的个体觉得自己僵死、不生动，感觉不到自己在时间上的连续性，感觉不到稳定的内在一致性，也不能发展与他人的联系。同时，具有存在性不安的个体还具有三种焦虑形式：吞没(engulfment)、爆聚(implosion)和僵化(petrification)。所谓的吞没是指个体畏惧与他人、他物甚至与他自己的联系而丧失他的身份和自主性的危险，由此产生的焦虑就是吞没焦虑。③ 莱因用爆聚来说明温尼克特所谓的"现实冲击"(impingement of reality)的极端形式。莱因认为，冲击一词未能充分表达经验中对那种被现实填充的危险的恐惧，因此用爆聚来表达。所谓的僵化是指个体害怕自己被他人非人化或物化，变成没有自主性的石头或机器，由此产生的焦虑就是僵化焦虑。僵化与非人化也是日常生活中广泛运用的

① 莱因著，林和生等译：《分裂的自我——对健全与疯狂的生存论研究》，贵州人民出版社 1994 年版，第 24 页。

② 莱因著，林和生等译：《分裂的自我——对健全与疯狂的生存论研究》，贵州人民出版社 1994 年版，第 28 页。

③ 郭本禹主编：《心理学通史・第四卷・外国心理学流派（上）》，山东教育出版社 2000 年版，第 651 页。

一种手段。例如在人际关系中，当他人变得太让人讨厌时，就常常用这种手段来对付他，这时，不再对他人的感情做出反应，将他人当做没有感情的东西来处理。总之，上述三种焦虑是存在性不安的产物。而存在性不安始于童年时期，主要是由“具有精神分裂症形成因子的母亲”(schizophrenogenic mother)导致的。[①] 由于这样的母亲不能对婴儿的真正需要和感情做出肯定或反应，而只是按照自己的需要来塑造孩子，因而阻止了孩子趋向存在性安全感发展的趋势，导致婴儿将世界经验为不适宜生存的，进而产生存在性不安。莱因后来指出，尽管婴儿的第一年生活与母亲的关系是重要的，但是对于精神分裂症的起源来说，婴儿与父亲以及兄弟姐妹之间的关系也是不容忽视的。[②]

莱因在研究中发现，在那些精神分裂症患者的家庭中，母亲或其家人总是按照她们自己的需要和期望去塑造婴儿的行为和经验。在这样的家庭中成长起来的孩子，会从家人的反应中逐渐习得什么行为是可以接受的，什么行为是不可以接受的。莱因认为，所谓“好”指的是顺从家人的愿望；“坏”指的是不按照家庭守则来做事。家人会强化儿童“好”的行为而惩罚“坏”的行为。如果这样的模式继续进行下去，从某种意义上来说，孩子长大了，虽然孩子的身份被父母定义为好的、顺从的等，但是却没有任何真实的东西为他人所见。因为不管从表面上来看，这孩子是如何“好”，如何有才华，他仍然受虚假的、不真实的、无价值的、空虚的感觉所折磨，和他人没有联系。这种感情使他害怕真实的自我。在这样的环境下，儿童缺乏完整的活生生的感觉和一个真正的自我的感觉，或者说儿童有存在不稳定的感觉。

当家庭不能对儿童的行为和儿童的存在做出区分时，问题便产生了。儿童为了维持他的自我，就会采用多种分裂的防御措施。儿童认识到，别人会根据他的行为来奖励或惩罚他。因此，他便采用一个假的自我以满足别人对他的要求，而在其内部又发展一个非身体化的真实自我。而这种分裂又导致更严重的存在性不安。在这样的情况下，几乎不可避免地会产生精神分裂。

后来，在《自我与他人》中，莱因又提出了社会想象系统(social phantasy systems)这一术语。从宏观社会水平来看，社会想象系统包括宗教信条、政治的意识形态和唯科学主义的态度。这些思想形态塑造了个体的世界观。

① 莱因著，林和生等译：《分裂的自我——对健全与疯狂的生存论研究》，贵州人民出版社 1994 年版，第 191 页。

② Potter, B. Comprehending Madness: The Contextualization of Psychopathology in the work of R. D. Laing. http://www.janushead.org/4－1/potter.cfm〈2007－2－3〉.

对于其忠实的信仰者，这种思想形态中显示出来的非理性不能激起他们的质疑；从微观社会水平来看，社会想象系统包括一系列惊人的家庭神话和虚构的说法及隐喻。正常就是与特定的社会想象系统有深度认同的个体的状态，正常人也就是与社会想象系统形成共谋的个体。这种认同或共谋是无意识的，个体共享该社会想象系统，同时不能表达该系统中认为是忌讳的东西。疯狂也就是个体表现出的与社会想象系统相违背的状态。因此正如莱因所说："宁死也不愿与社会抗争的人是正常的；说自己失落了灵魂的人却是疯子。说人是机器的人可以成为伟大的科学家；说自己是机器的人却被称为'人格解体'……"①

莱因认为，我们的文明不仅压抑本能，也压抑任何形式的超越。正如马尔库塞在《单向度的人》(1964)中所表达的那样："在发达的工业社会，批判意识已消失殆尽，个人已经丧失了合理地批判社会现实的能力，丧失这种批判现实能力的人就是单向度的人。"②莱因进而认为，在我们社会单向度的人群中间，如果谁有自己独特的多向度经验，毫无疑问，他会被人群摧毁——除非他背叛自己所了解的一切。

到了后来，莱因开始质疑科学的本质。他认为正是科学异化了西方文明，限制和扭曲了人性，而正常和疯狂的定义是社会性的压迫手段。疯狂是创造力的源泉，是对病态社会的反抗与突破，是现代人的福音，疯狂高于正常。

总之，莱因认为，患者表面上看似不合理的言语或行为都能在他的背景或与他人的关系中找到合理的解释。因此，一个人是否正常，要通过现实生活中与他人关系的质量，以及一个人承担自己行为和选择的能力来判断。从精神病学的角度来说，一个人可能完全没有任何的症状，但是他却可能没有爱的能力，不能独立地对自己的行为负责。因此，莱因认为，精神疾病目前是无法测量的。但是不能测量却不代表它不存在，也不代表它对我们的生活没有重要的影响。确实，在科学的发展过程中，有许多东西并不是一开始就可以用工具来进行精确测量的，例如重力、电、原子和神经递质等。在能够测量它们之前，它们也是一直存在并对我们的生活产生影响。因此，莱因认为，我们在能够对精神疾病进行正确的测量之前，必须超越简单的症状消除的技术性工作，去理解真正的存在。

---

① 莱因著，林和生等译：《分裂的自我——对健全与疯狂的生存论研究》，贵州人民出版社 1994 年版，第 5 页。

② 马尔库塞著，张峰译：《单向度的人》，上海译文出版社 1988 年版，第 67 页。

## 三、自我的分裂

具有存在性不安的个体为了有效地生活，便采取心—身分离的手段来解决存在性不安。自我被分裂为两个部分：身体化的真实自我和非身体化的虚假自我。身体化的真实自我并不代表个体真实的自我，个体只是通过身体化的假自我来维持表面的正常，而非身体化的真实自我则观望着自己，并游离于身体之外。心—身分裂是存在性不安个体发展出来的与自身的一种关系。这是一种分裂手段，也是一种防御机制，其目的是想解决存在性不安，以便能有效地生活。但是心—身的分裂容易使各种焦虑继续存在下去，为精神病的发生提供了一个出发点。

身体是生命的开始，我们每个人都无可逃避地被约束在身体之上。身体化的人感到自己有血有肉，筋骨健全，他的自我完全内在于他的身体，他的存在没有被分离为身与心，他被身体的欲望、身体的满足和快乐所纠缠。对于他们来说，身体的开始便是生命的开始，身体的死亡便是生命的死亡。这样的人可以认为他们感到自己是身体化的。

然而还有另外一些人，他们的心—身是分离的，自我与心最具认同感，同时自我感到与身体存在或多或少的分离。个体感到身体不再是他的真实自我的核心，而成为某个假自我的核心。因而身体成了一个客体，与世界上的其他客体一样。莱因认为："在这种情形中，被分离的、非身体化了的、内在的、真正的自我，有可能怀着温柔、体贴、有趣或厌恶的心情，观望着假自我。"①这样，自我与身体分离开来，成了非身体化的自我，不能直接参与现实生活的任何内容。同时，非身体化的自我也成为所有身体行为的观望者，观察、控制、批评身体的经验与行为。莱因又对此进一步解释到："非身体化的自我成为一种过度意识（hyperconsious），它试图安排自己在生活中的地位和形象；它与自身及身体的关系可能极为复杂。"②对于心—身分离的人，身体上的伤害不能给他造成任何真正的伤害，因为"他"与他的"身体"是分离的，伤害他们的身体并没有让他们失去他们最重要的东西。

一种观点认为，身体化是正常的、健全的，而非身体化是病态的、反常的。然而另一些观点则认为，个体应该努力摆脱身体的束缚，使自己达到纯

① 莱因著，林和生等译：《分裂的自我——对健全与疯狂的生存论研究》，贵州人民出版社 1994 年版，第 59 页。

② 莱因著，林和生等译：《分裂的自我——对健全与疯狂的生存论研究》，贵州人民出版社 1994 年版，第 59 页。

粹的精神境界。莱因则认为，完全的身体化并非精神健全的标志和保障。它只是为个体提供了一个完整的出发点，但仍存在各种可能性。相反，心—身分离的人也不比身体化的人更易患精神病。

在正常人的身上，偶尔也会出现心—身分离的情况。例如集中营中的囚犯，被封闭在有威胁的经验之内、生理上又没有逃避的可能时，就容易进入到这样一种状态，竭力地试图去超越这一处境——即使不在生理上，至少也在精神上变成精神的观察者，超然和漠然地观望着自身身体的所作所为及其遭遇。

对于精神分裂性个体，他们的心—身分离并不是对特定危险的暂时反应，而是他们基本的生活定向。这种分离可以追溯至婴儿期最初几个月。对于他们来说，世界是无形的囚牢，是没有铁丝网的集中营。[①] 世界和他人对于他们而言都是一种危险。于是，自我着手寻求安全感，它的手段就是力图通过非身体化来超越这个世界。那么，他们的自我与身体之间存在着一种持续的分裂。个体自认为是真实的东西，却或多或少表现为非身体化的；而身体的经验和行为，却转而表现为假自我系统的成分。这样，他们的自我也就内在的分裂为二，即内自我系统与外自我系统。

内自我也就是为自己而存在（being-for-oneself）的自我，是非身体化的真实的自我。内自我系统并不直接地与外界真实的人和事物发生联系。莱因用下图来表示自我与外界关系的两种状态。

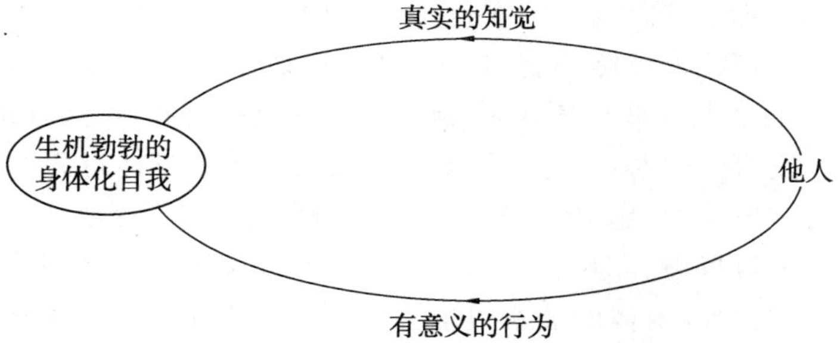


（一）

① 莱因著，林和生等译：《分裂的自我——对健全与疯狂的生存论研究》，贵州人民出版社1994年版，第71页。

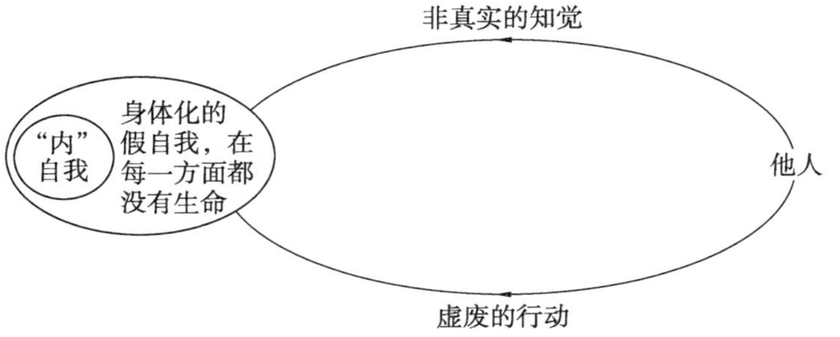


（二）

图 4－1　自我与外界关系的两种状态

从图 4－1 中我们可以看出，在正常状态下，自我可以真实地感知对象，自我的思想是生动的，行为是真实的。自我与外界之间的关系是一种良性循环的关系，自我可以与他人建立一种创造性的关系，可以彼此丰富。

而精神分裂性个体则显示了另一种状态，即个体把自己与他人的交往都推诿于一个系统，这个系统包括在他的存在之内，但不等同于他。这个系统就是一个身体化的外（假）自我系统。外（假）自我系统产生于对他人（通常是母亲或家庭中的重要成员）意愿或期望（或个体想象的他人的意愿或期望）的顺从。但是，个体在外部顺从，在内部却是抑制自己的顺从。因此，内自我与外自我的分裂正是精神分裂性个体的一种防御机制。他为了解决存在性安全感的缺失才采取这种手段来超越身体的存在，避免对自己真实自我的伤害。因为对于这样的个体而言，外界对他的任何行动或言语都只是作用在外部的假自我系统之上的，而不能真正地伤害到他真实的内自我。这样，无论外（假）自我经历了什么样的失败或成功，他的内自我都不会受影响。

外（假）自我系统是对内自我系统的补充。因为内自我系统要通过超越、非身体化的手段来使自己不被控制，它要成为真正的主体，所以它不可能是现实的。这样，外自我系统就要承担起与外部世界相联系的工作。外自我系统所表达的行为在表面上看来通常是非常正常的（如听话的乖孩子、模范丈夫），而实际上，个体在外部的顺从很大程度上是为了维护自身的存在。他认为，他这样是因为他人内心要求他这样。在假自我对外界的顺从中却隐含了恐惧和焦虑。甚至在个体的内自我中，还存在着对假自我以及他长期以来顺从的那个人的恨。精神分裂性的反常行为多系如此，即个体最初表现为驯服和顺从，最后却表现相反的意愿甚至憎恨。在某个时候，当维持个体行为表面正常的假自我的面具突然被揭去，这时的自我会突然爆发剧烈的责难，将自己的矛头直指长期以来顺从的那个人。这也就是所谓的精神病的发生。

## 四、对精神分裂症患者家庭的研究

莱因对精神分裂症家庭的研究是在乔治·贝特森(Gregory Bateson)关于精神分裂症起源的"双重约束"(double bind)沟通理论的基础上进行的。双重约束是指个人进退两难之境，在双重约束的情境中，个体不管做什么都是错的。贝特森等人认为，精神分裂症是家庭沟通系统失败的结果。1958年，在塔维斯托克诊所所长约翰·鲍尔比(John Bowlby)的鼓励和帮助下，莱因与埃斯特森对100多个被伦敦东部医院诊断为患有精神分裂症的个体的家庭进行了研究，并于1964年合著了《健全、疯狂与家庭》一书。莱因和埃斯特森在对这些家庭进行研究时，提出了社会现象学(social phenomenology)的方法，并对精神分裂症的生物医学模式进行了批判，提出了精神分裂症的家庭生成观。

首先，他们认为，社会现象学的方法要求将所有的理论前提和假设收起来，不能让理论假设污染你实际所观察到的情况。在面对极度混乱的病人时，不能预先假定他们的经验与行为的生物医学原因，也不能将其归因为无意识机制。他们认为，所谓的精神分裂症只是大多数精神病医生给那些他们认为是精神分裂症患者的病人的一个名称而已。精神分裂症患者只是给病人贴的一个标签，同时又按照这个标签来做出反应。① 我们不能预先从生物医学的角度来看待精神分裂症，把精神分裂症看成是某个人身上存在的某一确定的病理条件。因此，他们在使用精神分裂症时并不是指在一个人"身上"确实存在的某一条件。他们说的"精神分裂症患者"指的是"被做出这样的诊断并被采取了相应措施的人"②。

其次，他们认为，在排除了所有前提假设后，还要对家庭关系进行现象学的描述。他们在对家庭过程的描述进行解释时，用足球队来说明这一过程。我们在观看足球比赛时，并不是看某一个队员的行为表现，而是看足球队所有成员相互配合的方式。因此，我们在研究精神分裂症患者的家庭时，也应该对实际生活情景中所有的家庭成员进行的交互作用进行观察，而不

---

① Laing, R. D. & Esterson, A. (1964). *Sanity, Madnes, and the Family*. Tavistock Publications, p. 18.

② Laing, R. D. & Esterson, A. (1964). *Sanity, Madnes, and the Family*. Tavistock Publications, p. 19.

应该仅仅在诊室中听家庭中的某一个成员的描述。研究者应该到家庭的实际生活中去，对他们在实际生活中的交互情况进行观察。并且，还要清楚地认识到，不是家庭中的某一个人需要被"治愈"，而是整个家庭需要做出改变。

实际上，在莱因之前，卡尔·雅思贝斯、路德·宾斯万格也曾提出，可以通过现象学的方法对主流的精神病学方法进行修正、解释和深化。莱因只是比他们更激进而已。莱因和埃斯特森通过社会现象学的方法对这些家庭进行了长达数百个小时的访谈，并用录音的形式记录访谈，然后将录音整理为文字。这个过程花费了 5 年的时间(1958—1963)，最终从 25 个家庭中选出 11 个案例，于 1964 年出版了《健全、疯狂与家庭》一书。该书没有任何解释的成分，只是让案例自己来说话。但是，通过这项研究，莱因渐渐认识到，是家庭而不是某一生理结构导致个体发生精神疾病，莱因最终形成了关于精神分裂症成因的独特观点，即精神分裂症的家庭生成观。

在精神分裂症的产生问题上，莱因反对当时主流的生物医学模式，即认为"精神分裂症"是一种神经生理障碍，正是这一神经生理障碍导致了家庭出现混乱。莱因认为，不是由于某一神经生理上的障碍导致了家庭的混乱，而是反过来，由于家庭内部的混乱导致个体出现精神分裂的各种症状。

精神分裂症这一术语自布洛伊勒①首次提出以来，一直以某一特定的经验或行为方式为特征(例如妄想、言语紊乱、行为紧张等)，而且又认为这些特征主要是某一起因不明的疾病的症状或征兆。然而，莱因认为，家庭在精神分裂症的形成过程中起主要作用。但是，莱因并没有简单地排除"疯狂"的生物方面的因素，只是更关注用恰当的背景来解释这样的现象，其中最主要的背景就是家庭环境。

莱因认为，家庭是由一起生活的人们组成的复杂而相互作用的系统。家庭系统的动力和结构与人格形成有关，但是不同社会甚至不同家庭系统的动力和结构也是各不相同的。家庭是作为一个系统(system)内化(internalized)的，而不是构成这一系统的元素(element)的孤立的内化。家庭系统的元素可能是人、物或部分客体，即个体内化的"家庭"不是客体，而是关系。莱因通过自己的研究发现，被诊断为精神分裂症个体的家庭，其家庭关系通常都是极端分裂的。夫妻之间进行着隐藏的斗争，儿童在父母这种隐藏的斗争中倍感压力。由于儿童无论按照父母双方中哪一方的意愿行事都会让

① 布洛伊勒(Eugen Bleuler，1857—1939)：瑞士著名心理学家，精神分裂症研究的先驱，首倡"精神分裂症"一词，并因这方面的研究而享有盛誉。他认为早期的精神分裂症并非不可治愈的。

另一方感到不快，儿童被卷入到这种永远也不可能成功的不可能任务之中，因此儿童只有用反常的行为才能暂时缓解焦虑。这种反常的行为通常又被看做是精神分裂症的症状。

莱因认为，现代社会环境和家庭非常具有破坏性。一方面，家庭要求我们抑制我们真实的感觉，而去追求无意义的目标，阻碍了真实的（真正的）行为。等到我们成人以后，我们与我们“真实的自我”完全分离。表面看来，我们是正常的，但是实际上我们真地受到很深的伤害。莱因认为，精神分裂症是“一个人发明出来的特殊策略，以便能够在没法生活的情境中生活”①。

虽然莱因承认可能有某些易患精神分裂症的生物特质，但是他坚信，精神分裂症主要是由两方面因素导致的。一方面，由于个体处于不适宜生存的生存环境之中，因此，他不得不使用假自我来进行生活，割断真实自我与外部世界的直接联系，这导致个体自我的内部分裂。一旦假自我在某个时候突然揭去，通常认为，精神病爆发了；另一方面，个体内化了家庭的分裂的关系结构，陷入双重约束之中，最后不得不以反常的行为来缓解焦虑，这通常又被看做是精神分裂症的表现。

莱因在1967年出版的《经验的神秘化》一书中总结了家庭的功能。他认为，家庭的功能主要是压抑性本能，引导出一个假的安全意识，阻碍超越，促进尊重和顺从，尊重可“尊重之人”。莱因进而对其他人的一些观点进行了批判。例如，特奥多尔·利兹（Theodor Lidz）曾提出这样的观点：家庭的首要功能是促进适应的过程。莱因对此进行了猛烈的攻击。“适应什么?”莱因愤怒地问道，“适应社会？适应这个已经疯狂的社会?”②莱因接着解释道，从达尔文的观点来看，适应本身是没有好坏之分的。它是一个纯粹的不确定的或无道德的东西，适应不是“进步的”或“积极的”，适应就是适应。从道德或心理学的观点来看，适应实际上是个不确定的概念，表示着变化，这变化是增加还是减少我们的人性，要依环境而定。在得出结论之前，我们必须要阐明我们在适应什么，我们是如何适应的，这样才能决定适应对我们的心理健康是好还是坏。家庭作为个体最初成长的一个重要的环境，它促使我们适应什么，是否是以安全和虚假的健全来换取人的真实性呢?③

---

① Burston, D. Family, Phenomenology and Schizophrenia In: *R. D. Laing*. http://laingsociety.org/colloquia/psychotherapy/fps1.htm.〈2007—2—3〉

② Burston, D. *Family, Phenomenology and Schizophrenia* In: *R. D. Laing*. http://laingsociety.org/colloquia/psychotherapy/fps1.htm.〈2007—2—3〉

③ Burston, D. Family, Phenomenology and Schizophrenia, In: *R. D. Laing*. http://laingsociety.org/colloquia/psychotherapy/fps1.htm.〈2007—2—3〉

由于当时的英国和美国，对精神分裂症的研究主要是在医学模式下进行的，因此，精神病学界的大部分人并不接受莱因提出的观点。他们认为莱因和埃斯特森是在责怪精神病人的家庭成员。因此，莱因的精神分裂症的家庭生成观被大家忽视了。然而，莱因的观点仍有其合理性。当代精神病学一直致力于发现精神疾病的生理或生物学原因，尤其在寻找精神疾病的基因特质方面取得了一定的进展。以精神分裂症为例，到了 1990 年左右，许多研究者都确信精神疾病的起源可以追踪到一个基因，大部分研究者认为是 6 号染色体，还有一部分研究者坚持是 4 号染色体。① 基因诊断学能否真的将精神病学科学化？法国学者帕斯卡·努韦尔（Pascal Nouvel）认为，即使有导致精神疾病的基因，这种基因是神经递质受体，是构筑神经系统的砖瓦，将精神疾病归咎于神经元受体，无异于将房子住得不舒服归咎于砖块不好一样不能解决问题，因为人们想知道他的房子不舒服，而用同样砖的邻居的房子为何会住得舒服。② 还有一些研究者对同卵双生子进行了研究，试图考虑环境和基因对精神分裂症影响孰轻孰重。结果表明，同卵双生子患病的一致比率约在 50%左右波动，这就是说，环境和基因对精神分裂症的影响大约是各占一半。而从对生物研究和环境研究的经费对比中，我们发现，投入到生物研究中的经费占绝大优势。换句话说，几乎没有钱投入到影响精神疾病的环境因素方面的研究中。③ 因此，莱因的观点可能还有待时间的检验。

### 五、心理治疗观

在谈到莱因的心理治疗观时，首先必须澄清这样一个事实，即莱因本人认为，治疗中的关键因素是不能用语言充分表达的。但是，他认为在整个治疗过程中贯穿着的规律和基本结构，如治疗的顺序、节律、速度等是可以进行科学研究的。但心理治疗中真正的决定性的因素是独一无二的，而且也是难以描述和重复的。④ 正如丹尼尔·波斯特恩所说："简言之，一些经验是

① Burston, D. (2000). *The crucible of experience : R. D. Laing and the crisis of psychotherapy*. Harvard University Press, p. 72.

② 戴庆康：《精神疾病诊断：科学的判断？伦理的判断？》，《医学与哲学》，2005 年第 1 期，第 22～24 页。

③ Burston, D. (2000). *The crucible of experience: R. D. Laing and the crisis of psychotherapy*. Harvard University Press, p. 73.

④ Laing, R. D. (1967). *The Politics of Experience and The Bird of Paradise*. New York: Ballantine Books, p. 56.

语言所不能把握的，试图用语言去把握它只能造成曲解，而不是使它们更明确。无论语言多么敏锐或细致，最多也就是试探性的接近事实，就像俗语中所说的'用手指月亮'"。① 对于莱因来说，治疗的艺术在于完全地呈现在他人（遭受痛苦折磨的病人）面前，不事先判断，也不将治疗者的思维方式强加给患者。在面对患者时，不能试图从他的谈话或行为中找出不正常的地方，然后推测导致他该种谈话的生理原因，或是试图在患者的言行中找出与DSM（美国《精神障碍诊断与统计手册》）相符合的"症状"，这样"客观"地观察"病症"是不可能理解患者的。莱因主张，要把患者当做人来倾听。虽然治疗师和患者之间在理解世界的方式上存在着本质的差异，但治疗师要善于改变自己，以便进入一个完全陌生甚至错乱的世界，用精神病患者的方式去感受事物，同时又需要保持清醒，只有如此，才有可能达到对患者生存状态的理解。②

当我们看到上述观点时，一定会想到罗杰斯的来访者中心疗法。罗杰斯强调移情、不判断、不指导、不主动以及无条件积极关注。但莱因上述的观点，即对患者的理解、爱主要来自于狄尔泰的历史学解释学中关于"阐释"的思想，而不是来自于罗杰斯的思想。③ 莱因的治疗方法与罗杰斯之间的区别在于，罗杰斯的无条件积极关注是对来访者不加区别地加以肯定，而莱因认为，要彻底地承认患者的独特性和差异，承认他的独立、孤独和绝望，除了肯定和尊重之外，还包括对病人的明确的挑战，同时要能够容忍病人的恨，恨是唤起病人更真实的关系的基础。正如莱因所说："心理治疗的任务，恰如雅斯贝尔斯所说，是对患者自由的呼唤。有效地完成这一任务，则是心理治疗取得成功的标志。"④

丹尼尔·波斯特恩在《经验的熔炉》一书中总结了莱因对于心理治疗目标的看法以及对治疗师的要求：⑤

首先，治疗者应该通过移情和爱使个体恢复与他人关系的能力和个体

---

① Burston, D. (2000). *The crucible of experience: R. D. Laing and the crisis of psychotherapy*. Harvard University Press, p. 36.

② 莱因著，林和生等译：《分裂的自我——对健全与疯狂的生存论研究》，贵州人民出版社 1994 年版，第 22 页。

③ Burston, D. (2000). *The crucible of experience: R. D. Laing and the crisis of psychotherapy*. Harvard University Press, pp. 35～39.

④ 莱因著，林和生等译：《分裂的自我——对健全与疯狂的生存论研究》，贵州人民出版社 1994 年版，第 51 页。

⑤ Burston, D. (2000). *The crucible of experience: R. D. Laing and the crisis of psychotherapy*. Harvard University Press, pp. 51～52.

自我表达的能力。莱因一直强调关系的重要作用。因此，在治疗中首要的目标就是恢复个体与他人建立关系的能力，使个体能够与他人建立一种建设性的关系，消除个体的各种焦虑。

其次，通过与患者探讨他所存在的恐惧导致的焦虑(例如吞没、爆聚和僵化)来减轻或消除那些表面看来无意义的行为。

再次，帮助病人辨别真假罪感，并消除或减少后者。假的罪感一方面指的是个体由于不能达到别人所期望的那样而引起的无价值感和自我怨恨的感觉；另一方面指的是一种仅仅由于存在于这个世界而产生的弥漫的罪感，这是由于父母没有对儿童真实的自我感给予肯定导致的。真的罪感来源于个体不能实现他自己内部的真实的潜能，个体不能够表达自己真实的经验和感受，不能按照自己的主张来做事，由此引发真的罪感。通过治疗，应该让病人能够辨识真假罪感，并消除或减少后者。同时，让个体辨别出“为自己存在”与“为他人存在”之间的区别。鼓励他们按照自己的主张来做事，建立一个更真实的身份。

最后，在条件允许的情况下，治疗者要深入到患者的家庭系统之中，通过改变家庭成员对患者的认知来改变患者的生存境况。

为了达到上述的治疗目标，治疗师应该：(1) 对病人表现出机敏、谦恭和移情。(2) 充分地领会并意识到自己的机敏、谦恭和移情，同时将它们呈现出来。

治疗师不应该：(1) 事先做出判断。(2) 试图将病人的言语或经验归入到预想的诊断或理论框架之中。(3) 做过多的解释或推测，也就是说，要严格忠于手头的资料(解释的限制)。(4) 与病人的想象或他们试图去创造或保持的假身份缠在一起(要适当对患者进行质疑和挑战)。因为病人通常会认不清自己的真假自我，真假自我在病人的意识中是未分化的，病人自身难以分辨。治疗师则应该清楚地看出其中的差别，识别并指出它们。(5) 被家庭的说法所缠绕。家庭成员通常会有自己的看法，治疗师既应该进入到家庭的内部行为模式之中，又要保持自己的看法，不能为家庭成员的说法所缠绕，这样既能了解家庭内部的行为模式和看法，又能指出家庭中存在的失调的行为模式，这样才能使家庭成员看到问题的所在。

## 六、对莱因理论的评价

### 1. 主要贡献

莱因的存在精神病学做出了积极的贡献。首先，从个体存在的本体论意义上深刻地分析了精神病特别是精神分裂性疾病的致病原因。在他看来，由于存在性不安感导致个体丧失了完整的自我身份，感觉不到自己存在的真实性、生动性和意义性，时常面临着非存在性焦虑和存在虚空感，这是个体致病的根本原因。他还运用其存在分析观进一步讨论了个体自我分裂的具体过程以及自我与他人相互作用的社会关系。后来，莱因采用社会现象学的方法对被诊断为患有精神分裂症的个体的家庭进行了研究，得出精神分裂症的家庭生成观的结论。

其次，他创立的存在精神病学为精神病学开辟了新的方向。莱因拒绝用生物医学或临床的术语来看待精神疾病，因此他的学说通常被看做是“反精神病学”运动的一部分。但是莱因本人坚决拒绝给自己贴这样的标签。他认为，他从来没有否认过精神病人需要帮助的事实，他只是不相信传统的精神病学说所提供的答案而已。应该说，莱因在描述和治疗精神病方面取得了较大的成功，挑战了传统精神分析学和精神病学的基本概念。他提出的存在精神病学也正是试图克服心理学和精神病学的理论危机，为精神病学寻找另一条出路。然而，传统的精神病学与莱因的存在精神病学可能都说出了真相的一个侧面，二者的结合恐怕才能提供最贴近真理的答案。

第三，深刻地批判了西方文明。莱因后期开始对整个西方文明进行反思、质疑和批判，使得莱因进入20世纪50～60年代西方激进的、批判的、反叛的知识分子、艺术家和青年的行列，在这个行列中还有萨特、马尔库塞等。他们关注和研究“异化”问题，呼吁对西方现有的文明、制度、道德伦理乃至思维方式进行质疑，呼唤“人的自然本性”的复归。他们在某种程度上促发了西方60年代后期席卷整个西方世界的激进的社会、政治、文化运动，如法国的校园动乱、美国的人权、反越战、嬉皮士和性解放运动。通过这些运动，莱因确立了自己基本的思想地位和形象，他不仅是一位有着丰富实践经验的精神病学家、卓越的存在主义心理学家，更是激进的文化批判家、西方文明的批评者、预言家、反文化的英雄。他的主要读者并不是精神病学家，而是哲学家、社会学家、文学艺术家、宗教实践家以及其他关注思想史与当代文化现象的人。莱因的《分裂的自我》一书，到他1989年去世时，仅在英国就卖出70万册，并被翻译成30多种语言。《经验的政治与天堂之鸟》一书再版多次，仅在美国就售出600万册。

**2. 主要局限**

当然，莱因的存在精神病学说中也包括了许多消极的因素。首先，他过分夸大精神病的家庭原因及社会原因，具有强烈的反社会倾向。在他看来，精神病是由家庭和社会造成的。人们为了逃避被压抑的和幻想的世界，就需要发疯。只有在疯狂的世界里，人们才能看到通往另一世界的出路，具备了看到超自然世界的眼睛。我们认为，精神疾病可能的确具有一定的社会原因，但是，莱因却又走入了另一个极端，即过于夸大精神病的社会根源，为疯狂进行辩护。

其次，他具有反科学的倾向。到了后期，莱因开始批判“唯智论”和“唯理论”，质疑科学的本质。他认为，正是科学从根本上使自我和世界变得虚伪，从而异化了西方文明，是科学所界定的“正常”概念限制和扭曲了人性，而对反常和疯狂的定义则是社会性的压迫手段，疯狂才是创造性的源泉。这显然是错误的。

第三，他的思想缺乏系统性，方法难以验证。莱因不是一个系统、严密的思想者，在他的论著中涉猎广泛的主题，并采用多种表达形式。莱因作品形式上的自由风格一方面使莱因的思想更神秘化，使得普通读者很难理解其内容；另一方面，也表现出莱因本身思想上存在的不足，即缺乏系统性和体系性。莱因随意的自由风格使其理论缺乏严谨性，虽然涵盖很多主题与内容，但却很难形成一个像弗洛伊德等传统的精神分析学家那样系统的、完整的理论体系，这为后来的研究带来了一定的困难。此外，莱因提出的社会现象学方法更是受到了很多的批评，尤其是该种方法的客观性方面受到了很多质疑。莱因还认为，心理治疗的关键因素是不能用语言充分表达的。这使得后人很难学习他在心理治疗过程中所采用的方法和手段，更难以证实他所描述的情况，为后人实践他的理论带来了困难。

尽管莱因的思想具有明显的反理论、反科学的倾向，但作为一位精神病学家，他自己在心理治疗时，却善于使用临床精神病学、精神分析、社会心理学和生理学的有关知识。特别是他在治疗那些看来没有希望的精神病人方面取得了很大的成功。

# 第五章

# 结构主义精神分析学的创建

结构主义精神分析学诞生于20世纪50～60年代的法国，由法国著名精神分析学家雅克·拉康所独创。结构主义精神分析学常常被研究者称为语言学精神分析、后现代精神分析或后现代文化主义心理等，从命名的多元化可以一窥其理论的多学科性和文化性特色。结构主义精神分析学在法国产生，是20世纪早期法国独特的社会文化氛围的体现，也是创始人借助其雄厚的理论基础发挥其独创性的结果。拉康的一生受到现代科学和文化的广泛影响，其学说也有着得天独厚的理论基础和方法论优势，他站在弗洛伊德、索绪尔和黑格尔等巨人的肩膀上，用结构主义语言学的方法来解读弗洛伊德的精神分析学，提出了"潜意识具有类似语言的结构"、"分裂的主体"、"话语治疗"等重要的概念和命题。拉康的独创性和科际整合能力，也使他成为结构主义和后现代主义思潮的重要代表，影响了心理学、哲学和文化批评等众多领域。

## 第一节　结构主义精神分析学的产生与特点

### 一、结构主义精神分析学的产生

#### 1. 法国精神分析运动的兴起

拉康生活的时代正是精神分析学被法国学术界接受并加以推广的时

期，这一背景为拉康转向精神分析学并传播其学说创造了有利条件，当然，拉康也为精神分析学在法国的普及做出了不可磨灭的贡献。

第一次世界大战之后法国社会出现的经济和政治的震荡为其精神分析运动的兴起创造了社会条件。1914 年至 1918 年，第一次世界大战爆发，俄国、德国及奥匈帝国相继爆发了无产阶级革命，法国工人以举行多次罢工来做出响应。资本主义国家的大资产阶级加重了社会政治压迫，使得各国的法西斯主义气焰嚣张。1929 年至 1932 年的世界经济危机爆发前夕，法国于 1926 年爆发了严重的货币危机。面对经济和政治的震荡，法国的资产阶级知识分子产生了恐惧、迷惘和各种各样的失望情绪。他们对资产阶级文明失去信心，对无产阶级的革命却又心怀恐惧，因而看不到社会的希望。就在这时，他们抓住了精神分析这颗救命稻草，试图以此作为摆脱传统文化加之于头上的道德限制和社会限制的一种手段，从而间接地为精神分析在法国的传播开辟了道路。1919 年，法国著名的精神病学家拉福格(R. Lafergue)作了一个报告，说明了精神分析疗法对神经症具有较好的疗效。人们通常将这件事作为法国精神分析运动开始的标志。直到 1926 年法国才建立了正式的组织“巴黎精神分析协会”，到 1939 年其成员发展到 40 余人。因此，法国精神分析的真正历史是从 20 年代才开始的。

在法国最初接受并传播精神分析学说的，主要是一些超现实主义文学家和艺术家。可以说精神分析主要是通过超现实主义艺术传到法国的。超现实主义运动于 20 世纪 20 年代产生于法国巴黎，弗洛伊德的精神分析学说是其最重要的理论基础之一。超现实主义艺术反对传统社会的理性、逻辑、道德，在其作品中注重潜意识，即梦、自由联想、象征、幻觉等，这些潜意识都不受“自我”(ego)的任何监督。他们的艺术主张有两点：一是所谓“无意识书写”(或称“自动写作”)，认为要达到绝对的真实，写作应该是纯无意识的，不应受任何理性支配；二是幻觉和梦境，因为幻觉和梦境是潜意识的主要活动场所，它们纯粹由偶然性所构成，理性和逻辑在其中不起任何作用。超现实主义者们最喜欢的一句话是：“雨伞和缝纫机在手术台上相遇，这也是美。”[①]他们强调偶然性，对某种超乎现实之外的未知现象表现出强烈的兴趣。20 世纪 20～30 年代，拉康与超现实主义者有过频繁的接触，并且在超现实主义者的杂志《弥诺陶洛斯》(Minotaure)上发表文章，因此超现实主义者的理论特点、艺术主张及写作风格等无不深深地影响了拉康。拉康后来强调能指(signifier)与所指(signified)之间关系的任意性，强调潜意识

① Sarup, M. (1992): *Jacques Lacan*. New York: Harvester Wheatstsheaf, p. 21.

的话语等,无不与此有关。超现实主义作家善玩文字游戏以及语言倒乱等特点直接影响了拉康的语言和写作风格,使用玩笑和双关也成为拉康的特殊风格之一。此外,超现实主义者重视对心理现象的语言学表达,认为病理现象不是无意义的,而是一种具有自身明晰性的表达方式,他们最先意识到了精神分析主要是一个语言问题。拉康的著名论断"潜意识具有类似语言的结构"在这里已埋下了伏笔。有人甚至指出,某些超现实主义者的文本已预示了拉康派理论的许多方面。

精神病学领域中弗洛伊德的信徒主要有拉福格、阿伦迪(R. Allendy)、博雷尔(A. Borel)、赫斯纳尔(A. Hersnard)等人,他们接受了弗洛伊德学说中具有临床、治疗价值的方面:如从个性的心理结构中、从神经症患者的行为中去寻求精神病的原因,注意个体的内心冲突,着重探讨神经症产生的潜意识心理过程,力求揭示这些过程在病人生活中的意义和作用。除了上述方面之外,使法国心理学家更感兴趣的是潜意识的具体内容。他们试图通过精神分析来揭示心理的本质及其机制,来解释人的行为,并通过精神分析找到一条使个体和周围之间的关系更加协调的现实途径。正在接受精神病理学教育的拉康,从精神病学家和心理学家那里直接吸收了弗洛伊德的理论并用于自己的研究。他于 1931 年发表的《同时发生的疯病》(与克洛德[Claude]合作)和《受启示的写作:论精神分裂症患者的书写法》(与米高特[Migault]等人合作)等文章及其博士论文,主要研究歇斯底里、偏执狂、虚妄症、语言紊乱症、家庭关系(亲子关系)等问题,这些均已触及病理心理学问题。1930 年 7~8 月间拉康去苏黎世跟随荣格(C. G. Jung)和宾斯万格(L. Binswanger)学习精神分析学。随后又从师于波兰籍的精神分析学家列文斯坦(R. Loewenstein)接受精神分析的训练,并于 1934 年加入巴黎精神分析协会,从组织上完成了由精神病理学家向精神分析学家的转变。可以说,法国精神分析运动的兴起及拉康所受的精神分析的训练和教育,为他的结构主义精神分析学的诞生准备了社会条件和文化底蕴。

**2. 黑格尔辩证法的启示和存在主义哲学的影响**

拉康在大学时攻读哲学专业,尽管他对医学的兴趣使他最终走上了精神病学和精神分析学的道路,但他的哲学功底是深厚的,而且他与哲学界的联系也从未中断,这反映在他的精神分析理论中浓重的哲学韵味。拉康最早接触而且对他的学术思想产生较大影响的就是黑格尔的哲学。30 年代,拉康参加了著名哲学家、俄国流亡学者科热夫(A. Kojeve)的黑格尔哲学讲座。拉康从黑格尔关于自我意识、主体以及主体之间相互信赖性的辩证关系的论述中受到深刻的启迪。例如,拉康将黑格尔有关"意识"的论述和弗洛伊德的“自我”论巧妙地揉和到了一起。在黑格尔的《精神现象学》中，主观精神从灵魂发展到“意识”阶段，“灵魂”自身称为“自我”，灵魂的内容则成为外在于“自我”的独立对象，因而“意识”就是“自我”对外在的、异己的对象的认识。在拉康那里，“自我”是婴儿的镜像，是外在于主体的东西，婴儿的“自我意识”或对自身的认识首先是从认识镜像开始的。从1936年至1953年的《罗马讲演》这段时间，拉康重点探讨了“自我”、“主体”等问题，他的思想重点就是在黑格尔辩证法的基础上，将自我从弗洛伊德的生物学条件的束缚中解放出来，改而置于一个主体间性或互动性(intersubjectivity)的层面上来理解。自1953年之后，拉康开始重视语言的问题，即语言和主体间性的关系。在其思想中，索绪尔和列维—斯特劳斯等人的影响日益显露出来。

拉康所持的结构主义观点是与存在主义截然对立的。然而，尽管拉康曾批评存在主义关于绝对自主性的观点，批评它的悲观主义论调，但在欲望的本质、言语观等几个方面，拉康显然受到了存在主义的代表萨特和海德格尔的影响。

拉康首先认为萨特是黑格尔的追随者，从而为他借鉴萨特的观点找到了依据。萨特在《存在与虚无》一书中讨论的自我(self)与他人(other)、看(seeing)与被看(being seen)、顺从(humiliation)和控制(domination)等诸对二元对立因素的辩证分析，影响到拉康对异化、主体间性、性变态等问题的讨论。

与存在主义者的关系上，他除了曾与萨特关于“他者”的概念和与梅洛—庞蒂(Maurice Merleau-Ponty，1908—1961)关于“身(body)”的概念展开过辩论之外，他还把海德格尔晚期的著作译为法文，吸收了海德格尔的语言、诗和真理的观点。拉康把欲望定义为“存在的匮乏”，把语言看做是先于主体的存在，主体在语言中被构成，他的这些观点都深受海德格尔的影响。

海德格尔关注的中心是存在的意义，这一问题把他导向语言。存在在语言那里表现自身，语言把存在表达为一种思想。在海德格尔那里，尤其在后期的著作中，揭示出语言表达存在这一思想。因而，存在寓于语言之中。在存在与语言的关系上，海德格尔和拉康的共同之处相当明显：他们都反对语言是人的意志扩展的工具的传统观点，他们都同意：“人行动起来似乎是语言的塑造者和主人，而实际上语言是人的主人。”[①]他们均以不同的方式提出，我们被锁在语言的牢狱之中。无论海德格尔还是拉康都不仅仅对说明

① Sarup, M. (1992): *Jacques Lacan*. New York: Harvester Wheatsheaf, p. 38.

(explanation)感兴趣，他们更加热衷于解释(elucidation)和阐明(illumination)。他们不仅去提供信息，而且激起热情。

拉康对海德格尔的阅读极大地影响了他的语言思想。比如，他吸收了海德格尔的闲谈(gerede，idle talk)和话语(rede，speech 或 discourse)的区分，进一步把言语分为空的言语(empty speech)和实的言语(full speech)。这两种区分均以言语的可信与不可信为划分标准。海德格尔在存在主义的话语的可信和不可信形式之间作了重要的区分。他认为话语是言语的可信形式，可以称之为“说”(saying)，它与我们对言语的反应能力相一致，因此如要真正地对存在的声音做出反应，即真正地去听“说”的话，必须保持沉默。相反，话语的不可信形式就是闲谈，它是一种人们无心的或不加思索的议论。海德格尔认为，与他人的对话很容易退化为闲谈。一旦讲话者不再对他人的讲话做出个体的反应时，闲谈就发生了。拉康受此启发，认为在分析性会谈中，也存在着言语的可信和不可信形式。对拉康而言，当主体(被分析者)陷入迷宫般的语言结构体系——能指网络之中时，陷入老一套的、病理学的对话时，主体讲的就是不可信的空的言语，这时不是主体在说话，而是主体被话说着，主体与其言语产生了分离。空的言语是被异化的、不可信的形式，阻塞着实的言语的可能性。在由空的言语向实的言语转变的过程中，主体为了接受它在主体间性的领域中的真正的位置，而逐渐放弃了想象的自我的自主性。因此，到达实的言语就意味着主体不再象谈论一个客体一样谈论自己，而是超越了自我所遵循的语言，开始对他者讲话。

**3. 结构主义思潮的影响**

20 世纪 60 年代，在法国思想界出现了一股强大的人文科学思潮，这股思潮开诚布公地宣称它是与二次世界大战以来统治法国哲学界近二十年之久的现象学和存在主义思想相对立的，由于属于这个思潮的思想家们都是在“结构”(structure)或与结构相邻近的概念(如福柯的知识型式)的旗帜下从事自己的具体研究，因此该思潮被称为“结构主义”(structuralism)。具体而言，结构主义不是一个学派，而是一种思潮或一种方法。作为一种方法，它被广泛运用于自然科学、逻辑科学和人文科学之中。拉康生活在一个结构主义语言学和结构主义哲学积极发展的时代，因此结构主义的方法影响到他的整个理论也是必然的。

结构主义思潮发端于索绪尔(Ferdinand de Saussure，1857—1913)创立的结构主义语言学。索绪尔强调共时语言学的研究，认为语言“是一个自在的整体”，是一个具有内在理智性的结构体系。他的符号理论以及对语言(法文为 Langue，英文为 Language)和言语(法文为 Parole，英文为 Speech)

的区分，对言语活动（法文为 Langage）两个轴线的研究，成为他对语言学的主要贡献，并对后世的语言学、符号学和音位学等产生了难以估量的影响。布拉格音位学派的雅各布森（Roman Jakobson，1896—1982）是其语言学思想的主要继承人之一。40 年代以后，结构主义语言学以其严密的方法论启发了人文和社会科学的众多学科。结构主义语言学的大量术语涌入其他社会学科，其分析方法渗透到诸如人类学、哲学、心理学和文艺批评等领域。这样，结构主义从一种语言学理论演变成一股对社会科学各学科几乎都产生影响的思潮，成为一种哲学的方法论体系。

结构主义方法论的基本特征是：(1) 关系决定要素。认为对象内部诸要素之间以及对象与对象之间处于复杂的关系网络之中，只有说明关系才能适当解释整体、部分和要素，关系对于要素有优先的重要性。(2) 秩序就是本质。直接呈现在人们眼前的东西只是现象或表层结构，只有借助理智力量把握的深层结构才是隐藏在现象背后的内在秩序。秩序就是对象内部的结构方式。(3) 重模型轻事实。认为实际事物是通过间接的符号表现出来的，必须把对事物的研究从观察描述水平提高到模拟化或模型化水平。社会文化的研究也要运用自然科学的方法，从定性研究提高到量的把握。(4) 用“共时性”(synchrony)代替“历时性”(diachrony)。强调从横向而不是从纵向揭示对象的内在结构，试图从复杂现象中发现恒定的结构规律。

拉康对弗洛伊德的重新解读取道索绪尔的结构主义语言学。正如他所言，如果没有语言学这门新科学的出现，他所尝试的理论整理是不可能实现的。索绪尔结构主义语言学的基本观点是把语言看做一个由语言符号组成的结构体系。语言符号是语言的基本单位，由一个概念与一个声音形象即“所指”(signified)和“能指”(signifier)联结而成，所指与能指之间的联系是“约定俗成”的，即符号具有任意性。这种任意性导致所指与能指之间的分裂。拉康受此影响，把人的整个心理现象视为具有内在结构性的系统，符号的任意性说明了从能指到所指、从语言到意义或从人类行为到其心理含义之间没有必然的、自主的或自明的转换。在精神分析中，人们要注意的正是能指与所指之间的这种断裂和不稳定的关系。这也正是精神分析学依赖于解释的原因和可能性。从另一位语言学家雅各布森那里，拉康继承了隐喻和换喻的表达。拉康确信语言在本质上是隐喻的，语言的这种隐喻特性可以使它指代超出其字面意义和所指对象的另外某种东西。因而，在说出话语的后面存在它原想说的意思，而在它原想说的东西背后还有另外的意思。潜意识就是在这种话语的层层剥离中发现的。拉康正是借助于结构主义语言学对语言及其规则的理解，把它同潜意识联系了起来。

拉康对结构主义方法的运用，同他对列维—斯特劳斯（Levi-Strauss，1908—）的某些观点的借鉴有着密切的联系。列维—斯特劳斯是结构主义的创始人，他第一个将结构主义语言学的方法运用于人类学研究，使索绪尔对结构主义思潮产生巨大影响。列维—斯特劳斯在索绪尔的语言符号系统基础上进而提出，应当把我们赖以生存的人类社会看做符号系统的集合，其中最基本的符号系统是语言、婚姻规则、经济关系、艺术、科学和宗教。这些符号系统的一个共同特点是，系统中的个别成分本身无意义可言，单个成分只有与系统中的其他成分形成一种结构关系之后才能产生意义，如同语言符号的意义只能通过与其他符号的关系才能显示出来一样。因此，系统优于要素，整体的秩序优于秩序内的个别成分。他认为，一切社会文化现象都是由结构决定的，而各种结构最终又是人类“潜意识活动”的产物，是人的潜意识活动的一种“投射”（projection）。列维—斯特劳斯引进符号系统概念的目的在于说明某种整体性的或群体性的意义，会先于个别主体的经验而存在，可以说某些社会的法则或现象是不会以个别主体的经验为转移的，语言就是这样一种特殊的文化现象。例如乱伦禁忌，它是通过婚姻交换关系建立起来的，和语言一样对社会中的所有成员都具有强制性。列维—斯特劳斯从社会的角度出发，论证分析了正是有了乱伦禁忌，社会的文化秩序才建立起来，家庭结构才显示出对所有自然秩序的一种超越。拉康从列维—斯特劳斯那里接受了“象征的”这一概念，将其转化为他的精神分析学中与“想象的”和“真实的”鼎足而立的重要概念。在他看来，儿童必须通过掌握语言，抛弃对母亲的乱伦欲望，才能进入符号的和象征的秩序这一文化领域。列维—斯特劳斯和拉康在理论观点上是互相借鉴的，结构人类学的许多概念丰富了拉康的精神分析学；反过来，拉康的精神分析学也使列维—斯特劳斯受到很大的启发。他们两人都关心潜意识的结构，只不过列维—斯特劳斯关心的是集体的、社会的潜意识，而拉康则关心个人的潜意识结构，他们两人分别从社会的“外界”和心理的“内界”为结构主义运动奠定了基础。

在结构主义方法论的指导下，拉康对弗洛伊德的精神分析学进行了重新解读，以期把精神分析学提高到科学化的水平。拉康的这种解读赖以使用的工具就是以索绪尔和雅各布森为代表的结构主义语言学和列维—斯特劳斯的结构主义人类学。我们将在拉康的潜意识理论和主体理论中看到结构主义方法论的影响。

### 4．与主流精神分析学的对立

拉康自其理论奠基时起，似乎就与当时处于权威地位的自我心理学有着不可调合的矛盾，他总是不失时机地来批评美国的自我心理学。美国的自我心理学主要是由来自欧洲的移民精神分析学家建立的，代表人物有哈特曼（H. Hartman）、克里斯（E. Kris）及列文斯坦等人。他们继承了弗洛伊德的自我理论和临床治疗观，强调个体对现存社会条件的协调和适应。认为自我与个体的神经性冲突没有必然联系，而是存在一个“非冲突区”（conflict-free sphere）（即自主的自我[ego of autonomy]），它可以自由行动和决择。他们认为，分析的任务是强化自我以抵制超我和伊底（Id）双方加之于它的要求，也就是发展一个强有力的自我。拉康针对自我心理学家的观点和方法进行了驳斥，在与自我心理学家的对立和辩论中提出了新的精神分析治疗目标，发展了自己的一套治疗理论和技术。

拉康与自我心理学的对立主要表现在潜意识和治疗观两个方面。自我心理学家强调精神分析学的临床方面，并注重在意识的层面上研究精神分析学的理论，尤其强调自我对现实的适应问题。而拉康主张从内部的潜意识入手，发掘弗洛伊德精神分析学的文化与哲学方面的意义。因此，拉康的矛头首先对准了自我心理学家的自我观。他反对存在“自主的自我”或自我的“健康部分”。他反问说，我们怎么知道自我的哪一“部分”是“健康”的呢？如果承认自我的“健康部分”，就等于假定分析的目的只有通过认同分析者的自我才能达到，精神分析的目标就是使病人像分析者那样看待世界，分析家的作用只是与本能和驱力作斗争的“健康”的自我力量的助手。对拉康而言，自我是敌人，自我的根源在镜像阶段。拿在母亲手中的镜子，为处于发展初期的、肌肉无力的婴儿提供了他自身完整、统一的形象的初始观念。如我们后面将要看到的，自我是由“异化的认同”（alienating identifications）构成的，是误认的产物。自我是儿童的镜像，因而自我基本上是不可信的。按照拉康的观点，自我不是自主性的，而是从属于并异化于他人及其影像，自我在其发展过程中认同它们。他认为，如果分析以被分析者认同分析者而告终，那么这就是失败的分析。在最终的治疗中应该消除的是自我的盔甲、自恋妄想的玻璃囚笼。

弗洛伊德有一句名言：“哪里有伊底，那里就有自我。”自我心理学家非常喜欢这句话，因为在他们看来它给予了自我以首要性：“原始的”伊底经过“中性化”（neutralization）发展成为“理性的”适应良好的自我，自我结构就可以自由地起到自主的作用了，因而自我产生之后便独立于伊底，并对伊底起着监督、控制的作用。拉康则反其道而行之，强调自我对伊底的依赖性，因为自我必须接受来自伊底的能量。因此这句名言应译为：“伊底过去在哪儿，自我就必须来到那儿。”拉康坚持认为，潜意识能量的王国远不是要求更为强硬的看守和来自自我的控制，而是毫无疑问地提供这样的恩惠，“它恰是主体的场所，是真实性的仓库。”①

在治疗观方面，拉康与自我心理学家也是针锋相对。首先，自我心理学家非常重视精神分析的临床作用，而拉康则认为临床治疗在精神分析之中只是一种副产品，精神分析学本身不是一种治疗体系，不是一种解释性或护理性知识的方法，而应该是关于聆听和探求欲望的一系列技术。这也反映了拉康对精神分析的学科性质的看法，他强调其科学性、人文性，反对其医学化倾向。他认为精神分析更应该是一种感召而不是一种职业，应是一门科学性的学科和一种个体研究及自我发现的过程。其次，在治疗的具体问题上，如会谈时间、分析者的解释等问题上，拉康也一反传统，发表了自己独特的见解。此外，拉康还主张分析者与病人应建立一定的社会关系，提出了对丈夫和妻子双方同时进行会谈的治疗方法，认为非专业的精神分析医生经过适当的训练可以加入精神分析学会等。所有这一切都使他与自我心理学家形成了尖锐的对立，并导致了他们之间日益加剧的理论鸿沟。

除了上述学术观点上的分歧之外，拉康对自我心理学在国际精神分析学会中的权威与霸主地位也是耿耿于怀。他认为自我心理学家使精神分析学“医疗化”的结果是使之不健康地适应了美国的狭隘作风和权威主义，而自我心理学家的成功又使他们的所有主张得以合法化，其假设也可以付诸实施。拉康还激烈地抨击：“美国的弗洛伊德主义者已失去了他们的立场，甚至不能认识到他们自己的理论上的自恋性质。”②他责备他们片面采取了行为主义的某些观点，把人当做机器，他把他们的分析训练的观点比拟为一个武断的驾驶学校，“这个学校不仅要求有发放驾驶执照的特权，而且要求去监督汽车的制造”③。由此可见，拉康与自我心理学的对立不仅是学术上的矛盾，而且带有一种精神分析的政治色彩。

自我心理学自认为是最正统的弗洛伊德学派，而在拉康生活的时代，也正是自我心理学的发展、成熟时期，因此与当时权威的精神分析学派相抗衡的结果，是他受到了国际精神分析学会的排挤和压制。一向具有反抗精神和执着性格的拉康借机提出了“回归弗洛伊德”的口号，试图在弗洛伊德的文本中寻找对他有利的理论根据。他之所以打出这面旗帜，一个目的是向操纵国际精神分析学会的美国自我心理学家提出挑战，另一重要目的就是

① Sarup, M. (1992). *Jacques Lacan*. New York: Harvester Wheatsheaf, p. 73.

② 库兹韦尔著，尹大贻译：《结构主义时代：从莱维—斯特劳斯到福科》，上海译文出版社 1988 年版，第 134 页。

③ 库兹韦尔著，尹大贻译：《结构主义时代：从莱维—斯特劳斯到福科》，上海译文出版社 1988 年版，第 134 页。

创建自己独特的理论体系。为了回归弗洛伊德，拉康利用了当时种种知识领域所能提供给他的各种方法和手段。如黑格尔的辩证法语言和19世纪人类学的资料，以研究亲属关系结构和索绪尔语言学为基础的结构主义方法论，现象学和存在主义哲学的某些观点，还有儿童心理学、逻辑学、语言学和数学等领域的知识，以此为工具，成功地解读了弗洛伊德的精神分析，并在有意与无意中创建了新的理论分支——结构主义精神分析学。

## 二、结构主义精神分析学的特点

结构主义精神分析学的创立是与拉康所谓的“回归弗洛伊德”的行动相一致的。但是，拉康对弗洛伊德的回归，决不是一种简单的补充，也不是在弗洛伊德的原始文本上附加一种新的成分，而是对弗洛伊德的肯定，对其理论思想的发展。因而，拉康的“回归”更应是一种创新，拉康对精神分析的特殊贡献，便是他创建的结构主义精神分析理论体系，他在一种新的方向（或如他自己所说，沿着弗洛伊德一开始就指明的方向）——结构和语言的方向上推动了精神分析学的发展。因此，结构主义精神分析学表现出不同于其他精神分析分支的独特之处。

第一，继承了古典精神分析理论的主要方面，同时在解读过程中加以改造。弗洛伊德自认为精神分析理论的三个奠基石分别是潜意识的心理机制、阻抗和压抑机制、性本能的重要性。而潜意识又是整个精神分析学派的基本命题，也是学派内部最少发生分歧的命题。拉康重视弗洛伊德所强调的潜意识在人们生活中的重要性，而且他回归的目标也是直指弗洛伊德的潜意识论。他不仅同样以梦、症状、语误和倒错（他又增加了双关语）等现象作为潜意识出现于意识的方式，而且承认凝缩和移置是潜意识的主要活动机制，潜意识的欲望是人的最深层次的欲望。他也重视对自我及人格结构的探讨，只不过在其性质和命名方式上发生了变化。拉康虽然反对“医学化”的美国自我心理学，却未抛弃精神分析对精神病和神经症的治疗作用。

拉康不仅在基本理论观点上继承和发展了弗洛伊德的思想，而且对弗洛伊德的基本概念也采取了扬弃的态度。拉康认为弗洛伊德有四个基本概念，分别是本能、潜意识、重复和移情。他本着忠实于弗洛伊德主义传统的精神，对这四个基本概念进行了一番阐释、说明和重建相结合的工作。

第二，结构主义精神分析学的方法是人文科学的结构分析。拉康把语言学和结构主义的方法引入精神分析领域，建立了一套迥异于传统精神分析的结构主义精神分析理论体系，从而把精神分析的医学分析模式转变为一种语言学的人文模式。他借助索绪尔对语言和言语的区分以及雅各布森对隐喻和换喻的作用的发现，同时把结构主义热衷于追求深层结构和弗洛伊德对潜意识结构的兴趣结合起来，得出全新的诠释话语，认为“潜意识具有类似语言的结构”、“潜意识是他者的话语”。潜意识的活动规律——凝缩与移置可以等同于语言学或修辞学中的隐喻和换喻机制。人类主体在语言中并通过语言建构起来，同时，主体又被语言分裂为两部分：说话的主体和潜意识的主体。真实性只能在潜意识的话语中揭示出来。

相应于潜意识的改造，拉康把精神分析治疗界定为一种话语疗法，认为精神分析不是针对于治疗的一门准医学的技术，而应是一门科学性的学科和一种个体研究及自我发现的过程。分析者与被分析者之间的关系是听者与说者的关系，是一种话语交流，这种交流以语言关系中的主体间性（或互主性）为基础。

第三，结构主义精神分析学具有反生物学倾向和文化性特征。弗洛伊德的精神分析以达尔文的进化论为基础，它根植于生物学和物理学等自然科学。而拉康的研究却带有强烈的反生物学倾向，他更重视文化的而非“自然的”驱力，更重视人类学和社会学的影响。他的镜像阶段论的提出以及由镜像阶段发展为俄底浦斯情结期，本身就是对弗洛伊德力比多理论的否定。而他的主体三层结构理论更是对弗洛伊德主体或人格理论的颠覆。

第四，结构主义精神分析学不仅是结构主义的，而且带有后结构主义（解构主义）的特征。拉康所创立的结构主义精神分析学与结构主义的关系是复杂的。在 20 世纪 60 年代结构主义运动兴盛之时，拉康大胆地把索绪尔封闭的语言符号体系与心理学观念相结合，开创了一个新的理论模式，他自己也由此成为法国结构主义的重要一员。在拉康的理论中，重视潜意识的结构、主体的结构特征，极度推崇结构主义语言学的方法论意义，强调“他者”的重要性，这一切均显示了结构主义注重整体、深层结构和崇尚理性的特征，是拉康结构主义思想的体现。但是，拉康的理论中又明显带有后结构主义的特征。比如，他在阐明其主体观时明确地指出，由于语言的分割和异化作用，主体和另一个主体的关系、主体与其潜意识的关系只能处于不稳定的断裂状态中，绝对意义是永远难以实现的目标，这是解构主义消解一切终极意义的体现。拉康把能指看做意识言语，所指则是潜意识言语，同时他又认为人是潜意识的主体，从而消解了言语的中心性和主体在意识言语中的中心地位，这是他的解构主义思想的极端表现。

# 第二节　拉康的结构主义精神分析学

## 一、拉康的生平与著作

雅克·拉康
(Jacques-Marie-Emile Lacan,1901—1981)

雅克·拉康(Jacques-Marie-Emile Lacan,1901—1981)1901年4月13日出生于巴黎一个中产阶级家庭,1981年9月9日卒于巴黎。他是阿尔弗雷德·拉康(Alfred Lacan)和爱米莉·鲍瑞·拉康(Emilie Baudry Lacan)的长子,其后还有一弟一妹。拉康出生的这一年正是弗洛伊德的成名作《梦的解析》出版的第二年和《日常生活中的心理病理学》发表的当年。童年时期他在当地一所很有名气的耶稣教会学校——斯坦立斯拉斯中学接受教育。中学毕业后,拉康进入法国最负盛名的高等学府之一——巴黎高等师范学校学习哲学。除此之外,他还到巴黎大学医学系学习精神医学,并多次到巴黎或巴黎附近的圣—露易医院、拉莱克医院、突索医院实习。30年代跟随荣格和宾斯旺格学习精神分析学,随后又从师于波兰籍的精神分析学家列文斯坦接受精神分析的训练。由此,拉康在原有的医学知识的基础上开始朝研究精神病等方面发展。

1932年拉康在实习与研究的基础上,完成了博士论文《论偏执狂病态心理及其与人格的关系》。拉康的博士论文在其思想发展中起了承前启后的作用,他研究了许多患妄想症的病人,开始对他们的语言的紊乱感兴趣。他的研究使他确信,病理现象的产生不会完全脱离主体的人格。他的博士论文标志着他的兴趣逐渐由医学和精神病理学转向精神分析学。1936年在捷克马里安巴德(Marienbad)举行的第14界国际精神分析学大会上,拉康提交了论"镜像阶段"(the mirror stage)的论文。"镜像阶段"是主体形成的初级阶段,也是拉康后来所有理论的奠基石与出发点。关于"镜像阶段"的论文是拉康精神分析学理论形成的第一个重要里程碑。因此,"镜像阶段"不仅是儿童主体或自我形成的初始阶段,也是拉康理论形成的初始阶段。

从1945年开始,尤其是50年代以后,拉康以精神分析学家的身份闻名于世。1953年7月,他在新成立的"法国精神分析学会"召开的第一次科学讨论会上作了题为《象征、想象与实在》的报告,首次提出了"回归弗洛伊德"(Return to Freud)的口号。同年9月,在罗马举行的第17界国际精神分析学大会上,拉康所作的题为《言语与语言在精神分析学中的作用与范围》的大会报告(通常称为"罗马讲演"或"罗马报告")异常成功,引起于会人员的强烈反响,使拉康获得巨大的国际声誉。"罗马讲演"是拉康思想形成的第二个里程碑,它标志着拉康开始放弃对黑格尔的追随,而把索绪尔的结构主义语言学和弗洛伊德的精神分析学结合起来,构建他自己的结构主义精神分析学体系。由此,拉康开拓了一个崭新的研究领域,进入他思想历程的第二阶段。是年,52岁的拉康开始了直到他逝世为止、长达26年之久的研究班讲演(Seminar)(每周或两周一次),能这样几十年如一日地开展讲演也是拉康的一大奇迹。这些讲演的最初目的是训练精神分析学家如何返回并真正阅读弗洛伊德的原始文本,但更重要的却是发展和扩大了精神分析学的理论。研究班讲演使拉康将法国知识界众多名流以及一大批优秀的青年精神分析学家聚集在他的周围。

1966年拉康的《文集》出版,达到了6周之内销售3万册的惊人记录。《文集》是一本长达900多页的晦涩、深奥的学术著作,收集了拉康1936—1966年发表在各种刊物上的28篇论文。尽管拉康的精神分析学的主旨是要说明潜意识与语言的关系,但他却用晦涩的语言来阐明深奥的理论,他甚至经常玩文字游戏,以验证语言的潜意识。拉康在《文集》的一开始就对自己的写作风格作了说明:"文如其人。"的确,拉康的写作风格与其人格特点是极其相吻合的。随后,《文集》的日文、英文和德文版本也先后问世,拉康分别为之作序。① 他的《论无线电传声技术》和《论电视》两部文稿分别于1970年和1974年在比利时和法国电视台播出。在拉康《文集》出版以后,其女婿雅克—阿兰·米勒(Jacques-Alain Miller)遂酝酿出版他的多个讲演。到20世纪80年代中期,以法文出版的讲演已有8个,英译本亦有6个。

1974年拉康被邀请到比利时的卢汶大学、意大利的罗马大学讲课。1975年秋他还被邀请到美国各个著名的大学讲学,如耶鲁大学、哥伦比亚大

① 《文集》的第一个节选英译本(Ecrits: A selection )由阿兰·谢里登(Alan Sheridan)于1977年完成,第二个版本由布鲁斯·范克(Bruce Fink)翻译,于2002年出版。中文的第一个译本是褚孝泉根据1966年的法文版选译的,书名为《拉康选集》,2001年由上海三联书店出版。

学、麻省理工学院等。拉康此时的影响绝不亚于当年的弗洛伊德。

正是拉康的这种学术威望和怪异的性格，使他的一生数度沉浮，并与法国精神分析组织的数次分裂联系了起来。拉康早在 1934 年就加入了“巴黎精神分析协会”(SPP)，1952 年当选为该协会的主席。但由于学术观点的分歧，于次年引咎辞职，与他人另行组织“法国精神分析学会”(SFP)。由于他坚持与美国自我心理学家所把持的国际精神分析学会相对抗，终被法国精神分析学会开除出去。1964 年 6 月拉康在其追随者的支持下，宣告成立“法国弗洛伊德学派”，后来又改为“巴黎弗洛伊德学派”(EFP，the É cole Freudienne de Paris)，这是真正意义上的“拉康学派”。“学派”先后创办了《弗洛伊德学派通讯》、《潜意识》和《弗洛伊德研究》等刊物。尽管它不是国际精神分析学会的团体会员，但由于拉康的学术威望日盛，“拉康学派”逐渐成为法国精神分析学的代名词。由于拉康晚年独断专权，导致学派内部危机四起。到了 1980 年拉康不得不宣布解散他苦心经营近 20 年的巴黎弗洛伊德学派。但仅数月之后，他又向其追随者发表了《致千人信》，宣布成立“弗洛伊德事业学派”(the École de la Cause Freudienne)。

1981 年 9 月 9 日，拉康在巴黎辞世，整个学术界都为之哀悼。拉康的理论遗产引起了世界各国的哲学家、精神分析学家、心理学家、伦理学家、人类学家、文化(文学、艺术、电影、电视、美术)理论家、社会学家和神学家的再思考。在拉康逝世以后，国际上正在形成一股方兴未艾的“拉康研究热”，英语中已经有了“拉康行业”(lacan industry)①一说。根据那奎斯特(J. Nordquist)所列研究拉康的文献目录统计，到 1987 年止，以英文出版的有关拉康的研究著作已达 48 部(Nordquist，1987)。

拉康个性独立，喜欢标新立异，又极爱争论。他的学说主要通过讲演或口头讨论的方式传播开来。自 1953 年开始直到逝世为止，他作了长达 26 年之久的研究班讲演，②这些讲演集由他的女婿雅克—阿兰·米勒(Jacques-Alain Miller)整理出版。目前出版的已有 10 个左右，如《讲演集之十一：精神分析的 4 个基本概念》(1973)、《讲演集之一：1953—1954 年，弗洛伊德的技术性著作》(1975)、《讲演集之二十：进一步讨论》(1975)、《讲演集之二：弗洛伊德理论和精神分析技术中的我》(1978)和《讲演集之三：病态心理》(1981)等。拉康在世时出版的最重要的著作是《文集》(1966)，收集了拉康

① Wyschogrod, E. et al ed. ,(1989). *Lacan And Theological Discourse*. State University Of New York Press, p. 2.

② 26 个讲演的目录请参阅王国芳、郭本禹著:《拉冈》，台湾生智文化事业有限公司 1997 年版，第 21～23 页。

1936—1966年发表在各种刊物上的28篇论文。《文集》的出版为拉康带来了巨大的国际声誉。拉康其他的著作还有:《论电视》(1974)、《偏执狂病态心理及其与人格的关系》(1975)和《谈话疗法:关于精神分析与语言的论文集》(科林·麦考比主编,1981)等。此外,拉康还创办了《弗洛伊德学派通讯》、《潜意识》和《弗洛伊德研究》等刊物。

## 二、结构主义精神分析学的理论体系

与自我心理学家重视对意识层面的“自我”的研究不同,拉康认为精神分析学的对象是潜意识,应该把潜意识带回到它原有的理论与实践的地位。于是提出“回归弗洛伊德”的口号,力图重新唤起人们对潜意识的重视。既然潜意识主要在患者的言语中或普通人的日常语误或笔误等语言现象中存在,那么就可以在语言学的观点指导下,像研究语言一样,用语言分析的方法研究潜意识。借助索绪尔的结构主义语言学为主要工具,同时吸收存在主义哲学、结构主义人类学和数学与拓扑学的有关知识,拉康首先对弗洛伊德的潜意识理论进行了重新解读,进而提出两个重要的命题:“潜意识具有类似语言的结构”和“潜意识是他者的话语”。他倾其一生的心血就是要证明:潜意识也是一种结构,它具有与语言结构相似的活动规律。从而将精神分析学与结构主义语言学联系起来,将其纳入了现代人文科学的体系。

### 1. 潜意识话语

(1) 潜意识具有类似语言的结构。

拉康把潜意识与语言学联系起来经历了三个步骤:首先,以所指和能指取代弗洛伊德的“物的呈现”和“词的呈现”,并赋予能指以优越性;其次,把隐喻和换喻同潜意识的基本规律凝缩和移置联系起来;最后,把隐喻和换喻与整个潜意识的形成结合起来。

拉康把潜意识与语言统一起来的重要一步,是用所指和能指代替弗洛伊德的“物的呈现”(thing-presentation)和“词的呈现”(word-presentation)。早在1915年,弗洛伊德在《潜意识》一文中对物的呈现和词的呈现作了区分,认为前者主要与视觉印象、概念相联系,纯粹属于潜意识范畴内的活动,是某些记忆的痕迹;而后者基本上是一些听觉的东西,处于前意识水平。“物的呈现”必须通过前意识的“词的呈现”才能出现于意识中。简言之,如果潜意识的“物的呈现”最终像字母构成一样可读,即成为字母或成为词的一部分时,它们才能成为意识的东西,如此以来,它们就获得了一种词的意义,意识将把那些词理解为潜意识的内容。拉康认为,弗洛伊德的物的呈现和词的呈现，可分别用索绪尔的术语所指和能指来表示。因为能指是一个工具，只有通过它消失的所指才得以表达出来。所以，在对病态心理的理解、对梦的解释过程中，能指起着本源性中介者的作用，能指相对于所指具有优越性。由此，拉康在精神分析学和结构主义语言学之间架起了一道简易的桥梁。他的下一步宏伟工程就是以语言学的隐喻和换喻机制来代替潜意识的活动规律。

拉康认为，从广义上说，弗洛伊德从梦的解析中获得的凝缩和移置机制，可等同于修辞学上的隐喻和换喻。弗洛伊德将梦分为显梦（梦的内容）和隐梦（梦的思想），显梦与隐梦之间存在多重决定的关系，即显梦的每个要素不只来自一个隐梦要素，每个隐梦要素也不只依赖一种显梦要素进入梦境，这种关系主要是经由凝缩和移置两种过程实现的。凝缩主要通过省略、仿同和合成来完成。隐梦和显梦要素之间具有相似性。移置则是使显梦要素与隐梦要素在重要性、强度、大小和性质等方面予以转换，使其不再具有任何相似性。拉康借助雅各布森对隐喻和换喻的研究，指出了凝缩和移置过程与这两种语言学规律的相似性。他发现，隐喻和换喻都是能指的替换关系。隐喻是透过两个词项之间内在的相似关系或类似关系进行的言语转换，是共时性的；换喻是透过两个词项之间外在的因果、空间、时间邻近性而进行的转换，是一种名称的改变，是历时性的。由此可见，凝缩和移置这两种主要的潜意识作用过程与隐喻和换喻这两个语言作用过程在作用机制上具有相似性，因而前者可用后者来替代。相应地，要挖掘患者的潜意识，必须根据隐喻和换喻的作用原理，对患者的话语进行层层剥离，去除其伪装和象征，还原其本来面目。

通过上述论证，拉康得出结论：潜意识可比拟于语言的话语或文本，其组成规则与语言规则类似。弗洛伊德从梦、玩笑和症状中发现的潜意识活动规律凝缩和移置过程，可以用语言学中的隐喻和换喻规则来代替，从而推测潜意识现象的真正意义。从心理学的角度而言，隐喻是用一能指代替被压抑的另一能指，换喻则是使一能指代替另一不在的能指。隐喻的概念可阐明“症状”（一个相联的能指对另一能指的替换）；换喻的概念则指向欲望的源泉（能指对能指的组合关系，蕴含着一个可无限扩展地进入未知领域的过程）。对拉康而言，潜意识的意义通过隐喻和换喻的方式“固着”（insist）在能指链中；症状是隐喻，而欲望则是换喻。①

① 拉康的欲望观可参阅王国芳、郭本禹著：《拉冈》，台湾生智文化事业有限公司 1997 年版，第 187～212 页。

拉康借助结构主义语言学，把弗洛伊德原本从经验上无法证实的潜意识看做一种类似语言的结构，从而在意识与潜意识之间建立了清楚的联系。对拉康而言，潜意识不再是一系列无秩序的冲动，而是具有逻辑性的语言结构。他把语言学中的隐喻和换喻规则引进精神分析，试图对整个精神分析学的结构做出语言学的说明。

(2) 潜意识是"他者"的话语。

弗洛伊德把潜意识看做个体心理的一个实体领域，拉康在解读之后发现，潜意识不是个人的，而是人们共同具有的一种心理结构。它早在主体产生之前就已存在，是与语言结构类似的心理结构。他引入"他者"（Other）①与主体概念相对。主体是指在言语中表现出个体的东西，即掌握了语言的某种独立力量。拉康关于他者的定义尽管众多，但他主要在象征水平上使用这一概念，用它代表主体的潜意识、分析者、分析性会谈中的言语活动即主体与他者的话语交流等。在分析性会谈中，主体是被分析者，"他者"则是分析者。当拉康说"潜意识是他者的话语"时，他把这样几种假定揉合到了一起：人类主体是分裂(split)的，即意识与潜意识之间存在一个裂隙；潜意识具有类似语言的结构；他者栖居于主体之上；精神分析是一种言语的变化。

以分析性的对话为例，拉康认为分析者与被分析者之间是互为主体的关系。但被分析者是不完整的主体，他总是滔滔不绝地说着，却又不知自己说了些什么。分析者是倾听者，是对于被分析者潜意识的"假设的知情者"，是相对于被分析者主体的他者。换言之，被分析者的潜意识可以在他者处发现。实际的过程是，分析者将被分析者的话语加以整理、连贯，找出失落的所指，然后返回给被分析者。所以，他者的话语也就是被分析者主体自己的话语的逆反形式。"信息发出者以一种逆反的形式从信息接收者那里收回了自己发出的信息。"②通过语言的转换作用，主体发出的信息以潜隐的方式从他者那里返回主体处。美国的拉康研究者利维认为"潜意识是他者的话语"这一命题强调了分析者提供给病人的是病人自己的潜意识。

拉康区分了两种言语类型：空体言语(empty speech)和实体言语(full speech)。前者是自我与他人——想象的对手讲话时使用的言语，通过他人(other)自我被异化。后者是主体对他者讲话，它超越了自我所遵循的言语，实体言语的主体即潜意识的主体。因此"潜意识是他者的话语"又意味着，

① 为了避免混淆，本章将大写的 Other 译为"他者"，小写的 other 译作"他人"。他人是一个个体，他者则是由语言建构起来的象征意义上的他人以及语言、文化等。

② Leavy, S. A. (1977). The Significance Of Jecques Lacan. *Psychoanalytic Quarterly*, Vol. 46, p. 211.

当主体真正向着其潜意识中的他者讲话时，其言语对分析者、对其本人才是有意义的，这种言语就是实体言语。

总之，拉康由“潜意识是他者的话语”这一命题推论出：是潜意识操纵着主体的言语表现，主体不是表达的主体而是说话的主体。由此，拉康进一步得出一个惊世骇俗的结论：人是潜意识的主体。这正是拉康对人类主体中心论进行的一种消解（deconstruction）。在这里，拉康已开始从结构主义转向后结构主义或解构主义。

2. **主体的发生学**

弗洛伊德在论述系统的潜意识模式时，将个体的人格结构划分为伊底、自我和超我的三分模式。伊底是心理能量的存储器，超我是父母的影响和社会环境要求的内化，是自我理想的实现，自我则是由个体的特有经验决定的部分。伊底、自我和超我之间相互冲突，自我起着协调的作用。人格的正常与否依赖于三者能否各司其职，协调运行。拉康不谈个体而讲主体，他认为主体不是实体而是关系系统，是一种符号建构和“语法化”的结构。主体的结构有三个层次或三种秩序：想象、象征与实在。这三种秩序与弗洛伊德的人格三结构存在功能上的相似，但又有本质的区别。拉康借助对镜像阶段和俄底浦斯情结的论述，阐明了主体的发生、发展以及被异化的过程。

（1）镜像阶段论。

镜像阶段论是拉康整个理论的核心内容之一，也是他的主体理论的基础和关键，镜像阶段是人格形成中的一个主要阶段。镜像是儿童心理学中研究婴儿的自我意识时使用的方法之一，即通过观察婴儿对镜子中自己的形象（即镜像）的反应，来确定自我意识发生的时间。法国儿童心理学家瓦龙（H. Wallon）研究发现，人类婴儿能在镜像的活动与其自身的活动之间看到一种联系——镜像即自我。拉康接受了瓦龙的镜像观，并把镜子发展为一种象征性的东西。因而镜子在拉康的理论中也是一个隐喻，它可以指母亲或他人。拉康的镜像阶段发展出了一种想象的二元关系（dyadic relationship）。

拉康认为人类婴儿是“早产的”（prematurity）。在出生后很长的一段时间内，由于婴儿的神经系统尚未发育成熟，无法随意支配自己的四肢，也无法控制和协调自己身体的其他部分，处于“动力无助”（motor helplessness）或“无力”（debility）状态。这一时期，婴儿充分体验了身体功能的不健全以及肢体之间的不协调所引起的不安和焦虑。但是当婴儿发展到 6 个月时，随着视觉器官发展到一定程度，婴儿开始进入镜像阶段，它通过镜像认识自己，认识自身的整体性。镜像阶段约发生于 6～18 个月的婴儿身上，是婴儿生存史上的第一个重要转折点。

镜像阶段经历3个时期：开始，婴儿不能区分镜像与己身、他人的镜像和他人的差别，即不能将自己与外界其他对象区分开来。稍后，婴儿发现镜像不再是一个现实的事物，而仅仅是他人的影像。他可以区分母亲与母亲的影像，其结果是婴儿与母亲的分离，婴儿不再把自己与母亲视为一个整体。最后，婴儿认识自己的影像，发展出一种想象的能动性和完整感，初步确认了自己身体的同一性与整体性，并对这个镜像产生自恋的认同。镜像阶段的结果是，使婴儿从一个混沌之物发展为一个心理化的个体。

镜像阶段既是儿童自我的形成过程，又是自我的异化。婴儿通过认同自己在镜中的影像，形成了拉康所谓的第一次同化——婴儿与镜像合一。镜中的影像似乎是一个具有结构化能力的因素，使婴儿原先支离破碎的身体构成一个整体，通过这种结构化作用，主体形成自己基本的人格同一性。然而，镜像只是一个外在于自我的第二者，是婴儿身体的反射影像，这个影像是虚构的，因而对镜像的认同无异于一次误认。婴儿的自我只是他的“理想我”，从一开始就是沿着一个虚构的方向发展的。这个自我与日后通过掌握语言而形成的主体不同，它只是而且永远是主体的一个异化和疏离的部分。自我与其影像的异化关系处于拉康所谓的想象界。

（2）俄底浦斯情结论。

弗洛伊德精神分析学中的俄底浦斯情结最初只是儿童性欲发展或情感关系发展的一个阶段，之后被他推广为一切社会风俗制度和道德、宗教现象的根源。拉康继承了弗洛伊德关于俄底浦斯情结和阉割情结的观点。然而，因为拉康重视语言分析，重视语言、文化在主体形成中的作用，因而他对俄底浦斯情结的论述，已脱离纯粹生物学的探讨，上升到一个抽象的象征水平。他重视的是俄底浦斯情结的“结构化功能”。

俄底浦斯情结约发生在3～6岁，是儿童通过掌握语言中“我”的主体位置，意识到自己、他者和外界的区别而逐渐使自身“获得主体性”的时期。拉康把俄底浦斯情结[①]的发展过程分成3个阶段。

① 母—婴二元关系阶段，儿童认同母亲的欲望。在语言出现之前或在镜像阶段，儿童与世界的关系是直接的，中间并无其他中介成分。儿童与母亲之间是一个交融未分化的统一体。儿童吮吸母亲的乳汁，安然地接受母亲的爱抚。儿童的欲求从母亲那里得到满足的同时，他也幻想着母亲从他这里获得了欲望的满足。换言之，儿童与母亲之间的直接情感关系使儿童

① 在此主要探讨男孩与父母之间的关系，女孩的俄底浦斯情结只作附带说明。

把自己看成他就是母亲所缺少的欲望对象——阳具(phallus)。儿童在一种想象关系中把自己认同为母亲的欲求对象,并认为自己是唯一的这样一个对象。在这个时期,婴儿一方面认同了母亲的欲望对象,而另一方面,他自己也处于一种匮乏状态,因为他还没有掌握语言,还未能成为一个主体。这时婴儿还没有为自身争取到语言上的替代身份,他还缺少自己的个人特性,缺少自己的主体性,缺少应有的社会位置。这个时期,可以说是一个想象的占有(通过对母亲的欲望对象的认同而认同母亲)时期,属于原发性自恋阶段。

② 父—母—子的三元关系阶段。父亲以阻挠者的身分出现,强迫母子分离,形成一种儿童、父亲、母亲的三角情感关系。父亲的出现,即是一个男人,也是"法规"的代表,儿童在与父亲或"父亲的法规"接触时,便遇到了阉割的威胁。这时如果母亲承认并服从了父亲的法规,儿童(主体)也不得不接受父亲的法规,把父亲认同为满足母亲欲望的人,儿童原来所想象的作为母亲匮乏的补充作用,则被剥夺了。这个过程,实际上就是儿童在语言的层面上经历了一次阉割,父亲将他和母亲强行分隔开来。

俄底浦斯情结的第二阶段对于儿童进入法规的象征化水平是一个不可或缺的先决条件。拉康在此引进了"父亲的名字"或"父亲的隐喻"术语,代指父亲的法规和父亲的压抑。拉康之所以引进"父亲的名字"或"父亲的隐喻",目的在于强调他的象征秩序的观点。因此,这里的父亲已不是现实生活中真实的父亲,它仅代表一个位置或一种功能,在生活中行使着父亲职权的舅父、教师等也在"父亲的隐喻"之列。父亲是象征的父亲,"父亲的名字"就代表一种法规、一种家庭和社会的制度。因而,儿童对"父亲的名字"的认识,实际上就是对文明社会的一套先他而存在的法规的认识。在这种认识过程中,拉康强调语言所起的作用,即父亲只能通过他的一套法规来体现他的存在,而这套法规就是他的言语。但是,只有当母亲对父亲的"言语"表示了认同和接受,这套言语才会具备法规的价值。如果父亲的地位受到了质疑,这个幼儿就会继续停留在屈从于母亲的阶段之上,仍渴望成为母亲的欲望对象。儿童的主体性未能合理地建构起来,在日后就可能患精神病。拉康认为在主体的生活中存在一些基本的能指,如阳具、父亲的名字等。当这些基本的能指消失时,或者说当主体与能指之间的关系被扰乱时,精神病就发生了。精神病患者主体与世界的关系中存在一道裂隙。

③ 父—子二元关系阶段。象征性的父亲引入了法的规则,尤其是语言系统的法规,使儿童开始接触到法规的巨大力量。这项接触动摇了儿童所处位置的全部基础。正是这个过渡性的、却是极其重要的阶段,使儿童过渡

至第三个阶段，即对父亲的认同阶段。这一阶段是俄底浦斯情结正式衰退的时期。儿童与父母的关系发生了质的变化，儿童习得了父亲的法规，承认父亲的象征地位，接受了只有父亲才是母亲的欲望对象这一事实。从此以后，父亲不再是他竞争的对手，而是他学习、模仿和认同的对象。儿童与父亲的认同是他的主体性发展过程中的第二次同化。儿童获得独立的主体性人格，便可以从社会的自然状态进入到文化的象征秩序之中了。

拉康关于镜像阶段和俄底浦斯情结的论述，始终围绕着主体间性的问题。儿童在镜像阶段还未确立主体性，他首先从母亲的镜像中认识母亲，进而认识自己。这一阶段是母亲与儿童的二元关系时期。在俄底浦斯情结期，父亲介入母亲与儿童之间交融未分化的整体，使原来一对一的关系变为三元关系，于是出现了斗争和冲突，斗争的结果是父亲的地位得到确认，三元关系重新复归于二元关系。俄底浦斯情结期是主体性形成中的一个片断或一个过程。在这个过程中，主体开始接触语言及语言的规则，开始认识到自我、外界和他人的区别，儿童屈从于语言的存在，并获得其主体性，因此，从镜像阶段开始的主体形成史到此告一段落。俄底浦斯情结通过一个隐喻性的过程使主体进入了象征秩序。

**3. 主体结构论**

拉康提出的主体三层结构说是对其主体理论的结构学分析。在 1953 年的一次研究班讲演中，拉康首次明确提出想象、象征与实在的三层结构之说。在他看来，想象、象征与实在是存在的三种不同阶段，又是功能各异的三种秩序。它们相互交织在一起，重叠并存于主体之内，尽管与现实性相联系，但又独立于现实性。

(1) 想象界(the Imaginary Order)。

想象界或想象秩序产生于镜像阶段，但并不随镜像阶段的消失而消失，而是继续向前发展进入成人主体与他人的关系之中，即发展至象征界并与之并存。想象界由“幻想”和“意象”(或映象)构成，一个意象就是一种潜意识的映象，它调整着主体理解他人的方式。镜像阶段中婴儿在镜前沉迷于他的映象这一现象是一种典型的想象关系。同时，想象秩序还包括前语言的各种结构，例如儿童、精神病患者和性倒错病人的各种各样的“原始的”幻想。

想象秩序既是一个特定的时刻或阶段——对自身的影像或某种原始意象的自恋性认同，也是一个不断发展的过程——主体对任何对象的理想化认同，都是一种“想象的”关系。此外，这种想象的关系既可发生于主体内部(intrasubject)，也可发生于主体之间(intersubject)。在主体内部表现为主体对自我的自恋关系;在主体间性的关系中表现为主体间的相似关系。因而萨若普评论说:“在想象的秩序中,一个人对他人的理解是由他自己的意象所塑造的。被知觉到的他人实际上或至少部分上是一种投射。”[①]因此,想象界是人的个体生活或人的主观性的领域,它在主体的个体历史的基础上形成,是我们的文化环境使个体形成其特征的所有一切。想象界不受现实原则支配,而是遵循着视觉的或虚幻的逻辑。它执行着类似弗洛伊德的“自我”的功能,是个体保持平衡、进行自我防御的手段。想象界可以在精神分析揭示潜意识过程时被把握。

(2) 象征界(the Symbolic Order)。

50年代初,拉康受索绪尔和列维—斯特劳斯及雅各布森等人的影响,把研究的重心从镜像转移到言语活动,从而提出了象征界的概念。拉康所谓的象征界包括三类秩序:逻辑—数学、语言、社会与文化的象征现象。拉康更为强调后两种秩序。他认为象征界是由想象的主体向真实的主体的过渡。儿童大约在3～4岁左右,随着语言的获得,意识到自我、他者与外界的区别,并通过言语活动表达其欲望和情感,这时便进入象征界。象征界是俄底浦斯情结上演的舞台,在这里,人获得主体性的同时,又被语言所异化。

拉康始终强调,语言是先于主体的一种存在,语言创造了人的主体性。就个体的发展史而言,婴儿从一个父母语言交往中的“他”到获得自己的名字,直至自己掌握语言,将自己投入语言交际的网络,这个过程既是语言的习得、展开过程,也是儿童的社会化进程。从语言学的角度而言,代词“我”是个人身份的一种标志。当儿童能够说出“我”这个词时,便证明他已确立了自己在语言中的主体性身份。但是,如果没有“我”的对立面——“你”、“他”、“她”的存在,也就不会有“我”这个位置,就如同没有男性也就没有女性一样。主体必须掌握“我”、“你”、“他”的辩证法,必须明白“我”永远只能相对于“我”以外的成分才能存在。所以拉康说“言语始终是主体间的契约”[②]。

伴随着主体在语言中的产生,个体自身被语言异化的过程也发生了。语言导致了三种异化结果:① 个体自身的符号化;② 作为说话主体的“我”(实体的我)和句子中作为主语的“我”(符号的我)的分裂;③ 潜意识经验秩序产生,意识与潜意识分裂。语言的介入实际上等于消灭了自身和自身之间的直接关系,而在语言中建立了一个理想的“我”,主体将自己从语言中分

① Sarup, M. (1992). *Jacques Lacan*. New York: Harvester Wheatsheaf, pp. 85～86.

② Lacan, J. (1977). *Ecrits: A Selection* (A. Sheridan, Trans.), New York: Norton, p. 61.

离出来，这种分离过程同时也是潜意识的形成过程。

从拉康关于象征界的论述中可以看出主体在象征界中的意义：一方面是主体与他者的认识关系或主体间性的关系，另一方面是主体在语言中的异化。用语言学的术语来说，在语言这一自主性的结构中主体会脱离能指链，而成为漂浮的能指。就这一意义而言，主体实际上被取消或主体已“死”了。这正是拉康结构主义的反人道主义倾向的表现，也是他向解构主义转变的一个重要特征。

(3) 实在界（the Real Order）。

在拉康关于主体三层结构的论述中，实在界是定义得最模糊和最难把握的秩序。因为实在界是绝对阻抗象征化的，它不属于言语活动，因此它是难以表达、不能言说的，似乎是超越于主体之外的一个领域。实在界也不同于客观现实，而是一种脱离语言的主观现实。它处于知的彼岸，在精神分析会谈中也几乎觉察不到，因而拉康把它排除在科学研究的范围之外。实在界尽管处于语言作用之外，与象征界格格不入，但是它起着一种十分特殊的作用，即产生欲望对象。实在界是欲望的来源，它是永远“在场”（at presence）的或永远“在这里”，它是一种生活机能，是主体支配不了的一种动力。实在界就是这样一个秩序：“在那里主体遇到了难以表达的愉悦和死亡”①。因而就其作用而言，实在界恰似弗洛伊德之“伊底”，是本能欲望的范畴，是潜意识的界线。

拉康对想象界、象征界和实在界的论述，使其主体论与弗洛伊德的自我、超我和伊底的人格结构论联系了起来。对象征界或“象征性功能”的强调，使他发展了弗洛伊德关于潜意识决定论的思想。而他对自我的误认性质的看法，则把主体从传统笛卡尔主义的幻想的自主性中驱逐出去，从而使主体成为依附于语言符号的独特能指。这是对自我心理学重视自我的适应性和自主性观点的有力抨击。

### 三、心理治疗观

具体的临床实践和迥异的哲学背景，使拉康形成了独特的治疗理论。他在继承弗洛伊德会谈疗法的基础上，更加强调语言的作用。不仅依据其潜意识论和主体论重新界定了分析治疗的目标和分析者的角色，而且对于

---

① Lemaire, A. (1977). *Jacques Lacan*. (D. Macey Trans.) London: Routledge & Kegan Paul Ltd. p. 178.

解释和移情的作用提出新的看法，把固定的治疗时间改为灵活的弹性时间。这些革新既透露着对自我心理学家的批评和抨击，也反映出拉康的创新精神。

1. **治疗的本质与目标**

弗洛伊德创立的精神分析会谈疗法，实际上就是一种个体的话语疗法。分析者即医生让病人躺在治疗室里，自由地叙述他的梦、他的症状和体验。病人的潜意识就从这些材料中流露出来。因此，精神分析治疗可以说就是一种话语疗法。拉康认为，无论是分析治疗的过程还是治疗的结果，都依赖于语言和言语，精神分析过程就是对语言的直接分析过程。分析治疗的目标就是揭示病人话语中流露出的潜意识欲望，分析的实质就在于“揭露叙述的个人特点和独特性，在于对他（病人）的每句话和他的主观逻辑进行精密分析”①。

在治疗过程中，分析者所能掌握的唯一材料就是病人的言语。但是，病人的言语是在想象的层面上展开的，病人总在虚构自己的历史。在他的话语中，他把自己描述为另一个人，主体与他的言语产生了分离，主体的话语遵循“自我的语言”，这是空体的不可信的言语。拉康批评自我心理学家试图重塑被分析者的意象使其认同分析者的目的是对病人的操纵，自我心理学从未超越自我的语言。拉康派的分析者则要使被分析者的空体言语转变为实体言语。拉康认为，在分析性会谈中，分析者和被分析者之间唯一的沟通工具就是被分析者的言语。而被分析者这一主体的真实性也在他的言语中流露出来，并在处于“另一个场所”、另一个水平上的他者（即潜意识）处被重新发现。分析者唯一能做的，就是把被分析者送回语言或象征的秩序，把被分析者的言语以逆反的形式返回给他本人。这就是我们在潜意识论中所说的：分析者提供给病人的是病人自己的潜意识。由此可见，治疗能否有效的标准，是病人能否使空体言语转变为有真实内容的实体言语，是否表达出了真正的潜意识欲望。

2. **分析者的角色**

传统的精神分析观点认为，分析者应恪守三条原则：中立性、被动性和隐身性。分析者首先不应把自己的观点、意见、情感与言行等强加于病人，而应保持一种冷静与中立的客观态度；其次是切忌对病人进行主动的暗示；再次是要求与病人保持一定距离，切忌治疗之外的接触和过分亲密。拉康

① 克莱芒等著，金初高译：《马克思主义对心理分析学说的批评》，商务印书馆 1985 年版，第 28 页。

派的精神分析者不仅坚守这三条原则，而且将之发展到顶峰，让分析者做一个冷漠的缄默者，或一面中性的镜子。

拉康坚决反对自我心理学的治疗观，尤其反对以病人认同分析者为治疗目的。他认为，如果精神分析学家成为被分析者的模型（model），他就失去了应有的作用。被分析者即病人总把分析者设想为一个知情的主体，这个主体似乎能为他解出他的精神之谜和欲望之谜。而实际上，分析者也是一无所知，他唯一可凭借的材料就是病人的言语，分析者只能是一个静静的听众。因此分析者应设法打破病人和分析者之间这种想象的一对一的关系，在这对关系中引进第三个成分即语言的成分。为此，分析者应做一面中性的镜子，保持冷漠的中性态度。以沉默来拒绝对病人的需求作出反应，激起病人说话的欲望，从而在他的言语中暴露他的潜意识欲望。拉康研究者麦考比对此解释说：分析者拒绝同病人建立任何正常的接触，拒绝对病人的需求作出反应，就是为了避免陷入病人的想象的精神秩序（病人在想象的秩序中，自我与他人不分），如此以来可以使病人把分析者看做一个大写的他者，并以他者为中心，把自己所经历的原始压抑的时刻重新组织起来。

拉康一方面强调分析者应做一个静默的听众，同时也强调他应做一个聪明的听众，能够听出病人话语背后的潜意识文本，并对之加以恰当的解释。这两种表面上看似相悖的主张，在拉康的理论中却有着实质性的联系。从他的解释观中可明显看出拉康的本意。

**3. 治疗的手段与方法**

（1）解释。

在拉康看来，分析者之所以要做一个静默者，是为了抗拒病人想象的认同，为了阻挠病人的需求满足。这种沉默正是为了后来的解释，因此分析者既是听者，又是解释者。解释是分析治疗的最重要步骤，可以说解释本身就是治疗。拉康不相信会有完全的解释，他认为解释就像释梦一样，总有部分意义会流失，而且解释只能通过含糊其辞来进行，因而真实性也只能是相对的部分的真实性，而没有绝对的完全的真实性。拉康的这种解释观与英国的克莱因派（又称对象关系学派）的解释观完全背道而驰，克莱因派的分析者认为存在着完全的解释，而且他们也能给予病人完整的、无矛盾的解释。

在“潜意识具有类似语言的结构”这一命题之下，拉康发展了他的解释观。他强调言语的构成性能力和结构性特征。解释是在自由联想的基础上进行的。被分析者通过自由联想，把原来被压抑的内容讲述出来，但他只是给出了一大堆无意义的词语以及毫无内部逻辑的甚或虚构的事件，分析者只需以一种抽象的方式聆听这种历史的叙述，甚至可以忽视这些叙述的真实性。然后,他要做的就是对病人的话语做格律分析(fortunate scansion),把这一连串话语中的首要因素集中起来,并加以解释,赋予它语言的象征意义,即寻找到“被打落的所指”。皮阿隆总结说:“通过给无名的东西命名,解释就在主体和控制他的存在的言词之间建立了一种新型的关系。它打通了通往象征界的道路。”①简言之,解释和治疗过程就是从非象征化的想象到象征化的想象的转换,这种象征化的想象被回复至它的象征领域。拉康还对讲话和聆听作了有趣的说明。因为讲话者总会联系着一个听者,所以病人和分析者之间是一种对话关系,或曰主体间性的关系。作为听者的分析者,不仅要倾听病人讲些什么,更重要的是倾听讲话者的意图,即判断讲话者想说什么。因此,真实性不来自于讲话者,而是来自于听者,是解释创造了真实性。拉康强调听者的责任,强调“听者的判断力”。

(2)移情。

拉康对治疗过程中发生的移情现象作出不同于传统的精神分析学的解释。传统观点认为,移情是病人将其以往对他人的情感关系,以扭曲现实的形式转移到分析者的身上,使本来单纯的医患关系,转变为亲子间或情人间的情感关系。对移情的分析往往放在治疗的后期进行。虽然拉康也承认移情是一种潜意识的表达,但他对传统的观点持反对态度,他从更为积极的角度看待移情现象,认为移情就是分析治疗中的活动,移情与主体的进步、与治疗自身的进展是一致的。

移情既是一个“事实”,又是一种“过程”。作为一个“事实”,移情就是指病人把分析者认同为一些影像,这些影像是主体以前所迷恋的,并把他们认同为自我。拉康更多地强调移情的过程特征:“移情作为一个‘过程’将标志着主体的倒退,即从他的自我形成的一个阶段倒退到另一个阶段,从需求的一个能指退至另一个能指,在主体的需求中,主体的欲望——能指陷阱的俘虏被表达出来。”②他认为主体的需求潜在于他所说的话语背后,主体的欲望就在这种需求中被异化。主体的需求是以欲望的换喻形式表达出来的。因此,分析的目的就是通过对主体的需求反应的阻挠而引起主体的倒退。这种倒退是双重的:它既是从一个能指退至另一个能指的通道,也是主体的自恋性影像的丧失。这个辩证的过程将永远进行下去,直至存在的匮乏——欲望的对象被揭示出来。

---

① Lemaire, A. (1977). *Jacques Lacan*. (D. Macey Trans.)London: Routledge & Kegan Paul Ltd. p. 223.

② Lemaire, A. (1977). *Jacques Lacan*. (D. Macey Trans.)London: Routledge & Kegan Paul Ltd, p. 221.

(3) 弹性会谈时间。

弹性会谈时间的规定是拉康对传统精神分析疗法的改革和创新。弗洛伊德对治疗时间曾有严格的规定：一般每次会谈不应超过一个半小时，后来改变为固定的50分钟；每周连续3～5次（现已普遍减少到每周一次）；一个疗程约需2～5年。拉康根据自己的治疗实践，把固定的治疗时间改为灵活的弹性时间，这种违背常规的做法引起了众人对他的抨击，尤其使他与自我心理学家处于敌对状态。拉康认为，50分钟的会谈时间是没有理论根据的，而弹性会谈时间不仅有用而且应该成为精神分析的有力工具之一。这两种时间的划分是两种不同的时间概念。前者重视时间的精确度，它由钟表来决定一次会谈的结束，时间是机械而固定的；后者则重视谈话内容的有效性，时间是相对的和可变的。

弹性会谈时间可以消除病人的抵抗，使分析过程顺利进行，最终达到潜意识的语言化。拉康把两种会谈时间中发生的情况进行了比较。在50分钟的会谈中，病人知道无论他们说什么，即使说一些连他们自己也毫不感兴趣的事情，他们也是受到保护的，这样病人往往把50分钟时间作为一种抵抗，作为一种浪费分析者时间的借口，以便让分析者耐心地等着他们。而在弹性会谈中，分析者知道何时以及为什么要打断分析性的谈话，并及时抓住机会。分析者对会谈时间握有主动权。因而弹性会谈时间就可以消除病人的消极抵抗，避免无谓的时间消耗。

弹性会谈时间可以刺激病人的自由联想。对拉康而言，弹性会谈时间恰似一个刺激物，刺激了会谈中新思想或联想的产生。与会谈时间缩短和不知何时停止相联系的压力，极大地增强了病人自由联想的倾向，因此弹性会谈时间首先使病人学会了切中要点，其次是尽可能快地多说一些内容。此外，弹性时间还可以预防病人的倦怠情绪。病人因时刻提防分析者会结束会谈而不敢有丝毫懈怠。这样，会谈就不会成为一种空洞的仪式。

## 四、对拉康理论的评价

### 1. 主要贡献

首先，拉康把语言学和结构主义的方法引入精神分析，建立了一套迥异于传统精神分析的结构主义精神分析学理论体系，把精神分析的医学分析模式转变为一种语言学的人文分析模式。他借助索绪尔对语言和言语的区分，以及雅各布森对隐喻和换喻的作用的发现，同时把结构主义热衷于追求深层结构和弗洛伊德对潜意识心理的兴趣结合起来，得出全新的解释话语。

在他看来,潜意识不再是弗洛伊德意义上的生物需要,而是某种文化的和社会性的东西,和语言一样具有特定的秩序和结构。潜意识不再是杂乱无章的而受其自身规律的支配,潜意识的活动规律——凝缩与移置可以等同于语言学中的隐喻和换喻机制。借此,他得出两个命题:症状就是隐喻;欲望就是换喻。他进而指出,人类主体在语言中并通过语言建构起来。相应于潜意识的改造,拉康把精神分析治疗界定为一种话语疗法,认为精神分析不是针对于治疗的一门准医学技术,而应是一门科学性的学科和一种个体研究及自我发现的过程。所有这一切,都表现出拉康的结构主义观点和强调精神分析文化地位的倾向。他在方法论上的革新促进了精神分析理论的创新,也使精神分析进入了新的历史阶段。麦考比对此给予了高度评价:"拉康的研究标志着精神分析历史中一个关键的时刻,这一时刻的重大意义可与弗洛伊德最初发现潜意识的那一刻相比。"①

其次,弗洛伊德的精神分析以达尔文的进化论为基础,它根植于生物学和物理学等自然科学。而拉康的研究却带有强烈的反生物学倾向,他更重视文化的而非"自然的"驱力,更重视人类学和社会学的影响。他的镜像阶段论的提出以及由镜像阶段发展为俄底浦斯情结期,本身就是对弗洛伊德力比多理论的否定。而他的主体三层结构理论更是对弗洛伊德主体或人格理论的颠覆。在弗洛伊德那里,个体发展过程是力比多能量转移的过程,当力比多由自恋力比多转向对象力比多时,个体才能区别主体与对象,逐步确立起主体性。弗洛伊德把人格结构分为伊底、自我和超我三部分,而人格结构的深层动力或能量就是力比多能量。拉康首先以镜像阶段论对此作了修正,他认为,婴儿入世时本是一个"非主体"的存在物,无物无我,混沌一片。而从第 6 个月到第 18 个月,婴儿经历了生活史上的镜像阶段,从镜中认出了自己。这个自我辨认的过程,是由自我向主体过渡的过程,也是主体对外界的认识过程。俄底浦斯情结期(3～6 岁)对于主体确立具有决定性意义,此时的儿童开始服从父亲的法规,即开始接受社会、文化规范的约束。拉康从镜像阶段引申出主体三层结构,认为主体由想象界、象征界和实在界三个秩序构成。在想象界中,个体的知觉和想象的形象都被记录下来,形成关于自身和外界的图像。但在此水平上出现的自我意识,只是一种虚幻或误认。象征界是语言符号的秩序,个体依靠这一秩序接触文化环境,并成长为"主体"。实在界是由各种象征的和符号的东西联结而成的一种替代物,实际上

① MacCabe, C. ed. (1986). *The TalkIng Cure: Essays In Psychoanalysis And Language*. Macmillan Press Ltd, p. xi.

是一个未知的虚幻的事物。拉康的主体三层结构说包含了人的个体从自然的、生物的存在物向社会的、文化的存在物过渡的思想，强调了主体的社会性质。主体发展的动力是认知和爱的需求而非生物学的力比多能量。这里表现出拉康强烈的反生物学倾向。

再次，拉康对弗洛伊德的发展和创新，对精神分析学的贡献，还反映在他对精神分析治疗的独特见解之中。他不仅重新制定了分析治疗的目标和任务，而且改进了分析会谈的技术。在弗洛伊德看来，只要能启发精神病患者将被压抑的东西讲出来，病就可痊愈。而拉康强调分析者与被分析者之间的话语交流。他认为，精神病患者的言语是独特的，这些患者的言语经常是内容、意义（所指）脱离形式（能指）：他不停地说话，却不指示任何东西。因此，分析医生的任务就是找出患者言语中的凝结与空白之处，并根据隐喻或换喻的规则，将其整理还原为连贯的叙述，使潜意识语言显露出来，最终找出被压抑的潜意识欲望。这既是以结构主义语言学方法对分析治疗的任务的重新规定，同时也是对结构主义理论的进一步发展。此外，在拉康的分析治疗模式中，医患关系是听者与说者的关系，所以病人和分析者之间是一种对话关系，治疗过程是以语言关系中的主体间性（或互主性）为基础的一种话语交流。在分析过程中，分析者即是缄默的听众，又是聪明的解释者。作为听者的分析者，不仅要倾听病人讲些什么，更重要的是倾听讲话者的意图，即判断讲话人想说什么。因此，拉康强调听者的责任，强调“听者的判断力”，认为真实性不是来自于讲话者，而是来自于听者，是解释创造了真实性。分析者通过对被分析者话语的解释、重构，以逆反的形式把被分析者的潜意识返回给他。因而，在分析治疗中，分析者是大写的他者，潜意识的真实性就存在于分析者的解释之中。此外，拉康不仅对解释、移情、医患关系等进行了语言学阐释和修正，而且将传统的固定不变的50分钟会谈时间改为长短不等的弹性会谈时间。这一切不仅革新了分析治疗的方法，而且充实、丰富了精神分析的治疗体系。

最后，拉康作为精神分析学在法国的杰出代表，进一步扩大了精神分析学的影响。拉康通过持久而规模宏大的研究班讲演，以及他所领导的权威的巴黎弗洛伊德学派，培养了一大批年轻有为的精神分析学者，充实了学科队伍，激起人们使用精神分析话语的热情。拉康主张：凡是对他的精神分析学有兴趣的人都可以加入其学派，然后再慢慢“过渡”成精神分析学专家。尽管这一主张也曾使不少“滥竽充数”之人入会，但更具积极意义的是，它使大批处于精神分析学外围的知识分子加入到精神分析学者的行列中来，扩大了精神分析学在其他学科中的影响，提高了精神分析的社会地位。除了精神分析医生、心理学界的人士之外，一些西方马克思主义者、人类学家、文学家、艺术家、语言学家等等纷纷加入拉康的追随者的队伍。这些追随者中也不乏来自异邦的求学者。此外，拉康通过其独创的结构主义精神分析体系，使精神分析广泛传播并深刻影响法国学术界的同时，其独特的精神分析话语还不断渗入公众的文化生活。从60年代开始，精神分析就逐渐控制了法国文化的广大领域，它通过广播、电视、书籍、杂志、报纸等形式传播给了数百万人民。

2. **主要局限**

拉康理论的局限性也是很明显的。首先，他尽管重视了人与人、人与社会的关系研究，但并未完全超越传统精神分析重视亲子关系的模式。在其理论中，无论是镜像阶段中自我的辨认过程，还是俄底浦斯情结期主体的确立，都局限于家庭这一背景，受制于父母对儿童的影响。即使存在社会文化的影响，也是经由父母再间接影响到了儿童。缺乏对社会关系和社会文化影响的直接阐述，不能不说是拉康理论的一大缺憾。

其次，拉康竭力寻找弗洛伊德文本中的语言学成分，不仅把弗洛伊德的潜意识概念纳入结构主义语言学的框架，而且认为主体的确立也依赖先于主体而存在的语言，主体的真正场所是象征秩序。他把精神分析由医学分析模式转变为一种语言学的人文模式的过程中，又走上了一条玄学化的道路。

再次，因过于重视语言的作用，致使其临床治疗模式更加抽象，更难以得到临床经验的支持。强调分析性会谈的灵活性，无疑降低了分析治疗技术的可操作性，使治疗的成功标准更加难以统一，分析性治疗师的培训更加困难。

## 第三节　拉康理论的后现代特征及其影响

拉康是一位“多元化”的人物。正如拉康研究者萨若普所说：“拉康集情绪和理性于一身：既是诗人，又是数学家；既是超现实主义者又是结构主义者。”①拉康的精神分析学中放射出强烈的文学色彩，积淀有浓厚的哲学底蕴，后期则又融入了拓扑学的结构与术语。但这远远不是拉康理论的全部。在精神分析的历史上，拉康创立的结构主义精神分析学独树一帜，实现了方法论和学科性质的重大突破。而在哲学领域，拉康以其结构主义者和后结构主义者的双重身份，影响了后现代的众多理论巨擘，其独具魅力的精神分析理论被誉为由结构主义通往后结构主义的桥梁，甚至在西方后现代主义这一最新思潮中也撒下了争议的种子。在文化艺术领域，拉康更是以其现代性和后现代性相融合的话语，对西方的文学、文化批评、艺术、电影等领域造成强烈的冲击和震荡。从拉康与后现代主义者千丝万缕的联系中，不难看出其理论的后现代特征。

## 一、拉康理论的后现代特征

如前所述，拉康首先是一个结构主义者，生活于一个结构主义语言学和结构主义哲学积极发展的时代，他所创立的结构主义精神分析学的理论基础是弗洛伊德的经典精神分析和黑格尔哲学，其方法论依据则是索绪尔的结构主义语言学和结构主义哲学。因此，他在“回归弗洛伊德”的旗帜下所创立的新的理论体系，更多地具有结构主义和语言学的特征。在拉康的理论中，重视潜意识的结构、主体的结构特征，极为推崇结构主义语言学的方法论意义，强调“他者”的重要性，这一切均显示了结构主义注重整体、深层结构和崇尚理性的特征，是拉康结构主义思想的体现。

然而，由于1968年的法国“五月学潮”，人们对在学潮中保持中立的结构主义产生异议，乃至对结构的稳定性和整体性失去了往日的兴趣，这种局面导致了结构主义内部自我倒戈，诞生了适应社会和政治需要的后结构主义思潮，其中尤以德里达②的解构哲学为典型，因此后结构主义又称解构主义。后结构主义成为后现代主义哲学思潮的典型标志。不久，拉康、巴尔

① Sarup，M.(1992). *Jacques Lacan*. New York：Harvester Wheatsheaf，p.13.

② 雅克·德里达(Jacques Derrida，1930—2004)，法国当代哲学家，被誉为后现代之父，他所创立的解构主义思想被国际学术界公认为后现代主义哲学文化的重要理论基础。著有《声音与图象》(1962)、《写作与差异》(1961)、《哲学的边缘》(1972)等。2004年10月8日在巴黎去世，被法国总统希拉克称之为真正的“世界公民”。

特[①]、福柯[②]等人也纷纷转向解构主义，成为后结构主义的代表人物。这种哲学思想的转向，使拉康的精神分析理论表现出显著的后现代特征。与结构主义注重整体、深层结构和崇尚理性所不同，后结构主义更加重视差异性，主张破碎性，否定一切结构、秩序，否定系统的知识和终极意义的存在。拉康关于自我的分裂和异化、主体与语言的关系、潜意识的主体等主张，与其后结构主义思想一脉相承。

在精神分析理论中，自我的性质和功能是不断变化的。在弗洛伊德的经典精神分析中，自我来自伊底，是伊底和超我的奴仆，起着一种协调作用。而在自我心理学家那里，自我具有了独立的能量和起源，主要承担着适应的功能。但在拉康的精神分析学中，自我被理解为一种"镜中的我"，一种他人眼中的"我"，是在镜像阶段产生的对自我完整性的虚幻认识，因此自我是误认的结果。或者说，自我是沿着虚构的方向、在"误认"的基础上被构成的，因而自我仅仅是一个影像，是自我的理想，是主体在镜像阶段经历的一次前语言的异化，自我是主体的异化部分。拉康对自我的"解构"，使得现代主义理论家中独立、完整、确定的自我带有了分裂、虚幻和不确定的性质，从而实现了从现代向后现代的转向。

拉康认为，自我诞生于想象的秩序，而主体通过言语活动表达其欲望和情感，是通过象征秩序形成的。由于语言符号先于主体而存在，所以和习得语言一样，主体的形成实际上是人类个体把自己嵌入一种预先存在的象征秩序，并由此使其欲望服从于这个秩序的系统压力：在使用语言中，他（她）自身的"自由的"本能能量被这个系统操纵和组织着。也就是说，语言产生了"我"，并使"我"在语言中异化。拉康坚信："人只是被语言俘获，并备受拷打的主体。"[③]主体在拉康那里仅是一种"文本"、一种"能指"。在治疗过程中，患者"作为主体而消失，并成为能指"[④]。能指漂浮不定，只有寻找到潜意识的所指，它才被扣住，成为一个有意义的符号。拉康把能指看做意识言语，所指则是潜意识言语，同时他又认为人是潜意识的主体，从而消解了言

---

① 罗兰·巴尔特(Roland Barther，1915—1980)，法国当代杰出的思想家和符号学家，最重要的文论家和批评家之一，结构主义和后结构主义哲学的重要代表。主要著述有：《写作的零度》(1953)、《神话集》(1957)、《符号学原理》(1964)、《文本的快乐》(1973)等。

② 米歇尔·福柯(Miehel Foueault，1926—1984)，法国20世纪下半叶最重要的哲学家和思想家之一，后现代思潮的主要代表，其思想新锐深邃，对当代西方思想产生重大影响，但其私人生活备受争议，1984年死于艾滋病。著有《疯癫与文明》(1961)、《临床医学的诞生》(1963)、《词与物》(1966)、《规训与惩罚》(1975)等。

③ Sarup, M. (1992). *Jacques Lacan*. New York: Harvester Wheastsheaf, p. 108.

④ 王治河著：《扑朔迷离的游戏：后现代哲学思潮研究》，社会科学文献出版社1993年版，第68页。

语的中心性和主体在意识言语中的中心地位,这是他的解构主义思想的极端表现。

拉康的主体理论曾明确地阐明,由于语言的分割和异化作用,主体和另一个主体的关系、主体与其潜意识的关系,只能处于不稳定的断裂状态中,绝对意义是永远难以实现的目标,这是解构主义消解一切终极意义的体现。

重视欲望问题是后结构主义者的普遍特征。欲望论也是拉康以结构分析的方法和语言学的术语解读弗洛伊德的另一项尝试。拉康修正了弗洛伊德的本能论代之以欲望论,并以需要、欲望和需求的三元论取代了弗洛伊德的生的本能和死的本能的二元论。拉康除了赋予传统的需要和欲望概念以新的含义之外,还引入了一个新的术语——需求。需要来源于匮乏,并通过语言转变为需求。拉康把需求称为"能指的狭谷"(defile of the signifier),在他那里,需求似乎是一个总称,它指明了象征界,指明了意义的处所,在此原始的欲望逐渐被异化。欲望诞生于需要与需求的间隙,是被压抑进入潜意识之中的不能被表达为需求的部分需要。拉康强调,欲望总是既超越于需求,又在需求之前存在。首先,因为欲望的不可满足性,它超越了需求,它是永恒的。当需求以自己的条件把欲望表达为一种语言形式时,也就是使欲望依附于能指时,欲望就背叛了它的真实意义。其次,欲望也探究需求之下的领域。欲望就是原始的基本匮乏在语言中的异化,通过隐喻和换喻的途径,欲望才转向并依附于需求,因此,需求将总是得到潜意识的欲望的支持。由此可见,拉康的欲望观已偏离了纯生物性的说明,它是生物性的需要被语言所异化的结果,是通过能指之间的替代而实现的,从语言学的角度而言,欲望就是换喻。拉康认为每一个人欲望的实现总是或者依赖于自然界,或者依赖于他人。因此可以肯定地说,一个人的欲望就是"他者的欲望"。[①] 这是拉康在对主体间性问题的分析基础之上得出的关于欲望的重要命题,也是其后现代思想的重要体现。

## 二、拉康理论对其他学科的影响

### 1. 拉康与哲学

在20世纪中晚期的法国哲学界,拉康始终是屹立于潮头浪尖的风云人物。他不仅与列维—斯特劳斯、巴尔特、福柯等人并列为"结构主义冒险四巨头",而且他的精神分析学思想对阿尔都塞的结构马克思主义、对德里达

---

① Lacan, J. (1968). *The Language Of The Self* (A. Wilden Trans.) New York: Delta, p. 75.

等人的解构主义及后现代主义思潮都产生了重要乃至深远的影响。

阿尔都塞(Louis Arthusser,1918—1990)也是巴黎高师的毕业生,是法国共产党员,以其创立的结构马克思主义理论而闻名。阿尔都塞效仿拉康"回归弗洛伊德"的设计,提出通过对马克思著作的重新解读来"回归马克思",即根据时代的特点理解和发展马克思的学说。"正如拉康企图把弗洛伊德从其门徒的错误解释中拯救出来一样,阿尔都塞旨在把马克思主义的基本原理从其庸俗化和曲解中解脱出来。阿尔都塞在《阅读〈资本论〉》的头一篇中,承认自己受惠于拉康。"[①]阿尔都塞把马克思思想解释成关于社会结构的理论,特别是关于意识形态的理论,他否认经济决定论是马克思主义的本质,认为经济基础不是基础结构,而是与其他表层结构并列的,它们的共同基础是意识形态。意识形态与包括经济结构在内的社会结构不在同一层次上,两者是下意识与意识、深层与表层的区别。意识形态决定着各种表层的社会结构,并通过它们决定着个人活动等社会现象。可见,阿尔都塞持一种多元决定论,而且强调深层结构的因果决定作用,他的意识形态观类似于一种社会潜意识。

除了研究思路一致之外,阿尔都塞还借用了拉康的许多概念,如镜像阶段、想象界、换喻的因果性、隐喻等等。他把拉康的镜像阶段、想象界概念作为用来改变人的意识的革命手段。他因袭拉康的说法,认为意识形态描述的是人们对于真实的生存条件的一种想象关系。在拉康那里,镜像阶段处于前语言、前俄底浦斯情结期,婴儿把自己想象为自主、自足的统一整体。而诞生于镜像阶段的想象界是主体结构的要素之一,是主体由自然的生物实体向社会的文化实体的过渡阶段。阿尔都塞据此认为,想象发生于意识形态中,意识形态提供了个人据以和社会整体焊接在一起的装置。从阿尔都塞的论述中,很自然地折射出了拉康的光芒。而法国精神分析学与法国左派的接触主要以拉康和阿尔都塞的接触为媒介。

1968 年法国"五月学潮"之后,原来的结构主义者拉康、巴尔特、福柯等人纷纷转向解构主义,成为后结构主义哲学和后现代思想的重要代言人。70 年代中期以后,后现代主义逐渐成为哲学家们的时髦话题。拉康也以其反正统性、不确定性、破碎性和多元性等理论思维方式成为后现代主义的中坚。除了后现代主义的第一代人物巴尔特、福柯、德里达等人深受拉康的影响之外,后现代主义的第二代人物詹姆逊(Frederia Jameson)、德勒兹(Gilles Deleuze)、伽塔里(Felix Gualtari)等人的思想中,也隐约可见拉康的影子。

① 徐崇温著:《结构主义与后结构主义》,辽宁人民出版社 1986 年版,第 84 页。

德勒兹和伽塔里沿着拉康把人看做“潜意识的主体”的思路，进一步将潜意识说成是非想象的、非象征的、非结构的和非表现的东西。潜意识是无人称的，在对人的关系上是独立的。传统的“主体”已不存在，唯一的主体就是“无器官的躯体”的欲望本身。人失去了一切人性，仅仅成为一架运转的“欲望机”，人的统一性、人的中心性已经荡然无存。詹姆逊则认为，一个精神分裂者就是一个无法处理能指和所指之间的关系（即无法成功地面对象征秩序）的人，而后现代主义的主体是一个欠缺认知能力的主体。相对于拉康所谓的“假设的知情主体”（患者往往假定分析者能对一切病情提供解释），詹姆逊则假设了一个“不知情”的主体。詹姆逊把文本乃至整个文学历史视为“病人”或分析对象，试图通过文本话语找出一切文本最深层的“病理症结”，从而挖掘文本中的最深层情结即“政治潜意识”。詹姆逊的上述观点显然脱胎于拉康的思想。

### 2. 拉康与文学艺术

拉康与文学艺术界接触的时间较长。在 20 世纪 20～30 年代，他就与超现实主义者有过密切的联系，并在超现实主义者创办的刊物上发表文章。他从超现实主义者那里继承而来的是对弗洛伊德潜意识论的关注、对女性题材的兴趣以及幽默、双关等标新立异的语言风格。直至 1953 年“罗马讲演”之前，拉康的语言中还带有深深的马拉美[①]式的风格。从 30 年代开始，拉康加入了法国先锋派知识分子的行列，并以其分析作品的结构、进行创造性阅读等主张影响了太凯尔文学社团的一批骨干分子，如小说家和批评家索莱尔（P. Sellers）及其妻子、著名的符号学家克莉斯特娃（J. Kristeva），还有后来的巴尔特等人。

拉康的文学观系统地反映在他对《被盗的信》（The Purloined Letter）所作的结构分析。《被盗的信》是美国著名诗人爱伦·坡（E. Allen Poe）的一篇短篇小说。讲的是一个双重盗窃的故事：一天王后收到一封控告信，正要打开时，忽见国王走了进来，连忙若无其事地把信搁到桌上。伴随国王进来的大臣 D 一眼便看清了当时的情景，于是在王后的眼皮底下公然将信偷走，并在原处留下另一封信。王后命令警察局长为她找回被盗的信。这位局长有条不紊地搜查了大臣的寓所，仍一无所获，只好求助于业余侦探杜宾（Dupin）。杜宾推算这位大臣可能会和王后一样把信放在某个显眼的地方，

① 斯特凡·马拉美（Stephane Mallarme，1842—1898）是法国象征主义诗人，现代主义诗歌理论的主要奠基人之一，对以后的许多现代艺术的发展都产生过很大的影响。马拉美的主要诗作有《海风》、《天鹅》、《窗》、《太空》以及长诗《爱洛狄阿德》和《牧神的午后》。《牧神的午后》是马拉美最重要的一部作品。

认为这是最好的藏匿办法。果然，他发现这封信相当显眼地插在壁炉台上一个纸板文件夹里。他偷走此信，也在原处放了另一封信。

在拉康看来，这篇小说以一个不断重复的场景为中心，这个场景与那些具体事件的关系并不紧密，但恰好构成这些事件的戏剧性意义的结构。因此，这个故事只是对一个形成固定结构的幻想的象征性重复，即强迫重复观念的语言表述。这篇小说的结构围绕着两个场景构成："原初场景"(primal scene)和"重复场景"(repetitive scene)。这两个场景的地点不同，人物各异，但每一场景中三个人物的模式却是重复的。原初场景发生在王后的卧室，出场人物有国王、王后和大臣；重复场景发生在大臣的寓所，出场人物是警察局长、大臣和杜宾。拉康感兴趣的正是这一事件的重复结构：大臣/杜宾拿走王后/大臣"藏"在显眼处的信，而国王/警察局长则一无所知。在每一个场景中都有三双眼睛的三次瞥视构成事件的结构：第一双眼睛视而不见(国王与警察局长)；第二双眼睛注意到第一双眼睛什么也没看见，于是自欺欺人地试图保守秘密(王后与大臣)；第三双眼睛的瞥视看出前两个主体把本该藏起来的东西暴露在谁都能找到的地方(大臣与杜宾)。因此，按照拉康的分析，国王与警察局长处于实在界的无能地位；王后和重复场景中的大臣处于想象界的错觉(delusion)或误认地位，原初场景中的大臣和杜宾处于象征界的"知情者"的地位。他们形成了一种三角结构(见图 5—1)。

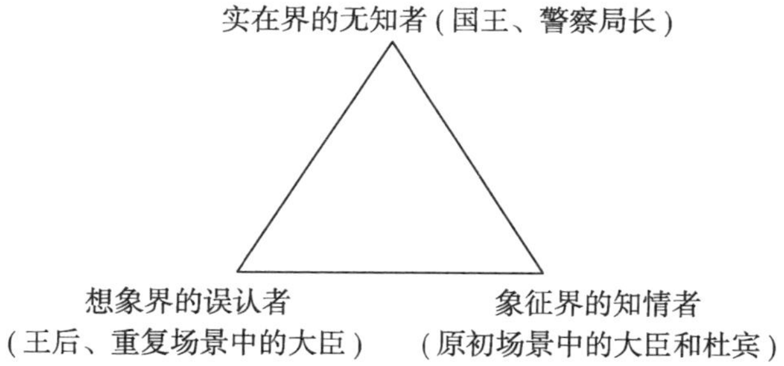


图 5—1 《被盗的信》的结构场景

结构主义的文学批评者正处于象征界的知情者的地位，他能发现文学本文中的复杂结构，对之作出真正的理解。赖特(E. Wright)评价说："拉康这种违反常规地拆解爱伦·坡小说的做法揭示出本文中一层新的意义，亦即一种在阅读过程中完全显露却又隐匿着的东西，读者/作者成了把头埋到书里的鸵鸟。"[①]继承并发展了拉康的这种解构—结构式解读方法的有巴尔特、德里达和约翰逊(B. Johnson)等人。

① 王宁主编：《精神分析》，四川文艺出版社 1989 年版，第 331 页。

拉康和巴尔特同为结构主义的重要代表，巴尔特也曾是拉康研究班的忠实听众，因此，拉康所提倡的文学评论观引起巴尔特的响应自然不足为奇。拉康反对传统精神分析学只分析文学作品（本文）的作者心理，主张分析文学作品的结构。它的这一观点成为巴尔特所倡导的“解构批评模式”的前奏。巴尔特创建的“解构批评模式”是以一个解构主义者和精神分析批评家的眼光重读作家的文学本文。巴尔特的评论激情集中宣泄在法国经典作家拉辛和巴尔扎克身上。巴尔特以上述方式重读拉辛，一方面冲击了学院派文学批评的基础，另一方面也使他陷入了文学上和学术上的全面争论之中。巴尔特还曾专门举办研讨班讨论巴尔扎克的小说《萨哈西那》，两年之后写成著名的批评著作《S/Z》。这一解构性文本重构了巴尔扎克的《萨哈西那》的社会结构和文化结构。《S/Z》本身就是创造性的写作，它比所讨论的原始文本的篇幅还要多出七倍。除了“解构批评模式”这一文学批评观之外，巴尔特在拉康所谓的无终极真理观的影响下，相信文本的意义被无限分延，认为文本是对能指的放纵，没有汇拢点，没有终极，所指被一再后移。从而步入解构主义者的行列。同时，他与拉康一样，赋予语言以重要意义，而贬低了作者的功能。巴尔特在反对“作者中心论”的过程中，通过放纵个性的自由写作方式与自由阅读方式而陷入一种极端的个人主义。此外，巴尔特还试图效仿拉康解放被分析者，使他们得到快乐的行动，他要解放读者。巴尔特要求读者用他（她）的情感和理智对他作为作者而创作的文本进行自由联想。

**3. 拉康与解释学**

弗洛伊德的精神分析学方法，历来被认为是含蓄的解释学方法。阿根廷精神分析学家埃切根（R. H. Etchegoyen）指出：“弗洛伊德工作的许多方面必须置于解释学的领域……精神分析不处理能够解释的事实，而处理能够通过理解而达到的意义。”①实际上，在60年代几乎与结构主义同时登上思想和历史舞台的解释学，的确从弗洛伊德的精神分析学中吸取了有益的成分。法国解释学派的创始人利科与拉康、拉普朗奇（J. Laplanche）被誉为“精神分析的解释学家”②。但利科的精神分析观却主要来源于拉康对弗洛

① Etchegoyen, R. H. (1993). Psychoanalysis Today And Tomorrow. *Internatioal Toural of psycho-Analysis*, Vol. 74, p. 1111.

② Buxton, C. E. ed. (1985). *Points Of View In The Modern History Of Psychology*, Academic Press, INC. p. 240.

伊德的重新解读。① 拉康非常感兴趣于精神分析是一门解释性学科，可以说他的“回归弗洛伊德”所创立的结构主义精神分析学，为解释学的“解释中蕴含着创造”的观点提供了证据。拉康重视欲望问题的研究，并用结构主义语言学的术语来解释欲望，认为欲望是一种换喻，真正的潜意识欲望是通过一个能指对另一个能指的替代，以换喻的形式进入意识的话语。利科同样强调“欲望的语义学”，重视弗洛伊德的著作中哲学的解释意义和以因果关系、还原论及能量术语对现象进行说明之间的联系。拉康区分了人的生物性需要、社会性需求以及本能的欲望之间的关系，认为需求来源于需要，是需要在语言中的异化，而欲望诞生于需要与需求之间的断裂之处。欲望总是指向一个潜意识中最原始的匮乏。利科则注意到了弗洛伊德的类似阐述，即文化要求放弃本能，而一旦本能被拒绝或否定，它的驱力就提供了一种原动力，试图寻找各种不同的替代物来表达自己，如梦、症状和符号等，所有这些替代物都部分地表达了欲望。利科进而指出，只有对这些呈现于言语、行为或人类的产品中的本能显现加以解释之后，弗洛伊德才能对心理的动力模型提供一种能量化的说明，他强调哲学解释学是科学说明的基础。由此可见，利科的精神分析观与拉康的观点是有密切联系的。

**4. 拉康与传播媒体**

拉康与传播媒体的关系是相当密切的。由于其独特的性格、深奥的理论和出众的演讲才能，使拉康备受媒体的关注，其理论观点在很大程度上也通过电视、广播、各种刊物而得以传播。

20 世纪 50 年代之后，特别是 60～70 年代，拉康除了开诊所之外，主要的精力用于精神分析学的研究和研究班的讲演。拉康的研究班就像牧师的布道场，吸引了众多信徒和崇拜者，甚至有不少欧洲其他国家和拉丁美洲国家的精神分析学生，专程赶到巴黎聆听拉康的讲演。② 人们为了参加这个班，经常要排队等候几个小时。美国学者施奈德曼(S. Schneiderman)有一段精彩的描写：“在拉康的每次演讲中，会场内开动的录音机的数量，比出席列维—斯特劳斯、福柯或巴尔特的讲演的听众人数还要多。每次听拉康讲

---

① 利科在接受法国《建设》杂志记者的专访时承认，他和拉康的关系是其一生中关系最糟糕的！“无论从我这方面说，还是从那他那方面说都如此：曾有过我们两人都受到奚落的插曲。我在《批判与信念》中提到过这事：诸如拉康突然在罗马消失了，我的妻子遭人冒犯等。我对他的操纵企图极其敏感。他与我玩猫捉老鼠的游戏等等。”——转引自张伯霖译：《利科访谈录》，中国社会科学院哲学研究所网站。

② 20 世纪五六十年代，几乎所有结构主义运动的代表人物都参加过拉康的研究班，如列维—斯特劳斯、伊波利特(J. Hyppolite)、雅各布森、本维尼斯特(E. Benveniste)、克莉斯蒂娃、索莱尔、阿尔都塞、德里达、利科、巴尔特、福柯、曼兰诺尼(Mannoi)等人。

演的听众大约有 800 人，挤在一个只能容纳 650 人的会场内。拉康的讲演是充满舞台风范的，举手投足，从容自若，而且直接面向观众，令每个人都产生他好像是同你单独谈话一样的感觉。他的讲演内容经常是抽象和隐晦的，但是聆听大师的亲口讲演，又会令人产生一种有幸参与了一项重要的、具有刺激性的文化事件的感觉。”①另有论者说，拉康讲演的宏伟场面唯有 20 世纪德国另一大哲学家柏格森的讲演可与之相比。拉康在将其有关主体、语言、欲望等理论传播给大众的同时，他的声望也日益高涨。

凭借结构主义思潮这股强劲的东风，拉康及其精神分析学成为大众及新闻媒体关注的焦点。其直接效应即 1966 年拉康《文集》的出版，达到了 6 周之内销售 3 万册的惊人记录。正如英国的拉康研究专家鲍维叶（M. Bowie）指出：“在购买《文集》的时候，你买下的既是一件文化界的大事，同时也是一种身份的标志。”②《文集》出版以后，拉康的女婿——法国精神分析学家雅克—阿兰·米勒开始酝酿出版他的系列讲演，同时在法国发行研究拉康的期刊《奥米卡》。1969 年，拉康的弟子、比利时学者莱麦尔（A. Lemaire）出版第一部系统介绍和研究拉康思想的著作《雅克·拉康》，拉康为该书作序。该书于 1977 年发行英文版。同时，《文集》的日文版、英文版和德文版也相继问世，拉康分别为之作序。

在《文集》出版后的 10 多年中，拉康的讲演从未中断，社会活动也更加频繁。他的《论无线电传声技术》和《论电视》③两部文稿分别于 1970 年和 1974 年在比利时和法国电视台播出。

很不幸，拉康事业的衰微也与媒体息息相关。拉康晚年看到他的学派内部意见分歧渐大，拉帮结派之风日盛时，倍感无奈，于是做出惊人之举：将他苦心经营近 20 年的学派解散，以免看到被分裂的悲剧。1980 年 1 月 5 日，年近八旬的拉康给其学派成员写了一封公开信，宣布“巴黎弗洛伊德学派”解体，同时寄信给巴黎的《世界报》，以便晓谕公众。他宣称：“我没有必要有这么多的追随者，有的门徒是我所不需要的。”④拉康的这一举动让人们迷惘、震惊，又令部分追随者失望且愤怒。这一“拉康事件”成为街谈巷议、

---

① Schneiderman, S. (1983). *Jacques Lacan: The Death Of An Intellectual Hero*. Cambridge MA/London: Harvard University Press, pp. 29～30.

② Sturrock, M. (1979). *Structuralism And Since*. Oxford University Press, p. 149.

③《论电视》是拉康于 1974 年在法国电视台所作的关于“精神分析哲学”的讲座。同年由巴黎的 Seuil 出版社正式出版，1987 年在美国麻省理工学院出版的理论刊物《十月》发行 10 周年纪念时，出了题为《论电视》的“拉康专辑”，该专辑除了《论电视》外，还收集了一批书信、会议记录和讲演文稿。

④ 杜声峰著：《拉康结构主义精神分析学》，三联书店（香港）有限公司 1988 年版，第 50 页。

新闻媒介关注的热门话题。年届 80 岁高龄的拉康就像他在六七十年代那样，再次成为人们议论的焦点。但仅仅数月之后，拉康又向其追随者写了《致千人信》，宣布成立“弗洛伊德事业学派”，这一换汤不换药的学派成了其后代的“家传”，直到现在。

拉康的精神分析学概念，在世界各地（尤其是在美国）也主要通过电视等新闻媒体传播开来。1987 年美国理论刊物《十月》出版了一个拉康专辑，为进一步理解和评价拉康提供了更多的英文材料。有趣的是，拉康的精神分析理论居然成了小说家创作的素材，进入了小说家想象的语言。阿根廷小说家普伊赫（M. Puig）在他的小说 *Pubis Angelical* 中尝试用一套通俗、浅显的语言，解释拉康的极其艰深的文本，并尝试以精神分析为武器，对（阿根廷 70 年代）具体的政治、文化和两性关系的现实进行深入的挖掘、探索和质疑。1975 年 5 月，梅斯（C. Metz）在法国刊物《交流》（Communications）上发表了他的一篇重要的文章——《想象的能指》（The Imaginary Signifier），这是拉康的精神分析学在电影理论领域内的一次重要应用。英国刊物《银屏》（Screen）也于同年的夏季号刊出了这篇论述的英译，同时配发了麦考比特别撰写的一篇讲评文章。拉康的理论通过书报、广播、电视等大众传播媒介深入到了社会文化的各个角落。

# 第六章

## 精神分析学与解释学的融合

在西方心理学寻求独立科学地位的过程中，实证主义和现象学方法论起到了重要的作用，号称现代心理学的两大方法论基础。但是纵观西方心理学的百年发展史，特别是自精神分析学创立之后，解释学方法论则起着举足轻重的作用，因而被称为西方心理学方法论的“第三势力”。解释学本来是一种哲学观念，后被狄尔泰（Wilhelm Dilthey，1833—1911）引入心理学，并在古典精神分析学中起到了方法论的作用。哲学解释学经过伽达默尔（Hans Georg Gadamer，1900—2002）和利科的进一步发展，由古典解释学发展为现代解释学，特别是利科将其与现象学、结构主义、日常语言哲学和精神分析学融合了起来，使之与现象学一起构成与实证主义方法论的对立。或许由于精神分析自身对于理解和解释的重视，以及精神分析所蕴含的深远的文化解释功能，使之备受不同时代的解释学家的推崇，法兰克福学派的哈贝马斯将弗洛伊德的精神分析视为一种“深层解释学”，把对精神分析的解析作为综合狄尔泰的传统解释学和伽达默尔的理解解释学的一种理论努力，以实现其批判解释学的目标。现代解释学的重要代表利科将解释学引向无意识和象征领域，是利科对解释学的发展所作的重要贡献。通过对弗洛伊德的精神分析学的认识论意义和本体论意义的探讨，利科发现梦和其他无意识活动是一个远未得到重视的极有价值的意义系统，对它的解释不同于对日常语言系统的解释，但两者之间又具有密切的联系。可见，在解释学家那里，精神分析既被当做重要的“文本”来解读，又被视为一种具有方法论意义的理论工具。利科和哈贝马斯分别代表法国和德国的哲学传统，同时又是深谙多种理论的思想家，他们几乎在同时（20 世纪 60 年代）对弗洛伊德的精神分析学进行了各具特色的解读，这一解读结果不仅在他们各自的思想发展中起着重要作用，而且对于后人从哲学和文化的角度来深入理解精神分析理论也是功不可没。

# 第一节 精神分析学的解释学诠释

## 一、解释学的发展及其特征

解释学(Hermeneutics)①又称诠释学或释义学，是专门研究意义、理解与解释问题的学问，历经古典解释学(前哲学解释学)和现代解释学(哲学解释学)两大时期，局部解释学、方法论解释学、本体论解释学三大阶段，形成了心理主义的解释学、生命解释学、存在解释学、辩证法解释学和现象学解释学等多种形态。解释学既是一门哲学，在某种意义上又可以说是一门新的边缘学科和跨学科的研究方法，它为人文科学各学科的研究开辟了新的途径和天地。

解释学的最早起源可追溯至古希腊，是指阿波罗神庙中对神谕的解释，以及对荷马等诗人作品的解释，被视为一门“传达神旨的艺术”，解读符号意义的一门学问。在中世纪它被发展为一种对圣经或古典文献进行诠释或注释的具体方法，形成了神学解释学、法律解释学、文学解释学等。这时的解释学被称为局部解释学，与修辞学、文字学、历史学、文献学等学科交融在一起，仅是一种具体“技术”或“方法”，是文本解释的方法。这是古典解释学时期。

19世纪上半叶，德国哲学家施莱尔马赫(Friedrich Ernst Daniel Schleiermacher,1768—1834)和狄尔泰在古典解释学的基础上，创立了现代解释学。施莱尔马赫和狄尔泰的解释学是方法论的解释学。施莱尔马赫第一次把解释学理论从哲学的角度系统化，将其研究的重心放在理解本身，而不是被理解的文本上，因此解释不再仅仅是一种方法，还有了认识论意义。施莱尔马赫是一位自由派的神学家，反对把权威诠释和《圣经》的真实内容混为一谈。他提出，任何对文本的理解总是运用一定方法进行解释的结果，方法不同则理解也不同。古典解释学以语法为依据进行字面上的解释，而

① 解释学(Hermeneutics)一词来自古希腊神话中一个名叫“赫尔默斯”(Hermes)的神，相传他是宙斯的信使，经常用词所对应的事物来告诉人们词的意义。

他主张的是心理学的方法，即对原文作者的写作动机进行揭示，因为正是写作动机赋予文字以意义。

德国哲学家兼历史学家狄尔泰把“理解方法论”的诞生作为解释学从教条束缚下解放出来的标志。他区分了自然科学和精神科学，前者是对外界事物的说明，后者是用心理学方法对社会、历史现象的理解。狄尔泰把解释学奉为人文科学的普遍方法，认为理解是比自然科学的方法更为根本的普遍的科学方法。由于他的解释学以其生命哲学理论为基础，因此他的解释学通常被称为“生命解释学”。自狄尔泰之后，解释学融入了哲学。

德国哲学家海德格尔、伽达默尔和法国哲学家利科是当代解释学的著名代表。海德格尔把解释学从方法论、认识论的领域转移到本体论的领域，建立了一种本体论解释学，即“存在解释学”。海德格尔认为，“此在”对于自己的存在和世界都已经有了非理论的、未表述出来的理解，理解是“此在”的存在结构，是在把握过去、应付现在的基础上对未来的筹划。解释只是把已经理解了的东西明朗化，任何解释都有已经理解了的东西作为“先见”或“前概念”。他进而指出，解释虽然是从理解中派生出来的，但又反过来为理解规定了显现的方向、方式和更具体、更清晰的内容，这就是海德格尔所谓的“解释学循环”。

伽达默尔是当代哲学解释学最重要的代表人物之一，进一步发挥了海德格尔哲学中关于理解的论题，并建立了一套完整的哲学解释学体系。他于1960年出版的《真理与方法》一书，标志着哲学解释学正式成为一个新的哲学流派登上哲学舞台。利科则通过把解释学与现象学连接起来，建立了一种现象学解释学。他试图通过建立文本理论，从分析语言开始，借助现象学方法，经过语义学层次和反思（reflection）层次，最后进入本体论层次，从而使方法论解释学和本体论解释学在本体论层次上统一起来。

从上述代表人物的倾向来看，可以说解释学是派生于现象学运动，又在与其他哲学派别对话的过程中形成的相对独立的哲学流派。从客观效果上看，人们是把解释学作为不同于自然科学方法论来运用的。解释学表达出一种对历史与传统的新的态度，不再对传统采取简单的否定态度，而是在对传统的继承中论证自己理解的主观性与相对性的合理性。当代的解释观是追求创造的解释观。它抛弃了传统解释观对文本的固着和对解释者个人成见、经历、所处社会现状的回避，而主张解释者带着自己的成见进入解释对象的领域，通过将自己和解释对象融合创造出新的视野。当代解释观还认为理解和解释是人的存在方式，其最终目的是揭示人存在的意义，从而将解释学提到了本体论的高度。

哲学解释学本身是人文主义取向的哲学。就其价值取向而言，它趋向于人的价值和对意义的整体把握，它关注的是人的生命、情感、动机和人格等问题，奉行非理性主义的路线。此外，它承认理解和解释受一定历史条件的制约，允许解释中的价值评价和价值判断，遵循价值负荷说。因此，它作为一种哲学方法论主要影响了人文科学倾向的心理学。

## 二、解释学的心理学方法论意义

自心理学创建以来，其内部一直存在着自然科学倾向和人文科学倾向的心理学的摩擦和冲突。心理学的独立依赖于自然科学的观察、实验等实证的研究方法，因而实证主义成为主流心理学或自然科学倾向的心理学的方法论基石。但是，格式塔心理学和人本主义心理学的兴起，使现象学的方法论受到心理学家的重视，从而弥补了实证主义方法论忽视心理活动的意义性和整体性的不足。由狄尔泰引入心理学中的解释学方法论，尽管始终未能占据心理学方法论的主流，但它却与现象学联合，支持了人文科学倾向的心理学的发展。伽达默尔的解释学是一种本体论哲学，试图通过强调理解的普遍性、本体性，以此来突破现代西方科学主义与人文主义两大哲学倾向的分歧和对峙。但从后来的发展趋势看，解释学应用于各门学科之后，并未达到预期的目的，而是恰如利科所作的或如狄尔泰一开始就指出的，解释学成了人文科学的方法论支柱。表现在心理学中，则是与现象学联合，共同支持了人文科学倾向的心理学(特别是精神分析学等非学院派心理学)的发展，使之与以实证主义方法论为基础的自然科学倾向的心理学形成了鲜明的对立。作为西方心理学方法论的“第三势力”，解释学对于心理学所具有的一般方法论意义可概括如下。

### 1. 以“文本”(text)为对象

解释学的研究对象既非语言或智力等抽象系统，也非物理的机械系统，即如经验主义者所关注的由因果关系驱动的机体与环境之间机械的相互作用。解释学的关注焦点是日常实践活动的语义的或文本的结构，这个结构是一个有意义的关系整体。表现在心理学中，即把人的心理现象、人的行为看做一个有意义的、有内在结构的统一体，一个“文本”。狄尔泰直接把心理学的研究对象界定为心理生命，即包括知、情、意在内的心理生命的整体。弗洛伊德则把人的心理现象看做是由意识和潜意识共同构成的有内在意义的“文本”，分析者的任务是揭示“文本”的意义并重建其结构。

2. 理解和解释的方法

与研究对象相适应，解释学所运用的方法既不是形成假设和检验假设的逻辑分析，也非通过观察或实验来“收集数据”和“处理数据”。它倚重内省、体验、理解和解释。狄尔泰简洁明了地指出：心理生活结合在一个包容一切的联结统一体中，必须由一个内部直观给予。因此，他强调内省和体验的重要性。精神分析对梦、对症状的解析，也无不借助体验和理解。特别是对于潜意识的结构、梦的隐意和日常行为背后的动机等深层心理现象，是无法通过观察和实验了解的。

3. 关联性或整体性原则

如把人的心理现象或行为看做一个文本，那么，它必定遵循意义的整体性原则。关联性或整体性强调的是整体对于部分的重要性。狄尔泰的理解心理学原本就是针对内容心理学把意识事实分析为元素之不足而提出来的。他的理解心理学不是立足于假设，而是立足于体验；不是立足于心理生命的某些要素，而是立足于心理生命之整体。弗洛伊德进行分析治疗时，特别强调早期经验的重要性，强调对过去生活的追溯，其实质亦是把某个行为片断的意义置于个体生命历程的整体中来加以考察。

4. 时态性或历史制约性

人的存在和理解都表现为一种历史过程。海德格尔称之为“时态性”，这种时态性决定了在主体认识客体之前必然存在“理解的前结构”。伽达默尔继承了这一观点，认为理解的历史性决定了理解必然带有“成见”，“合理的成见”是理解不可缺少的前提。理解的“时态性”或“历史性”观点，反映在心理学中意义极其重大。众所周知，无论是理性主义者还是经验主义者，都力求客观地、无偏见地描述心理事实，从而得出公式化的或普遍适用的规则或规律。实证主义者追求的目标就是客观性、准确性和可验证性，不带任何主观性，不作任何价值判断。但是，相对于人类复杂的心理和行为来说，纯粹的客观性和价值中立是无法实现的，因为人类的心理生活中包含有幸福、满意、本能或目的等价值指向成分。因此，解释学强调解释的时间性和历史性，强调解释必定受一定的历史文化条件、受解释者的知识经验、受解释者所带有的“成见”、“期望”或“设想”的影响，反而是一种十分合理的见解。

## 三、弗洛伊德精神分析学的解释学内涵

反观解释学的发展历程可以看出，解释学进入哲学领域，具备“方法论

解释学"的形态之时，也正是心理学的创建和精神分析学的酝酿时期。身兼哲学家、历史学家和心理学家多重身份的威廉·狄尔泰，是与冯特同时代的心理学家。他曾与艾宾浩斯（Ebbinghaus H.，1850—1909）进行过论战，反对艾宾浩斯用原子物理学机械模仿和说明人的心理。他将这种自然科学模式的心理学称为解释心理学或说明心理学。相反，他认为人类心理的研究应该是能理解的、可描述的和能分析的。主张心理学应把人视为一个统一的整体，建立一门以理解为基础的心理学，即理解心理学或描述心理学。狄尔泰的名言"我们说明自然，我们理解心理生命"①，实际上宣告了自然科学和人文科学在方法论上的对立。理解心理学是以人文科学或社会科学定向的心理学，它以整个人或整个人格为研究对象，着重对人的内在主观体验进行理解，通过主观内省及体验到的内在关系来描述并理解精神生活。在狄尔泰的理解心理学中，体验、理解和解释等方法被提到了首位。无论是对心理生命还是对历史文本的理解，都以一种本人对他人的心理生活进行体验的原始能力为前提。因而理解就是通过进入他人的内心世界，重新体验他人的心理活动，从而再现他人的内心体验和作品的原意的过程。但是，当他强调对于以语言符号记载的历史文本的理解时，倾向于把这种理解称作解释。由此可见，狄尔泰试图用"描述的和分析的"心理学考察人文科学的认识论和方法论基础，最终却转向了解释学。

弗洛伊德的精神分析学诞生于20世纪末期的奥地利，此时已弥漫于欧洲文化氛围中的解释学方法论不可能使他不受影响。因此可以说，弗洛伊德精神分析学中的解释学思想应有两个来源：一是外在文化氛围中存在的解释学方法论的熏陶，二是特定研究对象的一种必然需求。从这个意义上可以说，弗洛伊德的精神分析技术本身就是一种含蓄的、自发的解释学方法。正是由于和解释学的这种相互交融、相互促进的关系，使得精神分析学成为现代解释学家倍加宠幸的解读文本。本章后面两节即着重探讨这种解读的结果。下面让我们先来看一看弗洛伊德理论自身蕴含的解释学思想。

在20世纪20～30年代，当行为主义心理学如日中天、实证主义科学观一枝独秀之时，许多实证倾向的心理家试图用实验的方法来验证弗洛伊德的观点，以使其符合"科学"（即自然科学）的标准。当时，格式塔心理学家勒温（K. Lewin）用实验研究弗洛伊德的经济学能量和倒退等概念，美国的心理学家多拉德（J. Dollard）和米勒（N. E. Miller）用反射、强化等学习概念说明哺乳、排便训练对儿童性格的影响。三十年代初，美国心理学家罗森威格

---

① 李超杰：《理解生命——狄尔泰哲学引论》，中央编译出版社1994年版，第44页。

(Rosenzweig)曾作了一系列实验支持精神分析的压抑论，他把研究成果寄给弗洛伊德，弗洛伊德在回信中说："我怀着兴趣检查了你的证明精神分析观点的实验研究，我不能对你的实验证实寄予很高的评价，因为精神分析观点所依赖的可靠观察资料独立于实验的证实。"①由此可以看出，弗洛伊德对自己独特的分析方法信心十足，而且明确承认它与实验方法的差异。

那么，弗洛伊德所依赖的可靠的观察资料是什么呢？这就是当时大多数实验心理学家弃而不闻的临床治疗。在弗洛伊德看来，治疗不仅是观察的过程，而且是解释病症的过程，是揭示病人的潜意识冲突，解释症候的心理意义的一种释义的过程。阿根廷精神分析学家埃切根(R. H. Etchegoyen)很准确地指出："弗洛伊德工作的许多方面必须置于解释学的领域……精神分析不处理能够解释的事实，而处理能够通过理解而达到的意义。"②

的确，就精神分析学对意义的寻求过程来看，它完全是一种解释学的程序。弗洛伊德首先承认，人的心理现象都是有意义的，但这种意义不来自意识，而是来自潜意识。意识现象是潜意识愿望的合理化。那么如何揭示人的潜意识心理现象呢？弗洛伊德开辟了两条途径：对梦的解析和对神经症症状的解析。

潜意识内容首先是通过释梦揭示出来的。在弗洛伊德看来，梦的内容尽管显得杂乱无章，但它也是有意义的精神现象。梦的意义是平日受压抑的欲望的满足，在清醒状态下被压抑到潜意识中，在睡眠和梦中以伪装的形式进入意识。通常情况下，梦所表述的欲望常常以相反的、歪曲的形式出现，需要细致的解释才能揭示。梦可分为外显的内容和内隐的思想，外显的内容是潜意识欲望的伪装和象征，内隐的思想才是真正的潜意识欲望。因而，要揭示潜意识既不能通过直接的观察，也无法使用内省，唯一的途径是解释。弗洛伊德说："'梦的显意'(即梦的内容)犹如象形文字一般，其符号必须逐一地翻译成'梦的隐意'所采用的文字。当然不能按照象征的形式理解这些符号，必须按照符号代表的意义进行解释。"③弗洛伊德所说的释梦过程，实际上是一个由表层意义探索深层结构的释义过程。

---

① 刘翔平：《精神分析与释义学——析弗洛伊德精神分析的方法论》，《心理学探新》，1989年第3期，第8页。

② Etchegoyen, R. H. (1993). Psychoanalysis Today and Tomorrow. *International Journal of Psycho-Analysis*, Vol. 74, p. 1111.

③ 刘翔平：《精神分析与释义学——析弗洛伊德精神分析的方法论》，《心理学探新》，1989年第3期，第7页。

弗洛伊德对神经症的治疗同样是一种释义过程。在他看来，神经症症状无论多么古怪、多么荒谬，都不是偶然的，都有其内在的动机和目的。治疗的任务就是揭示症状的意义及其和潜意识的关系。病人的自由联想为精神分析的解释提供素材，从而使分析者能够了解症状与病人早期生活经验的关系，并解释症状的意义。当病人理解和意识到自己症状的产生过程，即意识到潜意识的致病因素之后，症状也就消失了。因而症状的分析和症状的消失都是一个释义的过程。这种释义过程是以分析者和患者之间的心灵沟通、理解和领悟为条件的。弗洛伊德承认，解释是一个分析者反映患者心理结构的过程。如果分析者能如实反映或重建患者的心理生活，治疗就会取得成效。

弗洛伊德的整个治疗体系从观察描述开始，但立即转向了解释。比如在指出了症状的潜意识意义后，弗洛伊德从描述的潜意识转向动力学的潜意识，他把病症解释为病人的潜意识固着于过去的某点，不知如何求得解脱，以致与现在和将来都脱离了关系，这是由于童年期的创伤经验所导致的心理固着。对症状意义的解析导致弗洛伊德对性的强调。在弗洛伊德看来，症状的意义往往体现着病人的性压抑，症状是性满足的代替。弗洛伊德将性经验追溯到童年，假设儿童就有性冲动，儿童的心理发展实际上就是一种性心理发展。在治疗中，弗洛伊德发现许多病症与压抑、宣泄等本能动力过程有关，于是假设了能量的经济概念。在弗洛伊德看来，“心理活动的最后目的，就质说，可视为一种趋乐避苦的努力，由经济的观点看来，则表现为将心理器官中所现存的激动量或刺激量加以分配，不使它们积储起来而引起痛苦”①。弗洛伊德承认，经济的观点是“精神分析一个最重要的，而又最不容易明白的部分”②。对此，弗洛伊德只能停留于揣想：“心理器官内刺激量的减少、降低或消灭，便足以引起快乐；而刺激量的增高，便足以招致痛苦。”③有了这一揣想，人的本能生活的唯乐原则和现实自我的唯实原则的对立自然就能成立了。

应当看到，精神分析研究神经症患者的心理结构和潜意识的动力结构，这种深层心理结构相对于表层结构来说的确是一个以符号（症状、梦等）展示自己意义的过程，经验观察无能为力，必须运用解释的方法。这一解释方法为研究深层心理结构提供了一个新的尝试。此外，人的心理活动的根本

① 弗洛伊德著，高觉敷译：《精神分析引论》，商务印书馆 1984 年版，第 300 页。
② 弗洛伊德著，高觉敷译：《精神分析引论》，商务印书馆 1984 年版，第 284 页。
③ 弗洛伊德著，高觉敷译：《精神分析引论》，商务印书馆 1984 年版，第 285 页。

特征是其目的和意义性，尽管行为有其独特规律，如强化律，但目的、意义比行为更高级、更具整合性。因此，不能把心理活动只当做自然科学的观察对象，应当将科学观察和理解结合起来。弗洛伊德的解释学方法对于抵抗20世纪实证主义向心理学的渗透，把心理学置于自然科学和人文科学的交叉点上是有极大贡献的。在此，我们可以断言："精神分析既不是一门类似于自然科学的观察科学，也不是探究人的意识经验确切无疑性的现象学，它是一门介于艺术和科学之间的解释科学。"①

## 第二节　利科对精神分析学的解读

### 一、利科的生平与著作

保罗·利科(Paul Ricoeur，1913—2005)

保罗·利科(Paul Ricoeur，1913—2005)是20世纪法国杰出的思想家，法国解释学学派的创始人，一位国际知名的哲学活动家和教育家。1913年2月27日，利科出生于法国南方城市瓦朗斯(Valence)，早年父母双亡：母亲在他出生6个月后去世，他的任英语教师的父亲于1915年在前线阵亡。他与姐姐开始由其祖父母照料，后来由一位未婚的姑母将他们抚养成人，并终生伴随他们。保罗·利科成了国家抚养的战争孤儿。他就读于雷恩(Rennes)城的中学，在哲学班上，受到教师罗朗·达尔比耶(Rolland Dalbiez)决定性的影响，踏上成为哲学家的道路。

入雷恩大学后，利科的硕士论文以法国反思哲学的两位代表拉施里耶

① 刘翔平：《精神分析与释义学——析弗洛伊德精神分析的方法论》，《心理学探新》，1989年第3期，第7页。

和拉缪为研究对象。之后入巴黎（索邦）大学继续学习，并经常参加基督教存在主义之父加布里埃尔—马塞尔（Gabriel-Marcel）的“星期五学术讨论会”，在晚会的讨论中他开始接触胡塞尔的著作。1935 年，利科通过了中学哲学教师资格考试，并与童年时代的女友西蒙娜·勒雅结婚。利科先后执教于圣—布里武克（Saint-Brieuc）、科尔玛（Colmar）、洛里特（Lorient）等地。1940 年应征入伍，并在法国战役中被俘。直至 1945 年一直被囚禁于波梅拉尼（波兰）的纳粹集中营。在战俘营中，利科与同营中的法国哲学家米凯尔·迪弗雷恩（Mikel Louis Duffrenne，1910—1995）一起，共同研读胡塞尔现象学及卡尔·雅斯贝尔斯存在哲学的著作，两人合写的读书笔记遂成为战后发表的《卡尔·雅斯贝尔斯与存在哲学》一书的初稿。在此期间他还阅读并翻译了胡塞尔的《观念 I》，对胡塞尔日后在法国的传播做出了重要贡献。

战后，利科在担任中学教师（1945—1948）的同时，继续参加马塞尔的“星期五学术讨论会”，并与人格主义者伊曼纽尔·穆尼埃（Emmanuel Mounier，1905—1950）、基督教思想家让—马里·多美纳（Jean-Marie Domenach）等人来往甚密，积极参加穆尼埃和多美纳主办的《精神》杂志的理论活动。这一时期，构成利科思想发展的第一时期，即所谓“接受现象学与存在主义的时期”。1948 年，接替让·依波利特（Jean Hyppolite，1907—1968）担任斯特拉斯堡大学哲学史专职教授，并先后执教于索邦大学、巴黎十大（农泰尔大学）、比利时的卢汶大学。从 50 年代中期利科陆续执教于加拿大的蒙特利尔大学和美国的耶鲁、芝加哥等大学。

1955 年，利科随法国记者代表团，以《精神》杂志成员的名义，访问中国各大城市，历时两个半月。1956—1965 年，任巴黎大学哲学教授，创建并领导胡塞尔现象学研究中心，出版《巴黎胡塞尔文库》，并注意吸收分析哲学、语言哲学和基督教神学关于意识、认识、行为、象征以及意义的研究理论成果。1956—1960 年是利科思想发展的第二时期，即所谓“对于象征和神话的历史比较研究时期”①。

1961 年初，利科在罗马国际学术讨论会上发表《象征的解释学与哲学反思》的论文，重点说明“反思”在揭示象征的意义的过程中，如何可能沿着“哲学合理性”的原则进行深化。利科尤其深刻说明了“象征使人思想”的基本原则。自此进入利科思想发展的第三时期：“反思与分析的解释学时期（1961—1975）”。1961 年秋利科应美国耶鲁大学邀请，在“特里讲座”（Terry Lectures）的三次学术报告会上，发表“论弗洛伊德与解释学”的讲演，论述语

① 高宣扬：《保尔·利科生平著作年表》，中国现象学网 www.xianxiang.com. 2005 年 6 月 1 日。

言、象征与解释的关系，突出对“意义”的反思的重要性。利科在耶鲁大学的三次报告，构成他在1965年发表的《论解释——关于弗洛伊德的论文集》一书的第一部分，本书的其余部分是1962年秋利科在比利时卢汶大学的讲演稿。1962年年初，利科在罗马国际学术讨论会会刊《关于非神秘化与想象力的问题》上发表论文《象征的解释学与哲学反思续篇》，集中论述关于恶的象征性解释学的基本精神，强调“恶”的“象征”，作为“神话的图案”，表现了“象征”的非凡的凝缩能力，强调了表面上清晰的语言所难以表达的深层含义。1963—1965年，利科更为集中地研究解释学与精神分析学的关系，从哲学的高度，对梦、性、图腾和各种心理活动的象征性理论进行哲学解释学的理论分析，进一步对“意义”的深层结构进行探索，试图解决“我思”、“我说”、“我做”及文化历史总体的协调一致的问题。这些研究成果集中体现在《论诠释》一书中。

1975年，利科在西德著名现象学家奥兹(E. W. Orth)主编的《现象学研究》中发表《现象学与解释学》一文，同年出版《活的隐喻》，由此进入其思想发展的第四时期：“研究语言在‘隐喻’和‘叙述’形式下的创造性问题(1975—1988)”。1988年2月在《精神》杂志发表《论证的循环——论约翰·劳斯的正义论》，同年在《精神》杂志第7、8期的合订本上发表《记述的同一性》一文。此后，利科集中思考“自身”的问题，试图以“自身”范畴为中心，构建由反思的解释学、语言哲学和基督教伦理学为主体的新型文化哲学理论体系。这是利科思想发展的最后阶段。研究的结果集中体现在《作为他者的自身》一书中。

进入20世纪末期，80岁高龄的利科依然非常关心由社会政治与文化的转型所产生的敏感问题，如全球化、苏联东欧“社会主义国家集团”的解体、欧盟的扩大等重大历史事件，并连续发表新的政论文章。此外，利科还积极参加保护环境和反对波斯尼亚战争的示威游行，显示这位哲学家对国内外各种危机的关切。2004年11月，时年91岁的利科和80岁的美国历史学家嘉斯拉夫·帕利坎(Jaroslav Pelikan)获得第二届克鲁格人文科学终身成就奖。这个奖是美国国会图书馆在克鲁格(John W. Kluge)资助下设立，奖金为100万美元，旨在成为人文领域的诺贝尔奖。他获得这一荣誉是因为评委会认为：利科的工作“汲取了西方哲学的全部传统，来探索和解释普遍的问题：什么是自我？记忆是如何被运用和滥用的？责任的本质是什么？他是一位矢志不移的探询者，总是促使我们去理解构成我们人类的性质与限制"[①]。利科还被世界各地三十余所大学授予名誉博士，是世界上9所学院的院士。

2005年5月20日晚，利科患心脏病于巴黎南郊的家中逝世，享年92岁。当时的法国总理拉法兰于次日发表声明："我们今天失去的不仅仅是一个哲学家，整个法国都在为失去这样一位人文传统的卓越阐释者而悲悼。"[②]

利科一生涉猎的学术领域极其广泛，在现象学、存在主义、解释学、语言学、精神分析、文学批评、基督教神学等各个领域中，都有他探索的足迹和卓越的成绩。他不停地思考和写作，一生创作数十部专著、数百篇论文，学术视野扩及整个世界和各个学科。主要著作有：《历史与真实》(1955)、《意志哲学》(共两卷。第一卷：《意愿者与非意愿者》；第二卷《目的性与意志》，包含第一册《目的性与罪过：可能犯错误的人》和第二册《恶的象征性》)、《论解释：关于弗洛依德的论文集》(1965)、《解释的冲突》(1969)、《活的隐喻》(1975)、《解释学的任务》(1975)、《时间与叙事》3卷(1983—1985)、《释读集》三卷(1991—1994)、《意识形态与乌托邦》(1997)、《想像圣经》(1998)、《激发思考：自然与规则》(合著，1998)、《记忆·历史·遗忘》(2000)等。

## 二、主体考古学：利科对精神分析学的解读

纵观利科的学术生涯，精神分析学在利科思想的发展中起着承前启后的作用，是他的思想由现象学向解释学的过渡时期。而在其解释学思想的发展历程中，如果说对神话象征的解析是其现象学的反思解释学的第一个发展阶段，那么，对于精神分析理论中的梦、性、图腾及各种心理活动的象征性理论的解释，就构成利科实现解释学的哲学化理论工程的第二个发展阶段，"这是利科解释学走向意义的深层、走向语言结构的解剖的决定性的和过渡性的阶段"[③]。1965年利科出版的《论解释：关于弗洛依德的论文集》是这一时期的代表作，按照利科的传记作者蒙甘(O. Mongin)的说法，该书是"把精神分析与反思哲学结合的论著，是哲学家与精神分析医生之间的一次对话，是现象学对精神分析的解释。反思不是证明科学的过程，而是使存在获得力量，利科致力于在生存的努力之中把握我思，精神分析使'文化解释'

---

① 引自：《哲学巨擘保罗·利科逝世》，"中国学术论坛". www.FRChina.net，2005年5月23日。

② 汪堂家：《保罗·利科：一书一世界，一字一文心》，《社会科学报》2005年7月14日，第006版"人物"。

③ 高宣扬著：《利科的反思诠释学》，同济大学出版社2004年版，第101页。

成为可能，它从本质上讲就是‘主体的考古学’，一种解释学”[1]。

《论解释：关于弗洛依德的论文集》共分三部分。第一部分是关于弗洛伊德理论的解释学研究的基本问题，其中分析了精神分析学、语言、象征和解释的关系，强调从“象征”到“反思”和从“反思”到“象征”的解释学途径，以及语言的“歧义性”在解释过程中的作用。第二部分是对于弗洛伊德著作的具体分析，突出了精神分析理论的认识论价值及其对人类文化理论的特殊贡献。第三部分从现象学、主体的考古学和象征论的角度，再次把弗洛伊德的精神分析理论提高到哲学认识论的高度。下面，我们即按照这一线索来反观利科对精神分析的解读。

**1. 精神分析是关于人的理论，具有认识论意义**

利科把弗洛伊德的精神分析学当做哲学、当做关于人的理论来加以发展，并将其纳入解释学的哲学化发展轨道。这一思想在某种意义上是师承利科的哲学老师达尔比耶的观点，达尔比耶曾说过，弗洛伊德的作品是对于人类的最深刻的分析——这种分析在历史上一直被看做是对于人的最不合人性的考察。但是利科不同于其老师之处在于，他并不认为弗洛伊德所考察的是人类中最缺乏人性的那些问题，相反，他相信精神分析对于文化的解释是对于人类想象的最新颖的解释，这种解释使精神分析学同以往的一切对于“人”的说明相区别。利科把自己同马尔库塞等人对于弗洛伊德的人学理论的研究相区别，重点讨论弗洛伊德理论的哲学意义、它的认识论价值及其可靠性。

利科对弗洛伊德理论的哲学探讨是从三个方面展开的。

第一，涉及认识论的问题：精神分析学的解释是什么？关于人的各种记号、象征的解释，是怎样通过经济学的类比而触及到人的欲望的根基的？

第二，涉及反思哲学的问题：从对于“人的各种记号、象征的解释”中获得的自我理解是什么？是什么样的“自身”去履行对自身的理解？即自我理解中的自我究竟是什么？利科又把这个问题称为辩证法的问题。

第三，弗洛伊德对于文化的解释，是否与其他的文化学说相矛盾？如果不矛盾而且有联系的话，它是依据什么样的思想法则同其他的文化理论相协调和相互补充的？

上述三个问题可归结为一个，即“根据象征去思想，究竟意味着什么”，也就是说，人究竟怎样依据象征去思考，这是利科在“恶的象征性”的研究中

[1] [法]蒙甘著，刘自强译：《从文本到行动——保尔·利科传》，北京大学出版社 1999 年版，“代译序”第 2 页。

所遗留下来的问题。利科认为,人的“理解”是同他们的生活经历相联系的。理解就是以语言为中介而沉浸在文化宝库中的那些生活经验本身。因此,唯有集中地思考“语言”这个联系着人类共同体的“中介物”,才能深入理解弗洛伊德关于梦、神话和象征的解释的深刻含义。

弗洛伊德认为自己所建立的精神分析学是自然科学的一个学科,但利科认为,弗洛伊德受到当时流行的实证主义和自然主义的局限而误解了这门学科的认识论性质(这一观点与哈贝马斯一致)。利科认为精神分析学是科学与解释学的一种混合物,它“更像历史学,而不像心理学”①。在接受法国《建设》杂志记者的采访,当被问及“对维特根斯坦、波普尔等人对弗洛伊德的批评有何感想”时,利科回答说:“由于弗洛伊德自称是个自然主义者,因而当人们想用科学证明来对他清算时,他们是有道理的。反之,若人们不认为精神分析是证明和证实的方法,而是把精神分析当做真理的证明,那么人们就使精神分析避开了波普尔的否证的检验,这样,不管人们愿意不愿意,精神分析就处于同诗歌、审美体验、宗教体验及不通用否证和证实标准的所有领域平起平坐的地位了。”②他强调,自己在写《论解释》一书时,主要抓住了弗洛伊德著作中那些最思辨的东西和他对其实践进行思辨的思想。而且他深信,“弗洛伊德的理论著作并未达到其发现的高度”,所以他说“在(精神)分析中有某些独特的见解,涉及能检验、非证明的真理的研究。”③

由此可见,利科对于弗洛伊德的精神分析学是置于认识论的高度来加以理解和研究的。

**2. 精神分析是一门注释性的艺术**

利科认为,“精神分析是一门注释性的艺术,它所关心的是通过解释表面现象而发现隐藏在它背后的东西,由此在分析者和被分析者之间创造一种被分享的理解。”④

对于解释学关于意义的揭示一般存在两种观点:一种认为解释学是以一种信息的方式使解释者获得本来的意义。这种解释学依赖于信心,依赖于想听的愿望,它的特点是认为符号揭示了某种秘密。另一种观点认为,解释学以一种伪装的方式把非神秘化的意义传递给解释者。这种解释学依赖于猜测,依赖于对所给予的东西的怀疑,它的特点是怀疑符号掩盖了事物的

① 李幼蒸著:《结构与意义》,中国社会科学出版社 1996 年版,第 231 页。

② [法]《建设》杂志记者,张伯霖译:《利科访谈录》,中国社会科学院哲学研究所网站。

③ [法]《建设》杂志记者,张伯霖译:《利科访谈录》,中国社会科学院哲学研究所网站。

④ Buxton, C. E. ed. (1985). *Points of View in the Modern History of Psychology*. Academic Press, INC., p. 243.

真相。利科认为，马克思、尼采和弗洛伊德所运用的正是后一种解释学。因而利科把马克思、尼采和弗洛伊德并称为“三位伟大的怀疑大师”。认为从他们开始，“理解成了解释学：从此以后，寻求意义就不再是详述有关意义的意识，而是译解意义的表达物”①。因而有关意识的问题成了显在事物与隐在事物之间关系的问题。

对于利科而言，“精神分析学的正当对象是意义的效果——症状、错觉、梦、妄想——经验心理学只能把它们当成行为的片断。对于分析家来说，行为则是意义的片断”②。因为精神分析学所谈的事实与自然科学所谈的事实完全不同(后者的事实来自操作程序，前者的事实来自解释程序)，而是与语言性文本的观念类似。利科的这段表述早在施莱尔马赫那里就有所表达。施莱尔马赫把解释学定义为“避免误解”的艺术，即努力把握作者的“原意”和“原旨”。而重建作者原意的方式和途径是语法解释和心理解释。前者是字面的，是对文本的字面意义的理解；后者是内在的，是对深藏于表层背后的作者的深层心理活动的理解。他认为，每一个词语的选择都牵涉双重关系：它是语言整体的一部分，又是言谈者思想的一种表达。这种把语言领域与思想领域分开的做法，在弗洛伊德和拉康那里都有具体的表现。弗洛伊德区分了“物的呈现”和“词的呈现”。前者与视觉印象、概念相联，属潜意识范畴；后者与听觉印象相联，处于前意识水平，可以获得意义。而拉康所使用的能指与所指，正是语言与意义或语言与思想内容的关系。

在利科看来，语言分析的根本任务就是说明人类通过语言进行“意义表达”的活动的功能及其相互关系。对于精神分析学的解释学研究，就是通过对弗洛伊德的作品的语言分析，发现其中所论述的概念及论证过程的意义。利科认为，弗洛伊德的作品无非是以语言而“固定化”的“意义”的表现，因此，在《论解释》一书中，利科集中于研究象征、语言与意义的三角关系，试图通过象征分析与解释的相互关系，说明解释学是一门“译解间接意义”的艺术。在关于恶的象征性的研究中，利科就已经反复强调：象征促使人思索，使人反思。但是，反思不能仅局限于抽象的水平，因为在利科看来，只有具体的反思才能有确定的方向，才能通过象征而返回到那种“早在希腊时代便扎根于我们的记忆中的意义”，才能在文化的历史长河中加深其意义的含义，才能使反思有新的发展。他在《论解释》中说：“为了使反思变为具体的，反思必须抛弃其直接地实现普遍化的奢望，将其原则的必然性和它所认识

① 李幼蒸著：《结构与意义》，中国社会科学出版社1996年版，第231页。
② 李幼蒸著：《结构与意义》，中国社会科学出版社1996年版，第231页。

的信号意义的偶然性相互通融在一起。而恰巧是在解释的运动中才完成这种相互通融。"[①]在这段话中，利科表明，在解释活动中，反思哲学遵循"双重意义的逻辑"，而反思所要寻求的是"存在的多种意义"。他进而指出，在象征化的反思中，语言显示出它的歧义性。利科发现梦和其他潜意识活动是一个远未得到重视的极有价值的意义系统，对它的解释不同于对日常语言系统的解释，但两者之间又具有密切的联系。由此，利科走向了深层的反思解释学。

**3. 精神分析是关于主体的考古学**

主体的考古学这个概念并不是弗洛伊德提出来的，而是利科本人为了更好地理解弗洛伊德的理论而独创的一个概念。关于这个概念的思考过程，利科分为三个阶段：第一，精神分析学是在反思的过程中为了反思的目的而成为一种"关于主体的考古学"的。那么，这个作为反思的主体和作为精神分析学的主体，究竟是什么样的主体？第二，对于主体的上述双重的定义，使我们有可能在哲学的高度重新探讨弗洛伊德精神分析学的认识论意义。第三，针对弗洛伊德精神分析学的基本论题，阐述反思哲学的主体考古学的概念。

在利科看来，弗洛伊德的精神分析学的哲学意义，恰恰在于提出了哲学史上从未有过的、崭新的主体概念。利科此处所指的"主体"，主要是借用了拉康理论中所提出的"说话的主体"，而在利科本人的反思解释学中，这个主体是"我思"主体、"我说"主体和"我在"主体的三位一体。当然，由于利科赞同海德格尔关于"我之存在化"的本体论意义，所以"我在"所处的地位比"我说"更为重要，也更为根本。"我说"是"我在"得以中介化和反思化的通道。利科在其《解释的冲突》中说："如果主体乃是突出地表现为说话的主体，那么，反思的一切冒险经历，就其受到精神分析学的检验而言，乃是在'意谓'和'被意谓'的关系范围内的冒险。"[②]在利科看来，作为说话的主体，"反思"的一切经历、反思过程中所包含的可能意义，都集中地表现在说话过程中的符号指谓、意谓同被指谓者、被意谓者的各种关系中。这些关系由于通过一系列的语言象征的变化来表达，因而成为一种可以无止境地加以分析和加以反思的"中介化过程"。在利科的观念中，当说话的主体"说出"通过语言符号所表达的思想时，就已经包含了通过"意谓"和"被意谓"的复杂关系所中介化的反思过程。因此，反思过程的中介化，实际上就是一种通过符号而

① 转引自高宣扬著：《利科的反思诠释学》，同济大学出版社 2004 年版，第 105 页。

② 转引自高宣扬著：《利科的反思诠释学》，同济大学出版社 2004 年版，第 119 页。

实现的“后退”和“间距化”的动作，这个动作不仅反过来使语言信号有可能不断地在意谓和被意谓的复杂关系中重新扩大和再生出其存在的领域，而且也使“反思”获得无止境的深化和复杂化的可能性。因此，由于“说话的主体”的上述功能，“说话”这个动作是“我思”和“我在”之间的不可缺少的、关键性的环节，是一种活生生的、表现出“我思”主体的意向力量也即欲望潜能的“符号化”的通道，也是主体的一切历史经验和未来意念的表演场所。在利科看来，这种由语言信号表现的中介化过程所提供的“间距”或“后退”的分离空间越大，反思的意义越深刻，解释过程中的一切反思展开的可能性也就无限地扩大。从精神分析的角度来说，利科认为分析性的经验本身就是一种言语作品，它是言谈和倾听“相互争斗”的场所，也是言谈和沉默不语的共谋点，在这一信号的领域内，充分的自我逐渐显露出来。

利科指出，精神分析学的主体概念是从一种“直接的意识”的批判开始的，即从挑战意识的自明性开始的。笛卡尔的思想传统认为，事物的性质并非所显示的那样，但意识却如它对自己所显现的那样。在意识中，“意义”与“意义的意识”是一致的。但利科反对“自我意识的透明性”，认为人只能通过人创造的“表达物”才能了解自身，即必须通过记号和解释的间距作用来克服自我意识的间接性。所以，“我思故我在”中的“我思”，就其受意识的困扰而言，从一开始就是一种“虚构的我思”。利科认为，精神分析学由于揭露了意识的虚构性，为这一观点提供了有力的论据。利科主张，要依据胡塞尔现象学的教导，确确实实地放弃意识对于我们的摆布，以保证反思的不可动摇的可靠性。利科的这一立场是与弗洛伊德理论的自然主义原则一致的。

相应于对直接意识的批判和放弃，是新的模式的重建。在利科看来，这一对应的新模式即弗洛伊德的心灵结构模型，其中意识、前意识和潜意识构成一种三角关系。在这个三角关系的模式中，人的感情、欲望和理智等按照其自然的原则而自动地相互调节和相互协调。在这一方面，弗洛伊德的精神分析学对于人的心理活动及人的文化活动的解释，使我们看到了“主体”如何在复杂的三角关系中完成其“重建”的过程。

利科把弗洛伊德的“心理玄学”（在此主要指以潜意识为核心的精神分析理论）看做是“一种反思的冒险”，放弃意识是这种冒险所走的道路，而返回意识则是其任务。在这种反思的冒险活动中，进行冒险的“我思”是受到“伤害”的：“我思”在那里出现，但并不占有任何因素，它唯有在承认自身的“不适当性”和“虚幻性”、承认现有意识的“欺骗性”的前提下，才能理解自身的本原的真理性。

以上只是利科所讲的主体考古学的第一个方面。作为其更为重要的方面，应进一步从正面的和肯定的角度，来论述"我之所以存在"的那个欲望根基。在这一部分，利科着重论述的是欲望中的"驱力"(the force)同"语言"的相互转换的关系，这一关系构成"主体"的"反思"过程的根本方面。在这一部分中，深刻而生动地显示着通过语言形式的符号和象征体系同通过冲动渠道而表现出来的欲望之间的复杂的双向关系；而揭示这个双向关系的活动内容及其逻辑，可以为分析人类文化及社会活动的本质构成，提供最有意义的启示。要理解这个重要方面，就必须把握弗洛伊德关于欲望、意识及潜意识的关系。利科认为从弗洛伊德对于尼采的评价中，可以揭示其基本命题："我们认为尼采的下述言论是正确的：在梦中持续着我们决不能通过直接的道路所期待的那些在人类的原始时代所发生的一切。我们可以希望通过对于梦的分析，终将认识人类的古代遗产，同时发现在心理上先天地存在的一切。"①可见，梦的分析具有揭示个体心理和集体心理的双重功效。通过对弗洛伊德"梦的分析"的解释，利科突出了弗洛伊德的基本命题：一切欲望，如果不同潜意识的不可摧毁的和不朽的欲望相联系，都不可能是有效的。

利科认为，"正是在揭示欲望同潜意识的内在关系的过程中，弗洛伊德给我们分析了本我、自我和超我的复杂关系，勾画出了他的主体考古学的基本轮廓，挖掘出了他的富有创意的主体考古学的构架及含义，为揭示人类文化源流结构在主体深层意识中的余迹提供了良好的范例。"②

总之，利科从现象学和解释学的角度，对于弗洛伊德的精神分析理论进行了富有特色的解读，挖掘了精神分析学的认识论意义，反思了精神分析的学科性质，并且从"主体考古学"的角度重新诠释了精神分析的心灵结构观和人格结构理论。这种解读不仅使"文化解释"成为可能，而且使精神分析成为反思解释学的重要内容。然而，由于利科是从哲学的角度对精神分析做抽象的解读，因而这一解读的成果对于精神分析自身理论的发展，尤其是对于精神分析技术的精进而言，意义不大。

① 转引自高宣扬著：《利科的反思诠释学》，同济大学出版社2004年版，第114页。
② 高宣扬著：《利科的反思诠释学》，同济大学出版社2004年版，第114页。

# 第三节　哈贝马斯对弗洛伊德精神分析学的反思与批判

## 一、哈贝马斯的生平与著作

尤尔根·哈贝马斯(Juergen Habermas,1929—)

尤尔根·哈贝马斯(Juergen Habermas,1929—),是法兰克福学派第二代中最为著名的代表人物,当代西方最为重要的思想家之一。1929年生于德国的杜塞尔多夫市,后随父亲任职来到边境小镇古姆斯巴赫(Gummersbach),并在那里长大。1949—1954年,在哥廷根、苏黎世和波恩上大学,攻读哲学、历史学、心理学、德国文学、经济学等专业。1954年在波恩大学以论文《绝对性与历史,谢林思想的二重性》获博士学位。1954—1956年任自由记者,获“德意志科研协会”助教奖学金。1956—1959年,在“法兰克福社会研究所”任阿多诺的第一位研究助理。期间研读本雅明、布洛赫、阿尔都塞,初次接触涂尔干、韦伯,学习经验社会学。1961年在马堡大学完成教授资格论文《公共领域的结构转型》,之后接受伽达默尔的邀请出任海德堡大学哲学副教授,第二年升为教授。1964—1971年,接替霍克海默任法兰克福大学哲学和社会学教授,社会学研究所所长。60年代中期,哈贝马斯发表的许多政论性文章在青年学生中产生了巨大影响,加上他经常向学生讲演,同他们一起讨论,回答他们所关心的问题,因而深受学生的欢迎和爱戴。他的思想和理论成了1968年学生抗议运动的精神力量。然而随着学生运动的激烈和激进,他由原来的同情和支持学生转变为指责学生们的过激行为，甚至公开谴责他们是“左派法西斯”[1]，而学生领导人则称他为“文化革命的叛徒”。1968 年 12 月，左派学生占领了他当时领导的法兰克福社会研究所近 10 天，双方冲突甚至到了无法调和的地步。在这种情况下，哈贝马斯终于于 1971 年离开了法兰克福，前往巴伐利亚的斯坦堡，出任马普协会生活世界研究所(或马克斯·普朗克“科技时代生活条件”研究所)所长。1983 年返回法兰克福，继续担任该校哲学教授。1994 年从法兰克福大学退休，但仍为名誉教授。

哈贝马斯著述丰富，迄今有数十部著作问世，主要代表作包括：《公共领域的结构转型》(1962)、《认识与兴趣》(1968)、《技术和科学作为意识形态》(1968)、《理论与实践》、《晚期资本主义的合法性危机》(1973)、《论社会科学的逻辑》、《历史唯物主义的重建》(1976)、《交往行为理论》(1981)、《现代性的哲学话语》(1985)、《后形而上学思维》(1988)、《作为未来的过去》(1991)、《事实与价值》(1992)以及《包容他者》(1996)等，广泛涉及社会科学和人文科学的不同领域。

哈贝马斯素以思想活跃、政治激进著称。他通过跨学科的研究方法，对不同的思想领域进行了深入的研究。通过历史分析和社会分析，对西方思想史、特别是法兰克福学派自身的历史进行了清理和批判，并在此基础上建立起了自成一说的“交往行为理论”。由于思想庞杂而深刻，体系宏大而完备，哈贝马斯被公认是“当代最有影响力的思想家”，甚至被誉为“当代的黑格尔”，在西方学术界占有举足轻重的地位。正是由于他在哲学社会科学领域中的贡献和巨大影响，1974 年，他荣获联邦德国斯图加特斯市的黑格尔奖；1976 年获联邦德国达尔姆斯达特市德国语言和文学科学院授予的弗洛伊德科学散文奖；1980 年，荣获法兰克福阿多尔诺奖，同年，美国社会科学院授予他法学荣誉博士称号；1981 年，匈牙利科学院授予他荣誉院士称号。

以其著名的交往活动理论为分界依据，哈贝马斯的思想大体经历如下发展阶段：[2]

(1) 前交往期(1959—1968)。哈贝马斯的研究主题是资产阶级公共领域的历史分析以及认识论的历史重建。哈贝马斯通过对实证主义和历史主义的批判，提出了一种批判科学的概念。《公共领域的结构转型》和《认识与

---

① 1979 年，哈贝马斯仍然认为当时他对左派学生所采取的态度是正确的，但也公开承认“左派法西斯”的说法不妥。转引自[德]哈贝马斯著，郭官义、李黎译：《认识与兴趣》，学林出版社 2002 年版，第 16 页。

② 资料来源：“中国学术论坛” www.FRChina.net，2005 年 6 月 10 日。曹卫东撰写的“哈贝马斯生平、著述及思想”。

兴趣》是这一时期的代表作。(2) 交往期(1969—1981)。哈贝马斯从重建历史唯物主义的角度入手,初步完成了其作为社会批判理论的交往行为理论体系的建立。(3) 后交往期(1982—1989)。哈贝马斯主要致力于对现代性范畴的历史清理和形而上学思想的批判,用以抵抗后现代主义和阐述一种建立在语言学转向基础上的"后形而上学思想",从纵向(思想史)和横向(形而上学批判)的角度,对交往行为理论进行元论证。(4) 反思期(1990—2000)。进入 20 世纪 90 年代,哈贝马斯开始有意识地把交往行为理论向政治哲学和法哲学领域推进,通过对自由主义政治要领以及社群主义政治要领的批判,主张建立一种新型的话语政治模式,提倡用程序主义来重建民主制度。

哈贝马斯对精神分析的理论借鉴和批判,主要见之于他的早期著作《认识与兴趣》一书。《认识与兴趣》是哈贝马斯专门论述认识论问题的一本重要哲学专著,是哈贝马斯前交往期的代表作,其中蕴含了其后期所构建的交往理性的哲学思想。在将近 30 年后,为《认识与兴趣》一书的中文版所写的"致中国读者"的前言中,哈贝马斯谈到,他不仅承认《认识与兴趣》一书在其思想发展中的重要地位,并且坦承,他"仍坚持在《认识与兴趣》一书中,特别是在以学习的态度同皮尔士、狄尔泰和弗洛伊德的著作的辩论中所获取的认识",而且,他"后来撰写的《交往活动的理论》,就是从这些用交往理论对实证主义、解释学和心理分析所做的思考中产生的"。① 由此,足可证明《认识与兴趣》一书在哈贝马斯思想发展中的重要性,以及精神分析理论对理解哈贝马斯的重要性。

在书中,哈贝马斯考察了从康德经由费希特、黑格尔到马克思的认识论传统,分析了以皮尔士和狄尔泰为代表的自然科学与精神科学的自我理解,并对弗洛伊德的精神分析理论进行了案例式的剖析,最终将弗洛伊德的精神分析定位于一门深层解释学,其治疗过程是一种"自我反思"活动。通过这种定位,哈贝马斯实现了将狄尔泰的传统解释学与伽达默尔的理解解释学的理论综合,折射出其后期"交往理性"的思想,并昭示了哈贝马斯试图从对弗洛伊德的解释学入手来建构其"新理性主义"哲学的努力。

为了更好地理解哈贝马斯对精神分析的解读及其定位,有必要先了解他的"认识与兴趣"的理论架构。

① 哈贝马斯著,郭官义、李黎译:《认识与兴趣》,学林出版社 2002 年版,"致中国读者",第 2 页。

## 二、哈贝马斯的“认识与兴趣”的理论架构

我们已经知道,《认识与兴趣》是哈贝马斯专门论述认识论问题的一本重要哲学专著,那么这部著作的内容是什么,要达到什么样的目标?认识和兴趣的含义是什么?二者又是一种什么关系呢?特别是弗洛伊德的精神分析是如何与认识论问题结合在一起的呢?

《认识与兴趣》一书的内容来自三个方面:一是1965年6月哈贝马斯到法兰克福大学任教授时发表的题为“认识与兴趣”的演讲;二是先前他在海德堡大学任哲学教授时讲授的课题:实证主义、实用主义、历史主义;三是他对弗洛伊德的研究。哈贝马斯利用三年的时间,将这三方面的研究结合到一起,最终完成了这部畅销不衰的名著。

《认识与兴趣》共有三章:第一章“认识批判的危机”,是从思想史的角度,对认识论进行的历史考察;第二章“实证主义、实用主义和历史主义”,批判了孔德和马赫的实证主义,论述了皮尔士的实用主义和狄尔泰的历史主义的解释学,指出了他们在认识论上的贡献和问题;第三章“批判是认识与兴趣的统一”,除了对理性与兴趣的哲学史的回顾之外,其余三节内容都是对精神分析的论述,反映出哈贝马斯试图透过精神分析,沟通认识与兴趣这两个看似并不相关的研究领域的理论努力。

在哈贝马斯看来,近代哲学争执不休的认识论问题,归根结底是关于“怎样才能获得可靠的认识”的问题。他以此为线索,首先从思想史的角度对认识论进行了历史的考察。他认为,康德提出的先验逻辑问题,使认识论有了起点,使其形成了一个独特的领域。黑格尔对康德的批判使认识论前进了一步。在黑格尔看来,先验的反思不是绝对的开始,而是依赖于某种先已存在的东西,因为任何形式的认识都只能形成于一个综合的过程,而这一过程是借助于语言、劳动和统治(人的相互作用)完成的。然而,由于黑格尔强调绝对知识和绝对精神,从而削弱了他对康德的批判力量。哈贝马斯赞赏马克思对黑格尔的批判和在这个基础上提出的有关理论,即:人的认识不是通过绝对精神的自我运动,而是在生产斗争和阶级斗争中形成和发展起来的。认识的主体既不是先验的自我,也不是绝对精神,而是有躯体的、能劳动的主体。这个主体认识世界的能力是在向自然界以及其他人不断变换形式的交往中积累起来的。哈贝马斯认为,马克思的这一理论开辟了一条对认识的主体进行反思的道路。

经过对认识论思想史的考察之后,哈贝马斯又以专门的篇章批判了孔德和马赫的实证主义。他指出,实证主义试图用唯科学论的知识学来代替

认识论，否认哲学反思的价值，其结果必然是排除了科学对自身的反思，也排除了人们对社会科学现象进行自我反思的研究，从而妨碍了人们用一种恰当的方式（特别是对于社会分析而言）去研究人的行为。在他看来，皮尔士和狄尔泰两位思想家尽管都对科学做了彻底的自我反思，但是由于他们受到实证主义的束缚，没有把他们的方法理解为科学的自我反思，因而也没有得出认识和兴趣的统一观。

在此基础上，哈贝马斯提出"认识的兴趣"这一概念，并以此为出发点进一步分析了认识与兴趣在自然科学中和精神科学中的联系，揭示了被实证主义丢弃的认识论的反思维度。哈贝马斯所说的认识和兴趣有着特殊的含义。他认为，"认识既不是生物适应不断变化的环境的一种单纯的工具，也不是纯粹的理性生物的一种活动，而是一个具有强烈社会性的特殊的范畴，是人类维持自身生存的工具和创造新生活的手段"，"它是主体（人）借助于工具活动和交往活动，在使用技术占有自然的过程中，在把握人的共性的进程中完成的"。① 可见，哈贝马斯力图使"认识"范畴"社会化"，因为在他看来，无论是认识的主体还是被认识的客体，离开了社会历史氛围，都是不可想象的。

哈贝马斯所谓的"兴趣"就是"乐趣"。兴趣贯穿于人类日常的工具行为和交往行为中，是"与人类再生产的可能性以及与人类自身形成的既定的基本条件，即劳动和相互作用相联系的基本导向"，它"既不等于我们所说的本能，又不能完全脱离生活过程的客观联系"。② 哈贝马斯反对实证主义把认识与兴趣相分离的观点，指出兴趣先于认识，指导认识，是认识的基础，同时也是人类社会前进和发展的基础。然而，兴趣也只有借助于认识的力量才能实现。而认识与兴趣的真正统一和融合，只能发生在自我反思的领域中。

哈贝马斯认为，人的认识兴趣决定了人的科学活动，而每一种科学活动又有它自己的特殊的认识兴趣。哈贝马斯把兴趣划分为在三种："技术的兴趣"、"实践的兴趣"和"解放的兴趣"三种。（1）"技术的兴趣"是人们试图通过技术占有或支配外部世界的兴趣。它的意向是把人类从自然界的强制中解放出来。技术的兴趣促成并决定着自然科学的思想和研究。（2）"实践兴趣"是科学研究的原动力，指导着精神科学的发展。在哈贝马斯看来，在现实中，实践的兴趣并非畅通无阻。比如政治、经济、军事等政府机构对社会实行全面统治，从而使对话受到压制，共性、共识已无法实现。（3）"解放的兴趣"是人类对自由独立和主体性的兴趣，其目的是把主体从依附于对象化

① 哈贝马斯著，郭官义、李黎译：《认识与兴趣》，学林出版社 2002 年版，"译者前言"，第 11 页。
② 哈贝马斯著，郭官义、李黎译：《认识与兴趣》，学林出版社 2002 年版，"译者前言"，第 12 页。

的力量中解放出来。按照哈贝马斯的观点，一切批判性的科学就是在“解放的兴趣”的基础上建立和发展起来的，它们为之奋斗的目标是社会解放，是在人与人之间建立一种没有统治的交往关系，取得一种普遍的、没有压制的共识。

通过对上述三种兴趣的论述，哈贝马斯试图让人们认识到：在当今的发达社会中，“技术的兴趣”所创造的成果——技术，已经被统治集团滥用，给人类带来了不幸和灾难；人们的“实践兴趣”——人与人之间的平等对话关系，在相当大的程度上遭到了阻挠和破坏。因此，他寄希望于“解放的兴趣”来消除压抑，实现人与人之间的真正交往和沟通。因为只有“解放的兴趣”所指导的批判的社会科学，才能使广大阶层和社会摆脱物质匮乏和人际关系的紧张。显然，哈贝马斯“试图重建的认识论是一种以自我反思为基础的、具有强烈社会性的，把认识与兴趣密切结合起来的、批判的社会认识论”①，他认为批判是认识与兴趣的统一，他希望自己所倡导的这种认识论能造福于人们社会关系的改善。

哈贝马斯进而指出，重新研究康德和费希特的理性兴趣的概念，可以澄清从方法论上发现的认识与兴趣的联系，可以避免对它作错误的解释。然而仅仅以历史上的反思哲学为出发点，还不能使自我反思的维度本身恢复原貌。所以他主张，“应该用心理分析的例子来证明，自我反思的维度是在实证主义的基础上重新起步的：弗洛伊德为受到破坏的和偏离了方向的‘自我反思的’形成过程提出了一个解释框架”②。在他看来，这个解释框架就是弗洛伊德发明的精神分析技术，精神分析技术既是一种深层解释学，同时又隶属于自我反思的维度，因而通过自我反思的治疗模式，弗洛伊德使受到破坏和偏离了方向的自我反思形成过程步入正轨。尽管如此重视精神分析的认识论价值，但是哈贝马斯仍不无遗憾地批评说，弗洛伊德“恰恰没有把他的理论理解为系统上普遍化的自我反思，而是理解为严格的经验科学”③，这是一种“唯科学”的自我误解。

## 三、哈贝马斯对弗洛伊德精神分析学的反思与批判

### 1. 精神分析是一种深层解释学

哈贝马斯把弗洛伊德的精神分析理论视为一种“深层解释学”。之所以

① 哈贝马斯著，郭官义、李黎译：《认识与兴趣》，学林出版社 2002 年版，“译者前言”，第 14 页。
② 哈贝马斯著，郭官义、李黎译：《认识与兴趣》，学林出版社 2002 年版，第 194 页。
③ 哈贝马斯著，郭官义、李黎译：《认识与兴趣》，学林出版社 2002 年版，第 194 页。

称之为“深层解释学”，主要的原因是它的研究对象是神经症患者的语言，这种语言是被扭曲的、有待破解其意义的语言，而不是日常生活中正常交往的语言。哈贝马斯认为，神经症患者的语言由于某种内部影响而被曲解，但是这种曲解是有意义的，“这种遭到肢解的原文，只有在它成功地解释了遭到肢解的思想之后，它的思想才能被把握：这就是解释学的固有任务；解释学不能把自己限制在语言学的工作方法上，而是（应该）把语言分析同因果联系的心理研究结合起来”①。因此，精神分析的语言就被当做一个有待破解和批判的文本。精神分析的解释研究的是主体自己在其中产生错误的符号联系，弗洛伊德的深层解释学与狄尔泰的语言学解释学相对立，所涉及的是主体在其中对自己产生错误认识的原文。在这一原文中，除了显而易见的内容之外，还有主体本人不了解的、异己的、然而却是属于他要了解的潜在的内容。对潜在内容的揭示依赖于精神分析的深层解释。

在哈贝马斯看来，神经症症状和梦都是有待解释的扭曲的语言文本。在哈贝马斯对精神分析的解读中，语言或符号联系是异常重要的，它是通往人的潜意识深处的路径，语言符号既表达主体又掩盖主体，它能够泄露语言表述者本人未曾了解的、异己的内容。弗洛伊德所研究的遗忘、口误、笔误、错误、手误等日常语言活动（包括言语和行为）都可以在不经意间表露主体内心未被认知的一面，它们是在可以容忍的限度内的偶然失误。但是，假如原文（患者的语言）错误比较明显，达到病理的程度，则成为神经症的症状。而这些原文错误既不能被主体否认，也不能被主体理解。然而神经症症状是意向性联系的一部分：记录主体日常语言活动的原文是被某种内部干扰所破坏的。神经症歪曲了如下三个内在的符号联系：语言表达（强迫性观念）、行为（强迫性重复）、同身体相联系的经历表达（躯体形式的歇斯底里症状）。在受到身心干扰的情况下，神经症症状与最初的原文根本不同，因此，原文的符号特征必须通过解释才能被证明。哈贝马斯总结说，神经症症状是主体所面对的、他不能理解的、被曲解的原文造成的疤痕。

梦则是被扭曲的原文的非病理性的模型。做梦者制造梦的原文，显然也是一种有待解释的意向联系。这可以从哈贝马斯所说的梦的三个层次来印证。他在承认弗洛伊德所说的显梦与隐梦的基础上，进一步指出梦有三个层次：最高层次（最接近意识层面）是梦的正面形象，是梦二次加工的结果，是梦者醒来后对梦的回忆，它可能被分析者的联想所认同或否认；梦的第二个层次可以归结到未完结的白日残余，即可以归结到遇到阻碍和尚未

① 哈贝马斯著，郭官义、李黎译：《认识与兴趣》，学林出版社2002年版，第218页。

结束的前一天的语言活动的原文片断上；梦的最深层次即弗洛伊德所谓的梦的象征，这个层次所具有的符号内容抗拒解释，却承载着做梦者极力“压抑”的本真的欲望。梦的象征使抗拒与解释相对立。弗洛伊德把这种抗拒归于梦的稽查。在治疗过程中，这种抗拒表现在尚不具备的、犹豫不决的和间接的联想中，以及表现在事后可以弥补的原文遗忘中。分析者的任务就是解释梦或病症，把一种心理材料从一种表达方式转变为另一种表达方式，从而使人重新理解潜伏在内心深处的另一个自我。

哈贝马斯将弗洛伊德的精神分析视为一种“深层解释学”，显然是有别于以狄尔泰为代表的传统解释学。哈贝马斯自己也承认弗洛伊德的深层解释学同狄尔泰的语言学解释学相对立。① 联系解释学的发展史，这种对立可以一目了然。以狄尔泰为代表的传统解释学的出发点是能够被回忆的生活史本身，生活史本身具有“透明性”的优点，它包含着对共同背景的认识以及对其他个人内心世界的认识。一个句子所以能够理解，是因为“同一语言社会中共同的语义、词的曲折变化和句法是一致的。在任何一个特定的社会里，正是这些公认的行为准则才使各种语词或身体姿态不仅能够表达各种不同的意义，而且能够使人如实地加以理解”②。理解个人，总是以人们相互之间的类似行为为根据。这里，共同的背景系统对理解具有至关重要的影响，而共同背景的形成则需要借助语言的力量，因为正是日常语言的语法不仅规定符号联系，而且也规定语言要素、行为模式和行为表现的交叉关系。人们借助语言达到了相互的理解。由上述分析可以看出，狄尔泰的解释学赖以成立的前提是主体思想与其语言表达之间的一致性。而弗洛伊德则对这种一致性表示了怀疑。在弗洛伊德看来，个体社会化的过程同时也是本能欲望被压抑和个体潜意识的产生过程，因为本能是与文明即外部社会的规范相冲突的。当个体内心的所思所想通过符号化获得社会存在的合法性时，实际上其所思所想已受到了符号的扭曲与置换。借助语言符号，主体隐藏了自己，同时也误解自己。而精神分析就是试图使自我的模糊性回归透明，还原本真欲望的过程。

**2. 精神分析具有自我反思的特性**

哈贝马斯认为，精神分析的实质是一个自我反思的过程，这一过程具有认识论意义，它深刻地表现出兴趣对认识的重要作用。精神分析的自我反思特性及其认识论意义可以从分析师的任务、分析治疗的过程中加以说明。

---

① 哈贝马斯著，郭官义、李黎译：《认识与兴趣》，学林出版社 2002 年版，第 219 页。

② 孔明安、张羽佳：《精神分析、自我反思与交往理性》，《江海学刊》，2006 年第 2 期，第 43 页。

如前文所述，梦与神经症都是主体自我异化的特殊表现方式，是主体（语言主体与行为主体）同自己的交往受到了破坏的常态和病态形式。如哈贝马斯所说，“无意识动机的私有化语言，脱离了自我，虽然这种语言反过来从内部有效地影响着由自我控制的语言的使用和自我的行为动机，其结果是，自我在他自觉创造的符号联系中，必然对自己的同一性产生错误认识”①。面对神经症患者，分析者就是一位解释人，他的任务是教他们理解自己的语言。即，分析者通过指导病人学会阅读被他自己肢解和歪曲了的原文，并且学会把语言符号从一种个人语言上被畸形化的表达方式转换为社会交往的表达方式。这种转换会开启病人一直被封闭着的早期成长经历，使病人意识到自己症状的形成过程。因此，“从这个角度看，心理分析的解释学不同于精神科学的解释学，它的目的不是整个符号联系的理解；心理分析的解释学进行的理解活动是自我反思……显然，把解释学说成是对原文的翻译是不够的；‘把无意识翻译成有意识’本身就是反思。压抑只能靠反思来消除。”②

精神分析的治疗过程，是一种逐步让病人克服阻抗，让意识了解潜意识的过程。以具体的治疗过程为例。医生对症状产生的基本判断就是：致病的根源，并不是病人内心深处的欲望，而是病人对这些欲望的“抗拒”。抗拒是一种自我防御，不过是病人“当时进行压抑，现在又想维护压抑的自我的一种表现”③。因此，在治疗过程中，医生的任务不是急于揭示病人的潜意识欲望，而是通过解释来澄清病人的阻抗，从而削弱病人的心理防御，从而间接地降低社会力量对病人自我本性的束缚，进而鼓励病人敞开自己的心扉，说出被自己所抗拒、所遗忘的事情。哈贝马斯得出结论说，“我们的基本观点是，由医生诱发的病人的认识过程，可以被理解为病人的自我反思过程”，“分析具有直接的治疗效果”，因为学会用他人的眼光看自己和学会在诸种症状中对自己的行为进行反思，“从而批判地克服意识障碍以及中止虚假的客观化，能够唤起病人重新占有失去了的那一部分生活史，从而取消分裂过程”④。因此，病人的这一自我反思过程就是对被遭到破坏的自我同一性的重建，也是病人对自我的重新认识过程。

分析性的认识就是一种自我反思。哈贝马斯从三个方面加以论证，最终使分析性的认识与兴趣结合了起来。首先，在分析性的认识中包含着两

① 哈贝马斯著，郭官义、李黎译：《认识与兴趣》，学林出版社 2002 年版，第 228 页。
② 哈贝马斯著，郭官义、李黎译：《认识与兴趣》，学林出版社 2002 年版，第 229 页。
③ 哈贝马斯著，郭官义、李黎译：《认识与兴趣》，学林出版社 2002 年版，第 242 页。
④ 哈贝马斯著，郭官义、李黎译：《认识与兴趣》，学林出版社 2002 年版，第 233 页。

个要素:认识的要素和激发情感的要素。哈贝马斯认为,分析性的认识本身包含着消除教条主义思想的分析的力量,从这种意义上说,分析的认识即批判。而如同批判以实际改变需求开始一样,批判在改变激发情感的基础中结束。假若批判不以批判的激情为动力,批判就不会具有打破虚假意识的力量。而在分析性的治疗中,病人具有的是烦恼与痛苦的经验以及对消解沉重的压抑状况的关心,病人求医是因为他有疾病的痛苦,并且想请医生治疗。这里,病人所受的痛苦的压力和对恢复健康的关心,不仅是进行治疗的原因,而且也是治疗本身取得成功的前提。

其次,弗洛伊德要求,在分析性的治疗中病人应当禁欲。因为他想阻止病人在治疗过程中急于用没有痛苦性质的代替性的满足去代替症状。这种看似荒谬的要求,在分析性治疗中却具有特殊的意义。因为"心理分析治疗的成功不取决于医生使用有效的医疗技术对病人的机体施加影响,而是取决于病人的自我反思过程。但是,只有对病人的激起抗拒的动机的分析和认识受病人对自我认识的兴趣的推动,病人才能进行自我反思"①。反之,欲望的满足会从某种程度上平复病人的内心反抗,削弱他对自我认识的兴趣,从而阻碍反思的进行。

最后,弗洛伊德始终强调,处于分析性治疗中的病人,不能像对待肉体上的痛苦那样对待他的疾病。患者必须认识到,自己所患的疾病就是他的"自我"的一部分,他不应该把自己的症状及其原因看作外部的东西,而是应该对疾病承担某种责任。换言之,由于精神分析要求病人具有自我反思的经验,所以也要求病人对疾病的内容"负道德责任",因为精神分析的研究证明:病人的自我应该在他自己的、由疾病体现出来的另一个人(作为同他自己相异己的自我)中重新认识自己,并且同这一个人相认同。正如黑格尔的伦理辩证法所说的:"罪犯是在他的牺牲中认识自己的固有本质的"。② 在此意义上,病人对自我的认识也是一种伦理认识,而指导认识的兴趣恰恰是这样一个范畴,即"它表达着我们感兴趣的对象同我们实现欲望的能力的关系"③,"它既引起快乐情感,又追求一种始终与直接的爱好不相同的爱好——理性蕴含着使理性变为现实的动力"④。

**3. 元心理学的唯科学论梦想是一种自我误解**

在肯定了弗洛伊德精神分析学说的认识论意义之后,哈贝马斯又对弗

① 哈贝马斯著,郭官义、李黎译:《认识与兴趣》,学林出版社 2002 年版,第 235 页。
② 哈贝马斯著,郭官义、李黎译:《认识与兴趣》,学林出版社 2002 年版,第 236 页。
③ 哈贝马斯著,郭官义、李黎译:《认识与兴趣》,学林出版社 2002 年版,第 201 页。
④ 哈贝马斯著,郭官义、李黎译:《认识与兴趣》,学林出版社 2002 年版,第 204 页。

洛伊德的元心理学(metapsychology,又译心理玄学①)设想进行了批判,认为这种设想是一种唯科学论的自我误解。

所谓唯科学论的元心理学,指的是这样一种心理学设想:它希望心理学能够成为像自然科学那样严格的学科领域,遵循物理主义的语言用法,总结出关于人类精神状况的一般性规律,并将此一般性规律运用于各种具体经验。按照弗洛伊德的思路,这种元心理学应该同能量的分配模式相联系,心理状态的表达(本能、焦虑、冲动、快乐、不快乐、愿望)与诸种物理过程(能量的贮存、张力、释放、移动和流淌)相对应。② 哈贝马斯认为,弗洛伊德对心理学尤其是精神分析学的这种唯科学化认识是自相矛盾的。在他看来,弗洛伊德对“人的关系”的科学兴趣和他早期所经受的医学和生理学的训练使他产生了矛盾的兴趣,这种兴趣实际上促使他在实践中建立了一门新的人文科学(即精神分析学),然而他却始终把人文科学当做自然科学。不仅如此,弗洛伊德还从神经生理学中学会了用医学的自然科学方法来研究那些人类学上重要的问题。弗洛伊德从不怀疑心理学是一门自然科学,也从不惧怕把心理分析同自然科学相提并论。因为他认为,精神活动如同可以观察到的自然现象一样,也可以成为科学的研究对象,心理学构成的概念和自然科学构成的概念一样,具有同等意义。因为即使物理学家也不能解释电的本质,而是使用“电”这一概念,心理学家也可以效仿物理学家,把“本能”作为一个理论概念来使用。弗洛伊德曾指出:“心理分析在治疗上的运用被生物化学在药物学上的运用所代替,终有一天是可能的。心理分析(作为一门自然科学)的自我理解提出了从技术上使用科学信息的模式。”③他相信,未来会教人们用特殊的化学物质去直接影响心理器官中的能量及其分配,只不过在他的时代,还没有比心理分析技术更好的技术供人们使用。

哈贝马斯不仅不认同弗洛伊德的心理科学观,而且进行了严肃的批判。他指出,精神科学不同于自然科学,自然科学在语法规则上遵循的是统一的物理语法。而在精神科学中,恰恰不是按照主体互相之间承认的规则行事的。以分析治疗为例,病人的语言是一种分裂的、被症状所曲解的语言。症状对思想的掩饰以及对主体之间沟通性的干扰,最初无论是对分析师还是

① 心理玄学有两重含义:一是指弗洛伊德试图依据进化论、物理学的能量观、神经生理学的研究将精神分析构建为一种一般心理学理论模式的设想;二是指重视深层次动机的弗洛伊德的整个潜意识理论体系。第一种含义中反映出弗洛伊德追求自然科学模式的倾向,哈贝马斯就是针对这种唯科学论倾向展开批判的。

② 孔明安、张羽佳:《精神分析、自我反思与交往理性》,《江海学刊》,2006年第2期,第44～45页。

③ 哈贝马斯著,郭官义、李黎译:《认识与兴趣》,学林出版社2002年版,第246页。

对病人自身都是无法理解的。只有在医生和病人共同用反思的方法冲破交流的障碍时，主体之间的共同语言才会建立。他进一步批判说："弗洛伊德一开始就囿于唯科学的自我理解，所以他陷入了客观主义，这种客观主义从自我反思的阶段直接返回到同时代的马赫型的实证主义，因此，这种客观主义具有一种特别粗糙的形式。"①哈贝马斯不无遗憾地指出，弗洛伊德的元心理学框架首先是从分析情境和梦的解析的经验中提炼出来的，它不仅具有心理学研究的意义，而且具有一种方法论的意义，而弗洛伊德因执迷于精神分析的科学性，却未能认识到这一意义。

实际上，哈贝马斯对弗洛伊德的元心理学观念进行批判，其目的在于动摇唯科学论的客观主义基础，从而打通自康德到马克思的德国认识论观念，对实证主义的唯科学论方法论进行理论反击。

综上所述，哈贝马斯视精神分析为一种深层解释学，同时又具有自我反思的特性，通过自我反思的治疗模式，弗洛伊德使受到破坏和偏离了方向的自我反思形成过程步入正轨。哈贝马斯重视精神分析的认识论价值，批判了弗洛伊德元心理学的"唯科学"的自我误解。借助于对精神分析的反思和批判，哈贝马斯反击了实证主义的唯科学论方法论，重建了以自我反思为基础的、把认识与兴趣结合起来的批判的社会认识论。因此，精神分析学在哈贝马斯的思想发展中更多地起着一种工具性的作用。对弗洛伊德精神分析学的解析，既是他试图综合狄尔泰的传统解释学与伽达默尔的理解解释学的理论尝试，也是力图在现象学和现代解释学的基础上来复活近代理性的一种努力。

但是，哈贝马斯在反思和批判中所指向的精神分析理论，仅仅局限于20世纪早期的弗洛伊德的著作及其思想，而对于弗洛伊德之后精神分析理论的发展和演变并未涉及。而弗洛伊德本人曾不断地对其理论加以修正，不仅其前后期的理论思想常有矛盾，而且弗洛伊德的继承者们对精神分析理论的修正、发展和改造也是非常明显的。因此，哈贝马斯对精神分析理论的批判范围显得过分狭隘，带有明显的时代局限性。

① 哈贝马斯著，郭官义、李黎译：《认识与兴趣》，学林出版社2002年版，第250页。

# 第七章

## 后现代精神分析学的演绎

随着后现代主义思潮的兴起和盛行，诞生于现代主义语境之中的精神分析也遭遇到了前所未有的冲击和批判。它作为一门科学的价值受到质疑，它的潜意识和欲望等核心理论被重新解读甚至解构。但是，作为一门研究主体心理的卓有成效的微观分析理论，它并没有被完全否定，而是在新的话语下爆发出前所未有的活力。后现代的许多学者仍乐此不疲地将精神分析与马克思主义、后结构主义、后现代主义等理论建构相结合，从而为当代西方的理论建设增添了一道独特的风景。

## 第一节　精神分析学的后现代意蕴

### 一、后现代主义思潮与心理学的后现代转向

后现代文化思潮或后现代主义(postmodernism)是20世纪80年代以来盛行于西方世界的一种泛文化思潮，也是对现代文化哲学和精神价值取向进行批判和解构(deconstruct)的文化运动。[①] 后现代主义首先是20世纪50年代发轫于文学批评中的一个概念，70～80年代开始向其他领域蔓延，经由建筑学、绘画、社会学等领域，并在哲学中得到了极大的发展，进而影响了心理学、宗教、法学、教育学等众多科学领域。

① 高峰强著:《现代心理范式的困境与出路》，人民出版社2000年版，导言，第11页。

后现代主义是相对于现代主义而言的。所谓“现代”(modern),哈贝马斯认为是从文艺复兴开始,经启蒙运动到20世纪50年代,实际上就是指西方资本主义从产生、发展而走向现代化的过程。“现代化”过程就是指商品化、城市化、官僚机构化和理性化的过程。“现代主义是18世纪以来工业化的产物,它以科学、理性、自由、民主、博爱、绝对、统一性、一体化,以及经验性和终极关怀为基本特征。”①后现代主义是对现代的人类思想和实践进行反思的思想运动,是进入信息社会后,资本主义制度危机、社会危机和文化危机的反映,是对现代的思维方式、生活方式或者说是对现代社会的解构和重构。后现代主义试图“消解普遍对个别的规范、现实对根源的依赖、必然对偶然的支配、规律对创造的制约、统一对选择的排斥、崇高对渺小的蔑视等等,重构甚至是倒置普遍与个别、现实与根源、必然与偶然、规律与创造、统一与选择、崇高与渺小的关系”②。

然而,后现代文化思潮并不是一种有着统一宗旨的哲学或文化流派,而是一种精神气质,其主要体现为对一切崇尚中心、秩序、总体性的理性体系的反叛,对不确定性、异质性文化的尊重与追求。尽管后现代文化思潮通常具有否定性后现代主义和建设性后现代主义之分,但与现代性相比,其共同特征却是明显的。“后现代文化思潮以消解中心性、秩序性、明晰性、正统性、权威独尊性、基础性、同一性、决定性、理性等为出发点,以倡导否定性、非中心性、模糊性、破碎性、不确定性、非连续性、多元性、非主体性、差异性、开放性、非理性等为旨归,对现代主义所尊奉的科技霸权、理性独断、事实与价值的分离、人与自然的疏离等进行了无情而且深刻的剖析与强有力的反驳。”③

后现代文化思潮是去中心主义的,力图解构欧洲的中心主义和个人中心主义;后现代文化思潮倡导多元论、尊重差异性。“后现代主义反对二元对立的思维方式,用一种彻底的相对主义的态度来张扬科学的怀疑精神,体现了对历史和事物发展中各种差异和偶然、变化与不测的高度灵敏感。”④后现代文化思潮倡导创造性,提出主观建构主义的观点。建构主义是后现代

---

① 姚介厚:《“后现代”问题和后现代主义的哲学与文化》,《国外社会科学》,2001年第5期,第10~17页。

② 杨英、郭永玉:《后现代心理学与现代心理学的对话》,《心理科学进展》,2005年第3期,第379~384页。

③ 高峰强著:《现代心理范式的困境与出路》,人民出版社2000年版,导言,第13页。

④ 乐国安:《后现代主义思潮对社会心理学的影响》,《南开学报》(哲学社会科学版),2004年第5期,第112页。

主义的主要理论流派，这一流派认为，“我们的知识并不是对真实世界的准确的反映，而是我们自己或社会用语言建构出来的，真理存在于我们的语言和文化中”①，它会随人类的进步不断地被否认，进行再创造。由此，后现代主义文化思潮在认识论上经历了一个由客观主义到主观主义、由反映论到建构论的转变。后现代文化思潮主张对话与解释的方法论，拒斥大叙述，偏爱“微观叙述”，后者解释小的症候、小的不测事故、小的象征、小的实践，而不是大规模的宇宙和全球性的“普遍规律”。②

响应后现代文化思潮的全新理念和后现代科学精神的指引，自20世纪80年代中后期开始，心理学开始了向后现代思想的转变，突出表现为对以实验主义、实证主义和个体主义为旨归的科学主义心理学的反叛和消解。心理学自诞生之日起便出现了科学和人文的对立，一百多年来两种科学观的斗争从未停息。科学主义心理学立足于物理主义或机械主义的观点，遵循科学的基本规则，采取分析和还原的研究方式，成为近百年来的主流心理学；人文主义的心理学是以人文科学为本位，以人性、人权、人道主义为文化价值定向的非主流心理学。

倡导心理学后现代转向的心理学工作者，用整体论、建构论等观念摆脱和超越了科学主义心理学自身难以僭越的路障，又透过后现代视野，对科学主义心理学所信奉的原则立场进行修正与扬弃，并在此基础上确立了后现代心理学思想的方法论和研究主题。在研究原则上，提倡经验论和相对主义，提倡整体论和从文化历史的角度来研究人的心理，强调心理学研究的“去中心”和“多元化”，在方法和理论上主张多元化，强调用多维度、多视角、多方法来研究心理学。后现代心理学研究中，叙事式、阐释式、建构式、解构式的研究方式得到肯定，质化研究、话语分析等方法被普遍使用。此外，后现代主义心理学者还倡导借用文学评论、现象学、释义学、人种学、生态学、人类学、建构论等观点和方法来研究心理学问题，将心理学与伦理学、社会学等学科接轨，研究人而非动物的心理，体现心理学研究的社会性和人文关怀。后现代主义为心理学研究提供了一个多维的视野和一个新的充满活力的研究取向。

在后现代思潮的漩涡中，主流和非主流心理学均被裹挟、冲击和改变。承载着科学主义血脉与精神的行为主义心理学在新的时代背景下走上了艰

① 姜永杰：《论后现代主义关照下的面谈技术的运用》，《阜阳师范学院学报》（社会科学版），2006年第6期，第110页。

② ［美］洛温伯格著，罗凤礼译：《精神分析学说与后现代主义》，《史学理论研究》，2004年第4期，第100页。

难的革新之路。而同样关注社会发展、文化走向和人生境遇的非主流心理学,则很容易地与后现代精神达成默契,精神分析学家和人本主义心理学家与从事后现代心理学探索的学者们一道,不断地为心理学的后现代转向摇旗呐喊。①

## 二、后现代视野中的精神分析学

弗洛伊德创立的精神分析学,可以说是非主流心理学中的主流。它发端于神经症和精神病的治疗,之后形成关于普通心理学的庞大理论体系,影响了哲学、社会学、人类学和文学等众多人文和社会科学,并渗透到社会生活的方方面面。如今,在后现代文化思潮这一极具冲击力的文化背景下,精神分析学的定位问题,或者说它与后现代思潮的关系问题又成为研究者热切关注的焦点。归纳起来,不外乎两种主张:一种观点认为弗洛伊德的精神分析学是纯现代主义的,因为弗洛伊德本人即是科学中心主义背景下训练而成的病理学家和医生,持心理决定论和还原主义的观点,而且在弗洛伊德的思想中自始至终都存在着使精神分析成为自然科学的愿望,"弗洛伊德认为他在创造一种相当于生物学、化学和物理学的心理学"②。第二种观点认为精神分析学中存在后现代主义,它既是后现代思潮的有机组成部分,同时又影响了后现代文化思潮的发展。美国精神分析学家彼得·洛温伯格(Peter Loewenberg)坚持这一主张。他认为弗洛伊德的思想和后现代思潮存在许多契合之处,比如它们同样接受破碎化和不稳定的思想,接受存在的暂时性和不连贯的思想,而现代主义则强调世界的连贯性和自我意识的同一性。国内学者方成和高峰强持有类似的观点。方成在其著作《精神分析与后现代批评话语》一书中这样说道:"追究后现代理论话语的根源以及发生发展的历程,最具影响力的三位大师是:尼采、弗洛伊德和马克思,他们可以被看成是当代思潮的'宗师',也是当代思潮爆发的'导火线'。"③在高峰强看来,无论是弗洛伊德、荣格、阿德勒等早期精神分析学家,还是弗洛姆、霍妮等新精神分析学家都重视知识的实用价值和实践功能;强调临床治疗和儿童教育;轻视实证方法、倡导释义分析;反对心理学要么属自然科学,要么属人文科学的学科对立,所有这些都是与后现代心理学的主张和观点相吻合的。

① 高峰强:《试析西方心理学三大势力与后现代视野的关联》,《南京师大学报》(社会科学版),2000年第1期,第83页。

② 霍兰德著,程爱民译:《后现代精神分析学》,《国外文学》,1993年第2期,第50页。

③ 方成著:《精神分析与后现代批评话语》,中国社会科学出版社2001年版,第3页。

精神分析不仅拥有与后现代思潮大体相同的语言，而且对后现代心理学思想的产生和发展起到了重要的推动作用。①

除了上述两种代表性的观点之外，另有一种现象更值得关注。这就是后现代的思想家们，尤其是后现代意义上的哲学家、社会学家和文学评论家们，喜欢以精神分析学中的潜意识观、主体观和欲望观等作为挥刀之处，在批判的基础上纷纷建立自己与精神分析有关的后现代理论，从而使产生于现代主义语境下的传统精神分析在后现代的话语背景中爆发出前所未有的活力，与其他宏观层面的理论建构如马克思主义、存在主义、结构主义、后现代主义等相结合，从而形成现当代西方理论建设中一道独特的风景线。这种结合所产生的较有代表性的观点如下：① 法国著名的精神分析学家和思想家拉康以结构主义语言学为工具，对弗洛伊德的精神分析进行了语言学的解读和重建，致力于在结构主义和后现代的语境中阐明弗洛伊德的思想真谛，并将其提高到科学的水平。拉康创立的结构主义精神分析学（或符号学精神分析学）也是后现代精神分析学的重要组成部分。② 后结构主义哲学家德里达通过对"文本"的细读，对结构主义进行毁灭性的解构，打破了一切结构、类型、范式的任何确定性，揭示了主体认知与语言话语形式的关系。德里达通过对精神分析关于主体记忆与心理过程和语言过程的关系探讨弗洛伊德的"悖论"，弥补了精神分析在语言话语上论述的不足。②

后现代主义哲学家德勒兹和精神分析学家伽塔里合作提出精神分裂分析学，解析了弗洛伊德精神分析理论中潜意识和欲望的文化表征问题，关注各种社会历史形态的社会符码对"欲望"的激发、疏导、歪曲、压抑和控制，在批判当代资本主义制度的基础上建立了后现代主义的政治分析理论和革命理论。美国新马克思主义思潮的主要理论代表詹姆逊试图将拉康的结构主义精神分析纳入马克思主义的理论建构，透视关于某种社会语境中主体性的架构和形成过程。美国文化评论家诺曼·N·霍兰德（Norman Holland，1927—）是当代精神分析文学评论界的重要代表，他重视对读者和阅读过程的精神分析，强调读者对文学作品的反应和读者在阅读过程中的自我意识，视文学作品的解读为读者潜意识幻想和有意识防御相互作用的心理过程，表现出"文学反应动力学"（简称 DEFT，分别是防御、期望、幻想、转换四种心理过程）的模式，在后现代精神分析文论中自成一体。其他如福柯（Mi-

① 高峰强：《试析西方心理学三大势力与后现代视野的关联》，《南京师大学报》（社会科学版），2000年第1期，第86页。

② 方成著：《精神分析与后现代批评话语》，中国社会科学出版社2001年版，第41页。

chel Foucault，1926—1984）从知识考古学的角度对文化潜意识的探讨，利奥塔从语用学的角度倡导的后现代的欲望哲学和欲望政治学等，都是在后现代的语境中对精神分析的重新解读或重构。

由于后现代精神分析学内容庞杂，观点纷呈，所以本章只选取影响较大的精神分裂分析学详加介绍，并对与其有关联的詹姆逊和利奥塔的观点适当作些说明。

## 第二节　德勒兹和伽塔里的精神分裂分析学

德勒兹和伽塔里是20世纪卓有创见的法国"生成论哲学家"，也是后结构主义思潮的主要代言人。他们的声誉与福柯、德里达齐名。两位思想家的合著《反俄底浦斯》、《千高原》、《哲学是什么?》和《卡夫卡：保卫一种弱小文学》等，已经成为20世纪法国哲学的标志性成果和后现代主义的经典著作。他们在合作中创立的精神分裂分析学(schizoanalysis)既是对资本主义社会的批判，也是对精神分析学的批判与传承。

### 一、德勒兹和伽塔里的生平与著作

纪勒·德勒兹(Gilles Deleuze，1925—1995)，1925年1月18日出生于法国巴黎十七区。父亲为工程师，母亲为家庭主妇。父系来自法国南部的普罗旺斯省。德勒兹在家中排行第二。其兄长原准备入学法国圣席尔(Saint-Cyr)军校，后因从事抗德运动被捕，在移送奥许维兹(Auschwitz)集中营的死亡列车中去世。德勒兹的童年在巴黎十七区度过。除了到外省任教外，他一生一直住在同一座公寓。

纪勒·德勒兹(Gilles Deleuze，1925—1995)

1944年德勒兹入巴黎索邦(Sorbonne)大学哲学系。和他的同龄人一样，德勒兹因经历过战争而被免除兵役。1947年完成高等研究论文，主题为休谟。这本论文于1953年出版，题名为《经验主义与主体性》。1948年德勒兹通过哲学高等教师资格考试，同年通过的名单中还有阿尔杜塞（第二名）。德勒兹先后任教于奥尔良中学（1953年）、路易中学（1955年）、索邦大学（1958年）、里昂大学（1964年）和巴黎第八大学（1968年）。1987年从第八大学退休。

退休之后，德勒兹开始远离激进团体。1988年《文学杂志》出了“德勒兹专号”。其中一条“特征”说他：“很少旅行，从未加入共产党，从未成为现象学家及海德格主义者，从未放弃马克思，从未远离68年5月学运。”[①]90年代起，法、美开始出现一系列的德勒兹研究专著。1991年出版《哲学是什么?》，这是德勒兹与伽塔里的最后一次合作。1993年出版最后一部著作《批评与诊所》。1995年11月4日，德勒兹在巴黎十七区寓所跳窗自杀，享年70岁。一般认为他是难以忍受病痛，才自行了断。德勒兹自杀消息传出后，巴黎知识界倍感震惊。德里达撰文表示自己有如这一代忧郁的残存者，将须独自漫游。利奥塔则称许德勒兹为同时代两大哲学天才之一。

德勒兹的思路独特，著述丰富，他个人撰写的著作有：《经验主义与主体性》（1953）、《尼采与哲学》（1962）、《差异与重复》（1968）、《斯宾诺莎与表达问题》（1968）、《意义之逻辑》（1969）、《福柯》（1986）、《批评与诊所》（1993）等。《电影1——行动画面》（1983）和《电影2——时间画面》（1985）两部论著展现了德勒兹的美学思想。他与伽塔里合写的著作有：《反俄底浦斯》（《资本主义与精神分裂》第一卷，1972）、《根茎》（1976）、《千高原》（《资本主义与精神分裂》第二卷，1979）和《哲学是什么?》（1991）等。

《反俄底浦斯》和《千高原》都是作者运用精神分裂分析法，探索资本主义和精神分裂症之间的关系。在《反俄底浦斯》中，德勒兹和伽塔里研究了欲望机器、精神分析、家族主义、野人、不文明的人和精神分裂分析等主题。他们认为，潜意识是生产欲望的工厂、场所和要素。欲望机器是摆脱隐喻的机器，它是一个断裂系统，这种断裂存在于流量和抽取量、连续和间断之间。欲望机器是个核心概念。在欲望机器系统内，潜意识既不是形象的也不是构造的，而是机械的。谵妄是一种潜意识困境，存在于社会历史领域，是人们对种族、大陆和文化进行胡言乱语。精神分裂分析法具有双重任务：分析欲望机器，分析欲望机器所引起的社会困境。[②]

菲利克斯·伽塔里（Felix Guattari，1930—1992）是法国20世纪著名的哲学家、心理学家和社会批评家。他是德勒兹的挚友、推心置腹的学术搭

① http://njdx2003.spaces.live.com/blog/cns! 张法主页之吉尔·德勒兹与米歇尔·福柯。
② 于奇智：《后现代思想家G·德勒兹》，《国外社会科学》，1996年第5期，第50页。

菲利克斯·伽塔里(Felix Guattari,1930—1992)

档。伽塔里的一生由一连串的激进运动组成,由“共产主义”、“68学运”到“环保生态”。在和德勒兹相逢前,他曾受拉康分析7年,并成为分析师。1953年,他学习了让·欧瑞(Jean Oury)在拉波德(La Borde)疗养院讲授的另类精神病学(psychiatry alternative),继而参与反精神病学(anti-psychiatry)运动。伽塔里曾回忆说,当时他因写作一篇有关潜意识的文章,去见德勒兹,但后来是德勒兹主动邀请他合作。除了两人合作发表的上述著作之外,伽塔里独立发表的著作有《分子革命》(1977)、《机械潜意识》(1979)和《三种生态学》(1989)等。上述著作在欧美思想界均产生了相当深刻的影响。在临终前应《交往世界》杂志的约稿完成《重建社会实践》一文,这是作者留给人类的最后一个礼物。这篇文章于1993年即伽塔里逝世后的第二年刊登在《交往世界》第19期上。

1992年8月29日,伽塔里因心脏病突发,死于工作了40年的拉波德疗养院,享年62岁。

1969年是德勒兹与伽塔里相逢的一年,由此展开了哲学史上罕见的“双手连弹”。德勒兹和伽塔里的合作堪称当代法国学术界的一段佳话。很难说在他们的合作中谁的贡献更大一些。一位研究者指出,德勒兹的确为这种合作中的统一提供了思想基础,“但把伽塔里简单说成德勒兹的追随者是不恰当的!……《反伊狄浦斯》和《千高原》中的许多中心概念都是由伽塔里提出来的。正是在伽塔里的倡导下,他们开始对精神分析学进行批判并形成与之相反的‘精神分裂分析’理论。伽塔里的超越学院派哲学传统的位置使他能在与德勒兹合作后将对政治的、社会的和历史的问题的直接关注融入德勒兹的著作中,而伽塔里的多年的实践经验……更为他与德勒兹在合作中不断进行理论创新准备了必要的前提”①。

① Ronald, B.(1989). *Deleuze and Guattari*. London & NewYork: Routledge, p. 9. 转引自夏光:《德勒兹和伽塔里的精神分裂分析学(上)》,《国外社会科学》,2007年第2期,第21页。

## 二、生成论哲学思想

德勒兹和伽塔里各有擅长的领域，也有让世人惊叹的传奇合作，二人的思想博大精深。为了更好地理解和解读二人创立的精神分裂分析学思想，有必要先了解他们的基本哲学观点。

从哲学谱系上来说，德勒兹和伽塔里应该是后结构主义和后现代主义哲学家，也是后结构主义哲学向后现代转向的关键人物。尤其是德勒兹，他在思想方法上紧紧跟随德里达，在外在的表达中大张旗鼓地颂扬福柯，是后现代思潮中的领军人物。然而，两人均拒绝被贴上“后现代”的标签，而只愿承认其“生成哲学”的命名。在德勒兹和伽塔里看来，世界由互相作用的各种力量所构成，而各种力量的互相作用使事物总处于由潜在的差异向实际的差异的生成过程中。德勒兹和伽塔里把生命等同于机器。在他们看来，一切都是生命，因而一切都是机器。不过，他们所说的机器不同于通常所说的生命有机体（organism），也不同于技术层面上的机械体系（mechanism）。生命有机体是一个有其边界的整体，它具有一定的特征和目的；而机械体系也是一个相对封闭的整体，它是由其特定的功能所决定的。相形之下，机器是更一般和更基本的东西，是互相联系的任何事物。一个机器总处于与其他机器的联系中，而这种互相联系就意味着在它们之间发生了物质和能量的流动。当不同的机器发生联系时，其各自的生命都在这种联系中得到了转化和扩充。在此意义上，不同机器之间的联系也就是机器的生产——生产出了更多的东西或差异。由此可见，机器是力量的载体，不同机器的互相联系是各种力量的互相作用，机器的生产就意味着变化、创造和新的可能性——意味着生成。当然，在各种力量或不同机器的互相联系、互相作用的背后也就是生命的欲望，生命的自我增进、自我实现的欲望。

德勒兹和伽塔里的生成论在西方思想史上具有特殊的意义。科尔布鲁克（Claire Colebrook）在《吉尔·德勒兹》（2002）一书中指出，整个西方思想史都建立在“存在与认同”（being and identity）的基础上，而德勒兹则相反，他强调的是“差异与生成”（difference and becoming）。

德勒兹和伽塔里的生成论的意义有二。首先是对柏拉图主义的颠覆，即认为不再有某种源头或存在作为生成的基点。“德勒兹倡导内在性的生成，以无根基的类像否定柏拉图所预设的基要主义，对其原本/摹本、真实/虚假的二元摹仿论加以解构。这不仅是把生成置于存在之上的问题，而是试图消解柏拉图式的二元对立观念。当代结构主义与现象学皆将差异与生成置于某种基础之上:或语言,或体验,而德勒兹则拒斥以静态的差异结构作为认知世界的基点,关注结构的动态生成。他们针对的主要目标不仅是当时的现象学和结构主义运动,而且也是整个西方思想史。"[①]其次,生成论的意义还表现在对人类中心主义、逻各斯传统的解构和活力论的重构。德勒兹和伽塔里的著作不仅是反柏拉图主义的,同时也是反人本主义的,反启蒙的。他们认为,我们错误地设想有一个真实世界隐匿在生成之流背后,那是一个稳定的存在。但实际上,大千世界除了生成之流以外别无他物,一切存在皆不过是"生成生命"(becoming-life)之流中的一个相对稳定的瞬间。由此,西方传统中的人本主义和主体中心论被视为妨碍生成的障碍。德勒兹拒斥以人作为基本存在的观念,肯定大千世界各种存在都有生存价值与意义的多元,肯定动态的生成观。德勒兹倡导以活力论的多元视角对传统的人类主体论视域界地域化。

德勒兹和伽塔里在合作中创立的精神分裂分析学既是对资本主义社会的批判,也是对精神分析学的批判。在他们看来,在资本主义社会与精神分析学之间存在着某种必然的联系,或者说精神分析学是生长并服务于资本主义社会的。因此,对精神分析学的批判是以对资本主义社会的批判为前提的。他们从一个特殊角度考察了资本主义社会和一般人类的历史,并迎合其"哲学即创造新概念"的思想,在其理论中独创了许多新颖的概念和特殊的表达,最终,使他们把对资本主义社会的批判与对精神分析学的批判结合起来,对"欲望"概念及其功能做出全新的阐释。

德勒兹和伽塔里的着眼点是欲望,他们修正了通常的欲望概念,将欲望看成是生产性的、积极的、主动的、创造性的、非中心性的、非整体化的,欲望是和尼采的意志类似的一种创造性力量,它具有革命性、解放性和颠覆性,它应该充分地施展出来。而在拉康和弗洛伊德那里,欲望是由于欠缺而引起的一种主体心理状态,因而它是匮乏式的、收缩式的、否定式的。依德勒兹和伽塔里之见,哲学中从柏拉图到黑格尔,心理学中从弗洛伊德到拉康,都把欲望同匮乏或需要相联系,都把欲望规定为对某种所缺乏的东西的向往和追求。尤其在精神分析学中,欲望的对象是被禁止的对象,所缺乏的东西是永远失去而不可复得的,因而欲望不可能得到满足。这种规定把欲望理解为某种消极或被决定的东西——欲望意味着缺乏或取决于需要。对欲望的上述规定不仅虚构了某种社会化的欲望主体的存在,而且把欲望的客体或对象化为乌有了。

① 麦永雄:《德勒兹:生成论的魅力》,《文艺研究》,2004年第3期,第158页。

受尼采的启发，德勒兹和伽塔里均认为，主动、积极和肯定性的力量都应受到鼓励和释放，世界因此才能处于永不停息的更新和变革状态中。但是，他们却发现，欲望遭到了资本主义国家机器的封锁，后者在不停地对欲望进行编码和领域化，使其生产能力静止、停滞和瘫痪。为此，德勒兹和伽塔里不停地对资本主义机器进行攻击。他们寄希望于欲望机器，试图充分发掘欲望的生产本性；他们倡导一种游牧思想，一种永不停息的欲望生产，一种无所顾忌的本能冲动，一种混乱不堪的力比多流。

德勒兹和伽塔里将“欲望”理解得相当积极，认为欲望并不缺乏任何东西，甚至对象也不让它匮乏。实际上主体与欲望总是失之交臂，或者说，欲望缺乏一个稳固的主体，因为后者只有借助压制才存在。

在德勒兹和伽塔里的理论中，欲望被视为本原性的东西。他们认为，欲望是普遍存在的，整个世界是为欲望所充斥的生命过程，在此意义上人和自然是无区别的。他们用了两个看上去与欲望不大相干的概念，即“机器”(machine)和“生产”(production)来解释欲望。如前所述，他们把生命等同于机器。在他们看来，一切都是生命，因而一切都是机器。不过，他们所说的机器既不同于通常所说的生命有机体也不同于技术层面上的机械。不同机器之间的联系也就是机器的生产——生产出了更多的东西或差异。简言之，联系的过程是生产的过程，也就是生命的过程。德勒兹和伽塔里所说的“欲望”也就是一个机器同其他机器发生联系的倾向，或者说是不同机器在互相联系中的生产倾向。在他们看来，欲望是机器和生产的本质之所在。正因为如此，他们所谓的机器也就是被欲望所驱动的机器或“欲望机器”(machine desire)，而他们所说的生产是实现着欲望的生产或“欲望生产”(production desire)。德勒兹和伽塔里所提出的“欲望机器”的概念既包含着对“欲望”，也包含着对“机器”的重新理解。

在《反俄底浦斯》中德勒兹和伽塔里提出了“欲望生产”这个概念—形象或曰概念人物①。它是指潜意识中各类欲望机器的生产，包括生产的生产(the connective synthesis 接续性综合)、登录的生产(the disjunctive synthesis 分裂性综合)和消费生产(the conjunctive synthesis 连接性综合)。这样的欲望生产是个“概念”，不是具体的人，但又符合几乎所有的人。它是欲望，同时也是有一系列准人甚至普人功能的精神机制。

① 概念人物是德勒兹著作中反复出现的名词，这个词有时指其著作中称述的人物，但更多地是指代文章中提及的某个关键性的事物，如精神分裂症状、潜意识欲望；有时还用来说明思想运动的某个过程或片段，如大脑在思维中的某种抽象能力。概念人物有人的特征，但也可以是淡化或去除某些人性特征的现象。

欲望、机器和生产的三位一体构成了世界中形形色色的生命现象。德勒兹和伽塔里对“欲望”、“机器”和“生产”等概念的使用是异乎寻常的，这使其理论增加了理解的难度。

## 三、生成的主体

虽然德勒兹和伽塔里所说的欲望是普遍存在的，但他们所关注的主要还是人的欲望。不过，他们所说的人在初始状态中不是作为欲望之“主体”的人——作为欲望之主体的人反而是由欲望所产生的，而且说到底是在社会中产生的。他们所说的人首先是作为欲望机器的人，是处于潜意识中的人，其实就是人的身体。《反俄底浦斯》一书，其主要内容就是宣布一个具有自主性、认同、并可以表达自我的主体并不存在。德勒兹和伽塔里反传统的形而上学哲学，否认存在着持续的主体和稳固的“自我”，而主张一种流动的主体性和游牧式的分裂本质。德勒兹和伽塔里认为，就其生理—心理过程的特征而言，人作为欲望机器将执行以下三种类型的“综合”或生产，即生产的生产（接续性综合）、登录的生产（分裂性综合）和消费生产（连接性综合）。

### 1. 接续性综合

涉及人的身体的本能和冲动，或者说涉及到它们以何种方式赋予所涉及的客体以价值。这种综合大抵上相当于弗洛伊德所说的“力比多”的释放、“爱欲”的功能和“生的本能”。细言之，接续性综合指人的身体的各个部位或不同器官为满足其欲望而发生联系的自然状态，它是以婴儿的生理过程为原型的，或者说它首先就是婴儿的生理过程。在这种综合中，在其欲望的驱使下，在婴儿身体的各个部位或不同器官之间以及婴儿的身体与外界（尤其是母亲的身体）之间发生了种种联系，如婴儿的手同婴儿的嘴的联系、婴儿的嘴同母亲的乳房的联系以及婴儿的眼睛同母亲的面孔的联系等等。接续性综合有三个特点：其一，无论在生理的还是在爱欲的层面上，这种综合疏通了婴儿的能量（力比多）之流动，从而使其能量得以释放。这种最初的综合是后来发生的更复杂的生理—心理过程的物质基础，即后面的两种综合的物质基础。其二，在这种综合中，被联系起来的只不过是人体的一些部位或器官与另一些部位或器官，而不是一个完整的人与另一个完整的人。例如，婴儿的嘴同母亲的乳房的联系和婴儿的眼睛同母亲的面孔的联系乃分别是两种不同的联系，它们并不意味着婴儿在母亲的乳房和面孔之间建立了某种联系，也不意味着在婴儿看来母亲的乳房和面孔是属于同一个完整的人。其三，在这种综合中形成的联系是多元的、异质的和持续的——用弗洛伊德的话来说，是“多形态的”(polymorphous)。这种综合所遵循的逻辑是“A 且 B 且 C……”：在欲望的驱使下，一个部位或器官可同时或连续与多个部位或器官发生联系。总的来说，与接续性综合相对应的无非是人的身体的不同部位之间以及人的身体与其环境之间互动的初始状态。或者说，接续性综合是人作为“欲望机器”而进行的“欲望生产”。

2. 分裂性综合

关系到人在心理过程中对身体快乐的感受、记忆和重复，其内容与弗洛伊德所说的死亡本能有吻合之处。如果说接续性综合是与生产相联系的，那么分裂性综合则是与反生产(anti-production)相联系的。分裂性综合与心理过程中对欲望的记忆有关，但德勒兹和伽塔里对记忆的解释不同于弗洛伊德的有关解释。弗洛伊德认为，人的身体会从心理上对曾让自己满足的对象有所记忆，并有重复记忆中的快乐经历的冲动。在此意义上，人的本能“在本性上是保守的”。在德勒兹和伽塔里看来，弗洛伊德的这种解释实际上出自其关于死亡本能的理论，或者说它假定了向着同一性的某种机械性回归。这就是说，弗洛伊德所说的人与生俱来的快乐原则使人倾向于静止、固定和神经症(neurosis)。如此说来，在弗洛伊德理论中快乐原则最终必须臣服于死亡本能。像弗洛伊德一样，德勒兹和伽塔里也相信人的身体会以某种方式记住曾有过的快乐经历。但他们更相信，人的重复的冲动并不意味着对同样的快乐经历的机械重复，而意味着以不同方式去体验快乐或实现欲望，意味着在可变性、创造性和差异性和生成过程中发现新的快乐和满足新的欲望，意味着对差异性而非同一性的重复。

据德勒兹和伽塔里的解释，在人的身体中的确存在一种“反生产”倾向——人的某个或某些特殊的欲望得到满足后，欲望生产有可能进入一个间歇期。这种反生产倾向使接续性综合暂时趋于终止，使欲望生产暂时停顿下来。于是，接续性综合一时间变得无效，而欲望生产相应地被搁置起来。在这种情形下，在人的心理世界会出现一个“表面”，其作用是把在人的身体的不同部位或器官上曾发生过的生产或联系“记录”下来。这一“记录的表面”(recording-surface)也就是所谓“无器官的身体”(the body-without-organs)。“无器官的身体”是德勒兹和伽塔里的学说中的一个关键概念，也是一个不太好理解的概念。从字面上说，它指的是身体处于功能上尚未分化或尚未定位的状态，或者说身体的不同器官尚未专门化的状态。但很显然，德勒兹和伽塔里赋予了这一表述以更多的含义。在他们的理论中，就其最直接的意思来说，无器官的身体是对身体已完成的生产或联系的记录，它以共时的方式把发生的事情记录下来了。于是，人所经历的快乐就在“无器官的身体"上"注册"了。

无器官的身体有可能导致以下两种情况：一方面，在把已经发生的接续性综合记录下来之后，人体的部位或器官不再拘泥于旧的方式而会尝试新的方式来满足其欲望。例如，由婴儿的嘴和母亲的乳房的联系所形成的产品是婴儿得到了营养或满足，在这一产品形成之后嘴与乳房的联系就暂时终止了，而这种联系也被记录下来了。但对这种联系的记录并没有使婴儿固执于从母亲的乳房得到进一步的营养或满足，婴儿还可能通过其他联系来实现其欲望。在此意义上，正是无器官的身体对曾发生的欲望生产的记录，使人不完全由其动物式的本能所决定——人不一定要以某种特殊的一成不变的方式来满足其欲望；相反，这种记录使得人能在过去的基础上发现、创造和生产新的东西。所以，分裂性综合所遵循的逻辑是"A或B或C……"，它使欲望生产对新的可能性采取开放的姿态。另一方面，在把已发生的接续性综合或欲望生产记录下来的过程中，人体所形成的自我控制可能会使其对旧的满足欲望行为的暂时延缓变成对新的满足欲望行为的绝对拒绝，这正是神经症的特征。这样一来，人体中的反生产倾向就转化为对其欲望的初级压抑(primal repression)，从而为社会对欲望的制度化压抑铺平了道路。在极端情形下，反生产倾向会阻止任何接续性综合或欲望生产的发生，它使人不再有任何主动的行为或对任何状况做出反应。从临床意义上说，这正是紧张症(catatonia)的表现。由此看来，分裂性综合以及由此产生的"无器官的身体"对人的心理而言是一把双刃剑：它可能使人在已有的欲望生产的基础上向新的可能性发展，也可能使人停留于现有记忆中而进入压抑状态。

### 3. 连接性综合

意味着某种主体或主体性的形成，它是前两种综合相冲突的结果，也就是生产与反生产冲突的结果。连接性综合意味着对接续性综合和分裂性综合的结果的"消费"，而人在这种消费中确认了特殊的欲望生产的"完成"。因此，连接性综合是"消费—完成"的综合。这种综合所遵循的逻辑是："这正是曾经让我感到快乐的东西！"或"这就是我！"不过，人常常误以为自己的快乐所由产生的东西是自己所拥有的，或误以为欲望的生产或反生产是由人的意识所控制的。于是，"这就是我"就变成了"这就是我的"。当然，这不过是人的意识在反思状态下的倒果为因和反客为主，是对"主体性"的夸大和幻觉，其结果是两种极端主体性的出现：一种是弗洛伊德所说的倒错症(perversion)，另一种是他所说的神经症。

在倒错症的情形下，生产的力量占据主导地位，它无视社会规范的种种限制，而尽可能通过各个部位或不同器官之间的联系来满足欲望。在神经症的情形下，反生产倾向占据主导地位，欲望无法得到直接的满足，欲望生产乃诉诸并局限于较低档次的替代物（如对曾发生过的满足欲望的联系之记忆）。其实，神经症和倒错症都不是有意识的选择，而是欲望生产的自发结果。在此意义上，（有意识的）主体是从欲望生产中形成的。一种不那么极端的情形是偏执狂（paranoia）。有偏执狂的人会把多样的和不断的欲望生产看做是一种威胁，但不会完全拒绝欲望生产。这样的人会选择并执著于某种特殊形式的欲望生产，而排斥其他形式的欲望生产。同神经症和倒错症一样，偏执狂也是固定的或固执的主体性。但生产与反生产的互动不一定会走极端，而更可能以不那么严格的方式进行，且通常不会局限于或执著于某一点上，由此所产生的主体性是流动的、开放的和不确定的。这种主体性就是德勒兹和伽塔里所说的精神分裂者（schizo）。精神分裂者不会停留在已完成的接续性综合（欲望生产本身）上，而总会把新的接续性综合带入"无器官的身体"中。于是，已有的接续性综合不断被更新，无器官的身体也不断被更新，相应地主体性也总在重新诞生。用德勒兹和伽塔里的话来说，即主体诞生于每个特殊状态，并在随后的每个决定了主体的特殊状态中重新诞生。

为了更好地理解德勒兹和伽塔里对欲望和主体的重新规定，也为了更好地理解它们与弗洛伊德精神分析理论的关系，在此将人的身体这一欲望机器的三种综合过程列表如下：

**表 7-1　欲望机器的三种综合**

| 三种综合 | 接续性综合 | 分裂性综合 | 连接性综合 |
|---|---|---|---|
| 生产状态 | 生产状态 | 反生产状态 | 主体形成状态 |
| 功能 | 欲望的满足 | 对欲望满足过程的记录和解释 | 自我认同或形成主体性 |
| 与弗洛伊德精神分析的对应性 | 生本能 | 死本能 | 倒错症、神经症或偏执狂 |

## 四、精神分裂分析

在 20 世纪 60～70 年代，弗洛伊德精神分析学派如日中天，欧美的许多大学都有人讲授其理论，社会上的精神分析治疗机构也如雨后春笋般地建立。德勒兹和伽塔里认为，当时的精神分析学思潮将神话故事扩大到潜意识领域，突出表现为由俄底浦斯情结囊括了整个潜意识现象，潜意识研究戏剧化。他们两人在《反俄底浦斯》中倡导的精神分裂分析（schizoanalysis），起初就是针对上述弊病而发。

在《反俄底浦斯》一书中，德勒兹和伽塔里指出，霸权式的法西斯主义不仅仅存在于希特勒式的政权之中，它还可能存在于资本主义的各个角落，存在于每一个人隐秘的心灵深处。个人身上的自我可能是培育法西斯主义的温床，因为一个固定化的、内敛的完整主体都可能埋藏着法西斯主义的人格种子。因此，德勒兹的主张是反俄底浦斯，即反自我，因为自我正是欲望的首要编码机器。这样，他的批判矛头直指弗洛伊德。德勒兹和伽塔里认为，弗洛伊德式的精神分析学家扮演的是牧师般的角色，他们试图调教和驯化混乱且积极的欲望，企图将非分之想纳入秩序和理性的轨道，企图建立顺从且完整的主体自我。总之，他们成为资本主义秩序的帮凶，是对资本主义秩序的巩固和整合，是不折不扣的编码大师。德勒兹和伽塔里的主题之一就是攻击弗洛伊德的这种精神分析，他们反其道而行之，提出了精神分裂分析。他们对精神分裂者大加赞赏，将他们称为资本主义的真正欲望英雄，正是精神分裂才可以拆毁资本主义的伦理界线，才可以将资本主义机器冲得四分五裂，才可以清除那种稳固的结构性的法西斯式的人格主体。

**1. 对资本主义的批判**

德勒兹和伽塔里对资本主义的批判，是通过探讨欲望机器和社会机器之间的关系而展开的。他们认为，人从来都是社会中的人，欲望机器也离不开社会机器，人对其欲望满足过程所作的解释大多是来自社会的。在经过社会的解释之后欲望可能面目全非或被社会所压抑了。例如，原始社会和专制社会的人是没有个体性和自主性可言的：在原始社会，人不能直接满足其欲望，个人及其家庭是作为社会的一部分来参与社会的消费和交换的；在专制社会，臣民的欲望被控制，一切都属于专制者，个人仅仅因为其存在就已向专制者欠下了无限的债。此外，原始社会以残忍为特征的意义体系和专制社会以恐怖为特征的意义体系更为其社会机器的正常运转提供了保障。在资本主义社会，公共领域和私人领域的分离使欲望与个人的关系在历史上第一次清晰地呈现出来，从而使个人有可能成为其欲望的主体。但也正是这种分离使欲望俄底浦斯化了，使欲望在刚萌芽时就被压抑了——欲望不得不在核心家庭中发生，而欲望的对象是被乱伦禁忌所禁止的。

资本主义社会包含两个互相矛盾的趋势，即非地域化、非规则化的趋势和再地域化、再规则化的趋势。“这两种互相矛盾的趋势之原动力均来自资本，来自资本对会转化为资本的剩余价值之无止境的追求。"[①]在德勒兹和伽塔里看来，这两个互相矛盾的趋势对个人的欲望具有两种互相矛盾的影响：非地域化、非规则化的趋势会起到解放个人欲望的作用，而再地域化、再规则化的趋势会使个人的欲望又臣服于新的压抑。这样一来就有了两种欲望在"无器官的身体"上"注册"的方式，或者说两种不同的心理人格或主体性——即"精神分裂"(schizophrenia)和"偏执狂"(paranoia)。这两种不同的主体性实际上意味着人的身体与社会规则的两种不同的关系，意味着人满足其欲望的两种不同的方式：精神分裂是多向的、可变的、开放的和不会受制于规则的，而偏执狂是单向的、固定的、封闭的和被规则化的；精神分裂意味着对现存的社会规则的颠覆，而偏执狂与现存的社会规则保持一致；精神分裂不为个体的欲望设置界线(如乱伦禁忌)，而偏执狂(由于把个人等同于群体)则强化了人的"畜群本能"(herd instinct)；精神分裂型的欲望是欲望的自然状态或本来面目，而偏执狂型的欲望是已经被文化所筛选和压抑的欲望。德勒兹和伽塔里把精神分裂型的欲望称为"分子型的"(molecular)，而把偏执狂型的欲望称为"整体型的"(molar)。当然，在现实中这两种主体性往往不是以纯粹的形式而存在的，它们往往是并存于个体身上的，只不过当一种主体性有较强的表现时，另一种主体性则要弱一些。总的来说，资本主义社会一方面不断地突破现存的规则，解放个体的欲望，从而为精神分裂型主体性的出现准备了条件；另一方面又继承了先前社会的规则化倾向，尤其是专制社会中专制者的偏执狂，从而使偏执狂成为普遍的主体性。

在德勒兹和伽塔里看来，精神分析学只不过解释了资本主义社会的两种基本的主体性中的一种，即偏执狂，而另一种主体性即精神分裂则需要由精神分裂分析学来解释。精神分裂分析学的目的在于使精神分析学进入"自我批评"状态，使精神分裂型主体性能得到充分发展，进而把已发生在资本主义社会的"不断革命"转化为彻底的社会革命。

**2. 对传统精神分析学的批判**

在德勒兹和伽塔里看来，精神分析学是一门欲望哲学，弗洛伊德运用意识和潜意识等一系列概念进行了一种现代的逻各斯中心主义的编码。通过把潜意识定义为(俄底浦斯)欲望，从而把人类社会的动力本质化、中心化，即一切都由欲望来说明，并把欲望定义为性欲——俄底浦斯情结。因此，在他们看来，精神分析学对欲望的阐释中至少有两个错误：第一个错误是以偏概全。精神分析学一方面对欲望作了家庭主义的规定，即把欲望局限于核

① 夏光：《德勒兹和伽塔里的精神分裂分析学(下)》，《国外社会科学》，2007年第3期，第30页。

心家庭；另一方面又把这种特殊欲望一般化，把核心家庭的欲望说成是欲望的全部内容。在精神分析学中，欲望是同阴茎相联系的：男童由于有阴茎而有欲望，更由于担心阴茎被阉割而终究会克服恋母情结。在此意义上，恋母情结就是阉割情结：欲望取决于阴茎的存在与缺乏，故而“阳具”成了一个再现欲望的关键性概念——力比多被转化为抽象的阳具，也正是这种转化使所有与性有关的状态都被移植到俄底浦斯的框架中。显然，在精神分析学中俄底浦斯是一个再现并取代了欲望的符号。精神分析学对欲望的阐释所犯的第二个错误是：在对欲望的俄底浦斯化的背后有一种悖论式的循环论证——因为是欲望的对象，所以是被禁止的；因为是被禁止的，所以是欲望的对象。按照这样的逻辑，欲望与禁欲是互相隐含、互相规定的，欲望意味着永远的缺乏、需要和失去——后俄底浦斯阶段的儿童或人会永远失去作为其欲望对象的母亲，在此意义上他被永久性地“阉割”了。从精神分析学的角度来看，儿童在发现自己欲望的同时也发现自己的欲望是被禁止的！对精神分析学来说，重要的不是人有什么欲望或什么欲望是被禁止的，而是人的任何欲望都应该是被禁止——人应该是禁欲主义者！

精神分析学的上述谬误使得它所倡导的“自由联想”的治疗原则也名不符实。本来，自由联想乃意味着被分析者的欲望之自然流露。然而，精神分析学所说的自由联想不完全是自由的。因为自由联想不是精神分析学的“谈话治疗”的唯一内容，谈话治疗的另一项内容是精神分析师的“分析”或“解释”。被分析者说到底是在精神分析师的引导下进行自由联想的。在分析过程中，被分析者的自由联想占据了大部分时间。但分析师不是被动的旁听者，分析师会通过提问、插话、中断和解释而使自由联想变成有“意义”的或使之朝一定的方向进行。精神分析过程的一个关键环节是“移情”，移情意味着被分析者把自己的感情转移到了分析者身上，这种转移使分析师有可能成功地疏导被分析者的感情，并最终使被分析者能适当地认识和把握自己的感情。就其实质而言，精神分析学只有在父权制道德无济于事的时候才进行干预，因而分析师是父亲的替代者，分析师同被分析者的关系类似于父亲和孩子的关系。精神分析学由于在移情过程中把家庭关系复制到医生—病人关系中而将家庭的作用发挥得淋漓尽致。所以，德勒兹和伽塔里相信，在很大程度上，精神分析学的理论和实践是围绕移情、核心家庭和俄底浦斯情结而组织的。因此，精神分析学是货真价实的资本主义制度。他们完全同意福柯对精神分析学的下述评价：精神分析把精神病与俄底浦斯情结、与“半真实、半想象的家庭辩证法”相联系，它为精神病人建造了一个代表“资产阶级社会的巨大结构和价值观念”的家庭式微观空间，它还把医生树立为道德权威——家庭中的父亲和法律上的法官。

3. **对拉康精神分析学的扬弃**

较之弗洛伊德的传统精神分析而言，德勒兹和伽塔里对结构主义精神分析学的态度更暧昧一些，与其创始人拉康的关系也更为密切，这不仅因为伽塔里曾师从拉康，深谙拉康学说的真谛，而且因为在拉康看来，二人合著的《反俄底浦斯》中"剽窃"了他的讲课内容。不管事实如何，精神分裂分析学常被视为后结构主义思潮的重要表述。

从德勒兹和伽塔里的角度来看，拉康与弗洛伊德是有所不同的。二人的根本区别在于，在拉康的理论中，核心家庭的作用不那么重要了，而且生理意义上的阴茎也不那么重要了。据拉康的解释，对儿童的心理发展来说，重要的不是男童与女童的生理区别（即有无阴茎的区别），而是男童和女童在成长过程中都必须经历与母亲的身体之分离。实际上，在对母体的依赖中幼年的男童和女童都会产生恋母情结，但这种依赖不可能是没完没了的，儿童终究会同母亲的身体相分离以获得独立，而这一过程也就是他们克服恋母情结的过程。儿童与母亲的身体相分离的过程同时是儿童与自己的身体（之本能或冲动）相分离的过程：儿童在学会说话的时候也逐渐变成了说话的主体，人作为（说话的）主体是服从符号领域的意义规则的，而符号领域是父权制文化的领域。简言之，儿童在心理上成长的过程是儿童告别了母亲和自己的身体的过程，更是儿童接受父权制的象征秩序的过程。这样一来，欲望就不再局限于核心家庭了，也不再取决于阳具的有无。

那么，拉康对欲望又作何解释呢？拉康认为，人在儿童时期告别身体之后就永久地失去了欲望的对象，因而人会潜意识地通过（想象和）语言来虚构所失去的东西之替代物；但人所使用的语言无非是"他人的语言"或社会的语言，所以人在成为说话的主体之时已把社会的欲望当成自己的欲望。也就是说，人（成人）的欲望对象已失落了或是缺乏的，这就使人无法实现其欲望；语言为人提供了欲望的对象之替代物，也使人把社会的欲望当做是自己的欲望。如前所述，德勒兹和伽塔里也认为，社会尤其是资本主义社会既制造了缺乏也制造了欲望。像拉康一样，他们认为被制造出来的缺乏和欲望加起来乃构成了社会对欲望的压抑。

德勒兹和伽塔里认为，拉康对精神分析学的谈话治疗的理解比弗洛伊德的观点更为可取，自由联想也更名符其实。因为在拉康的治疗中，分析师所扮演的角色并不是道德或真理的权威，而是在被分析者的想象中"被假定为知情的主体"（subject-supposed-to-know）。也就是说，分析师不知道事情的真相，而且知道自己不知道事情的真相——分析师所具有的知识乃是"已知的无知"(learned ignorance)。但被分析者却相信,分析师熟知自己的病情,因而能帮助自己解决问题。这种对分析师的"知情者"的想象,足以激发被分析者的移情,而分析师所做的不过是帮助被分析者说出自己的欲望。在谈话治疗过程中,被分析者有更多的自由,分析师并不告诉被分析者什么是好或坏,什么是对或错,这些判断最终取决于被分析者本人,分析师无意充当道德或真理的权威。从根本上来说,分析过程就是一个被分析者说出自己的欲望并由此而进入象征秩序的过程,或者说是一个被分析者在谈话中——在他人或社会的语言中——自我发现和自我认同的过程,这一过程与儿童告别身体而进入象征秩序的过程是类似的。在这一过程中,分析师是被分析者的想象中的"他人"(像父亲曾是儿童的想象中的"他人"一样),而分析师的作用是借助于这种想象而重建被分析者与象征秩序的联系。

在拉康的理论和实践中,所重视的不是特殊的个人与个人的关系(儿童与母亲、儿童与父亲、被分析者与分析师),而是个人与语言、个人与社会的关系。就此意义上而言,拉康使精神分析学"非个人化"了,确切地说,是符号学化和社会学化了。而德勒兹和伽塔里的目标也正是从符号学和社会学的角度来解释人的欲望。

除了对欲望的解释观点一致之外,在主体观上三人也存在根本的一致性:即他们都认为,在资本主义社会中主体是异化的主体。拉康认为,人的心理发展是一个从出生后的"实在界"(身体的初始状态)经由想象界而进入象征界的过程,在这一过程中人与其真实界渐行渐远,最终真实界对人来说成了一个"不可能"的领域。于是,人不得不借助于想象并最终借助于符号来虚构"实在界",而这一虚构的世界就是人的现实,是人已被异化的现实,是人把他人或社会的欲望当做自己的欲望的现实。德勒兹和伽塔里也认为,欲望本来是存在于人的身体中的(人是欲望机器),但社会现实却使人远离了其欲望:在原始社会,社会的产品和女人的身体是公有的且必须进入交换领域,因而人不能直接满足其欲望;在专制社会,臣民的生死存亡都取决于专制者,因而专制者的王室乱伦与臣民的乱伦禁忌是社会等级制的一个基本内容;而在资本主义社会,人作为剩余价值的生产者是无名无姓或没有个性的,人的(需要和)欲望是由市场制造出来的。

当然,德勒兹和伽塔里对拉康的理论并非没有异议。首先,他们认为拉康并未完全从弗洛伊德的阴影中走出来。比如,在拉康所说的父权制法则与父亲的角色之间,在他所说的符号化阳具与生理上的阴茎之间以及在他所说的(欲望之)"缺乏"与女性的身体之间仍有某种联系。其次,德勒兹和伽塔里并不认为实在界是"不可能"(不可认识、不可达至)的领域,他们把实在界等同于欲望的本来状态，认为欲望的客观存在本身是真实的，因而在实在界一切都是可能的。德勒兹和伽塔里的精神分裂分析理论正是以人的“实在界”或欲望为出发点，其目的也是要使人成为本来意义上的欲望机器或欲望主体。

**4. 精神分裂者的欲望革命**

如前所述，在德勒兹和伽塔里看来，在资本主义社会中存在着两种相矛盾的趋势，即非地域化、非规则化的趋势和再地域化、再规则化的趋势。而与这两种矛盾趋势相对应的是两种矛盾的人格或主体性：精神分裂型人格和偏执狂型人格。偏执狂倾向于把某种特殊的观念或信仰看做是绝对的（再现了事物的本质并具有普遍意义的），因而会把这种信仰同最高权威相联系并坚定地认同于这种信仰。这是精神分析学所想象的正常人格。例如，在资本主义社会，偏执狂会把乱伦禁忌等性规范看做是绝对的（绝对地合乎道德和符合真理的），而把任何与之相悖的行为都视为不正常的。相反，精神分裂者会否定任何绝对的权威、超越任何固定的边界、拒斥任何普遍的价值，精神分裂者的欲望是完全自由和不受压抑的。对精神分裂者来说俄底浦斯是毫无意义的，精神分裂者将是一个（没有“爸爸—妈妈—我”之家庭的）“孤儿”、（无所畏惧、没有信仰的）“无神论者”和（不守成规、没有领地的）“游牧者”。这正是精神分裂分析学所想象的理想人格。

德勒兹和伽塔里认为，偏执狂型和精神分裂型的人格分别代表了“社会力比多投资的两极”。就偏执狂型人格而言，虽然资本主义社会是以私人领域与公共领域的区分为基本特征的，但俄底浦斯情结所由产生的核心家庭并未游离于社会现实之外。相反，“家庭把社会现实传递给家庭中的孩子们。如果社会现实为异化的社会形式所充斥，那么这种异化就会影响到孩子们并在家庭关系中被感受到。……当作为社会指标的家庭体现了社会异化的时候，人们有理由相信家庭在其成员的心理世界中也‘建构’了精神异化”。[①] 其实，核心家庭中的父亲、母亲和自我乃处于其政治和历史环境中的种种因素的掌控下，并直接同这些因素相结合。依德勒兹和伽塔里之见，核心家庭不过是资本主义社会的禁欲主义精神的一个缩影和一个例证，核心家庭所培养的偏执狂型人格或禁欲主义主体也正好迎合了商品生产的需要。俄底浦斯化的欲望和偏执狂型的主体在资本主义社会是普遍的，比如希特勒曾让法西斯主义者们亢奋起来，而旗帜、国家、军队和银行等也会让

① Deleuze, G. & Guattari, F. (1983). *Anti-Oedipus*, *Vol*. 1 *of Capitalism and Schizophrenia*. Minneapolis: University of Minnesota Press, p. 95.

人们感到兴奋。在再地域化和再规则化的过程中，资本主义所创建的一系列服务于剩余价值的意义体系和社会制度，如种族主义、民族主义、帝国主义、军国主义、法西斯主义、宗教信仰、现代国家乃至广告产业等，所有这些都具有与核心家庭类似的俄底浦斯结构，并产生相应的偏执狂型人格，而且它们也构成了核心家庭的社会背景。

正因为俄底浦斯化的欲望和偏执狂型的主体在资本主义社会是普遍的，所以解放欲望的革命既是反禁欲主义的也是反资本主义的。德勒兹和伽塔里把解放欲望的革命同精神分裂相联系。他们没有把临床意义上的精神分裂者等同于革命者，但他们相信革命是一个精神分裂的过程，革命者具有精神分裂型人格。精神分裂与革命的共同点在于两者都意味着欲望的自由——与偏执狂相反，精神分裂状态下的欲望是多元的、开放的、不固执于特定形式的和游牧式的。用德勒兹和伽塔里的话来说，“精神分裂者刻意突破资本主义的限制。……他扰乱所有法则，他是欲望的非规则化流动之载体”；精神分裂者是“一个自由的人，他是不负责任的、孤独的和快乐的，他能在无需他人允许的情况下畅所欲言、为所欲为”。①

显然，德勒兹和伽塔里所倡导的“革命”是欲望的革命，在他们的想象中，真正的革命是把欲望从种种社会压抑中解放出来以还其自由自在的本来面目的革命。或者说，他们所想象的革命就是非地域化和非规则化的过程。与通常所说的革命不同，他们的革命是没有纲领、没有目标的革命，即精神分裂分析学不会为任何事或任何人代言。显然，这种革命已超出了传统社会理论的视野。然而让人不解的是，在他们看来，欲望本身就具有革命性——欲望乃意味着不断超越，不断生成，不断建立新的联系。既然如此，为什么还要呼吁欲望的革命呢？德勒兹和伽塔里认为，虽然说到底社会机器是由欲望机器所推动的，但在迄今为止的人类历史上，欲望机器一直是由社会机器所规定和控制的，或者说人的欲望一直处于社会的意义体系和制度结构的压抑之下，在这样的情况下，欲望及其革命性自然就不可能自发地起作用。资本主义社会由于在相当程度上把私人领域和公共领域区分开来，而使欲望机器与个人身体的联系以相对直接的方式呈现出来，但与从前的社会相比，资本主义社会对欲望的压抑乃有过之而无不及：私人领域（主要是核心家庭）由乱伦禁忌等父权制法则所左右，而公共领域则处于以剩余价值为唯一目标的商品生产的统治下。不仅如此，私人领域也早已被公共

① Deleuze, G. & Guattari, F. (1983). *Anti-Oedipus*, *Vol*. 1 *of Capitalism and Schizophrenia*. Minneapolis: University of Minnesota Press, p. 35, p. 131.

领域“殖民化”了。总的来说，在资本主义社会，人的欲望要么是被压抑的，要么被吸收到商品生产中去，这就使禁欲主义成为资本主义社会的一般特征，使偏执狂型主体性成为该社会中个人的基本心理人格。基于这些考虑，德勒兹和伽塔里对“欲望的革命”在资本主义社会发生的可能性似乎不太乐观。此外，由于缺乏革命的主体和政治纲领，他们所畅谈的欲望革命只沦为一种理论上的革命。尽管德勒兹和伽塔里把革命同精神分裂者相联系，但连他们自己都承认，他们尚未见过一个（非临床意义上的）精神分裂者。

## 五、对德勒兹和伽塔里理论的评价

### 1. 重视生成性和创造性

纵观德勒兹和伽塔里的理论，将二人视为创造性的化身和后现代的标志应该毫不过分。德勒兹认为哲学活动就是创造概念，这是他确立起来的根本信念，亦是他得以终身奔跑在思想高原的精神支柱。在他与伽塔里合作的《反俄底浦斯》、《千高原》和《哲学是什么》这三部最重要、最著名的著作中，他们创造出了欲望机器、无器官的身体、根茎、精神分裂分析等千奇百怪的概念，试图构造出一种不同于当时任何一种哲学体系的全新的哲学。“这两位思想家共同创造出来的哲学，像两条涓涓小溪汇合而成的第三条大河。这种哲学可谓‘德勒兹—伽塔里哲学’。”①两位自由驰骋在思想高原上的“游牧民”，为我们勾画出的是具有后现代特征的“生成哲学”。“生成哲学集原生性、原创性和前瞻性于一身，聚探索性、冒险性和牺牲性于一体，熔他在性、彼岸性和去己性于一炉。”②这种哲学将我们带入了超越哲学、化解哲学和开放哲学的境界。

### 2. 构筑生成性的主体

与生成哲学思想相一致，德勒兹和伽塔里为我们描述了一种生成性的主体。这种主体性就是德勒兹和伽塔里所说的精神分裂者（schizo）。精神分裂者不会停留在已完成的接续性综合（欲望生产本身）上，而总会把新的接续性综合带入“无器官的身体”中。于是，已有的接续性综合不断被更新，无器官的身体也不断被更新，相应地主体性也总在重新诞生。在德勒兹和伽塔里建构的潜意识世界里，起决定性作用的是欲望机器，它与弗洛伊德的

① 于奇智：《后现代思想家 G·德勒兹》，《国外社会科学》，1996 年第 5 期，第 51 页。
② 栾栋：《德勒兹及其哲学创造》，《世界哲学》，2006 年第 4 期，第 23 页。

设想截然相反，不承认任何具有整体性的主体，既不以父母的人格为基准，也不想确认稳定的自我认同，而是认为“潜意识对人格一无所知”。

3. **强调欲望的本体性**

通过批判以弗洛伊德为代表的精神分析理论，德勒兹和伽塔里提出了一种本体性的欲望理论，对人类社会的动力进行了新的解释。他们认为，弗洛伊德运用意识和潜意识等一系列概念，是一种现代的逻各斯中心主义的编码。通过把潜意识定义为（俄底浦斯）欲望，造成了如下的结果：其一，把人类社会的动力中心化、本质化了。所谓中心化，就是一切都由欲望来说明，所谓本质化，就是这欲望是可以定义的，它就是性欲——俄底浦斯情结。其二，把欲望俄底浦斯化即性欲化就是将之狭隘化，只限定在家庭。这并不是说弗洛伊德没有把俄底浦斯情结扩大为一个文化体系，如去解释社会（日常）现象和文化产生（图腾与禁忌），而是说对社会与文化的解释都来源于一个性欲本体。其三，欲望的俄底浦斯化掩盖了个人、社会历史、文化的真相。

德勒兹承认欲望概念有助于说明古往今来历史的动力、社会的活力、个人的冲力，但需要把欲望变为后结构思想。首先，欲望是不能够被编码的，虽然它可以表现为性欲，但不仅仅是一种性欲，它是一种造成生命、社会、历史动力的普泛性的东西。其次，它在本质上是不能被编码的，因为欲望是一种动态、一种能量、一种流。对欲望进行编码总意味着用一套概念体系去把握欲望，把动态之流限定、圈住，赋予它这套符号体系的意义，把它管辖起来。用德勒兹的术语叫地域化（territorilize），也就是把动的东西静态化，把流的东西实体化。

正像有人评论的，德勒兹用一种本体论的方式得出了一个反本体论的本体——欲望。说欲望是一个本体，是因为：其一，它是普遍性的，它反对着一切时空的编码，推动着一切历史的解码；其二，它是生产性的。精神分析和其他各领域的学说把欲望狭隘化了，从而把欲望归因于欲望对象的匮乏，由于德勒兹扩大了欲望，欲望本身就是冲击编码压抑的动力，是一切形式得以产生的促进者和生产者。说欲望是反本体的，是因为德勒兹的欲望并不构成一个结构的中心，以自己为核心去生成一套系统，去繁衍一个整体。大于任何编码的欲望是一种动态、一种能量、一种流，没有中心，现实的某一编码体系去编码它，编进其中的也不是中心；欲望之流在与编码体系接触的时候，被编进去的只是片断，因为欲望呈现出片断性的特征；欲望之流在什么时空与什么编码系统接触，是随机的；欲望之流大于各种编码系统，它与各类编码系统发生多种多样的关系。因此，通过编码系统呈现出来的欲望之流，从欲望本身去看，是非中心的、片断的、动态的、多样性的；从编码系统去看，是中心的、整体的、静态的、统一性的。德勒兹提出一个本体性的欲望，正是要反抗各种中心化的、总体化的、同质化的编码。

**4. 倡导精神分裂式革命**

德勒兹和伽塔里运用精神分裂分析法，探索资本主义和精神分裂症之间的关系。他们认为，非临床意义上的“精神分裂者”能够突破资本主义的限制，能够扰乱所有的法则，所以他是欲望的非规则化流动的载体，也是资本主义制度的掘墓人。精神分裂分析着重解析欲望机器的本性形成及其运转方式，强调欲望满足的社会历史限制，特别关注集团、阶级的前意识和潜意识欲望，并由此对真假革命、心内法西斯魔障等复杂问题提出了颇有见地的剖析。德勒兹和伽塔里认为，力比多在先，潜意识在后，他们把资本主义分析和精神分裂研究结合起来，终于形成了一个重大突破。这里已经不是哲学、心理学或精神分析学派之类的争论，而是从更大的范围内讨论偏执、反动和法西斯的多面性，同时也解析了精神分裂症和革命的广义功能。

然而，贡献与不足总是相伴而行的。由于重视创造性和差异性，德勒兹和伽塔里为我们创造了许多不曾在哲学和心理学领域中使用过的新概念，这无疑为理解其理论增加了难度。此外，他们过分夸大了欲望的价值和分裂的意义，甚至赋予精神分裂者以“革命者”的角色，然而，由于其革命理论脱离了经济基础和人们的现实生活，而不得不沦为一种空想的理论革命。

## 第三节 詹姆逊的后现代精神分析—马克思主义

詹姆逊(Frederic Jameson，1934—)是美国新马克思主义思潮的主要理论代表，当代美国最有影响的理论家和批评家之一。詹姆逊将精神分析、马克思主义及文学批评和文化批判结合起来，提出了一种后现代主义的文化理论，对后工业化时代资本主义社会的文化艺术现象以及其他社会现象进行了整体研究，发展出许多新颖、独特的理论观点。

詹姆逊于 20 世纪 50 年代就读于耶鲁大学，1959 年到 1967 年在哈佛大学任教，之后又先后任教于加州大学、耶鲁大学和杜克大学。出版的著作主要有:《马克思主义与形式》(1971)、《语言的囚牢》(1972)、《政治潜意识》(1981)[①]、《后现代主义:或晚期资本主义的文化逻辑》(1991)等。比较有影响的论文有:《元批评话语》(1971)、《拉康的想象域和象征域:马克思主义、精神分析批评以及主体问题》(1977)。

詹姆逊传承法国激进派理论家德勒兹和伽塔里对当代资本主义与精神分裂表征的分析,吸收了精神分析学的潜意识观和欲望观,他推崇拉康的语言潜意识观,但同时又希望将拉康的结构主义精神分析学纳入马克思主义的理论建构。因此,他对弗洛伊德和拉康的精神分析理论均进行了比较重要的修正。他把弗洛伊德的生物性"个体潜意识"和拉康的"语言潜意识"修正为"政治潜意识",并把政治分析和文学分析结合在一起,将精神分析"历史化",使政治潜意识成为一切文本和文本阐释的决定因素。

## 一、后现代文化逻辑与主体性结构

詹姆逊(Frederic Jameson, 1934—)

詹姆逊认为,后现代主义的表征为深度模式削平、历史意识消失、主体性丧失、距离感消失等四个方面。而后现代主义和消费社会的最主要特征是"主体的死亡",以及由此导致的拼贴文化和精神分裂。

首先,后现代主义平面感所要打破或削平的是四种深度模式,它们分别是:(1) 黑格尔式的辩证法对现象与本质的区分,这种内与外的对立使人们的思维总是由外向内拓深,现象被抛弃,内部深层才是目的。后现代与之相对,只讨论作品文本,不涉及内层,不承认内外表面的对立,拒绝挖掘任何意义。(2) 弗洛伊德的表层—深层的心理分析模式,后现代主义彻底抛弃表层下面的深层压抑的说法。(3) 存在主义关于真实性与非真实性、异化与非异化的二元对立。(4) 索绪尔的符号学所区分的所指与能指,后现代主义取消了这种对立

① 王逢振等人的中译本译为《政治无意识》。为了统一和尊重心理学界的习惯,本书中统称"政治潜意识"。——作者注

和区分，从而也取消了深度。

其次，历史意识消失产生断裂感。这使得后现代背景下的人们告别了诸如传统、历史、连续性，而浮上表层，在非历史的当下时间体验中去感受断裂感。对历史的态度实质上是一种对时间的哲学观。历史感的消退意味着后现代主义拥有了一种"非连续性"的时间观。

再次，主体性的消失意味着"零散化"。后现代社会的人们在紧张的工作后，体力消耗得干干净净，处于一种非我的"耗尽"状态。

最后，距离感的消失可归咎于"复制"。由于复制的滥用，使得原作消失，独一无二性消失，艺术成为了"类象"，即没有原本东西的摹本。当今世界已经被文本和类象所包围，丧失了现实感，形成事物的非真实化：艺术作品的非真实化，以及现象、可复制的形象对社会和世界的非真实化。人被各种人造的类象包围起来，人创造了文化，而文化的扩张使现实退隐，使主体丧失，世界成为了物的世界。

在詹姆逊的眼中，后现代的根本标志就是个性的死亡和终结："从前，在自由竞争的资本主义的古典时期，在核心家庭和资产阶级作为社会支配阶段出现的全盛期，曾经有过个性、个性主体这样一些东西。但是今天，在资本主义共同体和所谓组织形式的人的时代，在商业乃至国家的官僚化和人口爆炸的时代——今天，过去的资产阶级个人主体不再存在了。"①

在后现代主义文化中，主体零散成碎片之后，以人为中心的视点被打破，主观感性消弥，主体意向性自身被悬搁，世界已经不是人与物的世界，人的能动性和创造性消失了，剩下的只是纯客观的表现物，没有一星半点情感、情思，也没有任何表现的热情。詹姆逊引用了马尔库塞《爱欲与文明》中的话：现代人的自我萎缩以致于此，伊底、自我和超我间的多重对抗已不复以古典形式展开自身，其原初的动态变成了静态，原初的激情变成了机械的反应。

这种主体死亡基础上的后现代文化呈现多元化的格局，在主体心理状态中表现为冲撞性的"精神分裂症"；在文化价值观上表现为行为判断标准的缺失以及新的欲望主体的初步形成。在詹姆逊的心目中，后现代主义的文化逻辑最典型的表象是精神分裂，最悲伤的缺失是主体性的死亡。

在分析后现代主义的文化逻辑时，詹姆逊与弗洛伊德有类似的看法：欲望是主体分裂的原始动力。他沿着拉康的欲望观念，反驳了精神分析的欲望非历史性和文化性观念，同时将它与"政治潜意识"联系了起来。他认为，

---

① 詹姆逊著，胡亚敏等译：《文化转向》，中国社会科学出版社2000年版，第6页。

精神分析理论所涉及的核心不是"性欲望"，而是主体性欲望的达成。随着资本主义经济的发展、商品经济对个体生活的渗透以及主体精神世俗化的变迁，社会或个体心理越来越依靠相对的贫困或富裕后不断的市场消费，达到资本生产和再生产的目的。欲望越来越成为资本主义社会生产的基础，成为观察一切事物的抽象表现。社会欲望和主体心理欲望共同抽象为一切现象的具体化结果：抽象的欲望。

## 二、文本阐释与政治潜意识

詹姆逊的"政治潜意识"观点是他所坚持的马克思主义观点的反映，与他的文本阐释观紧密相联，同时也是他借鉴和修正精神分析理论的结果。

首先，詹姆逊坚持马克思关于社会存在决定社会意识的著名论断，重视文学阐释中的政治视野。他在《政治潜意识》第一章的开场白中就直接说："本书将论证对文学文本进行政治阐释的优越性。它不把政治视角作为某种增补的方法，不是作为对当今流行的其他阐释方法——精神分析的、神话批评的、文体的、伦理的、结构的方法——的选择性补充，而是作为一切阅读和一切阐释的绝对视域。"①然而，詹姆逊所说的"社会存在"和"社会意识"却不同于马克思，而是指一种文本建构，是一种符号。詹姆逊从后现代主义文艺观出发，倡导一种"辩证的批评"理论。按照这种"辩证的批评"，詹姆逊提出了一种新的解释理论，即对文艺作品的解释构成文艺批评的重要内容。"解释可以被当作一种基本的寓意行为，它是由根据一种特殊的解释性的主导符码对于特定文本的重写所构成的。"②

詹姆逊强调文本的作用并认为对艺术文本可以有多种解释，他要求结合社会背景来解释艺术作品，把从社会经济出发解释艺术作品看成是文学艺术的"终极代码"。

可见，詹姆逊对马克思主义的继承存在非常巨大的修正成分。其中糅合了解释学、符号学的基本观点，其批评理论的开放性和综合性也是非常鲜明的。

其次，詹姆逊极为推崇拉康的"潜意识是他者的话语"和"潜意识具有类似语言的结构"等经典论断，然而同时，他对弗洛伊德和拉康的潜意识理论

---

① 詹姆逊著，王逢振、陈永国译：《政治潜意识》，中国社会科学出版社 1999 年版，第 8 页。

② Jameson, F. (1981). The Political Unconscious: Narrative as a Socially Symbolic Act. London，转引自曹海峰：《詹姆逊视野中的精神分析》，《大庆师范学院学报》，2006 年第 1 期，第 2 页。

也进行了重要的修正。与精神分析学不同，詹姆逊的立足点不是放在人的生理本能方面，而是放在社会生活方面，认为社会生活的压抑导致了艺术作品的表层经过“一种结构的神秘化处理”，而其真正含义则有待批评家和欣赏者去挖掘。他把弗洛伊德的生物性“个体潜意识”和拉康的“语言潜意识”修正为“政治潜意识”，并把政治分析和文学分析结合在一起。另外，他超越了弗洛伊德和拉康，把精神分析“历史化”，使政治潜意识成为一切文本和文本的决定因素，即历史语境决定任何文本的生成和阐释。

其三，在文本阐释观中，詹姆逊将政治潜意识视为文本的最深层结构。詹姆逊认为，文化文本（或文学文本）是容纳个人政治欲望、阶级话语、文化革命的一个多元空间，因此，尽管每一个批评家或读者都会对作品产生不同的阐释，但决定他们阐释的本体性视域却是政治，政治构成所有阐释的最深层内容，尽管阐释者本人可能并未意识到。而正因为政治构成所有阐释的基础，而阐释主体又是没有意识到的或不知不觉而进行的，所以詹姆逊把这种文本阐释中的最深层结构称为“政治潜意识”。在詹姆逊看来，任何文化文本都积淀着政治潜意识，也就是说意识形态和文本叙述是相互构成的。

詹姆逊所谓的“政治潜意识”实际上是一种“表征潜意识”，詹姆逊的批评就是阐释和挖掘这种“政治潜意识”。詹姆逊的文本阐释过程类似于精神分析的临床实践。精神分析者在临床中面对的是病人，利用的是自由联想的方法来寻找病人的症状根源，揭示童年的创伤经历或“俄底浦斯情结”期的性压抑。詹姆逊把文本乃至整个文学历史视为“病人”或分析对象，试图通过文本话语找出一切文本最深层的“病理症结”，从而挖掘文本中的最深层情结即“政治潜意识”。

解构和阐释文本、恢复它的本来面目是詹姆逊后现代马克思主义批评话语的最终目的。他期望通过文本的内在分析揭示表面上非政治的文本的政治性，解构传统批评理论的虚幻假设。当然，他也意识到，要给精神分析进行恰当的阐释和定位，就要不断地进行“阐释语境的重构”，仅仅把弗洛伊德和拉康的阐释限制在资本主义的家庭观点上是不够的。

# 第四节　利奥塔的欲望政治学

让－弗朗索瓦·利奥塔(Jean-Francois Lyotard,1924—1998)

让－弗朗索瓦·利奥塔(Jean-Francois Lyotard,1924—1998)是法国当代著名哲学家、思想家,后现代思潮理论家。利奥塔早年受胡塞尔和梅洛—庞蒂的现象学哲学思想影响,后来在马克思主义和精神分析学领域进行探索。和德勒兹、伽塔里一样,他深受马克思和弗洛伊德的影响,但更倾向于吸收具有冲击性和攻击性的尼采哲学。他运用尼采和弗洛伊德在主体身体、欲望、强力意志以及感情等方面的论述,试图发展和建立他自己的后现代欲望哲学和欲望政治学。70 年代中期利奥塔又从维特根斯坦语言哲学分析传统得到启发,转向叙事分析和"语言游戏"研究,提出后现代理论,在国际学术界赢得赞誉。

利奥塔 1950 年毕业于高等师范学校,同年获哲学教师资格,先后在阿尔及利亚和法国的中学任教。1971 年获巴黎大学哲学博士学位。自 1973 年起任教于巴黎第八大学。利奥塔还是国际哲学学院的理事会成员,巴黎大学的名誉教授,曾在美国加州大学尔湾分校教授哲学,并于 1995 年进入亚特兰大市的埃默里大学教授法语和哲学。1998 年 4 月 20 日深夜在巴黎去世。

利奥塔一生中出版了约 40 本专著和论文集,涉及美学、哲学、史学、政治学和社会学等各个领域,如《现象学》(1954)、《话语,形象》(1971)、《从马克思和弗洛伊德开始的飘流》(1973)、《非人》(1973)、《力必多经济机制》(1974)、《后现代状态:关于知识的报告》(1979)、《分歧》(1983)、《海德格尔和犹太人》(1988)、《后现代的道德观念》(1993)等。

## 一、后现代状态

后现代主义进入哲学领域的标志是利奥塔于1979年出版的《后现代状态:关于知识的报告》一书。它原是一份关于发达社会中知识现状和展望的社会学报告,后以书的形式出版。本书名为对后现代知识状态的考察,目的是要审视与社会、人的幸福、知识分子、科技、进步、未来世界息息相关的“知识”在进入后现代时期时,究竟出现了什么样的病理症状,究竟发生了什么危机,应对的策略是什么。

利奥塔指出,后工业和后现代社会是以计算机产业为基础的社会。知识已成为生产力和权力,谁生产、储存和掌握了输入的信息,谁就决定了知识的内容和生产力发展的方向。他认为,自1968年发生在西方社会的“五月风暴”之后,知识分子已经技术化和职业化。知识已经成为知识分子争夺权力的战场。但是,知识的争夺同时也是对话和分享,必须遵守共同的规则。利奥塔着重说明,科学和叙事是规则不同的两门知识,不能用一方来否定另一方。在利奥塔看来,哲学是一种叙事,当然哲学式的叙事不是像文艺那样有关具体之物的叙事,而是一种有关人类本质和宇宙本质的宏大叙事。这种宏大叙事可称为元叙事或元话语。因此,哲学—元话语—元叙事是三而合一的东西。宏大叙事是利奥塔对“现代”乃至古希腊以来的西方社会的总陈述。利奥塔认为,科学借助两大哲学叙事取得了统治地位,构成以科学主义为主导的现代主义,而这两大哲学叙事分别是关于人性解放的神话和所有知识具有统一性的神话,前者是法国启蒙主义的传统,后者是德国唯心主义的传统。利奥塔认为,所谓的现代就是指使用元话语来使自身合法化的科学,这样的元话语明显地诉诸宏大叙事,如精神辩证法、意义阐释学、理性主体或劳动主体的解放、财富的增长。① 然而,时过境迁,那种以单一的标准去裁定所有差异并统一所有话语的元叙事已被瓦解,自由解放和追求本真的“两大合法性神话”或两套“宏大叙事”已消逝。因此,必须重新检验“合法性”问题,并把当代科学重新加以合法化。利奥塔第一个明白无误地把后现代状态定义为对元叙事的否定,他这样认为:“在当代的社会和文化中,换言之,在后工业社会和后现代文化中,关于知识之合法性的问题有了不同说法。大叙事——不管它所采用的体系模式是怎样的,也不论它是思辨性叙

① 让-弗朗索瓦·利奥塔著,车槿山译:《后现代状态——关于知识的报告》,生活·读书·新知三联书店1997年版,第1～2页。

事还是关于人类解放的叙事——已失去其可靠性。”①

从利奥塔的纲领性文件中我们可以看到，后现代主义之“后”是超越之义，它要超越的现代主义是自启蒙运动以来的理性主义传统，即所谓的现代性。利奥塔及其他后现代主义者所批评的现代性在哲学上的主要表现有：二元对立的思维模式（尤其是主观与客观的对立），知识论上的“基础论”，工具理性的价值取向，科学主义的立场和方法，以“自我意识”为核心的反映论，人类中心主义和人道主义，本质主义，整体主义等。后现代主义力图对上述一切进行全面、彻底地批判、怀疑和解构。在研究风格和方法上，后现代主义者也力求与传统哲学的思辨和论证方式相区别，用新的话语代替传统哲学那些统摄性的概念和命题，即利奥塔所反对的宏大叙事。他主张用“细小叙事”代替“宏大叙事”，用某一学科或领域的具体话语来代替涉及所有话语的“元话语”。具体而言，即主张“重写”现代性，这种重写意味着从科学、文学、艺术到社会规范等一系列社会与文化境遇中的“游戏规则的改变”，从而强调语言使用方式的多样性。利奥塔把科学知识归并为“一种话语”，科学就是做语言游戏，面对各种游戏，人人都是平等的，科学只进行自己的游戏，它无力为其他语言游戏立法。于是，在后现代状态下，包括科学在内的种种叙述都可以看做是语言游戏。利奥塔相信，“语言游戏”的多元性、异质性以及不同“语言游戏”的相对合法性是后现代状态下的知识或文化的基本特征。

## 二、欲望政治学

利奥塔的欲望政治学是他在大量吸收弗洛伊德的精神分析理论，弘扬尼采式非理性哲学话语的基础上建立起来的一种后现代欲望观。

与弗洛伊德类似，利奥塔把欲望看做一种消极的、分裂性的离心力量。但他试图发现欲望的积极的、创造性的能量，目的在于颠覆现实，建立一种更解放性的能量。他认为这两种力量在弗洛伊德的理论中都存在，即“生的本能”及“死的本能”在欲望中是并存的。但由于弗洛伊德过于重视欲望的分裂、破坏性本质，以及他的潜意识理论中“生的本能”和“死的本能”相互连结、相互交织，使得人们无法判断欲望的毁灭性倾向和统一性的、积极的倾向。

利奥塔认为，艺术与修辞是欲望的最重要的工具，对于它们以修辞的形

① 夏光：《后结构主义思潮与后现代社会理论》，社会科学文献出版社 2003 年版，第 369 页。

式表达出来的生命能量而言,它们既可以是分裂的、离心性的,亦可是积极的、创造性的。分裂的欲望在艺术中最容易发现,因为它冲击现有的理性、秩序、规范的表征支配。在《话语,形象》这部著作中,利奥塔借用了弗洛伊德关于潜意识的研究,以便通过意识与潜意识的关系来解释形象与话语的关系,彰显他的话语解构思想:反对符号学中语言至上论,提倡辞格、形式和意象。简言之,即艺术与想象高于理论。他认为,弗洛伊德所谓的欲望"初级过程"是由快乐原则主导的、直接的、力比多性的、潜意识的本能释放过程,欲望在修辞中得到了直接的表达。与弗洛伊德一样,利奥塔认为艺术能表达潜意识的欲望,而其遵循的规则是替代、浓缩、隐喻转换,但话语则遵循弗洛伊德所称的"再现过程",其发展所遵循的是自我的规则及理性程序。利奥塔指出,真实的意义(相应于欲望的不可言说的刺激)仍在话语中顽强地展示了自己的存在。也就是说,在话语世界中有许多话语理论所不能解释的东西,例如隐喻涵义的多重性、风格和修辞、形象语言等等。利奥塔认为,正是这种"形象"解构了话语的整齐划一,标记着语言的真实运作。利奥塔所主张的欲望性修辞并未将修辞凌驾于话语之上,而是主张修辞能进入话语中并起决定作用,意在用修辞性话语瓦解理论话语,并以新的离心性的"欲望文本策略"推翻占统治地位的理性话语策略。"欲望文本策略"所表现的结构模式是"精神分裂",即以被压抑的文本叙述冲破规约性文本叙述,这是一种依靠解构主流话语模式而生成的后现代话语。

在《力比多经济机制》一书中,利奥塔在与现代主义话语决裂的同时,对西方理性哲学传统进行了猛烈的抨击,这部著作可与德勒兹和伽塔里的《反俄底浦斯》相提并论,同样是欲望的微观政治以及对表征批判的典型代表。与德勒兹和伽塔里一样,利奥塔也试图推出一种肯定的欲望哲学,确认欲望的创造性、流动性、冲撞性和能动性。同精神分裂分析一样,《力比多经济机制》的目标是要描述欲望的流动、强度及其领土化过程,解放欲望并使其尽显多样性和真正的创造力。

利奥塔从人的身体或力比多出发来批判资本主义社会和马克思的政治经济学。他认为,力比多本来是不确定的和不可预测的,而资本主义则以某种方式使人的力比多相对地确定下来和可以控制。当然,所有的社会都会有类似的功能,都会以其特有的方式对人的力比多进行控制或压抑。显然,利奥塔接受了弗洛伊德把文明看做是对(性)欲望的压抑的观点。通过社会主体与家庭、工作、经济及国家等存在单元的关系,利奥塔分析了欲望受到压抑的方式。他认为,欲望不可压制,哪里有压制,哪里就有颠覆。当欲望受权威的社会力量约束时,它将不会失去生命的能量和活力而日渐衰微。

利奥塔把后现代主义欲望的微观政治与尼采的强力政治联系起来，并在当代政治景象中发现了这种政治工具的作用，所以《力比多经济机制》是利奥塔摒弃所有现存理论、建立激进的新理论的最极端形式的尝试，也是他赞美身体、欲望、强力的最具代表性的努力。利奥塔以非凡的勇气、超出常规的和激进的理论决裂解构了现代性，为人们勾勒了一幅后现代状态的美丽景观。

然而，其解构过程也有不足之处。首先，具有讽刺意味的是，利奥塔追求具体的、似乎是机械性的生命、强力、欲望的理论，然而其理论建构本身却是抽象和符号化的。其次，利奥塔的研究重心并没有放到后现代主义知识，而是着重于发展一种对现代哲学的批判，以及建立一种新的后现代主义哲学。实际上，由于他把多元性、多样性、差异性、他者性作为后现代主义的主要标志，其理论的解构性多于建构性。其三，利奥塔关注和批判的是当代资本主义社会的规范和支配原则，抨击资本主义、文化产业、商品化、帝国主义、父权制和资产阶级家庭。但是，与法兰克福学派一样，他也认为当代资本主义社会具有同化吸收异己和反对者的能力。显然，他对资本主义社会的解构也是不彻底的。

# 第八章

# 神经精神分析学的兴起

神经精神分析学(neuropsychoanalysis)[①]是一门将神经科学与精神分析学的理论和方法相结合的新领域。它兴起于20世纪80年代,1999年《神经—精神分析学》(Neuro-psychoanalysis)杂志的创刊和2000年国际神经精神分析学协会(the international neuropsychoanalysis society)的成立是其建立标志。神经精神分析学旨在将精神分析学与神经科学相结合,促进精神分析学与神经科学的跨学科研究。研究者们希望通过借鉴精神分析学的理论概念、整合神经科学与精神分析学的研究方法,来研究人的整体、动态的心理过程,并将研究成果应用于临床实践,从而建立一门紧密联系心理与生理的新研究领域。2000年的诺贝尔生理学和医学奖得主、美国哥伦比亚大学教授埃里克·坎德尔指出,精神分析学"仍然是最一致、最令人满意的心智理论"。在他所提出的"精神病学的新知识框架"下,"弗洛伊德的大格局的心智结构,似乎注定要扮演类似达尔文进化论对分子遗传学的角色。弗洛伊德可以作为模板,使新发现的各项细节安置得有条不紊。同时,神经科学家也正在为弗洛伊德的一些理论寻找证据,并找出隐藏在他描述的心智过程背后的机制"[②]。所以,神经精神分析的价值体现在两个方面:一是在精神分析学的理论指导下,理解神经科学的发现,并启发神经科学的新研究;二是验证精神分析学的概念,同时以新的成果充实和更新精神分析学的理论体系。除此之外,精神分析与神经科学的结合还可能碰撞出新的火花,得出不同以往的新发现。

---

① 神经精神分析学最初的名称是神经—精神分析学,英文对应名称为neuro-psychoanalysis。但近年来,逐渐统一使用neuropsychoanalysis。

② Solms, M. (2004). Freud returns. *Scientific American*, No. 3, p. 84.

## 第一节 神经精神分析学的产生与特点

神经精神分析学的兴起与发展经历了较为漫长的孕育过程。倘若追本溯源，神经精神分析学的种子可以上溯千年，古往今来无数哲学家、心理学家、生理学家都曾对心理与生理的结合进行过探讨和畅想。弗洛伊德就是其中之一，他于1895年撰写的《科学心理学设计》的目的就是以纯粹的神经物理学术语来解释心理现象。然而，因当时技术所限，弗洛伊德放弃了这一梦想。因此，在精神分析运动的最初发展中，精神分析学与神经科学渐行渐远。在经历了关系的冷淡、抵触和解冻之后，精神分析学与神经科学又再次发现了对方的价值和互补的意义，曾经各自为政的它们又走到了一起，为深入理解人类的心理机制而携手共进。它们的合作产生了巨大的效应，为我们展示了一幅新的学科领域画卷。

### 一、神经精神分析学的产生

#### 1. 起源：弗洛伊德的神经科学梦想

弗洛伊德是一位伟大的心理学家，但他最初是以一名神经解剖学家的身份开始其科学事业的。弗洛伊德早年于维也纳大学拿到医学学位。1876—1882年间，他一直在恩斯特·布吕克(Ernest Brücke)的生理学实验室工作。此间，为了研究动物的神经生理机制，弗洛伊德曾亲手解剖了上千条鳗鱼。尽管对解剖学和神经生理学兴趣浓厚，但由于该行业惨淡的前景，穷困潦倒的弗洛伊德不得不改行行医。1885年，弗洛伊德在维也纳综合医院工作三年之后，获得了前往简—马丁·沙可(Jean-Martin Charcot)的巴黎诊所工作的机会。尽管只有五个月，但这段经历对弗洛伊德相当关键，因为巴黎强调的是情绪问题的心理学本质，而维也纳则强调对此作生理学的解释。[1] 具体来说，在弗洛伊德最初受训的奥—德学派中，强调的是对临床症状进行解剖学和生理学的解释，这也是霍尔姆赫茨医学学派的主要思想。但神经学的法国学派则强调临床症状本身。以沙可为代表的生理学家认为，神经科学的主要任务并不是解释各种临床症状，而是对它们进行界定、分类和描述。

回到维也纳的弗洛伊德努力调和着这两种不同的取向，他一直试图将神经生理学与心理学结合起来。1895 年，他在《科学心理学设计》一书中建立了一个理想的科学王国。在这个国度里，神经生理学与心理学可以互通有无，相知相融。赫根汉（B. Hergenhahn）指出，此书的目的就是以一种纯粹的神经生理学的术语来描述和解释心理现象。[2] 正如坎塞尔（M. Kanzer）所说："《设计》就是给来源于临床观察的心理学观点披上了一层神经学的外衣。"[3]然而，弗洛伊德建立一个心灵的神经学模型的尝试并没有成功。他认为，复杂的心理功能是许多基本功能交互影响的结果，而当时的神经解剖学方法无法如他所愿地研究心理的动力过程。因此，弗洛伊德不得不放弃了这个计划，《设计》在他有生之年也一直没有出版。1900 年，弗洛伊德曾对此评论说，"最后我只能以神经症的临床解释聊以自慰"。[4]

尽管弗洛伊德的《设计》一书没有成功，但是弗洛伊德从未认为精神分析应该与神经科学保持距离。事实上，弗洛伊德一生都承认，他所创造的心理结构模型只是一种临时的解释，这种功能系统必须在脑组织中体现出来。他曾提醒身边的精神分析学家们，"我们不能将脚手架误认为是建筑"。他还常说，"如果我们已经能利用生理学及化学的名词来取代心理学名词，那么我们在叙述上的缺陷可能就会消失了"。[5] 他一直坚信，终有一天，精神分析学将与神经科学相融合。1909 年，弗洛伊德在倾听完埃德温·霍勒龙（Edwin Hollerung）在维也纳精神分析协会上做的"关于心理的神经生理基础"的报告后说，他重视并且欣赏霍勒龙的工作，因为霍勒龙所涉足的是"百

---

① 维内、金著，郭本禹等译：《心理学史：观念与背景》，世界图书出版公司北京分公司 2008 年版，第 408～409 页。

② 赫根汉著，郭本禹等译：《心理学史导论》，华东师范大学出版社 2004 年版，第 782 页。

③ Kanzer, M. (1973). Two Prevalent Misconceptions about Freud's Project. *Annual of Psychoanalysis*. No. 1, pp. 88～103.

④ Solms, M. & Saling, M. (1986). On Psychoanalysis and Neuroscience: Freud's Attitude to the Localizationist Tradition. *International Journal of Psycho-Analysis*, vol. 67, p. 397.

⑤ Solms, M. Prelirninaries for an integration of psychoanalysis and neuroscience [J]. *Bulletin of the British Psycho-Analytic Society*. 1998(9):25.

年之后将会提上研究日程的议题”。①

2. 产生过程:冲突与消融

精神分析学与神经科学的关系大致可分为疏远期(20 世纪上半叶)、抵触期(20 世纪 50～70 年代)、消融期(20 世纪 70～80 年代末)、对话期(20 世纪 90 年代初～1998 年)四个阶段。

(1) 疏远期(20 世纪上半叶)。

尽管弗洛伊德心怀神经科学的梦想,但也正是他亲手造成了精神分析与神经生理学的分离。对此他曾在《梦的解析》中有所谈及:“我将完全不考虑心理机制的解剖学因素,将小心地避开以任何解剖学形式来定位心理的诱惑。我将停留在纯粹的心理学领域。我将它[解剖学]比作一种执行心理功能的工具,犹如一个复杂的显微镜或照相设备之类。”②弗洛伊德的这一态度直接导致精神分析与神经科学的疏远。事实上,自 20 世纪初至 20 世纪上半叶,精神分析与神经科学基本处于独立发展的状态。它们遵循不同的发展路径,各自取得了骄人的成绩。尤其是精神分析,在 20 世纪初可谓风光无限。由于两次世界大战的影响,人们迫切渴望一种能够帮助他们摆脱心理阴影的治疗方法。精神分析恰逢其时,成为当时最流行的临床治疗方法。大多数社会科学家都同意,弗洛伊德的理论是“现有的最为全面和深远的人格、精神病理学和心理治疗的概念体系”③。精神分析还渗透于诸如哲学、社会学、法律、文学、艺术等各门学科领域中,对公众意识的直接与间接影响难以估量。弗洛伊德作为精神分析的创立者也与哥白尼、达尔文一起,跻身于改变人类思维范式的伟人之列。

在 20 世纪上半叶,作为生物学分支的神经科学出现了两项突破性的进步,即提出了神经元学说和离子假设。西班牙解剖学家桑地亚哥・拉蒙卡哈(Santiago Ramony Cajal)提出了神经元学说,认为大脑是由被称为神经元的细胞组成的。同时,离子假设也获得了普遍的认可。1937 年,阿兰・霍奇金(Alan Hodgkin)发现,动作电位产生于局部电流中,这种电流可以将轴突隔膜的联结区域去极化。这一离子假设统一了大量的神经学描述数据,用

① Nunberg, H. & Federn, E. (1962). *Minutes of the Vienna Psychoanalytic Society*, Vol. 1. 1906—1908. Oxford: International University Press, p. 280.

② Freud, S. (1900). *The Interpretation of Dreams*. Standard Edition, 4&5. London: Hogarth Press, 1953, p. 536.

③ Korchin, S. (1976). *Modern clinical psychology*. New York: Basic Books, p. 332.

普遍的生理化学原则来理解神经系统。① 神经元学说和离子假设的提出，犹如给神经科学插上了一对腾飞的翅膀，在此之后，神经科学更加如火如荼地发展起来。

（2）抵触期（20 世纪 50～70 年代）。

20 世纪下半叶是神经科学独领风骚的年代。相反，盛极一时的精神分析运动则后继乏力。两者的关系也逐渐从疏远走向抵触和排斥。

50 年代后，随着精神病药物的发展，精神分析受到了严峻的挑战。越来越多的心理咨询师和治疗师倾向于用药物来解决来访者的精神问题，而精神分析师却坚持在进行精神分析的过程中，来访者不应服用或仅服用少量抗精神病药物。此外，精神分析所擅长的是长期的人格重建，而不是短期的问题解决。20 世纪五六十年代兴起的行为疗法、认知疗法则弥补了精神分析的这一缺陷。它们因其周期短、见效快获得了越来越多的青睐。

与此同时，神经科学进入了高速发展的通道。20 世纪六七十年代，科学家们确定了氨基酸、缩胺酸和大量其他化学递质的小分子。1976 年，伯特·萨克曼（Bert Sakmann）和欧文·内尔（Erwin Neher）发明了膜片钳技术。分子神经科学的种种发现极大地提高了人们对大脑发展的认识，对临床医学也产生了实质影响。此外，神经科学家还运用心理物理法和行为主义的严格实验方法来探索感觉刺激是如何导致了神经元反应的，将触角深入地伸向了心理学的传统腹地。

在这一时期，尽管精神分析与神经科学的发展没有多少交叉之处，但它们的关系却并不融洽。精神分析和神经科学分别代表着两种不同的心智学说，它们有着不同的研究理念、不同的研究对象、不同的研究方法，并由此产生了不同类型的知识。神经科学关注心智如何产生于神经活动；精神分析则关注心智是如何受到早期经验的影响。这不可避免地造成了精神分析学与神经科学的分歧。然而，尽管精神分析与神经科学的误解越来越深，但精神分析的科学化之路已悄悄开始。从 20 世纪 60 年代开始，精神分析学家已经尝试采用认知科学的方法来验证其内部一致性及其方法论的准确性。比如，科尔比（K. Colby）和吉尔伯特（J. Gilbert）用计算机模拟来验证解释神经症的部分模型。② 这些都反映了当时精神分析学内部尝试将精神分析

---

① Kandel, E. R. & Squire, L. R. (2000). Neuroscience: Breaking Down Scientific Barriers to the Study of Brain and Mind. *Science*, vol. 290, pp. 1113～1120.

② Leuzinger-Bohleber, M. & Pfeifer, R. (2006). Recollecting the Past in the Present: Memory in the Dialogue Between Psychoanalysis and Cognitives Science. In Mancia, M(Ed.). *Psychoanalysis and Neuroscience*. Milan: Springer, p. 67.

与主流心理学结合起来的一些努力。

(3) 消融期(20 世纪 70～80 年代末)。

尽管观点的不同造成精神分析和神经科学在一段时期里关系冷淡甚至排斥,但结合的萌芽还是在 70 年代出现了。1974 年,戴维·加林(David Galin)发表了《左右半脑特化的病理学含义》一文,将压抑的心理地形学概念与皮质偏侧性结合起来,这标志着两个领域几十年对立的松动。然而,尽管这篇文章做出了一些结合的尝试,但是并没有立即促成精神分析学(包括精神病学)与神经科学融合的大量相关研究。[①]

加林的文章发表并非偶然。事实上,精神分析学与神经科学已经产生了合作的需要。一方面,精神分析理论难以突破自身,遇到了前所未有的瓶颈。精神分析临床实践的疗效遭到越来越多的质疑。它被指责为昂贵、费时、成效通常并不显著,难以迎合时代的需求。此外,精神分析理论的过度概括、缺乏经验证实和封闭自守也越来越为人们所诟病。在这样一个心理学大步迈向科学化的时代,精神分析显得有些格格不入。另一方面,神经科学尽管如日中天,但也在前进途中遇到了一些无法回避的问题。比如,对高级心理过程的研究如何深入,研究成果与现实生活在某种程度上的脱节,等等。

然而,尽管有进行合作的必要,但精神分析学与神经科学圈内的抵触声音依然强大。对精神分析学家来说,多年独立发展的传统使得圈内的许多人看不到合作的需要,他们宁愿以不变应万变。一部分人担心与神经科学的合作将会使精神分析的原有优势和特色受到冲击,另有一些人认为精神分析与神经科学不具备结合的条件。对神经科学家来说,尽管被批评过于冷冰冰的理论化,但其发展势头十分强劲,因此与精神分析的合作欲望并不强烈。

除了精神分析学与神经科学圈内的主观态度不够明朗外,双方合作的客观基础也不够成熟。正电子发射计算机断层扫描(PET)与功能性磁共振成像(fMRI)技术还没有完全成形,这使得精神分析学与神经科学的合作面临技术上的障碍。另外,此时的精神分析学还面临着与弗洛伊德同样的困难,即寻找一种合适的方法将精神分析主题与神经生理学研究加以结合。

鉴于上述主观与客观原因,尽管精神分析学与神经科学的关系出现了松动,但由于双方尚缺乏合作的意向、技术和方法,因此两者结合的时机尚不成熟。然而,合作的种子已经埋下。

(4) 对话期(20 世纪 90 年代初～1998 年)。

---

① Watt, D. (2000). The Dialogue Between Psychoanalysis and Neuroscience: Alienation and reparation. *Neuro-Psychoanalysis*, vol. 3, pp. 183～192.

20世纪90年代被称作“大脑十年”。这十年间，神经科学发生了日新月异的变化。从研究对象上看，神经科学家们接受了心理过程的复杂性，认真考虑情感、潜意识过程的作用。同时，他们也不再完全依赖于技术手段，而是积极吸收精神分析学和现象学等学派的成果与方法，对其过去的指导思想进行了重大的改造。从技术上看，PET和fMRI等技术的不断成熟使得过去许多难以实现的假想能够得到验证。从成果上看，神经科学取得的成绩令人眼花缭乱，其涉及领域也越来越广。日益成熟的神经科学给精神分析带来的不是挑战，而是机遇。因为，渐具大家风范的神经科学比以往有了更大的包容力和接纳精神。

20世纪90年代对精神分析学来说则是喜忧参半。进入90年代后，精神分析学的发展愈加停滞，《美国新闻周刊》甚至宣称“弗洛伊德已经死去”，来告白精神分析运动的衰落。随着对心智如何产生作神经元解释的生物学逐渐占据上风，精神分析所作的心智解释不再流行。为解决危机，一些精神分析圈内的有识之士开始尝试将精神分析与神经科学进行结合。

这种尝试始于纽约精神分析研究所。20世纪90年代初，纽约精神分析研究所的精神分析师阿诺德·普费弗(Arnold Pfeffer)与神经科学家詹姆斯·施瓦茨(James Schwartz)恰巧是邻居和朋友。他们是各自领域的代表人物，都对彼此的学科深感兴趣。谈及跨学科研究，两人一拍即合。在他们的召集下，成立了“神经科学学习小组”并得到了纽约精神分析研究所的支持，包括索姆斯(Mark Solms)在内的志同道合之士加入其中。小组每月召开一次会议，主题不同。每次会议时，由一位神经科学家先概括他的学科在该问题上的发现，然后大家讨论与主题相关的精神分析观点。这样，精神分析学与神经科学的对话开始了。该小组也逐渐扩大为神经科学与精神分析交流的研究、培训、教育中心。

随着几年的发展，阿诺德·普费弗中心(the Arnold Pfeffer Center)的创建者们意识到，如果他们想要取得实质性的进展，必须获得两个领域的领军人物的支持。于是，他们决定筹建科学顾问委员会和编辑顾问委员会，邀请两个领域各20位重要学者加入其中，为新杂志的创刊做准备。令策划者们惊喜的是，20位受邀神经科学家中的17位，20位受邀精神分析学家中的19位，都接受了邀请。①

① Solms, M. & Turnbull, O. (2002). *The brain and the inner world. An introduction to the neuroscience of subjective experience*. New York: Other Press, p. 301.

### 3. 诞生:组织与杂志的创立

经过精心筹备,1999 年,《神经—精神分析学》杂志创刊,2000 年,国际神经—精神分析学协会在伦敦创建。它们标志着神经精神分析学的正式建立。

正式建立后的神经精神分析学发展迅速,可以说是一日千里。当前,国际神经精神分析学协会的分会已经遍及 25 个国家和地区,成员人数也快速增长。马克·索姆斯和雅可·潘克塞普(Jaak Panksepp)担任协会的合作主席(co-chairs)。协会每年都会组织一次大型年会,使神经科学家与精神分析学家能够进行面对面的直接交流。会议多围绕一个当前的热点问题展开。从 2000 年至 2007 年,历届年会的主题分别是情绪、记忆、性与性别、潜意识、右半脑、梦与精神、客体关系与抑郁。即将召开的 2008 年年会主题则是“冲突中的心理”。围绕着这几大主题,神经科学家和精神分析学家们进行了大量的研究和探索。

同时,《神经—精神分析学》的影响力也在不断地扩大,该期刊的编辑和顾问都是当代神经科学界和精神分析学界的著名学者,包括来自神经科学阵营的坎德尔、潘克塞普、安东尼奥·达马吉奥(Antonio Damasio)、约瑟夫·拉度(Joseph LeDoux)和来自精神分析阵营的索姆斯、爱德华·涅尔谢相(Edward Nersessian)、霍华德·谢文(Howard Shevrin)、道格拉斯·沃特(Douglas Watt)。为了集聚研究力量,《神经—精神分析学》杂志几乎每期都会请一位精神分析或神经科学领域的领军人物就某一热点问题撰写一篇主题文章,并邀请双方的著名学者从各自不同的角度进行评论,然后一起发表。这一方式有效地促进了对这些问题的研究,也促进了精神分析学家与神经科学家的合作。

神经精神分析学的广阔前景吸引了大批神经科学和精神分析学的专家学者。其中不乏两个领域的领军人物。《神经—精神分析学》杂志的编委会成员大多也是神经精神分析学的代表人物。其中最为著名的有:索姆斯、坎德尔、达马西奥、潘克塞普。

马克·索姆斯

(Mark Solms,1961—)

索姆斯是神经精神分析学当之无愧的领袖。他对神经精神分析学的影响体现在对学科创立和对具体理论与方法的贡献上。首先,神经精神分析学的产生与发展与他的努力有很大的关系。从 20 世纪 80 年代开始,索姆斯就致力于结合神经科学与精神分析学的工作。可以说,索姆斯是最早一批从事神经精神分析学研究的人。90 年代在纽约“神经科学学习小组”中，索姆斯是核心成员。《神经—精神分析学》杂志正是他与涅尔谢相一起创办的。国际神经—精神分析协会的建立同样也凝聚着他的心血。在筹备过程中，索姆斯四处奔走，为两个圈子的合作大声疾呼。由于他受到过精神分析与神经科学的双重训练，能够获得双方学者的认可，起到穿针引线的作用。其次，索姆斯自己的学术成绩有目共睹。索姆斯引入苏联神经心理学家鲁利亚的“动力定位法”并对其进行了一定的修正，提出临床—解剖法作为神经精神分析学的新方法。索姆斯用这一方法指导自己的实践，在梦的研究中取得了丰硕的成果。梦由此成为神经精神分析学最引人关注的主题之一。

埃里克·坎德尔

(Eric Kandel, 1929—)

在支持神经精神分析学的耀眼名单中，坎德尔无疑是最声名显赫的一位。作为2000年的诺贝尔生理学和医学奖得主，坎德尔的主要研究领域是记忆。尽管坎德尔并没有从事具体的神经精神分析学研究，但他为神经精神分析学的发展勾勒了一幅大略的图景，并以其巨大影响力为神经精神分析学呐喊助威。坎德尔曾在其《生物学与精神分析的未来：精神病学的新知识框架》一文中，指出精神分析学与神经科学的相似之处，提出两者合作的方式，规划神经精神分析学的发展前景。他的弗洛伊德模板说(前文已述)是对神经精神分析学最精辟的阐述和展望。

安东尼奥·达马西奥

(Antonio Damasio, 1944—)

在涉足神经精神分析学之前，达马西奥和潘克塞普已经是全球最著名的神经科学家之一。达马西奥在神经科学领域，尤其是在记忆、语言、情绪和决策的神经机制等领域取得了世人注目的成就。达马西奥曾经撰写过一本相当轰动的著作——《笛卡儿的错误》，宣布心物是一元的，大脑受伤了，心智功能也随之变弱或消失。这一点与神经精神分析学的假说一脉相承。

潘克塞普以情绪研究著称。他所提出的基本情绪理论是神经精神分析学最为重要的情绪理论，也是融入精神分析思想的神经科学研究的典范。沃特认为，正是潘克塞普与达马西奥分别发表的两篇具有里程碑意义的文章,[①]才拉开了神经精神分析学对情绪研究的序幕,也标志着对情绪的研究离开了单一的皮质关注而走向对整个人的关注。索姆斯与威廉·布西(William Bucci)则认为,对于神经精神分析学的情绪研究来说,达马西奥如同搭建了一个宏大的框架,而潘克塞普进行了详细的填充。[②]

雅克·潘克塞普
(Jaak Panksepp,1943—)

## 二、神经精神分析学的特点

第一,主观性与客观性的结合。神经精神分析学是以精神分析学为理论模板来指导其研究的,因此在研究领域和研究取向上绘上了精神分析学的独特色彩。索姆斯认为,精神分析最大的独特性在于将主观性放在首位。主观体验是精神分析最重要的研究对象,并建立了完整的理论与方法体系对其进行解释。而神经科学的优点在于客观、可验证,让心理学披上科学的外衣。因此,神经精神分析学的最大特色是主观与客观的结合。这也是它与其他学科领域的区别之所在。

第二,研究方法的独特性。神经精神分析最具特色的研究方法莫过于索姆斯的临床—解剖法。他借鉴了苏联神经心理学家鲁利亚的"动力定位法"并对其进行了一定的修正,同时将其与精神分析的临床治疗法相结合,从而提出了临床—解剖法。这一方法生动地表现了神经精神分析的融合特色,并可能促生出不同以往的新发现。

第三,神经精神分析学的研究呈现出高起点、强强合作与发展迅速的特点。作为神经精神分析学的官方杂志,《神经—精神分析学》的主编与顾问都是神经科学与精神分析领域有名的人物。他们的知识积淀和学术眼光使得神经精神分析的研究一经起步便出手不凡。此外,神经精神分析研究所体现出的合作精神特别强烈。这种高起点与强强合作的结果就是极快的发展速度。作为全球最著名的科普杂志,《科学美国人》只介绍最前沿、最热点、最知名的研究成果。而神经精神分析学从 1999 年建立到 2004 年走进

① Panksepp, J. Emotions as viewed by psychoanalysis and neuroscience: An exercise in consilience. *Neuro-Psychoanalysis*. 1999(1):15～38;Damasio, R. Emotion in the perspective of an integrated nervous system. *Brain Research Reviews*. 1998(26):83～86.

② Solms, M., Bucci, W. (2000). Biological and Integrative Studies on Affect. *International Journal of Psycho-Analysis*. Vol. 81, p. 144.

《科学美国人》，不过五年的时间，发展之迅速由此可见一斑。

## 第二节　神经精神分析学的研究方法

神经精神分析学作为一门新兴的学科，必须具有独特的研究方法才能创造出新的成果。经过十几年的发展，神经精神分析学逐渐形成了颇具学科特色的研究方法。其中较具代表性的方法有四种：索姆斯提出的临床—解剖法（clinic-anatomical method）、霍华德·谢文研究小组的分析—词表法（analysis-wordlists method）、多重观察法（multiple observations）和心理药理学法（psychopharmacological method）。这些方法使对精神分析概念的科学实验探索成为可能，也为神经精神分析学的发展注入了生机与活力。

### 一、临床—解剖法

索姆斯的临床—解剖法建立在“神经心理学之父”鲁利亚的动力定位法（dynamic localization）的基础上，并且融入了精神分析的治疗方法，从而结合了神经科学与精神分析学二者的特色。

#### 1. 鲁利亚的动力定位法

我们在前面提到过，弗洛伊德认为复杂的心理功能是许多基本功能交互影响的结果。在这一点上，鲁利亚与弗洛伊德颇有共识。他也认为，心理是一套复杂的“机能系统”。“复杂的‘机能系统’的高级心理‘机能’不可能定位于脑皮质的狭隘区域或孤立的细胞群中，而是应该包括一系列协同工作的脑区复杂系统，其中的每个区对复杂的心理过程的实现都有自己的贡献，这些区可能分布在脑的不同部位，有时候彼此相距得很远。”[①]因此，鲁利亚反对以布罗卡（P. Broca）为代表的狭义的定位论者的观点，后者认为心理活动是脑的特定部位的机能，可以被定位于脑皮质的特定部分中。对此，鲁利亚曾针锋相对地指出：“心理过程，并不是孤立的和不可分解的‘能力’，因

① 鲁利亚著，汪青等译：《神经心理学原理》，科学出版社 1983 年版，第 71 页。

而不能把它们看成是'被定位于'脑的某些部分中的特定细胞群的直接机能。"①

以"机能系统"为出发点，鲁利亚提出了他的动力定位方法。该方法的"基本课题是：在仔细地分析那些协同工作以保证完成复杂的心理活动形式的脑皮质区之后，弄清楚其中的每一个区在机能系统中的位置，以及在发育的各个阶段上这些协同工作的脑皮质区在实现心理活动时的相互关系是怎样变化的"②。在具体操作上，动力定位法包括对单个症状的界定和对整个症候群的分析两个阶段。第一阶段对单个症状的界定旨在对所发生的失调的结构进行详细的心理学分析，和对那些导致机能系统分解的直接原因的揭示。③ 以失动症为例，这种症状的出现意味着对象性行动出现了问题。对象性行动包括动觉的内导作用、视觉—空间内导作用、冲动链条的传递和目的指向性。这四个因素可能与四个不同脑区的功能有关。它们中的任何一个出了问题都可能导致失动症的产生。通过这种分析，我们就区分出症状背后的基本因素。第二阶段对整个症候群的分析分为两步。首先，对某个损伤区域所引起的全部症候进行考察。比如，失动症可能是由控制视空间内导作用的顶—枕叶区的损伤造成的。但除了引发失动症，顶—枕叶区的损伤还会引起其他一些心理活动形式的失调。换句话说，我们可以借此找到一些心理过程的某一共同因素。接着再进行第二步，寻找哪些心理活动形式不受这一区域损伤的影响。比如，顶—枕叶区的损伤不会影响对音乐旋律的再认，也不会影响到对运动的连续性要素的更替等。通过这种"双重分裂"过程，我们可以区分出哪些心理过程包括空间因素，哪些心理过程不包括空间因素。再比如，左颞叶区的损伤会破坏言语听觉，但不会影响音乐听觉。这样，我们就可以辨别出一些看似相近的心理过程的不同之处。

我们可以这样简单概括鲁利亚的方法：首先找出有哪些脑区引起了某一症状的产生。然后从单个脑区入手，辨别这一脑区受损所能破坏的所有心理功能，并找出哪些心理功能不受该脑区受损的影响。通过这样的步骤，我们就既可以了解到某一症状的深层心理结构，又可以获悉某一脑区的基本心理功能。

**2. 索姆斯的临床—解剖法**

在鲁利亚的动力定位法的启发下，索姆斯加入了精神分析的技术，提出

① 鲁利亚著，汪青等译：《神经心理学原理》，科学出版社 1983 年版，第 69 页。
② 鲁利亚著，汪青等译：《神经心理学原理》，科学出版社 1983 年版，第 73 页。
③ 鲁利亚著，汪青等译：《神经心理学原理》，科学出版社 1983 年版，第 74 页。

了他的临床—解剖法。他与鲁利亚的不同之处仅在于临床观察部分。索姆斯从精神分析的视角来看待脑区受损患者的行为变化，用精神分析的理论来组织观察到的发现。换言之，在涉及技术的部分，索姆斯与鲁利亚保持一致，但涉及到解释的部分时，索姆斯使用的则是精神分析的方法。

索姆斯的临床—解剖法仍然包括对单个症状的界定和对整个症候群的分析两个步骤。对单个症状的界定通常直接采纳鲁利亚的做法，如索姆斯对梦的研究中发现梦的产生与六个脑区的活动有关。对整个症候群的分析则可以大量引入精神分析的理论与实践。无论是因损伤而失调的心理活动还是未失调的心理活动，都可以从精神分析的角度来进行解释。例如，在索姆斯对虚构症患者的分析过程中，他观察到患者潜意识系统的紊乱。也就是说，该患者某一受损的脑区与潜意识功能有关。

临床—解剖法的要点在于对观察到的行为现象作精神分析学解释。采取传统的神经心理学观察，只能从机能的层面来分析患者的行为。而精神分析则可以帮助我们将观察落实到人格、情绪与动机的层面。比如，在鲁利亚对失动症的观察中，他只探讨了各脑区对一些表面行为现象的影响，如对音乐的再认。但是，通过精神分析的理论与实践，我们可能获得对失动症背后动机的认识。这无疑将加深我们对人类心理的理解。

因此，相对于传统研究方法，临床—解剖法具有以下一些优点。第一，它弥补了神经科学与精神分析原有方法的不足。临床—解剖法既可以化解传统神经科学对主观心理经验的描述不足，从精神分析的视角来探究患者的心理变化，同时又使得精神分析的假设得以走上可靠的、科学的验证之路。第二，临床—解剖法对于神经精神分析学有着深远的意义。正如前面所说，一个新的学科只有具备新的方法才可能获得全新的成果，否则，就只是成果的简单叠加与结合。精神分析的临床—解剖法应用可能使我们得到别有洞天的发现，因而产生令人惊喜的成果。这在梦、虚构症、病理性否认症等研究领域已经有所体现。为此，索姆斯曾经畅想："假如有一天我们对由不同脑区损伤引起的所有不同症状都进行了研究，那么我们将就每种症状的产生获得更为丰富的描述和更为细致的理论理解。……通过这一过程，我们不仅能建立精神分析理论与生理组织间的联系，我们还可以将诸如'次级过程'这样的笼统概念切分为许多小的部分。我们将深入理解这些宽泛概念的全部含义。"①

① Solms, M. (2002). An example of neuro-psychoanalytic research: Korsakoff's syndrome. *Journal of European Psychoanalysis*. Vol. 14, pp. 133～145.

## 二、分析—词表法

1996年，谢文领导的研究小组出版了《意识与潜意识过程：心理动力学、认知科学、神经生理学的融合》一书。该书对精神分析进行了多学科的研究，从三门学科的视角揭示出动态潜意识和潜意识冲突的存在。然而，本书最引人注目的并非结论，而是研究方法上的革新，尤其是对潜意识研究方法的革新。这种新方法表明，无需放弃精神分析的临床经验，也可以步入生理学的世界。①

谢文小组实验的理论假设是：对被试进行精神分析的结果可以用一个词表来表示。因此，针对个人潜意识冲突的词表可以唤起个体神经生理上的反应。实验的具体实施过程分为以下三步：首先，表现出临床症状的被试接受一组分析师的访谈和测验。分析师基于自我心理学理论，列出两个词表分别表示他们的意识与潜意识冲突。接着，采用认知神经科学的阈下法(subliminal method)向被试快速呈现词表。此时，被试的潜意识的情绪记忆将被激活。随后，用神经生理学的事件相关电位(ERP)测量词表呈现时的脑电活动。实验数据表明，阈下经验的确能够影响到潜意识。其实验过程概括如下：主试用精神分析的方法创造出实验的施测材料或者刺激词(即词表)；用认知科学的阈下法作为手段实施实验过程；用神经生理学的技术(ERP)完成对个人反应的捕捉。最后，再用精神分析的理论(这里指潜意识)对实验结果进行解释。

从谢文小组的实验中我们可以发现，他们的研究方法具有两大特色。第一，实验过程融合了精神分析学、认知科学和神经生理学三个领域的方法。虽然这三种方法在本质上是独立的，但它们环环相扣、缺一不可，并且得到了能够允许科学验证的结果。因此，谢文的方法应当被视为神经精神分析学方法上的拓展。第二，由精神分析提供的实验材料是为个人“度身订做”的。不同的被试有着不同的情绪倾向和体验，因此需要不同的材料与之匹配。这正是谢文的实验独特之处：他考虑到了动机与情绪因素对个体的影响。个体的阈下认知存在差异的思想虽然尚不被认知神经科学家们完全承认，但谢文等人希望借助精神分析与认知科学、神经生理学结合的方法来证明它的存在。谢文的实验还引起了我们的无限遐思：如果这一方法能够

① Lable, I. (2000). Conscious and Unconscious Process: Psychodynamic, Cognitive, and Neurophysiological Convergence Reviewed by Ira Lable. *Neuro-Psychoanalysis*. No. 2, pp. 99～102.

改进并推广到临床研究领域，那么将大大地推进神经精神分析学的治疗工作。分析师可以先对患者进行初步的心理分析，找出能够描述患者心理的一些词汇。然后用认知神经科学的方法对词表进行检验，找出引起患者强烈反应的词汇以及这些词汇所激活的大脑某些区域的活动。将这种发现应用于精神分析的临床实践中，或许会极大地提高治疗的成效。

### 三、多重观察法

多重观察法是一种纯粹的临床观察方法，其理论假设是：大脑损伤与心理变化之间存在相关关系。比如，我们可能观察到腹中侧额叶（ventromedial frontal lobe）区域的损伤与次级过程的抑制有关。为了验证这一发现，我们需要对大脑同一区域受损的患者进行大量的观察。而且，这样的案例越多越好。这也是为何将这种方法称之为“多重观察法”的原因。在大量案例的支持下，我们可以得出某些相关性的结论。

多重观察法与神经心理学其他分支的方法无本质差异。因此，它并不是神经精神分析学独有的方法。然而，多重观察法不失为一种实用的方法，也将对神经精神分析学的研究起到重要作用。

### 四、心理药理法

心理药理法源于神经科学的研究。它的基本操作过程是让大量被试服用或向他们注射能够改变大脑神经化学水平的药物，观察他们所导致的心理生理变化。通过这种操作，研究者可以系统地探索神经元与心理机制的关系，建立药物与经验的联系。凭借心理药理法，我们可能得到许多宝贵的发现。比如，齐格勒（M. Zueler）与玛斯（J. Maas）就借此法发现，复合胺摄入的降低与内部攻击的降低之间存在正相关。①

相对于临床—解剖法，心理药理法有着独特的优越性。前者只能适用于研究与皮质损伤有关的神经心理学症状，而后者还可以对脑干和边缘系统等进行系统的探索，从而弥补了前者的不足。

---

① Zueler, M. & Maas, J. (1994). An integrated conception of the psychology and biology of superego development. *Journal of Amercian Acadamy Psychoanalysis*. Vol. 22, pp. 195～209.

# 第三节 神经精神分析学的主要研究

## 一、关于意识与潜意识的研究

精神分析与神经科学的对话绕不开意识的不同水平这一主题。对精神分析来说,潜意识是其理论基石,人的大部分心理活动都是潜意识的;意识只是心理生活的冰山一角,是心理机制的表层。对神经科学来说,意识才是其近几十年侧重的研究主题,神经科学家们一直在寻找意识的神经生理学基础。而潜意识则是最早获得神经科学验证和承认的精神分析概念,并且它的价值受到越来越多的重视。神经精神分析学对意识与潜意识的研究是从对弗洛伊德的重新解读开始的,然后借鉴到自身的意识理论研究中,并修正了精神分析的一些关于潜意识的观点。

### 1. 弗洛伊德的意识观新解

鉴于《科学心理学设计》对神经精神分析学的重要地位,学者们对该书进行了详细的解读。弗洛伊德早期的许多思想因此浮出水面,其中就包括处于核心地位的意识观。弗洛伊德的这些观点,要么因为当时技术和知识的不足而被他放弃,要么因纳入后来的精神分析学体系而被他系统修正。因此,该书中的意识观沉寂多时,没有获得应有的重视。然而,在当今神经科学发展一日千里的大背景下,它又回到人们的视野中。弗洛伊德的意识理论包括两个重要的组成部分:第一,意识与潜意识的关系。弗洛伊德指出,心理生活完全是潜意识的,因此,意识只是对潜意识的知觉或表征。第二,意识的产生。弗洛伊德以感觉质(qualities)①、时间为要素,建构了一个包括 Φ 系统、Ψ 系统和 ω 系统的三重模型来解释意识的来源。

(1) 意识与潜意识的关系。

对于弗洛伊德的意识和潜意识的关系,我们所熟知的说法是冰山比喻。

① 弗洛伊德的感觉质其实就是现代意识理论中的感质(qualia),但两者的英文名称有所不同,分别是 qualities 和 qualia。

意识犹如露出水面的冰山一角，而潜意识则是沉没于水平面的主体部分。巴奇（J. Bargh）与沙特朗（T. Chartrand）甚至推断，意识仅占心理生活的5%，而潜意识则占95%。[①] 但实际上，就弗洛伊德的本意而言，问题并不在于意识和潜意识各占多少比重。弗洛伊德的著名论断之一便是："心理过程本身是潜意识的。"[②]这意味着，所有的心理活动都是潜意识的，意识不是心理活动的一部分，它只是对心理活动的反映而已。换言之，心理先是潜意识的，然后才有一部分成为意识。

(2) 意识的产生。

尽管弗洛伊德后来基本上只谈潜意识，但他并非从一开始就不重视意识的存在。事实上，在《科学心理学设计》中，最为核心的部分正是他的意识理论。

弗洛伊德假设了三种系统（Φ 系统、Ψ 系统和 ω 系统）来解释意识的产生。Φ 系统是知觉的功能系统；Ψ 是心理表征的神经元系统，包括了记忆、思维和内部知觉等功能；ω 系统则主要包括意识。由 Φ 系统接收的信息将进入 Ψ 系统，通过认知加工后被录入记忆中。同样，来自内部的信息也需要通过 Ψ 系统的加工才能进入意识。Ψ 系统将从 Φ 系统和内部机体中接收的信息传递至 ω 系统。因而，从 Φ 系统间接传递到 ω 系统中的外部信息引起了意识的知觉，从 Ψ 系统直接传递到 ω 系统中的内部信息引起了人们对思维和情绪的觉知。如图 8－1 所示。

Φ 系统（外部知觉）⇨Ψ 系统（记忆、思维和内部知觉）⇨ω 系统（意识）

图 8－1 弗洛伊德的意识产生系统

弗洛伊德指出，思维必须具有感觉质（即现代文献中的感质）才能成为意识。他认为，感觉质是一种内在的感觉，也是唯一一种可以被直接意识到的感觉。感觉质产生于 ω 系统中，由大脑对信息的神经元编码实现。大脑的"神经终端结构"将信息转化为神经元编码，每种感觉接收器类型对一种范围的刺激起反应，过滤外部信息。这些感觉接收器像一个过滤网一样，不是连续性的运作，而是快速、间歇性的运作，从而引起了神经元的同步放电频率活动，使被编码的信息具有了时间特征。这样，信息同时具有了时间与空间两种编码模式，前者以感觉质为代表，后者以思维和记忆为代表。换个角度来说，ω 系统中信息的时间特征是 Ψ 系统中的信息所不具备的。正是

---

① Turnbull, O., Pally, R. (2000). Research Digest. *Neuro-Psychoanalysis*. Vol. 3, p. 103.

② Freud, S. (1953). *The unconscious*. Standard Edition, 1915(14): 159～204. London: Hogarth Press.

具备了时间性特征，才引起了意识的产生。

那么，感觉质是如何参与到从 Ψ 系统进入 ω 系统的加工过程的呢？或者说，Ψ 中的心理表征在到 ω 系统的信息加工过程中是如何获得感觉质的补充呢？弗洛伊德的回答是，这是通过感觉表征的唤起和外部语言来实现的。前者属于图像式的加工方法。比如说，通过狗的心理意象的唤起意识到狗的概念。但是这种加工方式十分有限，它无法表示抽象的或者逻辑的关系。因此出现了第二种方法，即符号式的加工方式。语言就是这种符号式的加工系统。弗洛伊德将语言分为外部语言和内部语言两类。内部语言是潜意识的思维语言，它并不是"沉默的"外部语言，而是完全不同于外部语言且优先于外部语言。外部语言才是意识的模块，不一定引起声音，往往相当于我们常说的"出声思考"。外部语言同样可以呈现思维的抽象和逻辑元素，具有丰富的符号性和严密的组织性，它还包括了感觉、听觉、视觉和运动等维度，因此具有运动表征。当运动语言表征被激活到一定程度时，就会引起 ω 系统的反馈，使得思维具有了运动感觉质的特质。也就是说，思维要激活相应句子的心理表征，即外部语言表征，才能引起意识体验。

总之，弗洛伊德设想了一个三重系统模型，即 Φ 系统，包括知觉；Ψ 系统，包括记忆与思维；ω 系统，包括意识。Φ 系统中的一部分信息进入 Ψ 系统，再与 Ψ 系统中原本具有的一些信息一起进入 ω 系统。为了这些信息在 ω 系统中被意识到，它们必须激活感觉表征和语言表征，使其获得感觉质。然后，感觉质的时间特性引起了意识的产生。

### 2. 意识理论的新进展

多少年来，意识从何而来一直是一个困扰无数哲学家、心理学家和神经学家的难题。神经科学可以告诉我们体验的神经通路，但是却无法告诉我们主观体验的感觉。比如，神经科学令我们了解手掐皮肤所导致的神经传输，但无法解释掐皮肤所带来的不愉快的痛觉。也就是说，尽管神经通路的存在模式是第三人称(third-person)的，或者说是客观存在模式的，但感觉的存在模式是第一人称(first-person)的，或者说是主观存在模式的。[①] 简单地说，神经通路是人与人之间共同的，是可以由其他人观察到的，而感觉却是个体所独有的，是人与人之间存在差异的，因此也就无法观察和比较。

为了解决以上难题，学者们与弗洛伊德一样，都引入了感质(qualia)概念来说明个人感觉的产生。感质是指人感受到看、听、嗅的方式，如人感受到痛苦的方式；换句话说是人拥有心理状态的方式。丹尼尔·丹尼特(Dan-

① Searle, J. (1995). The mystery of consciousness. *New York Review of Books*. Vol. 18, p. 56.

iel Dennett）曾指出，感质包括不可言传性（ineffable）、内在性（intrinsic）、私人性（private）和意识的直接或瞬间可理解性（directly or immediately apprehensible in consciousness）四个特性。[①] 不可言传性是指难以用语言向他人描述自己的感受；内在性是指感受是内在建构的，产生于主体内部；私人性是指无法在个体之间进行比较；意识的直接或瞬间可理解性是指感质在我们的意识中可以直接迅速地被体验到。

潘克塞普在感质的基础上又提出了情感质（equlia）概念，在意识中添入了情绪维度。他将意识分为两大类：一类是情绪相对中性的外界刺激的感受，以知觉的形式出现；另一类是以自我为参照系的内省感受，以情绪的形式出现。按照这种分类，感质是受外界刺激驱动的身体神经系统的知觉；而情感质是内部驱动的本体神经系统知觉。从传统医学实践来看，感质加工上的障碍被认为是神经障碍，而情感质加工上的障碍就被视为病理障碍。[②]

为整合意识的神经学研究与意识的感质研究，达马西奥从意识的功能着手来理解意识的主观与客观起源。他将意识分为意识的内容和意识的状态两个方面。意识的内容不仅包括外部世界的变化，还包括由此引发的思维活动。意识的状态不仅反映了实际的内部变化，也反映了表征内部功能的神经网络的变化。因此，意识的状态代表了“自体”（self）这一最基本的自我（I）含义，它使得意识具有了感质的性质。[③] 与弗洛伊德相似的是，达马西奥也采用了神经元的节奏振荡来联系意识的内容与意识的状态。由神经元的节奏振荡引起的被激活皮质的冲动从深层网状丘脑核中发出，以极快的速度在自我与客观世界的意识间进行联结。这样，意识的内容与意识的状态之间便取得了联系。达马西奥将这种联结机制称为“核心意识”，它存在于每一组意识“单元”中。

在达马西奥的理论中，我们可以清晰地看到弗洛伊德思想的影子。事实上，弗洛伊德的感质和神经元振荡（即意识的时间特性）概念可以在当代的许多意识理论中寻到踪影。无怪乎达马西奥感叹道：“我认为我们可以这样说，弗洛伊德对意识的性质的洞见与大多数先进的现代神经科学观点一致。”[④]从这种意义上讲，神经精神分析学对弗洛伊德的意识理论的重新解读推动了当代意识研究的发展。

---

① http://www.pkblogs.com/cryofall/2006/11/qualia 23.html，2007－8－21.

② Panksepp，J.（2000）. The Cradle of Consciousness. *Neuro-psychoanalysis*. Vol.4，p.25.

③ Solms，M. & Turnbull，O.（2002）. *The brain and the inner world. An introduction to the neuroscience of subjective experience*. New York：Other Press，p.90.

④ Damasio，A.（1999）. Commentary on Panksepp. *Neuro-Psychoanalysis*. Vol.1，p.38.

### 3. 潜意识研究的新进展

尽管弗洛伊德多次承认，潜意识既包括压抑的又包括非压抑的，但是他的关注点无疑集中于压抑的潜意识上。到了自我心理学派和客体关系学派时代，精神分析几乎将所有的潜意识都当成了压抑的。然而，当代神经科学家们在潜意识是否压抑的问题上有着不同的见解。他们将潜意识划分为压抑的和非压抑的两类，并试图为其寻找相应的生理结构。

不少神经科学家相信，压抑与非压抑的潜意识可能具有不同的皮质和皮质下回路。曼罗·曼恰（Mauro Mancia）就认为，压抑的潜意识位于与外显记忆同样的结构中，而非压抑的潜意识组织可能与情绪和内隐记忆的位置重叠。由于右半脑尤其是颞叶—顶叶—枕叶区被视为“情绪脑”和内隐记忆的位置，因此，非压抑的潜意识可能产生于右半脑的颞叶—顶叶—枕叶区、基底节和小脑中，并受到杏仁核活动的促进。

神经科学家们还指出，弗洛伊德所称的童年健忘症可能就是非压抑的潜意识的产物。那些起源于前语言和前符号阶段的体验、幻想和防御的内隐记忆被储存起来，成为非压抑的潜意识。尽管它们影响了人的感情、情绪、认知和性生活，但不能被回想起来。由于杏仁核的成熟先于海马回，因此在幼年时代，早期生活的记忆只能存储在杏仁核而不是海马回。换句话说，主司内隐记忆的杏仁核成熟时间先于主司外显记忆的海马回的成熟时间，因此，内隐记忆是生命头两年唯一的记忆形式，也就是非压抑的潜意识的来源。

对于压抑的潜意识，神经科学家也有不同的看法。比如，对于创伤体验，精神分析的主张是，我们无法回忆是因为这些记忆被压抑住了。然而，神经科学家认为，这是因为强烈的情绪破坏了神经网络中的神经元。在极端的痛苦或长期的创伤情况下，人体会分泌出一种皮质醇，这种激素可以刺激主管情绪的杏仁核，但也会对海马回中的神经元造成毁灭性的破坏。因此，创伤性的经历无法正常地储存，或者在提取上存在功能障碍。

## 二、关于情绪的研究

情绪是当前神经精神分析学研究最重要也是最深入的领域。情绪一向是精神分析学最重要的研究领地，而神经科学对情绪的重视程度也在不断加深。潘克塞普曾经说过，要理解大脑的运作方式，神经科学必须承认情绪的作用。情绪过程深刻地影响了大脑的结构和动力，而精神分析学可以帮助神经科学关注神经组织内产生的各种情绪动力。[①] 阿兰·肖尔（Allan Shore）认为，情绪是将精神分析的思想落实到神经科学研究的桥梁。[②]

### 1. 弗洛伊德的情绪理论

神经精神分析学除了对弗洛伊德的意识观进行重新解读，还对弗洛伊德的情绪观进行了全面的梳理。其实，弗洛伊德从来没有提出过一个完整的情绪理论，而是在其诸多著作中零零散散地谈到情绪问题。这不同于他在《科学心理学设计》一书中对意识的系统论述。不过，得益于索姆斯和涅尔谢相的归纳和总结工作，弗洛伊德的情绪理论得到了系统的阐释。[③]

弗洛伊德主要从三个方面谈到他对情绪的理解。首先，情绪是什么；其次，情绪起源何处；再次，情绪的释放机制（或表达机制）是什么。

对于第一个问题，弗洛伊德主张，情绪是一种知觉形式，在本质上是对潜意识事物的觉知。在意识理论中，弗洛伊德就谈到，意识来源于六个主要的知觉模块，即视觉、听觉、体觉、味觉、嗅觉以及对内部情绪刺激的感觉，但情绪知觉不同于其他五种知觉模块。情绪知觉记录的是主体的内部状态，而其他形式的知觉反映的是外部世界。即使情绪是由外部世界的事物引发的，情绪模块所知觉到的也只是主体对外部刺激的反应，而不是刺激本身。弗洛伊德对此举例说，新生儿的出生焦虑并不是出于对生命的客观危险的知觉，而是对无助的主观状态的知觉。[④] 但是，情绪知觉到的具体内容是什么呢？弗洛伊德认为，情绪是对“本能需要的张力波动”的知觉。简单来说，情绪与驱力有关。弗洛伊德将驱力定义为“对来源于有机体内部并到达心灵的刺激的心理表征，它是心理需要的量度”[⑤]。驱力使得需要得以表达。被驱动的心理操作遵循“快乐原则”：如果心理操作能成功满足内部需要，则被体验为快乐，引起驱力紧张或需要张力的降低；如果心理操作不能成功满足内部需要，则被体验为不快乐，造成驱力紧张或需要张力的增加。在主体与环境的交往中，驱力紧张或需要张力是不断波动的。对这种“本能需要的

① Panksepp, J. (1999). Emotions as viewed by psychoanalysis and neuroscience: An exercise in consilience. *Neuro-Psychoanalysis*. Vol. 1, pp. 15～38.

② Schore, A. (1997). A Century After Freud's Project: Is a Rapprochement between Psychoanalaysis and Neurobiology at Hand?. *Journal of American Psychoanalytic Association*. Vol. 45, pp. 806～840.

③ 索姆斯和涅尔谢相将这些散落在弗洛伊德著作中的情绪观整理出来，汇总为《弗洛伊德的情绪理论》，作为《神经—精神分析学》杂志的开篇之作。

④ Solms, M. & Nersessian, E. (1999). Freud's theory of affect. *Neuro-Psychoanalysis*. Vol. 1, p. 6.

⑤ Solms, M. & Nersessian, E. (1999). Freud's theory of affect. *Neuro-Psychoanalysis*. Vol. 1, p. 12.

张力波动”的意识即是情绪的内容。情绪根据快乐和不快乐的程度赋予这些状态以价值。

弗洛伊德对第二个问题的回答是，情绪起源于我们体内来自祖先的遗传和生命早期的重要事件。这些重要事件具有普遍的生理意义，“将[情绪]的感觉与情绪的[运动]神经分布紧密地联结在一起。换句话说，我们假设，[基本情绪]是对一些经验的复制。这些经验包括了一些必要的情境，使得情绪沿着特定的路径得到释放。在这种情境下，每种情绪都具有独自的特色”①。例如，出生活动引发了呼吸、心跳和其他运动反应的模式，这些释放模式将会在未来类似的情境中（比如，令人崩溃的无助经验）被再度唤起，成为以后情绪的来源。

针对第三个问题，弗洛伊德指出，情绪有两种释放形式。第一种释放形式是自动的、反射的、固定的、先天的、观念运动的。它同样来自于先祖的遗传。然而，由于第一种释放形式在现实生活中往往受阻，因而个体发展出第二种情绪释放形式。这种形式是自主的、延迟的、目标指向的，并且在许多方面替代了第一种形式。这两种释放形式之间的转变类似于现实原则对快乐原则的替代。随着自我的成熟，驱力能量渐渐被用来对现实进行适当的改变，而不是用来表达情绪。这意味着抑制机制已经发展起来，使得主体可以延迟释放。同时，受到约束的驱力能量可以被思维所用（而不是以反射的形式被释放），最终以目标指向的行为形式被延迟释放出来，以服务于与当前情境有关的利益目标。

**2. 潘克塞普的基本情绪理论**

弗洛伊德将驱力与快乐原则置于情绪理论的中心，潘克塞普也持此观点。他主张，“情绪研究中的关键问题是对伊底本能的描述”，“弗洛伊德的伊底概念不仅是情绪与人格的基础，也是自我功能成熟的必要基础”。② 但他也指出，弗洛伊德的不足之处在于没有用科学的方式来对伊底功能进行分类。因此，他提出了三种功能结构来取代驱力，以描述情绪的基础。它们是：(1) 基本的情绪“指令系统”，它使内部的行为准备状态具有意义，受到快乐原则的调节；(2) 内部感受的动态平衡的检测器，通过它可以使有机体身体内不平衡的驱力反映在心理—行为的冲动上；(3) 大脑内广泛传递这种冲动的机制。三者联系在一起即是情绪的完整加工过程：内部感受的检测器

① Freud, S. (1959). *Inhibitions, Symptoms and Anxiety*. Standard Edition. 1926(20):75～172. London: Hogarth Press, p. 133.

② Panksepp, J. (1999). Emotions as viewed by Psychoanalysis and Neuroscience. *Neuro-Psychoanalysis*. Vol. 1, p. 18.

对体内平衡状态进行探测，使不平衡的驱力状态有了释放的冲动，然后将这种冲动在大脑内传播，进入情绪的指令系统，从而赋予冲动以意义。

潘克塞普的理论主要关注基本的情绪指令系统。他界定了五种基本情绪系统和两种亚系统。五种基本的情绪系统是：寻求系统（the seeking system）、愤怒系统（the rage system）、恐惧系统（the fear system）、惊慌系统（the panic system）和玩耍系统（the playing system）。其中，寻求系统是最为基础和重要的。两种亚系统是：欲望亚系统（the lust subsystem）和关怀亚系统（the care subsystem），它们分别隶属于寻求系统和惊慌系统。详见表 8-1。

**表 8-1　基本情绪的化学结构在中脑—间脑—基底前脑的分布①**

<table>
<tr><th colspan="2">情感行为</th><th>结构/神经网络</th><th>神经调质（neuromodulators）</th></tr>
<tr><td colspan="2">寻求系统</td><td>中脑腹侧被盖区（VTA）到背外侧下丘脑到水管周围灰质，分散的中脑边缘和中脑皮层的扩展：依伏神经核（nucleus accumben）是情绪“习惯”系统的关键的基底节处理器</td><td>DA（＋），谷氨酸盐（＋），包括阿片肽、神经降压素、CCK在内的许多神经肽</td></tr>
<tr><td colspan="2">愤怒系统</td><td>杏仁核中区至终纹床核（BNST）至前侧下丘脑、腹内侧下丘脑和外侧区下丘脑至更为背侧的水管周围灰质</td><td>P 物质（＋），ACH，谷氨酸盐［＋］</td></tr>
<tr><td colspan="2">恐惧系统</td><td>杏仁核外侧和中区至下丘脑的前侧和腹内侧至更为背侧的水管周围灰质至桥脑网状结构尾核</td><td>谷氨酸盐（＋），ACTH，包括DBI、CRF、CCK、αMSH、NPY 在内的神经肽</td></tr>
<tr><td colspan="2">欲望亚系统</td><td>BNST 和皮质内杏仁核至视前区下丘脑和腹内侧下丘脑至腹侧水管周围灰质</td><td>固醇（＋），后叶加压素和抗利尿激素，LH-RH，CCK</td></tr>
<tr><td rowspan="2">惊慌系统</td><td>养育/母性关怀</td><td>前扣带回至 BNST 至视前区下丘脑至 VTA 至腹侧水管周围灰质</td><td>荷尔蒙（＋），催乳素（＋），多巴胺和阿片肽都适度增加</td></tr>
<tr><td>分离痛苦/社会联系</td><td>前扣带回/前侧丘脑至 BNST/腹侧中隔至背侧视前区下丘脑至背侧水管周围灰质（接近生理疼痛的电路）</td><td>阿片肽（－/＋），荷尔蒙（－/＋），催乳素（－/＋），CRF</td></tr>
<tr><td colspan="2">游戏/社会情感</td><td>束旁核/中央中核丘脑，背内侧丘脑，前侧丘脑至更为背侧的水管周围灰质（抑制隔膜）</td><td>谷氨酸盐（＋），阿片肽（少量＋，或者大量－），血色蕈胺（＋），尼古丁（＋）</td></tr>
</table>

注：［（－）抑制原型，（＋）激活原型］［CCK ＝胆囊收缩素，CRF ＝促皮质素释放因子，

① Watt, D. (2000). The Dialogue Between Psychoanalysis and Neuroscience: Alienation and reparation. *Neuro-Psychoanalysis*. Vol. 3, pp. 183～192.

ACTH =促肾上腺皮质激素,DBI =苯甲二氮卓结合抑制剂,ACh =乙酰胆碱,DA =多巴胺,MSH =黑色素细胞刺激素,NPY =神经肽 Y]

寻求系统与好奇、兴趣和期盼有关。这一系统唤起了我们对世界的兴趣并为之提供能量。它能激发我们的外显行为,但具体是何种行为则依赖于当时的特殊需要,比如性唤起或其他欲望状态。寻求系统类似于弗洛伊德所说的“驱力”或者“力比多”。弗洛伊德认为,力比多是一种寻求快乐的系统,为我们与世界上多数以目的为导向的相互作用提供活动。[①] 寻求系统的细胞位于中脑腹侧背盖区。这些细胞的突触经过背外侧下丘脑,到达依伏神经核。少数突触向上延伸至前扣带回和前额叶的其他皮质区,向下延伸至颞叶中的杏仁核。多巴胺是其需要的神经递质。[②] 寻求系统的激活依赖于下丘脑中的需要—探测机制,不同的下丘脑区域控制着这些探测系统的开合。正是它们生成了人的需要,又由需要激活了寻求系统。但是,寻求系统本身并不知道它要追求什么,它只是被激活而已。被不同的需要所激活的寻求系统的表现并无太大差异。它必须与其他的系统相互作用,才可以去满足需要。因此,寻求系统的运作必须与记忆系统相结合,记忆系统向寻求系统提供了客体,使人分辨出哪些外在客体可以满足其内在需要。

寻求系统与欲望亚系统息息相关。欲望子系统类似于快乐、回报系统,其功能在于获得满足,激励人们对快乐的追逐。这一系统令人产生愉快感觉并引发一些先天的行为。比如,性唤起的公狗会自发地刺激其生殖器。欲望系统包括产生于下丘脑的一组结构,主要位于基底前脑。它所需要的神经递质是内啡肽。

愤怒系统是由挫折状态所激发的,与这一系统的唤起相伴的感受就是愤怒。尽管愤怒系统只是偶尔被激活,但是一旦被激活,就会引起强烈的情绪和行为反应。它可能导致难以自抑的攻击行为,比如打架。愤怒的关键结构是杏仁体的内侧核。这一系统经过终纹床核和它前面的下丘脑,然后投射到背外侧的水管周围灰质中。

恐惧系统是另一种消极的情绪系统,它会引发焦虑和逃避的反应。焦虑主要包括恐惧焦虑(fear-anxiety)和惊慌焦虑(panic-anxiety)两类,分别对应于精神分析所说的偏执焦虑(paranoid anxiety)和抑郁焦虑(depressive anxiety)。愤怒系统也位于杏仁核及其联结中。突触从杏仁核的外侧核与

---

① Solms, M. (2004). Freud returns. *Scientific American*. No. 3, pp. 82～88.

② Solms, M. & Turnbull, O. (2002). *The brain and the inner world: An introduction to the neuroscience of subjective experience*. New York: Other Press, pp. 114～137.

中央核开始，经过下丘脑到达脑干的水管周围灰质。[①] 在这里，产生了实际的情感。

惊慌系统也称分离忧伤系统，控制包括社会关系在内的复杂本能。它不仅与惊慌焦虑有关，也与悲哀的情绪有关。社会关系和成长过程都会极大地影响到惊慌系统的神经化学成分及其运作方式。惊慌系统的核心位于前扣带回，它与一些丘脑和下丘脑核相连，其中包括终纹床核以及腹侧背盖区。从这些区域，惊慌系统到达腹侧水管周围灰质。这一系统的神经化学物质主要受内源性阿片肽的控制，因此，当与爱的客体分离时，内源性阿片肽的活动水平会降低。相反，如果提高内源性阿片肽的水平，则可以降低痛苦的感觉。因此，神经科学家们在一些孤独症儿童身上发现他们的阿片肽系统是过度活跃的。这些儿童在与爱的客体分离时，较之同龄人会体验到较少的痛苦。

关怀亚系统影响母亲的行为，它主要受催产素和催乳素水平的影响。这两种化学物质从出生时就不断增长，直到产后。令精神分析学家感兴趣的还有，在女性性生活时，也会分泌催产素和催乳素。这可能意味着，母婴的亲密关系中含有性的成分，契合弗洛伊德的假设。

玩耍系统存在于每个人身上，它是人最基本的情绪需要之一，如同睡眠一样不可缺少。它包括后丘脑和中央脑干的网状核。当这一区域活跃时，人就可以进入玩耍状态。玩耍可能是自我功能最早的表现之一，而且可能在人格发展中起到重要的作用。

作为当今最为著名的情绪研究专家之一，潘克塞普不仅与精神分析有着极深的渊源，而且自神经精神分析学创立伊始就积极地关注和支持着新学科的发展，撑起神经精神分析学对情绪研究的一片天空。他的基本情绪理论更是被奥利弗·特恩布尔(Oliver Turnbull)誉为"情绪神经学方面的'圣经'"[②]。同时，该理论通过运用神经科学的技术，糅合精神分析的观念，得出了兼顾情绪的主客观方面的理论，因而最为明显地体现了神经精神分析的研究宗旨和特色。

---

① Solms, M. & Turnbull, O. (2002). *The brain and the inner world: An introduction to the neuroscience of subjective experience*. New York: Other Press, pp. 114～137.

② Turnbull, O. (2002). Research Digest: The Neurobiology of Reward, Aggression and Pain. *Neuro-Psychoanalysis*. Vol. 4, p. 125.

## 三、关于梦的研究

梦对于精神分析学家来说，有着特殊的意义。正是 1900 年弗洛伊德《梦的解析》的出版，开启了一个属于精神分析的时代。对于神经科学家来说，梦是一个争议性的话题。围绕梦是否具有意义的讨论已经进行多年。对于神经精神分析学家来说，梦也具有符号式的含义。神经精神分析学的开创者索姆斯从 20 世纪 80 年代起就试图将精神分析与神经科学相结合，其最初的尝试领域就是对梦与睡眠的研究。因此从某种程度上讲，神经精神分析学同精神分析一样，都是以梦与睡眠的研究为出发点。

### 1. 弗洛伊德的梦论

弗洛伊德认为，梦是一种被压抑的欲望的象征性满足，是经伪装表现出来的潜意识的本能冲动。在《梦的解析》中，弗洛伊德延续他在《科学心理学设计》中的意识模型，对梦进行了详细界定。梦有两种运作方式：一种方式是退行。在睡眠时，由于与现实接触的减少和行为能力的受限，Ψ 系统中建立的心理能量无法通向行为系统（M），因此它们只能退行至知觉界线上，建立了一种无外部客体的知觉，如幻觉。通过退行得来的幻觉可以满足被压抑的本能需要。弗洛伊德曾说，梦是退行至婴儿期的幻想的满足。另一种方式是越过审查机制进入知觉—意识系统。只是梦的内容要进行扭曲和变异。这也是隐梦与显梦关系的由来，具体如图 8—2 所示。

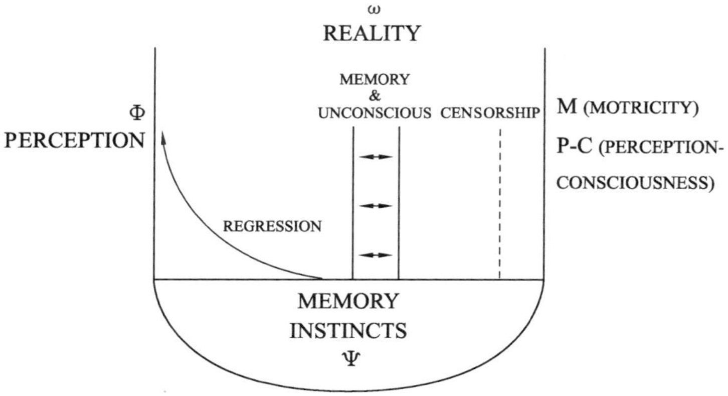


图 8—2　弗洛伊德的梦论模型①

① Mancia, M. (2006). The Dream in the Dialogue Between Psychoanalysis and Neuroscience. In: Mancia, M(Ed). *Psychoanalysis and Neuroscience*. Milan: Springer, p. 306.

概括来说，弗洛伊德的梦论包括三个要素：第一，梦与本能需要或动机的关系；第二，梦与退行的关系；第三，梦与象征的关系。这三点也成为弗洛伊德梦论对现代梦与睡眠研究的最大启示。

**2. 索姆斯对梦与睡眠的研究**

如果说潘克塞普的情绪研究是在理论上代表了神经精神分析学主旨的最佳文本，那么，索姆斯的梦与睡眠研究则是在方法上突出了神经精神分析特色的最佳诠释。1997年，索姆斯出版了《梦的神经心理学：临床—解剖法研究》一书。通过运用临床—解剖学的方法，索姆斯建立了一个宏大的梦的理论框架。这一框架包括了三个方面：梦的产生条件、梦的情绪与动机、梦的内容与形式。

索姆斯指出，梦产生的充要（即充分必要）条件是：（1）前脑（包括下丘脑的前部和外侧区域、杏仁体、侧腹纹状体）的唤起；（2）枕叶—颞叶—顶叶联结与额叶边缘白质的整合。不管是出现在REM（快速眼动睡眠）睡眠还是non-REM（非快速眼动睡眠）睡眠中的梦，都有一个共同的特征，那就是前脑活动的唤起。然而，即使前脑唤起了，枕叶—颞叶—顶叶联结和额叶边缘白质受损的患者一样不能产生梦。因此，梦的产生必须具备上述两个条件。

梦具有情绪和动机意义。弗洛伊德在《梦的解析》中曾明确指出，梦是一种动机现象，由我们的愿望驱动。然而，神经科学家们却一度认为，梦并无特殊的含义。现在，索姆斯通过确凿的证据揭示出，梦的确可以反映出人们的内心愿望。他发现，我们可以通过额叶的神经化学回路（枕叶—颞叶—顶叶联结与额叶边缘白质区）控制梦的有无。这种长长的纤维回路从大脑的中部向大脑的高端传递多巴胺①。一旦回路受损，梦将完全停止。而多巴胺回路的主要作用是引发寻求目标的行为和有机体与世界的交往欲望，也就是弗洛伊德所说的力比多驱力和潘克塞普的寻求系统的功能。因此，既然具有力比多驱力或寻求系统功能的多巴胺回路在梦的产生中发挥作用，那么梦一定不是随机产生的，而是具有情绪与动机的背景。

梦的内容与形式源自退行机制。在觉醒时心理事件的正常路径直接指向行为，而在做梦时通向运动系统的大门却被关闭了。因此，行为的意向和能力在做梦时都受到了阻隔。梦的加工不得不采取退行的形式，离开大脑的运动系统，退行指向知觉系统。简单来说，在做梦的时候，大脑活跃的区域从运动终端转移到知觉终端上来了。这样，人们就体验到想象的知觉与认知过程。同时，由于额叶在睡眠状态时是处于休眠状态的，因此，梦中的

① 所有精神病药物的共同点就是阻碍多巴胺的传递。

知觉缺乏额叶的抑制，转而变成了一种不同于觉醒时的幻觉。

将以上三点联系起来，我们可以得出梦的完整加工过程。梦的加工首先由唤起的刺激发起。如果刺激足够强烈或者足以持久，以激活前脑并得到枕叶—颞叶—顶叶联结与额叶边缘白质的整合，那么梦就开始了。多巴胺能回路引发人们对世界的欲望兴趣，赋予梦的状态以情绪与动机意义。但大脑动机系统的功能通常是引发目标指向的行动，而在睡眠中运动系统被阻隔。因而有目的的行为无法在睡眠中执行，只得采取退行的路线。作为退行过程的结果，做梦者并不实际参与动机活动，但会想象自己做了。又由于额叶在睡眠时没有被激活，因此，想象的场景被不加批判地接受，做梦者便误以为那就是真实的知觉。

3. **梦的意义之争论**

弗洛伊德坚定不移地相信梦具有意义。然而，这一观点对一部分神经科学家来说却具有极大的争议性。争议的焦点集中于两个方面：第一，REM睡眠与梦的关系；第二，梦是否具有意义，或者说，梦是否具有动机含义。在这两个问题上，以索姆斯为首的正方与以艾伦・霍布森（Allan Hobson）和罗伯特・麦凯里（Robert McCarley）为首的反方展开了激烈的辩论。

1977年，霍布森和麦凯里提出了他们的“激活合成理论”（activation synthesis theory）。他们认为，梦与REM睡眠在本质上是一样的。① 或者说，梦只是REM睡眠状态的副现象。梦由脑桥中的类胆碱机制激活，而且这种激活是“动机中性”的。前脑对被激活的无意义的意识表征进行合成，从而产生了梦境。霍布森还指出，梦的奇异性源自于大脑状态的正常变化。脑干中发生的化学变化决定着梦境、情绪和思维的质量和数量。② 神经递质系统的差异、葡萄糖新陈代谢的形式差异导致了梦的幻觉、扭曲的内容的产生。因此，梦不具有特殊的动机，它只是反映了REM睡眠中大脑状态的变化，不具有任何潜意识含义。

自霍布森和麦凯里发表其理论后，学术界几乎呈现一边倒的支持态度。梦不具有意义的观点统治了学界几十年。然而，这一观点现在受到了索姆

① 将REM睡眠与梦的状态等同的做法引起的争议比较多。这是因为，有5%的梦发生于non-REM睡眠。霍布森解释说，梦的化学激活模型并不排除梦可能在non-REM睡眠期间出现。但索姆斯主张，即使不考虑这5%的特殊情况，仅仅关注REM睡眠与梦的关系，REM睡眠与梦也是可以分离的。他指出，多年来的神经科学文献表明，在有记载的全部26例因脑桥受损而导致REM睡眠的完全消失的案例中，只有一位患者报告同时也失去了梦。而在有记载的所有因脑伤导致梦的消失的110例案例中，损伤所在脑区完全不同。而且，这些患者的梦虽然消失了，但REM睡眠并没有消失。这意味着梦与REM睡眠并不一定是相伴随的。

② Solms, M. (2004). Freud returns. *Scientific American*. No. 3, pp. 82～88.

斯等人的强烈挑战。前面已经介绍过，索姆斯认为代表寻求指令系统的多巴胺能机制制造了梦的状态。因此，梦反映了人的动机状态。REM睡眠只是通过动机机制的中介作用引起了梦的产生。而且，REM睡眠也只是能够激活动机系统的许多线索之一。尼克莱斯(C. Nikles)等人观察到两个有趣的现象也支持了梦的意义说：第一，睡觉前的暗示会影响梦的内容；第二，在睡觉的时候引入语言刺激，如果这些刺激与做梦者最近关心的事有关，那么这些刺激将影响梦的内容。而且，睡眠前的暗示如果与当前关注有关，则更有可能影响梦的内容。这似乎表明，梦的内容并不是随机产生的现象。

关于梦之意义的争论仍在继续。尽管我们尚不知最后的答案，但神经精神分析学对梦的研究无疑将促进我们对梦与睡眠的理解。如果有一天梦的意义得到了彻底的证实，那么梦作为一种治疗技术将得到更多的重视。

## 四、关于临床应用的研究

### 1．虚构症研究

虚构症(confabulation)是指患者将实际上不正确的信息认为是真实的，并体现在语言中。虚构症的具体表现有很多种，包括：报告不真实的事件，但其中具有某些来源于先前实际经历的细节；报告的事件与它们发生的时间不符；对极不符合逻辑的虚构事件作解释。[①] 总的来说，虚构症是对现实的扭曲，包括对现实内容的扭曲和对时间背景的扭曲两种形式。比如说，问患者今天做过的事，他可能回答的是他从来没做过的事；也可能回答的是他很久以前做过的事；或者将今天实际做过的事与其他不相干的事掺杂在一起。约翰·德鲁卡(John Deluca)指出，虚构症包括三个关键的要素：第一，内容的扭曲；第二，时间的混乱；第三，自我调节能力的受损。[②]

对于虚构症的研究一直存在三种取向：一种来自神经科学，关注虚构症的“未觉知”过程；一种来自认知科学，关注虚构症的“自我调节能力”；还有一种来自精神病学，关注虚构症的“觉知”过程。神经科学取向寻找虚构症背后的神经机制，强调时间与虚构因素，认为患者无法意识到其谈话的混乱，更无法对混乱的内容进行调整。认知取向把自我调节能力的低下作为虚构症表现的主要因素，并将记忆提取与虚构症症状联系到一起。精神病

① Pally, R. & Turnbull, O. (1999). Research Digest. *Neuro-Psychoanalysis*. Vol. 1, No. 1, p. 139.

② DeLuca, J. (2000). A cognitive Neuroscience Perspective on Confabulation. *Neuro-Psychoanalysis*. Vol. 4, p. 120.

学取向则讨论虚构症背后的心理操作，强调患者的动机因素，认为患者能部分意识到其记忆障碍，虚构症反映了填补记忆空缺的愿望。

索姆斯综合了以上三种取向，从精神分析对虚构症患者的咨询与治疗入手，提出虚构症的产生是由于患者的现实管理能力变得脆弱，因而由其他四种力量接管了现实管理系统。首先，患者的心理现实代替了外部现实。对于这些患者来说，脑中出现的即是客观现实。其次，患者对自相矛盾的情况不以为然。面对无法合理解释的情况，患者似乎特别有包容度。再次，患者无时间感。时间似乎不再是客观的因素，反而是可以随意建构的。最后，患者表现出初级过程独霸的局面。其主要症状是，对象可以随意置换。患者可以今天把 A 当做他的主治医生，明天又把 B 当做他的主治医生。

有趣的是，索姆斯在虚构症患者身上观察到的四个现象正好与弗洛伊德提出的潜意识的四个基本功能特点完全一致。索姆斯由此推理，由于患者一些脑区的受损，致使前意识系统、次级过程、现实原则等无法正常执行，因而由潜意识系统、初级过程和忽略现实的心理所代替。这也意味着，潜意识系统与受损脑区的功能有关。如果按图索骥，我们将更加深入地了解潜意识的生理机制。

**2. 药物成瘾研究**

药物成瘾是由对易感性大脑的药物滥用行为引起的。症状的主要表现是需要重复性地用药。它受到人的遗传结构和心理、社会环境的极大影响。一旦上瘾，药物成瘾可以持续终生，涉及大脑中极其稳定的变化所引起的长期行为变异。个体不但表现出对药物的热衷，而且在戒瘾多年后还可以复发。

药物成瘾在西方发达国家是一个极其严峻的问题。在美国，25％的死因源于药物成瘾(19％尼古丁、5％酒精、1％非法药物)。由于药物成瘾既是一种心理现象，又是一种生理现象，因此神经精神分析学可能在该问题上大显身手。目前，神经精神分析学对药物成瘾的研究已紧锣密鼓地开展。

神经精神分析学主要关心药物成瘾的两个方面：第一，个人为什么要反复用药；第二，引起大脑变化的机体与性格基础是怎样的。对这两个问题的回答，爱德华·坎特赞(Edward Khantzian)提出了“自我调节假设”。他指出，药物成瘾的目的是为了应对难以忍受的疼痛或者混乱的情绪，它们导致了上瘾药物对个体的吸引力。通过用药，个体可以降低或者控制他们的痛苦。比如，鸦片对缓减强烈的愤怒就十分有效。因此，药物成瘾是一种特殊的适应，一种努力实现对痛苦或混乱情绪的自我调节。但是滥用药物这种形式反映了自我调节上的问题，同时也反映出人格结构中的障碍。坎特赞假设，药物成瘾的核心病理是患者无法依靠他人，或者说，无法形成与他人的良好关系。因此难以对他人形成依恋关系的个体更容易出现药物成瘾。这一点可追溯至人的童年经历。坎特赞的这些主张在潘克塞普等人对促肾上腺素释放因子（CRF）的研究中得到了证实。潘克塞普在实验中发现，在与母亲分离时，小动物的CRF会由于痛苦而出现增高，但鸦片和酒精可以降低这种痛苦。因此小动物会产生服用鸦片和酒精的倾向。另有资料显示，童年时有过虐待创伤的女性终生都比常人有着更高的CRF水平。而且，这些女性滥用药物的概率是正常妇女的五倍，酗酒的概率是正常女性的两倍。这些都证明了早年客体关系与药物成瘾之间的相关性。

## 第四节　对神经精神分析学研究的评价

### 一、主要贡献

第一，促进了精神分析学的科学化与神经科学的主观化。精神分析与神经科学的结合有助于它们克服自身的不足，同时扩展各自的研究领域。精神分析对主观化的研究方法的强调促进了神经科学对"人之所以为人"这一问题的解释；对精神分析来讲，神经科学对严格和准确性的追求推动了精神分析寻找其理论的生理学基础。经过神经科学对精神分析的科学化，神经精神分析学已经被公认为精神分析学在21世纪的新的研究范式。而神经科学对主观现实的重视也成为本领域的研究趋势。

第二，体现了学科间的整合。精神分析与神经科学的合作体现了学科间的整合。多学科的融合与交叉已经被公认为当今科学的潮流。不仅可以促进学科间相互影响，减少自身的缺陷，还可以促进新思维、新方法和新成果的产生。目前，神经精神分析学已经在意识与潜意识、情绪、梦等研究领域取得了丰硕的成果，更证明了它的出现顺应了当前席卷全球的跨学科研究浪潮。

第三，推出了新的研究方法。由于精神分析与神经科学使用的概念体系差异太大，因此需要一种方法来整合两大系统的语言，形成新的成果。索姆斯所引入的新的临床—解剖学方法正好解决了这一需要，并为神经精神分析的发展提供了无限可能性。索姆斯对梦的探索就是在这一新方法指导下进行研究的代表。可以预见，这一新方法还将带给我们更多的惊喜。

## 二、主要局限

尽管神经精神分析在近十年的发展已经初见曙光，但也存在着许多不足。这体现在三个方面：体系不够完善；临床领域进展相对迟缓；深度相对欠缺。

第一，研究还没有构成整合性体系。由于从事神经精神分析学研究的学者来自两大阵营，有着不同的训练背景，有着不同的研究思路，因此他们的研究侧重点大相径庭。这给神经精神分析学建立一个整合性的体系带来了较大的困难。也许，相应机构的建立和研究项目的增多将改善目前的状况。

第二，神经精神分析在临床研究上也不尽如人意。临床上所涉猎的病症还十分有限，目前比较成形的只有癔症、失语症、虚构症、成瘾、强迫性重复的冲动等症状。理论对于临床实践的指导作用并不显著，更没有出现具有突破性价值的临床技术。

第三，在研究深度上，目前大多数神经精神分析学研究还停留在简单的结合层面。许多研究仍然是在进行“一加一等于二”的工作，没有完全体现出神经精神分析学“一加一大于二”的价值。因此，离学科最初设定的目标还有相当一段距离。

然而，尽管存在不足，但我们应当看到，随着神经精神分析学的发展，它一定会为我们深入理解人类的心理与行为做出重要的贡献。正如索姆斯所展望的：“如果这项工作能够完成，也就是说，坎德尔的‘精神病学的新知识框架’能够建立起来，那么这样的时代将成为过去：人们必须在精神分析谈话疗法和精神病药理学的药方之间做出艰难选择，前者缺乏基于证据的现代医学，而后者则缺乏脑化学与复杂情绪的真实轨迹之间的关联。在对人类思维深刻的综合理解的基础上，未来的精神病学将为患者提供坚实的帮助。无论未来将出现多么难以想象的疗法，患者肯定能从对大脑如何工作的更好理解中受益。当现代神经科学家再次考虑这些让弗洛伊德沉迷其中的、深刻的人类心理学问题时，让人满意的是，我们能够在他铺设的基础上继续建设，而不是一切从头开始。即使当我们发现了弗洛伊德影响深远的理论中的弱点，并且因此修正和补充他的研究时，我们也会对完成这一工作的这项特权感到振奋。”①

① Solms, M. (2004). Freud returns. *Scientific American*. Vol. 3, p. 88.

# 代结语

# 精神分析在中国

我国引进、传播、研究与实践精神分析大致有三个高潮：一是“五四”运动前后，二是20世纪80年代中期前后，三是新世纪初期前后。[①]

## 一、“五四”运动前后

### 1. 哲学界和心理学界的系统介绍

在1919年“五四”运动前后，随着新文化运动的开始，西方启蒙思想进一步被介绍到中国。就精神分析学说被引进到我国而言，早在弗洛伊德《释梦的解析》(1900)出版十余年后，精神分析就被介绍到中国。这一阶段表现出如下特点：精神分析的传播途径主要是以欧洲作为直接传播渠道，以日本作为间接传播渠道；在学术界逐渐形成了一些精神分析术语的译法与用法；精神分析术语的早期翻译折射出佛教文化的心态；在对精神分析肯定的同时，也指出了其存在的局限。从20世纪40年代起，精神分析逐渐隐退并淡出中国思想界，影响逐渐减小。

最早在我国介绍精神分析的是商务印书馆出版的《东方杂志》。我国第一篇介绍精神分析的文章是1914年钱智修所写的《梦的研究》(《东方杂

① 因篇幅缘故，这里主要介绍精神分析在中国大陆的引进与传播情况，不过多涉及台湾地区的情况，尽管台湾地区有关精神分析的译著和著作对“文革”后大陆的精神分析传播起着一定的作用。

志》，第10卷11月号）。作者指出："梦的问题，其首先研究者为福留特①博士，Dr. Sigmund Freud。……福留特氏，为吾人所不愿遇见之者，乃至吾人所欲为所欲得者，当于梦中实现之。"1920年，著名哲学家张东荪发现当时译为"心解术"②的精神分析，往往到处只见其名而未多阐析，于是写了《论精神分析》（《民铎》，第2卷第5期）一文。同一年，著名心理学家、小说家汪敬熙在《新潮》上连续发表《本能与无意识》和《心理学最近的趋势》（第2卷4号、5号），介绍了弗洛伊德的精神分析理论。稍后有吴颂皋所写的《精神分析的起源和派别》（《东方杂志》，1923年，6月号）。张东荪还撰写了《精神分析学ABC》一书（ABC丛书社，1929）。

早期介绍还有一些关于精神分析的译文、译著，如著名学者胡愈之翻译了《梦中心灵之交通》（《东方杂志》，1918年，1月号）一文。著名心理学家高觉敷翻译了弗洛伊德1909年在美国克拉克大学的五次演讲即《精神分析五讲》，并将之译为《心之分析的起源及发展》（《教育杂志》，1925年，第17卷10、11月号），是弗洛伊德本人著作在中国的最早翻译。关颖译的《弗洛伊德——精神分析大师》（斯通著，上海翻译出版社，1927）、赵演译的《弗洛伊特心理分析》（[英]B·勒著，商务印书馆，1929）和华超译的《心理学与精神疗法》（[英]布拉文著，商务印书馆，1929）是三本重要的早期译著。

精神分析在我国早期的传播中，章士钊、高觉敷等人起了很大的作用。国学大师章士钊很早就接触到精神分析。1923年在从欧洲回国的轮船上，

---

① 据职雍对《东方杂志》的查阅，钱智修于1912年9月11日翻译的《罗斯福之心理解剖》（《东方杂志》，第9卷3月号）一文中，提及"福洛得"，这可能是"Freud"名字在中文文献中首次出现。《东方杂志》（1904—1948）对"Freud"的翻译就有23处，多达14种译法，如佛洛依特、福洛得、弗劳得、沸洛特等，出现的频率以"福鲁德"最多为4次，其次为"佛洛特"和"弗洛特"各为3次。所有的翻译中，以"佛"字开头的有9次，以"福"字开头的有6次，以"弗"字开头的有7次，以"沸"字开头的有1次。中国人最讲名分，所谓名不正则言不顺，从这些不同的译法中，我们可以了解当时中国人对精神分析的文化心态。以"佛"字开头作为弗洛伊德的翻译，可以表明人们对精神分析的看法类似于对佛教的看法。从地域上讲弗洛伊德和佛教都不是中国本土产生的，从内容上讲佛教和精神分析都注重对人类心灵的研究。以"福"字开头反映了当时中国人渴求从西方寻求救国救民的真理，从而实现使国家昌盛、人民幸福的理想。以"弗"字开头则复杂得多，在《变态的行为》一文中，作者批判精神分析，要打倒弗洛伊德的学说，因而将其名字翻译为"弗劳得"，取其讥讽之意。但"弗"字通假为"祓"，有除灾求福之意。《诗·大雅·生民》中说："克湮克祀，以弗无子。"郑玄注："弗之言祓也。姜嫄之生后稷如何乎？乃湮祀上帝于郊禖，以祓除其无子之疾，而得其福也。""弗"字既有否定又有希望的两种意思，这也许恰恰表明了当时中国人对弗洛伊德的精神分析的态度，认为他的理论既有合理的、正确的成分，又有一些荒谬的东西，令人难以接受（转引自职雍：《〈东方杂志〉（1904—1948）所载精神分析文献之研究》，《精神分析笔记》第4卷第2期，2002年夏季刊）。

② 当时对"psychoanalysis"的译法不统一，有诸如析心术、析心学、心解术、通心术、心灵分析、心之分析、心理解析、心理分析、精神分析等，"精神分析"一词最初是从日文中翻译过来的，后来逐渐被人们所接受。

他阅读弗洛伊德才出版十年的《图腾与禁忌》一书，却觉得“反复诵之，词气骤难尽晓，故中途执卷未释”。（《孤桐杂记》，1927）。1926 年他从北洋政府教育总长位子上卸任，再次赴德，又一次接触了精神分析，甚至全文翻译出弗洛伊德在 1925 年撰写的《自传》，也同时直接与弗洛伊德通信。1929 年 5 月 27 日弗洛伊德回信给章士钊，对他有意在中国开辟精神分析这门学问的想法和他要为当时精神分析最重要杂志《潜意象》撰稿，表示非常满意和赞同。章士钊可能是与弗洛伊德直接联系的唯一中国人。他翻译的《茀罗乙德①传》，1930 年由商务印书馆出版。②

高觉敷不仅翻译了弗洛伊德在克拉克大学的五次演讲，还撰写了《谈谈弗洛伊德》（《一般》，1928 年，第 5 卷 2 号）、《弗洛伊德的心理学》（《学生杂志》，1930 年，第 17 卷 6 号）、《弗洛伊德及其精神分析的批判》（《教育杂志》，1931 年，第 23 卷 3 号）、《弗洛伊德与性教育》（《中学生》，1932 年，第 22 号）等文章，并在《现代心理学》（商务印书馆，1935）一书中撰写了“弗洛伊德心理学”和“梦的心理学”两章。他还先后将弗洛伊德的《精神分析引论》（商务印书馆，1930）和《精神分析引论新编》（商务印书馆，1936）翻译成中文，这对于中国学术界比较直接而又全面地认识弗洛伊德的精神分析理论功不可没。尤其难能可贵的是，高觉敷当时对弗洛伊德学说有清醒的认识，他在《精神分析引论》译序中指出：“老实说，我译此书，目的是消极的。国内学人从震于弗洛伊德之名，间或对于他的功绩作过高的估计。我现将此书译出，好使读者明白弗洛伊德究竟是如何的一个怪人。读者若因为我译了弗洛伊德的一部书，便以为我为 Freudian，那么弗洛伊德纵肯收留，我也呼冤不置了。”“总之，弗洛伊德的学说，毁誉参半。我们读书需抱持批判的态度，读弗洛伊德的著作尤宜如此。”

**2. 文学界的积极转述**

精神分析在我国的早期传播，除了哲学界和心理学界的介绍，文学界的转述也起了很大的作用。新文化运动使得精神分析思想的传播伴随着中国新文学的兴起，“五四”以来中国的文学创作和文学批评与精神分析理论的联姻和精神分析理论的介绍基本上是同步的。③ 一大批作家和文学批评家，如郭沫若、鲁迅、周作人、潘光旦、张竞生、朱光潜、仲云、杨澄波、郁达夫、赵

① 即弗洛伊德。

② 王浩威：《1945 年以后精神分析在台湾的发展》（草稿，2004 年 9 月 1 日），www.chinaselfpsychology.com/doc，2007－8－10。

③ 陆扬：《精神分析文论》，山东教育出版社 1998 年版，第 235 页。

景深、汪敬熙、汪静之、俞平伯、壬秋、沈从文、施蛰存、废名、胡风、叶青、小默、许钦文等，都在不同程度上接受或受到了精神分析学说的影响，这种现象一直持续到20世纪40年代。文学界对精神分析的积极转述在更大范围内促进了精神分析在中国的早期广泛传播。

1920年2月23日，郭沫若在《时事新报》副刊《学灯》上发表《生命底文学》一文，其中所讨论的精神作用和energy与弗洛伊德所谓的生命冲动、本能力等理论十分相似。他的两篇经典性的论文《〈西厢记〉艺术上之批判与其作者之性格》(《西厢》，新文艺书社，1921)和《批评与梦》(《创造》，1923年，第2卷第1期)，也都直接借鉴精神分析理论解说文艺问题。在第一篇论文中，郭沫若就像弗洛伊德从达·芬奇的绘画和莎士比亚的戏剧中推断艺术家的性情以及家庭关系一样，也推断出王实甫是一个性变态者，并由此而分析作者对女性态度的超常表现。

鲁迅早在1921年就翻译了日本学者厨川白村的《苦闷的象征》一书中的创作论和鉴赏论两章，并刊于《时事新报》的副刊《学灯》上。1924年，他又将该书全文译出。其中的"创作论"一章有专节介绍弗洛伊德的精神分析。这是一部对中国现代文学及理论批评产生很大影响的作品。鲁迅还创作过《补天》、《肥皂》、《弟兄》等精神分析色彩鲜明的小说，并明确表示是借用弗洛伊德学说"来解释创造——人和文学——的缘起"(《〈故事新编〉序言》)[①]。

著名美学家朱光潜于1921年在《东方杂志》发表了《福鲁德的隐意识[②]与心理分析》(18卷14号)一文，最早涉及弗洛伊德的文艺美学思想。他此后出版的《变态心理学》(开明书店，1930)、《悲剧心理学》(1933年，英文版)、《变态心理学派别》(商务印书馆，1933)、《文艺心理学》(开明书店，1936)等四部著作，均涉及到精神分析学说。

1922年12月，由仲云所译的日本文学博士松村武雄的长文《精神分析学与文艺》在《文学周报》开始连载(第57～71期)，这是见于20世纪中国最早的系统、明确阐述精神分析文艺美学思想的专论。此后，仲云又译介了《文艺思潮论》(《文学周刊》，第102～120期)、《病的性欲与文艺》、《文艺与

① 毛正天：《精神分析学与中国现代性爱题材文学理论批评——二十世纪上半叶中国性爱文学与理论批评研究》，《二十一世纪》网络版2002年8月号，总第5期。

② 据职雍统计，仅在《东方杂志》上出现的16处对"unconscious"的翻译，有半觉心、无意识、下意识、隐意识、隐机、不起意识的、不意识的等译法，以"无意识"为最多，共有8次。翻译也是一种解读，由此我们可以看到中国学人试图在佛教与精神分析之间进行沟通的努力。当然将"unconscious"翻译为"半觉心"、"不起意识的"也透出佛学词汇在精神分析中的影子(引自职雍：《〈东方杂志〉(1904—1948)所载精神分析文献之研究》，《精神分析笔记》第4卷第2期，2002年夏季刊)。

性欲》(《小说月报》,第16卷),显示出作者要运用精神分析理论来解释文艺现象的明确态度。

1923年,杨澄波在《东方杂志》上发表了《析心学论略》(第20卷6号),该文相当全面地论及了弗洛伊德关于梦、精神病、说谎、机智等方面与文艺的关系。

周作人早在1918年发表的《人的文学》(《新青年》,第5卷第5号)一文中,就提出了人的"复杂高深"的"内面生活"、"神性"与"兽性""合起来"才是人性的观点。他无疑是受到精神分析学的明显影响,而且对精神分析学领悟较深,运用也较熟练。1922年3月26日,他在发表于《晨报副镌》上的散文《沉沦》中,倾心于弗洛伊德关于"人间的精神活动无不以'广义的'性欲为中心"的看法。①

郁达夫所写的《沉沦》(《晨报副镌》,1923年3月26日)与《猥亵的歌谣》(《歌谣周年纪念增刊》,1923年12月17日)算是弗洛伊德式美学的专论。

汪静之在《诗歌原理》(商务印书馆,1924)中,将艺术是"隐意识的发泄"作为内核,时不时见出精神分析理论的生动表述。

### 3. 具体应用的最初尝试

著名优生学家和社会学家潘光旦在20年代初次接触弗洛伊德的精神分析学。据他回忆,在1920年就读于清华学校期间,他就在图书馆发现英国学者霭理士(H. H. Ellis)的六大本《性心理学研究录》。此后一两年,他"又有机会初次和福洛依特的精神分析论和此论所内涵的性发育论发生接触"。他读到的第一本书是《精神分析引论》。1922年他以明末一个奇女子冯小青所谓影恋(即自恋)的绝妙例子,写成《冯小青考》一文;1927年他又在该文基础上,深入写成《小青之分析》(新月书店,1927),几乎用冯小青的个案演绎了精神分析学的新鲜见解。

张竞生在北大任教时译介过弗洛伊德《精神分析学引论》,并竭力宣传融会了弗洛伊德精神分析学思想的独特的性爱理论,被称为"中国性博士"。1923年他在《晨报副刊》(1923年4月29日)发表的《爱情的定则与陈女士事的研究》,制造了"中国思想文化界的大事件"。潘光旦的《冯小青考》和张竞生的《爱情的定则与陈女士事的研究》可以看做当时我国学者对弗洛伊德精神分析的具体应用的最初尝试。

在临床应用上,北京协和医院医师戴秉衡于20世纪30年代开展了将

① 毛正天:《精神分析学与中国现代性爱题材文学理论批评——二十世纪上半叶中国性爱文学与理论批评研究》,《二十一世纪》网络版2002年8月号,总第5期。

精神分析用于心理疾病的治疗工作。他也许是我国医学领域应用精神分析的第一人。另据文献记载,蒋介石曾经对精神分析很有兴趣并非常好奇,曾经请心理学家萧孝嵘对他进行过若干次精神分析。但结果是失败的,蒋介石说这是一个错误,因为精神分析不符合儒家思想。①

总之,“五四”运动前后,精神分析差不多同时从欧洲和日本被引进中国。从那时起一直到30年代,精神分析在中国的传播达到了第一个高潮。从20世纪40年代起,随着民族矛盾加剧,学者们纷纷改弦易辙,精神分析在中国思想界开始隐退和淡出。从新中国成立起到20世纪六七十年代后期,由于受学习苏联以及极“左”思潮的影响,我国对包括精神分析在内的西方思想主要持全盘否定的态度。精神分析在中国大陆即使有声音也是被批判的。此外,自1950年以后,精神分析在我国台湾地区,先在精神医学界后在心理学界逐渐开始受到重视。到1966年,朱光潜以弗洛伊德为主要讨论对象的《变态心理学》在台湾出版;1967年高觉敷翻译的弗洛伊德《精神分析引论》也再被印行;潘光旦翻译的蔼理士《性心理学》亦在这一时期出版。这对台湾地区原本不准出版任何大陆文人作品的出版审检制度而言,是一大突破。1968年后,以思想启蒙为己任的志文出版社出版的新潮文库,也由当时台湾喜欢精神分析的人士翻译了一批弗洛伊德的著作,如《图腾与禁忌》(杨庸一译,1968)、《少女杜拉的故事》(文荣光译,1968)、《日常生活的心理分析》(林克明译,1968)、《佛洛伊德传》(廖运范译,1969)、《梦的解析》(赖其万、符传孝译,1971)、《性学三论》(林克明译,1971)等。除了弗洛伊德的作品外,新潮文库也译介了荣格、弗洛姆、梅宁格(Karl Menninger)、霍妮等人的著作。此翻译风潮从1968年一直持续到1975年才暂告一段落。这些译著在20世纪80年代中期大多被引进到大陆,对这个时期大陆兴起的精神分析热潮起到过桥梁作用。

## 二、20世纪80年代中期前后

20世纪80年代中期前后,随着改革开放的深入,人们的思想进一步解放,观念进一步更新,我国兴起了“西学热”,也出现了“弗洛伊德热”。这一热潮明显具有较大的广泛性和影响性,但也带有一定的自发性、盲目性。哲学界、文学界和心理学界对精神分析学的主要代表人物弗洛伊德、荣格、阿德勒、弗洛姆、霍妮、埃里克森、弗兰克尔、罗洛·梅、莱因、马尔库塞等人的

① 肖泽萍:《精神分析在中国能否奏效》,《中国心理卫生杂志》,2002年第16卷第11期,第768页。

著作与思想进行了翻译、评论和研究。在此阶段表现出“1986、1987 年现象”：关于精神分析的许多翻译作品均在这两年出版；相对而言，介绍的多，评论的少，翻译的多，著述的少；对弗洛伊德、荣格、弗洛姆的翻译与评论远远超过阿德勒、霍妮等人；翻译与研究力量先以哲学界和文学界力量为主，心理学界力量紧跟其后，医学界力量还相对弱小；精神分析的临床应用还只是少数，临床培训更只是起步。

### 1. 关于弗洛伊德的翻译与研究

此间翻译的弗洛伊德本人著作和介绍其思想的著作最多，以高觉敷修订他解放前翻译的《精神分析引论》[①]（1984 年）和《精神分析引论新编》（1987）最为经典，这两本书均被列为商务印书馆的“汉译世界学术名著丛书”。最初大陆学者来不及进行翻译工作，主要是通过引进一些台湾地区的译本，如《梦的解析》（赖其万、符传孝译，作家出版社，1986）、《日常生活的心理奥秘》（林克明译，甘肃人民出版社，1986）、《图腾与禁忌》（杨庸一译，中国民间文艺出版社，1986）、《少女杜拉的故事》（文光荣译，中国民间文艺出版社，1986）、《爱情心理学》[②]（林克明译，作家出版社，1986）等。不久之后，大陆就出现了弗洛伊德著作的新译本，如《梦的释义》（张燕云译，辽宁人民出版社，1987）。其他的一些译著还有：《弗洛伊德著作选》（里克曼选编，贺明明译，四川人民出版社，1986）、《弗洛伊德后期著作选》[③]（林尘等译，上海译文出版社，1986）、《弗洛伊德论创造力与无意识：艺术、文学、恋爱、宗教》（孙恺祥译，中国展望出版社，1986）、《弗洛伊德自传》[④]（张霁明、卓如飞译，辽宁人民出版社，1986）、《弗洛伊德论美文选》（张唤民、陈伟奇译，知识出版社，1987）、《摩西与一神教》（李展开译，三联书店，1988）、《一个幻觉的未来》（杨韶刚译，华夏出版社，1989）。特别要提到的是谢韬主编、安徽文艺出版社出版的“精神分析学译评丛书”（1987），包括《文明及其缺憾》（傅雅芳等译）、《精神分析纲要》（刘福堂译）、《性爱与文明》（滕守尧译）等。

介绍弗洛伊德思想的译著主要有：《弗洛伊德心理学入门》（霍尔，陈维正译，商务印书馆，1985）、《精神分析学说和艺术创作》（列夫丘克，吴泽林译，北京师范大学出版社，1986）、《弗洛伊德与马克思》（奥斯本，董秋斯译，三联书店，1986）、《弗洛伊德心理学与西方文学》（卡尔文·斯·霍尔，包富

---

① 《精神分析引论》的出版被法新社记者称赞为中国真正“开放”的象征。

② 包括《性学三论》、《爱情心理学》和《“文明的”性道德与现代人的不安》。

③ 包括《超越唯乐原则》、《集体心理学和自我分析》和《自我与伊底》。

④ 该书的另一个译本为《弗洛伊德自传》（顾闻译，上海人民出版社，1987）。

华等译，湖南文艺出版社，1986）、《精神分析入门》（约瑟夫·洛斯奈，郑泰安译，百花文艺出版社，1987）、《弗洛伊德的爱欲论》（艾布拉姆森，陆杰荣等译，辽宁大学出版社，1987）、《马克思主义对心理分析学说的批评》（克莱芒等，金初高译，商务印书馆，1987）、《弗洛伊德主义与美学思想》（霍夫曼，王宁等译，三联书店，1987）、《弗洛伊德主义评述》[①]（巴赫金等，汪浩译，辽宁人民出版社，1987）、《精神分析与新弗洛伊德主义》（雷宾，李今山译，社会科学文献出版社，1988）、《弗洛伊德主义与文学思想》（霍夫曼，王宁译，三联书店，1987）、《精神分析的过去与未来》（鲁本·弗恩，傅铿编译，学林出版社，1988）、《从弗洛伊德到荣格》（弗雷—罗恩，陈恢钦译，中国国际广播出版社，1989）、《精神分析》（王宁主编，四川文艺出版社，1989）、《弗洛伊德究竟说了些什么》（克拉克，姚锦清等译，中国文联出版公司，1989）、《艺术与精神分析》（斯佩克特，高建平译，文化艺术出版社，1990）、《精神分析学派的宗教观》（波波娃，张雅平译，上海人民出版社，1992）。

对弗洛伊德思想的评论、研究取得了一批成果。"文革"后我国最初出版的三本高校心理学史教材，即高觉敷主编的《西方近代心理学史》（人民教育出版社，1982）、唐钺编的《西方心理学史大纲》（北京大学出版社，1982）和杨清著的《现代西方心理学主要派别》（辽宁人民出版社，1980），均有专章评介精神分析学说，这三本书是许多人接触精神分析的最初启蒙读物。此间还出版了一批介绍和研究弗洛伊德思想的著作，如《弗洛伊德——一个神秘的人物》（杨恩寰，辽宁大学出版社，1986）、《弗洛伊德传》（高宣扬，作家出版社，1986）、《精神分析述评》（张英，1987）、《弗洛伊德精神分析述评》（张传开、章忠民，南京大学出版社，1987）、《精神分析与中西文学》（吴立昌，学林出版社，1987）、《弗洛伊德生平与学说》（洪丕熙，重庆出版社，1988）、《弗洛伊德与现代文化》（李铮、章忠民，黄山书社，1988）、《深层心理学与文学批评》（王宁，陕西人民出版社，1992）、《徘徊的幽灵——弗洛伊德与中国二十世纪文学》（尹鸿，云南人民出版社，1994）、《爱欲人格——弗洛伊德》（李建中、尹玉敏著，长江文艺出版社，1996）。

**2. 关于荣格的翻译与研究**

这个时期翻译荣格的著作也较多，如《寻求灵魂的现代人》[②]（苏克译，贵

---

① 该书另外的译本为《弗洛伊德主义》（巴赫金等，佟景韩译，上海文艺出版社，1988）、《弗洛伊德主义批判》（巴赫金等，张杰等译，中国文联出版公司，1987）。

② 该书另外的译本为《现代灵魂的自我拯救》（黄奇铭译，工人出版社，1987）、《探索心灵奥秘的现代人》（黄奇铭译，社会科学文献出版社，1987）、《寻找灵魂的现代人》（王义国译，光明日报出版社，2007）。

州人民出版社，1987）、《心理学与文学》（冯川等译，三联书店，1987）、《回忆·梦·思考》（刘国彬等译，辽宁人民出版社，1988）、《人、艺术和文学中的精神》（卢晓晨译，中国工人出版社，1988）、《心理类型学》（吴康等译，华岳文艺出版社，1989）、《人及其表象》（张月译，中国国际广播出版社，1989）、《性与梦：无意识精神分析原理》（梁绿琪译，中国国际广播出版社 1989）、《分析心理学的理论与实践》（成穷、王作虹译，三联书店，1991）。

介绍荣格思想的译著主要有：《荣格心理学入门》[①]（霍尔等，冯川译，三联书店，1987）、《荣格心理学导论》（F·弗尔达姆，刘韵涵译，辽宁人民出版社，1988）、《荣格》（安东尼·斯托尔，陈静、章建刚译，中国社会科学出版社，1989）、《心理危机与成人心理学》（约翰·拉斐尔、施陶德，于鉴夫等译，华夏出版社，1989）、《荣格：人与神话》（温森特·布罗姆，刘楚安译，黄河文艺出版社，1989）、《荣格心理学与西藏佛教》（拉·莫卡宁，江亦丽等译，商务印书馆，1994）。

评介与研究荣格的著作主要有：《神话——原型批评》（叶舒宪，陕西师范大学出版社，1987）、《神话人格——荣格》（冯川，长江文艺出版社，1996）、《建造灵魂的庙宇》（刘耀中，东方出版社，1996）、《超越死亡》（刘耀中，东方出版社，1996）。

### 3. 关于弗洛姆的翻译与研究

这个时期翻译的弗洛姆著作也较多，如《弗洛伊德思想的贡献与局限》（申荷永译，湖南人民出版社，1986）、《弗洛伊德的使命》（尚建新，三联书店，1986）、《爱的艺术》[②]（陈维纲等译，四川人民出版社，1986）、《禅与心理分析》（孟祥森译，中国民间文艺出版社，1986）、《在幻想锁链的彼岸》（张燕译，湖南人民出版社，1986）、《逃避自由》（陈学明译，工人出版社，1987）、《说爱》（王建朗、胡晓春译，安徽人民出版社，1987）、《生命之爱》（罗原译，工人出版社，1987）、《精神分析的危机》（许俊达等译，国际文化出版公司，1988）、《对自由的恐惧》（许和平等译，国际文化出版公司，1988）、《梦的精神分析》（晨欣等译，河北人民出版社，1988）、《精神分析与宗教》（郑维川，云南人民出版社，1988）、《为自己的人》[③]（孙依依译，三联书店，1988）、《人之心》[④]（都本

① 该书另一个译本为《荣格心理学纲要》（张月译，黄河文艺出版社，1987）。

② 该书的另外两个译本为《爱的艺术》（孙依依译，工人出版社，1986）、《爱的艺术》（刘福堂译，安徽文艺出版社，1986）。

③ 该书的另外一个译本为《寻找自我》（陈学明译，工人出版社，1988）。

④ 该书的另外一个译本为《人心》（孙月才译，商务印书馆，1989）。

伟、赵桂琴译，辽宁大学出版社，1988）、《占有还是生存》①（关山译，三联书店，1988）、《弗洛姆著作精选》（黄颂杰主编，上海人民出版社，1989）、《恶的本性》（薛冬译，中国妇女出版社，1989）、《人的呼唤》（毛泽应等译，上海三联书店，1991）、《健全的社会》②（欧阳谦译，中国文联出版社，1988）。对弗洛姆的研究著作有《弗洛伊德的马克思主义》（陈学明译，辽宁人民出版社，1989）。

4. **关于阿德勒等人的翻译**

在此期间，翻译的阿德勒的著作主要有：《自卑与超越》（黄光国译，作家出版社，1986）、《生活的科学》（苏克等译，三联书店，1987）、《理解人性》（陈刚、陈旭译，贵州人民出版社，1991）。翻译的霍妮的著作主要有：《自我的挣扎》（李明滨译，中国民间文艺出版社，1986）、《我们时代的神经症人格》（冯川译，贵州人民出版社，1988）、《我们内心的冲突》（王作虹译，贵州人民出版社，1990）。翻译的埃里克森的著作是《童年与社会》（罗一静等译，1992）③。翻译的罗洛·梅的著作有：《爱与意志》（蔡伸章译，贵州人民出版社，1986）、《人寻找自己》（冯川、陈刚译，贵州人民出版社，1991）。翻译的弗兰克尔的著作有：《无意义生活之痛苦》（朱晓权译，三联书店，1991）、《人生的真谛》（桑建平译，中国对外翻译出版公司，1993）。翻译的马尔库塞的著作是《爱欲与文明》（黄勇、薛民译，上海译文出版社，1987）。翻译的莱因的著作是《分裂的自我》（林和生、侯东民译，贵州人民出版社，1994）。此外，《法国的后弗洛伊德主义》（尼·格·波波娃，李亚卿译，东方出版社，1988）和《从弗洛伊德到海德格尔》（阿·米·鲁特凯维奇，吴谷鹰译，东方出版社，1989）都是从俄文中翻译过来的，这两本书的篇幅均不长，前者评论了法国的后弗洛伊德主义者拉康等诸家学说，后者评论了存在分析学家宾斯万格、鲍斯、弗兰克尔、罗洛·梅和莱因等人的思想，给当时学术界带来了重要的精神分析思想的学术信息。

5. **心理学界的研究**

在这个阶段，心理学界对精神分析的研究要特别提到车文博教授的工作。他从 1986 年开始，组织全国综合大学、师范大学和医科大学的专家，翻译了《弗洛伊德主义原著选辑》（辽宁人民出版社，1988，1989）。该书的上卷选辑了弗洛伊德的原著，下卷选辑了阿德勒、荣格、霍妮、卡丁纳、沙利文、安

① 该书的另外一个译本为《占有或存在》（杨慧译，国际文化出版公司，1989）。

② 该书的另外一个译本为《健全的社会》（孙恺祥译，贵州人民出版社，1994）。

③ 该书的另外一个译本为《儿童期与社会》（孙名之译，花城出版社，1998）。

娜·弗洛伊德、哈特曼、埃里克森、赖希、弗洛姆、马尔库塞等人的原著。在此基础上，他主编了《弗洛伊德主义论评》(吉林教育出版社，1992)，该书分为上下两编，上编为古典弗洛伊德主义，包括弗洛伊德略传、弗洛伊德主义的历史背景、弗洛伊德精神分析方法、潜意识论、本能论、性欲论、梦论、心理与人格结构论、焦虑论与心理防御机制、弗洛伊德的社会文化理论、弗洛伊德主义对西方现代哲学和科学的影响、弗洛伊德主义的贡献与错误和对我国出现“弗洛伊德热”的分析等，下编为新弗洛伊德主义，包括新弗洛伊德主义的概述及其总体特征、荣格的“分析心理学”、阿德勒的“个体心理学”、霍妮的“文化与哲学的精神病理学”、卡丁纳的“文化与人格相互作用理论”、沙利文的“人际关系理论”、安娜·弗洛伊德的“自我防御机制”与“儿童精神分析的理论”、哈特曼的“自我心理学”、埃里克森的“自我心理学”、赖希的“弗洛伊德—马克思主义”、弗洛姆的“人本主义精神分析”、马尔库塞的“爱欲解放理论”等。这是当时国内对弗洛伊德主义最为全面的评论与研究。

**6. 医学界的研究与临床应用和培训**

在医学界，对精神分析的研究与临床应用要首推钟友彬，从20世纪70年代开始，他就与同事们在首钢医院开展了精神分析式的心理治疗，提出“认识领悟疗法”，撰写了《中国心理分析——认识领悟心理疗法》(辽宁人民出版社，1988)一书，为精神分析在我国的临床应用进行了有益的探讨。此外，上海的贾谊诚、天津的陈仲舜等人也在临床实践中应用精神分析方法。

对于我国心理治疗(包括精神分析治疗)实践能力的培训和提高，首先要提到一件事和一个人。一件事是1983年德国的葛拉赫(Alf Gerlach)和特洛依(Elisabeth Troje)博士等人第一次访问中国，参加在广州举办的“精神分析心理治疗介绍”的研讨会，心理学界的张伯源等人也参加了会议。这是中国最早召开的关于精神分析的学术会议。一个人是德国的玛佳丽(Margarete Haass-Wiesegart)博士，她早在1976年就到北京大学学习哲学。1982年再次来到中国，成为北京大学恢复心理学系后的第一个留学生。这次她参观了北京、上海、成都、昆明等地精神病院，给她留下了深刻的印象。1985年，玛佳丽等人组织了一次中国精神病学家和心理学家赴德国参观考察德国精神病学和心理治疗机构临床发展的活动，参加人员有万文鹏、杨华渝、陈仲庚、沈德灿等人。这次德国之行，商定了在中国举办中德心理治疗研讨会的计划。之后以玛佳丽作为德方的协调人，以万文鹏作为中方的协调人，组织了第一次“中—德心理治疗研讨会”(昆明)。会议安排有各种工作坊，如系统式家庭治疗、精神分析治疗、来访者中心治疗、行为治疗等。精神分析治疗工作坊由伯格(Margarete Berger)教授、安娅·哈格(Antje

Haag)博士负责。应该说这次会议开创了中国心理治疗(包括精神分析治疗)技能培训的先河。后来分别于1990年在青岛[①]、1994年在杭州举办了第二次、第三次“中—德心理治疗研讨会”。这三次研讨会让一些中国临床医生初步接受了精神分析治疗训练,但这还不够,更为系统的培训则是后来的中—德精神分析连续培训项目。

总之,从20世纪80年代中期开始的“弗洛伊德热”,历时10多年,学术界进一步对精神分析思想进行翻译、评介和研究,在临床上出现了少数的应用和初步的培训,为新世纪初前后的进一步临床培训与应用奠定了基础。此外,20世纪80年代末期以来,在我国台湾地区包括精神科医师在内的各种心理卫生专业人员数量显著增加,精神分析又开始获得年轻一代临床工作者的重视,特别是越来越多的新型个案,如边缘型人格,都需要分析师具备精神分析的临床能力。从那时起,在学术界开始引进各种新的精神分析理论,尤以法国拉康学派为主;在实务界,以克莱茵为代表的各种客体关系理论和科赫特的自体心理学,为临床工作者解决新的临床问题提供了指南。90年代以后,台湾地区精神分析书籍被大量翻译出版,同时,至少有30多人前往伦敦(如Tavistock Clinic)、巴黎、加州等地学习精神分析。

## 三、新世纪初期前后

新世纪初期前后,随着我国心理咨询与治疗实践的需要,精神分析在我国再次热起来,又开始了新一轮出版精神分析译著和专著的热潮。这次热潮除学界和高校力量的推动,还得到医生、咨询人员的推广,这是实践需要的理性回归。此阶段的特点是:对精神分析的翻译工作继续进行,对精神分析的著述出现较快的发展势头;对荣格、拉康思想的翻译与研究相对突出;翻译、研究力量除了心理学界、哲学界和文学界,医学界队伍紧跟其后;精神分析治疗的临床培训与应用得到了极快的发展;精神分析的国际学术交流逐渐开展起来。

### 1. 心理学界、哲学界和文学界的翻译工作

这一时期精神分析著作的翻译工作主要有:车文博组织全国理论心理学与心理学史界中青年学者翻译了《弗洛伊德文集》(车文博主编,5卷,长春出版社,1998)。这套文集总计280万字,涵盖弗洛伊德的精神病学、心理学、美学、人类学、宗教学、社会学、历史学和哲学等诸多领域的经典性论著,

---

① 青岛会议上成立了中国心理卫生协会心理治疗与咨询专业委员会。

以弗洛伊德的精神分析心理学为主线和基本内容。这是我国出版的第一套弗洛伊德文集。这套“文集”在台湾地区以《现代心理学大师弗洛伊德文集》（分为8卷）出版（知书房，2000），2004年修订后分为8卷，仍由长春出版社出版。

上海文艺出版社出版的《当代精神分析经典译丛》，共6种，除了《后现代精神分析》（诺曼·霍兰德，潘国庆译，1995）外，均为霍妮以及研究霍妮的著作，它们分别是：《神经症与人的成长》（霍妮，张承谟、贾海虹译，1996）、《我们的内心冲突》（霍妮，王轶梅等译，1998）、《精神分析新法》（霍妮，雷春林、潘峰译，1999）、《一位精神分析家的自我探索》（派纳德·派里斯，方永德等译，1997）和《与命运交易》（派纳德·派里斯，叶兴国译，1997）。

国际文化出版公司出版的《精神分析经典译丛》（2000），共18种，主要是对弗洛伊德、荣格、阿德勒、弗洛姆、霍妮等人著作的重译。① 从2006年起，国际文化交流出版公司又以“精神分析经典系列丛书”为总名称，按人头陆续推出弗兰克尔（George Frankl）、弗洛伊德、荣格、阿德勒、弗洛姆、霍妮等人的著作译丛。

关于弗洛伊德的其他译著还有：《弗洛伊德文集》（王嘉陵、陈基发编译，东方出版社，1997）、《弗洛伊德》（迈克尔·S·特鲁普，李超杰译，中华书局，2002）、《西格蒙德·弗洛伊德》（玛格丽特·玛肯霍普，潘清卿译，陕西师范大学出版社，2004）、《弗洛伊德与虚假记忆综合症》（菲尔·莫伦，申雷海译，北京大学出版社，2005）、《弗洛伊德的美学》（斯佩克特，高建平译，四川人民出版社，2006）、《师从弗洛伊德——我的私人笔记》（露·安德烈亚斯·莎乐美，王绪梅译，华东师范大学出版社，2006）、《狼人的故事：弗洛伊德心理治疗案例三种》（西格蒙德·弗洛伊德，李韵译，上海社会科学院出版社，2007）。

此间关于荣格与拉康的译著较多，李以洪主编的《曼荼罗丛书》（东方出版社，1998），主要是关于荣格思想及其应用研究的8种译著。关于荣格的其他译著还有：《荣格崇拜》（理查德·诺曼，曾林等译，上海译文出版社，2002）、《荣格之道：整合之路》（戴维·罗森，申荷永译，中国社会科学出版社，2003）、《荣格》（R·比尔斯克尔，周艳辉译，中华书局，2004）、《荣格的智慧》（荣格，刘烨译，中国电影出版社，2005）。关于拉康的译著主要有：《拉

① 我国对精神分析著作的重译或重编现象较为严重，如弗洛伊德的《梦的解析》就有近10个译本。有的重译本为了追求经济效益，翻译工作可能不太严肃，但更多的译本却对精神分析在我国的进一步传播起到了促进作用。

康》(玛尔考姆·波微,牛宏宝、陈喜贵译,昆仑出版社,1999)、《拉康选集》(褚孝皋译,上海三联书店,2000)、《拉康》(利德、格罗夫,张厚君译,外语教学与研究出版社,2000)、《结构精神分析学——拉康思想概述》(穆斯达法·萨福安,怀宇译,天津社会学科出版社,2001)、《想象的能指》(克里斯蒂安·麦茨,王志敏译,中国广播电视出版社,2006)。

关于精神分析的其他译著还有:《同一性:青少年与危机》(埃里克森,孙名之译,1998)、《精神病学的人际理论》(沙利文,韦子木、张荣皋译,1999)、《威利柯特[①]》(亚当·非利普,龙卷风译,昆仑出版社,1999)、《弗兰克尔:意义与人生》(威廉·布莱尔·古尔德,翟凤臣、肖晓月译,中国轻工业出版社,2000)、《自我分析》(霍妮,许泽民译,贵州人民出版社,2004)、《文学文本的精神分析》(J·贝尔曼—诺埃尔,李书红译,天津人民出版社,2004)。

**2. 医学界的翻译工作**

在此间,除了心理学界和哲学界,医学界也翻译了一些精神分析著作,如《精神分析入门》(查尔斯·布伦纳,杨华渝等译,北京出版社,2000)、《精神分析治疗指南》(罗伯特·厄萨诺,杨华渝译,北京出版社,2000)、《精神疗法》(茨威格,沈锡良译,安徽文艺出版社,2000)、《儿童心理治疗技术——心理动力学策略》(墨顿·查特尼克,高桦、闵容译,中国轻工业出版社,2002)、《现代精神分析的"圣经"》(米切尔·克莱尔,贾晓明、苏晓波译,中国轻工业出版社,2002)、《追寻生命的意义》(维克多·E·弗兰克尔,何忠强、杨凤池译,新华出版社,2003)、《精神分析案例解析》(南希·麦克威廉姆斯,钟慧等译,中国轻工业出版社,2004)、《病人与精神分析师》(约瑟夫·桑德勒等,施琪嘉、曾奇峰、肖泽萍译,上海科学技术出版社,2004)、《精神分析导论》(詹妮·米尔顿等,施琪嘉、曾奇峰主译,中国轻工业出版社,2005)、《汉、德、英、法精神分析词典》(李晓驷主译,上海科技出版社,2006)、《客体关系心理治疗理论实务与案例》(谢尔登·卡什丹,鲁小华等译,中国水利水电出版社,2006)、《弗洛伊德及其后继者》(米切尔、布莱克,陈祉妍、黄峥、沈东郁译,商务印书馆,2007)。医学界的翻译工作,进一步推进了精神分析在临床实践中的应用。

**3. 学界的研究工作与研究成果**

相对以前而言,国内在这个阶段对精神分析的研究更为深入,成果更为丰富,且以心理学界的研究为主,出版了一大批研究成果。在车文博主编的

① 即温尼科特。

《20世纪心理学大师述评丛书》（湖北教育出版社，1999）中，收有《心灵深处的王国——弗洛伊德的精神分析学》（熊哲宏）、《人类心灵的神话——荣格的分析心理学》（常若松）、《文化困境与内心挣扎——霍妮的文化心理病理学》（葛鲁嘉、陈若莉）、《孤独无援的现代人——弗洛姆的人本精神分析》（郭永玉）、《寻找生命的意义——弗兰克尔的意义治疗学》（刘翔平）、《寻找存在的真谛——罗洛·梅的存在主义心理学》（杨韶刚）。郭本禹主编的《心理学通史·第4卷·外国心理学流派（上）》（总主编杨鑫辉，山东教育出版社，2000），涉及对精神分析学比较系统的评介。王小章、郭本禹著的《潜意识的诠释》（中国社会科学出版社，1998）对弗洛伊德主义及后弗洛伊德主义作了较为充分的评介。沈德灿著的《精神分析心理学》（浙江教育出版社，2005）是国内学者撰写的很有份量的一本研究精神分析的专著。陆扬著的《精神分析文论》（山东教育出版社，1999）和方成著的《精神分析与后现代批评话语》（中国社会科学出版社，2001）等讨论了精神分析在文学批评中的应用。

在此间，哲学界和文学界出版了几本弗洛伊德传记，如《弗洛伊德传》（欧文，华龄出版社，1997）、《弗洛伊德传》（徐信华，河北人民出版社，1999）、《弗洛伊德：文明的代价》（何仲生、余凤高，辽海出版社，1999）、《弗洛伊德》（汪锟，山东画报社，2002）。其他的几本关于精神分析的著作是：《精神分析与佛学的比较研究》（尹立，巴蜀出版社，2003）、《探视心灵——精神分析的源与流》（阮宜正编著，科学出版社，2004）、《揭开无意识之谜——精神分析》（张明主编，科学出版社，2005）、《精神分析学派与女性心理学的发展》（张海钟等，兰州大学出版社，2006）。

此间对荣格的研究较为充分。申荷永多年来研究荣格的分析心理学及其发展和在我国的应用，策划并组织了"心理分析与中国文化国际论坛"，主编了《心理分析与中国文化丛书》（广东教育出版社，2006），还出版了《心理分析：理解与体验》（申荷永，三联书店，2004）和《荣格与分析心理学》（申荷永，广东高等教育出版社，2004）两本专著。黑龙江人民出版社出版的《荣格神秘心理学丛书》，包括杨韶刚的《精神追求——神秘的荣格》（2002）和《炼石成金——神奇的炼金术》（2004）、施春华的《心灵本体的探索——神秘的原型》（2002）和《心灵智慧的发现——神秘的梦》（2004）。这套丛书对荣格的神秘思想进行了系统研究。此外，程金城著有《原型批判与重释》（东方出版社，1998），冯川著有《荣格的精神——一个英雄与圣人的神话》（海南出版社，2006）。

因拉康在后现代主义领域中的地位，对他的研究也较为充分，国内学者先后出版了《拉冈[①]》(王国芳、郭本禹,1997)、《后现代主义文化心理:拉康研究》(方汉文,上海三联书店,2000)、《不思之说——拉康主体理论研究》(黄作,人民出版社,2005)、《不可能的存在之真——拉康哲学映象》(张一宾,商务印书馆,2006)、《雅克·拉康:语言维度中的精神分析》(马元龙,东方出版社,2006)。

郭本禹多年来在指导研究生学位论文过程中,有计划地对一些国内过去未系统介绍过的精神分析代表人物进行了系列研究,如亚伯拉罕(Karl Abraham,1877—1925)、费伦茨(Sándor Ferenczi,1873—1933)、兰克(Otto Rank,1884—1939)、斯皮茨、雅可布森、玛勒、克莱因、费尔贝恩、温尼科特(Donald W. Winnicot,1896—1971)、拜昂(Wilfred Bion,1897—1979)、克恩伯格、米切尔、科赫特、宾斯万格、鲍斯、莱因、拉康等人。郭本禹还主持了《南京师大学报》(社科版)和《南京晓庄学院学报》的精神分析学研究专栏,主编了《中国精神分析研究丛书》(共 14 本)。此外,车文博总主编的《弗洛伊德主义新论》(常若松、郭本禹、郭永玉分别担任上、中、下三卷主编)即将由上海教育出版社出版,郭本禹主编的《精神分析发展心理学》即将由福建教育出版社出版,郭本禹等人主编的《外国心理学家评传》第二卷(收有约 30 位精神分析学家的评传)即将由河南大学出版社出版。

**4. 医学界的培训与临床应用**

1995 年,玛佳丽再次来到中国,与中国同道讨论了在中国开展一项长程心理治疗培训项目计划。为了搭建一个将来合作的平台,同一年德方正式成立了德—中心理治疗学院(German-Chinese Academy of Psychotherapy)。[②] 首期"中—德心理治疗连续培训项目"为 1997—1999 年,每年两次集中培训。这是首次在中国按照国际标准进行心理治疗培训。这个培训项目分为精神分析治疗小组、行为治疗小组(包括催眠疗法)和系统式家庭治疗小组的培训。[③] 首期培训项目招收学员 130 名,大多数是精神科医师,少部分是心理学工作者。这开创了中国心理治疗技能系统培训的先河。这个培训项目就是现在人们常说的"中德班"。第一期中德班已经形同传奇,成为中国最富盛名的心理治疗品牌。目前国内比较知名的心理治疗师都出自这个班。所以,中德班被戏称为中国心理治疗的"黄埔军校"。中德班从第二

① 即拉康。

② 这是一个在德国正式注册的非盈利性组织,其目的是通过研究、教学、奖学金、讨论会和大会等方面的合作,促进中国与德国心理治疗知识的交流并且为两国带来利益。玛佳丽担任首任院长。

③ 玛佳丽主编:《中德合作推进中国心理治疗事业发展》(1976—2007),德—中心理治疗研究院,2007,第 17 页。

期开始是各个小组分开进行培训的。第二期中—德精神分析治疗连续培训项目为2000—2004年，第三期为2005—2008年。除了中—德精神分析治疗连续培训项目，还有中—挪精神分析连续培训项目，首期为2001—2004年，目前正在进行的是第二期中—挪精神分析连续培训项目（2005—2008年）。中—德、中—挪精神分析治疗培训项目为中国培养了一批精神分析治疗师。2004年在上海举行的“中国精神分析年会”，与会代表达400人之多，这极大地推动了中国精神分析的临床治疗实践。目前，中国各地的精神分析治疗培训班如雨后春笋般开办起来，积极把精神分析治疗技术应用到临床实践中去。

国内的一些学术组织和研究机构进一步推动了我国精神分析临床应用的发展。中国心理卫生协会心理治疗与咨询专业委员会和中国心理学会咨询与治疗专业委员会都发挥了积极的作用。中国心理卫生协会心理治疗与咨询专业委员会还于2004年正式成立了精神分析学组。目前，在北京、上海、合肥、昆明、哈尔滨、成都等地已有心理动力学学术小组。所有成员都积极并坚持不懈地学习精神分析理论，进行着临床实践，进行小组内部交流，并邀请外国专家举办讲座，进行病例督导。此外，2003年申荷永在广州建立了广东“东方心理分析研究中心”①，并受国际分析心理学会（IAAP）支持，组织与主持了第一届（1998年）、第二届（2002年）、第三届（2005年）“心理分析与中国文化国际研讨会”。1999年，霍大同在成都建立了“成都精神分析中心”②，创办了专门的精神分析内部刊物《精神分析笔记》，开展精神分析的临床与教学工作，并开始严格按照国外培养精神分析学家的标准着手培养中国的精神分析学家。2004年6月，成都精神分析中心被正式接受为欧洲精神分析组织联盟（IAEP）的成员。

随着国家权威机构认证的心理咨询师、心理治疗师、心理保健师成为正式的职业岗位，全国各地培训了大量的心理咨询、治疗、保健人员，这些人员的一部分又进一步接受精神分析治疗的专门培训，从而使精神分析的临床应用得到进一步的推广。我国的一些综合医院、精神病院、民营医院和私人诊所还设立了具有精神分析治疗特色的心理门诊。

#### 5. 逐渐展开的国际交流

中国的精神分析研究与应用是随着国际交流而积极开展的。中国的精神分析事业也得到了国际精神分析学术组织的帮助和支持。中—德、中—

① 以荣格的分析心理学为主要取向。
② 以拉康为主要研究取向。

挪精神分析治疗培训项目都是国际合作的结果。近年来，一些大陆精神分析治疗师前往欧洲等地进行学习和接受自我体验。为了推动精神分析在中国的发展，国际精神分析协会(IPA)成立了中国工作组，成员主要由在中国从事过教学和交流的及对中国精神分析事业发展比较关注的IPA资深会员组成。前任组长由有一半中国血统的阿根廷的特蕾莎·袁(Teresa Yuan)博士担任，现任组长为德国心理治疗联盟(DGPA)主席、德—中心理治疗学院副院长葛拉赫博士。例如，在2005年国际精神分析协会第44届年会上，开设了“当代精神分析在中国文化社会中的新进展”主题分会场，举行了中国工作小组的工作会议。分会场由特蕾莎·袁博士主持，葛拉赫博士做了题为《精神分析：关于中国文化的灵感》(Psychoanalysis-an inspiration for Chinese culture)的发言，详细介绍了中国从20世纪20年代首次翻译弗洛伊德的著作至今，精神分析学及精神分析性心理治疗在中国的发展过程和现状，以及精神分析在与中国文化交融中带来的启迪。中国大陆代表张天布、中国台湾代表蔡荣裕也分别作了发言。工作组会议中肯地评价了中国大陆近十年来的精神分析发展现状，包括对各个地区卫生和教育资源的配置情况、专业人员的受训水平和专业态度、核心成员的工作思路和工作风格、教学和治疗工作开展的现状。会议还提出了未来发展的规划：积极争取在中国建立国际精神分析协会联盟研究所(IPA Alliance Institute)或者国际精神分析协会联盟中心(IPA Alliance Center)。对将来发展的考虑分两个部分：初级教学以后将逐渐由中国的教员承担；IPA和国际支持的重点要放在培养中国师资、IPA成员资质培训和IPA相关机构的建设上。葛拉赫博士指出：“在致力于中国精神分析发展的道路上，我们已经努力地走了许多年，这是我们能做好的第一步。今后的第二步将主要依靠中国的同道们自己走，而且今天我们已经看到了，我们开始从他们的第二步里得到了启发和学习。”①除了国际精神分析协会(IPA)中国工作组之外，德—中心理治疗学院和国际促进中国精神分析学会②都在为促进中国精神分析事业发展而努力着。

总之，新世纪以来，精神分析事业在我国大陆正如火如荼地发展着，无论在翻译与研究上还是在培训与应用上，都得到了极大的推进，无论理论研究力量还是临床应用力量都在不断地增长。而且，两者是相互促进、相得益

① 张天布：《国际精神分析协会第44届年会纪要》，http://www.xici.net/b25569/d33865657.htm，2007—10—18。

② 该学会是2003年在美国注册的非政府组织，旨在促进中国精神分析治疗方法的发展，现任主席为埃德华·罗宾斯(Edward Robins)，他是国际拉康精神分析领域的重要人物。

彰的。此外，自新世纪以来，我国台湾地区的精神分析事业也在进一步发展着。2001 年 11 月台湾华人心理治疗基金会（Taiwan Institute of Psychotherapy）成立，2004 年蔡荣裕、刘佳昌、杨明敏等人筹划的台湾精神分析发展中心（the Taiwan Center for the Development of Psychoanalysis）开始活动。2004 年华人心理治疗研究发展基金会的台湾心灵工作坊出版社，在临床实务工作者和精神分析研究者的合作下，逐步将弗洛伊德的著作重新翻译出版。期间台湾地区翻译的精神分析著作对大陆地区产生了一定的影响。海峡两岸的精神分析工作者也在不断地加强交流与合作。

# 参考文献

## 中文文献


奥斯维特著，沈亚生译：《哈贝马斯》，黑龙江人民出版社1999年版。

波微著，牛宏宝、陈喜贵译：《拉康》，昆仑出版社1999年版。

蔡智勇、王蕾：《R. D. 莱因对传统精神疾病诊疗观的变革》，《医学与哲学》，2007年第8期。

曹海峰：《詹姆逊视野中的精神分析》，《大庆师范学院学报》，2006年第1期。

车文博主编：《弗洛伊德主义论评》，吉林教育出版社1992年版。

陈学明：《爱情、爱欲、与性欲——评“西方马克思主义”性伦理学》，《江苏行政学院学报》，2004年第6期。

戴庆康：《精神疾病诊断：科学的判断？伦理的判断？》，《医学与哲学》，2005年第1期。

德勒兹、伽塔里著，关宝艳译：《从混沌到思想》，《世界哲学》，2006年第4期。

杜声峰著：《拉康结构主义精神分析学》，三联书店有限公司1988年版。

方成：《精神分析与后现代批评话语》，中国社会科学出版社2001年版。

方汉文著：《后现代主义文化心理：拉康研究》，上海三联出版社2000年版。

方双虎、王蕾：《莱因存在精神病学的心理治疗观》，《医学与哲学》，2007年第3期。

弗洛姆著，陈学明译：《逃避自由》，工人出版社 1987 年版。

弗洛姆著，欧阳谦译：《健全的社会》，中国文联出版公司 1988 年版。

弗洛姆著，王大鹏译：《生命之爱》，国际文化出版社 2001 年版。

弗洛姆著，王泽应等译：《人的呼唤》，上海三联书店 1991 年版。

弗洛姆著，许俊达、许俊农译：《精神分析的危机》，国际文化出版公司 1988 年版。

弗洛姆著，张燕译：《在幻想锁链的彼岸》，湖南人民出版社 1986 年版。

弗兰克尔著，何忠强、杨凤池译：《追寻生命的意义》，新华出版社 2003 年版。

弗兰克著，朱晓权译：《无意义生活之痛苦》，生活·读书·新知三联书店出版社 1991 年版。

弗兰克尔著，桑建平译：《人生的真谛》，中国对外翻译出版公司 1994 年版。

弗洛伊德著，高觉敷译：《精神分析引论》，商务印书馆 1984 年版。

福原泰平著，王小峰、李濯凡译：《拉康：镜子阶段》，河北教育出版社 2002 年版。

高峰强：《试析西方心理学三大势力与后现代视野的关联》，《南京师大学报》（社会科学版），2000 年第 1 期。

高峰强：《现代心理范式的困境与出路》，人民出版社 2000 年版。

高觉敷主编：《西方心理学的新发展》，人民教育出版社 1987 年版。

高觉敷主编：《西方心理学史论》，安徽教育出版社 1995 年版。

高宣扬：《利科的反思诠释学》，同济大学出版社 2004 年版。

高振强：《马尔库塞“爱欲解放论”评析》，《河南师范大学学报》（哲学社会科学版），2000 年第 3 期。

葛鲁嘉、陈若莉：《文化困境与内心挣扎——霍妮的文化心理病理学》，湖北教育出版社 1999 年版。

古尔德著，常晓玲等译：《意义与人生》，中国轻工业出版社 2000 年版。

关宝艳：《一帖救世的处方——关于伽塔里的〈重建社会实践〉》，《世界哲学》，2006 年第 4 期。

郭本禹：《从存在精神病学的创立到反精神病学主张的提出——莱因的存在精神病学解读》，《南京师大学报》（社科版），2003 年第 5 期。

郭本禹：《法兰克尔的意义治疗学》，《医学与哲学》，1997 年第 9 期。

郭本禹主编：《心理学通史·第四卷·外国心理学流派（上）》，山东教育出版社 2000 年版。

郭永玉著:《孤立无援的现代人——弗洛姆的人本精神分析》,湖北教育出版社1999年版。

郭本禹、孙平:《鲍斯的存在分析学评析》,《南京师大学报》(社会科学版),2008年第5期。

哈贝马斯著,郭官义、李黎译:《认识与兴趣》,学林出版社2002年版。

哈贝马斯著,曹卫东选译:《哈贝马斯精粹》,南京大学出版社2004年版。

赫根汉著,郭本禹等译:《心理学史导论》(第四版),华东师范大学出版社2004年版。

黄希庭:《人格心理学》,浙江教育出版社2002年版。

霍妮著,陈红等译:《神经症与人的成长》,国际文化出版社2001年版。

霍妮著,陈收译:《我们时代的病态人格》,国际文化出版公司2001年版。

霍妮著,雷春林等译:《精神分析新法》,上海文艺出版社1999年版。

霍妮著,王轶梅等译:《我们的内心冲突》,上海文艺出版社1998年版。

霍兰德著,程爱民译:《后现代精神分析学》,《国外文学》,1993年第2期。

伽塔里著,关宝艳译:《重建社会实践》,《世界哲学》,2006年第4期。

贾林祥:《试析弗兰克尔的意义治疗理论》,《医学与哲学》,2004年第25卷第8期。

姜永杰:《论后现代主义关照下的面谈技术的运用》,《阜阳师范学院学报(社会科学版)》,2006年第6期。

卡丁纳、普里勃著,孙恺祥译:《他们研究了人》,生活·读书·新知三联书店出版社1991年版。

克莱芒等著,金初高译:《马克思主义对心理分析学说的批评》,商务印书馆1985年版。

孔明安、张羽佳:《精神分析、自我反思与交往理性》,《江海学刊》,2006年第2期。

库兹韦尔著,尹大贻译:《结构主义时代:从莱维—斯特劳斯到福科》,上海译文出版社1988年版。

拉康著,褚孝泉译:《拉康选集》,上海三联出版社2001年版。

莱因著,林和生等译:《分裂的自我——对健全与疯狂的生存论研究》,贵州人民出版社1994年版。

乐国安:《后现代主义思潮对社会心理学的影响》,《南开学报》(哲学社会科学版)，2004 年第 5 期。

雷克罗夫特著，梅子译:《发现上帝的人——莱奇》，湖南人民出版社 1988 年版。

里德著，黄然译:《拉康》，文化艺术出版社 2003 年版。

李炳全:《解释学的发展与精神分析学说的演变》，《史学理论研究》，2004 年第 2 期。

李超杰:《理解生命——狄尔泰哲学引论》，中央编译出版社 1994 年版。

李赴军:《马尔库塞及其爱欲解放论》，《湖南社会科学》，2004 年第 3 期。

李金辉:《辩证的超越——保罗·利科的文本解释学》，《理论探讨》，2004 年第 5 期。

李鸣:《存在主义治疗(上)》，《临床精神医学杂志》，1999 年第 2 期。

李幼蒸:《结构与意义》，中国社会科学出版社 1996 年版。

利科主编，李幼蒸、徐奕春译:《哲学主要趋势》，商务印书馆 2004 年版。

刘翔平:《寻找生命的意义——弗兰克尔的意义治疗学说》，湖北教育出版社 1999 年版。

刘翔平:《精神分析与释义学——析弗洛伊德精神分析的方法论》，《心理学探新》，1989 年第 3 期。

鲁利亚著，汪青等译:《神经心理学原理》，科学出版社 1983 年版。

陆扬:《精神分析文论》，山东教育出版社 1998 年版。

鲁特凯维奇著，吴谷鹰译:《从弗洛伊德到海德格尔——存在精神分析评述》，东方出版社 1989 年版。

栾栋:《德勒兹及其哲学创造》，《世界哲学》，2006 年第 4 期。

罗洛·梅著，冯川等译:《罗洛·梅文集》，中国言实出版社 1996 年版。

洛温伯格著，罗凤礼译:《精神分析学说与后现代主义》，《史学理论研究》，2004 年第 4 期。

马尔库塞著，黄勇、薛民译:《爱欲与文明》，上海译文出版社 2005 年版。

马尔库塞著，张峰译:《单向度的人》，上海译文出版社 1988 年版。

马元龙著:《雅克·拉康:语言维度中的精神分析》，东方出版社 2006 年版。

玛佳丽主编:《中德合作推进中国心理治疗事业发展》(1976—2007)，德—中心理治疗研究院，2007。

麦永雄:《德勒兹:生成论的魅力》，《文艺研究》，2004 年第 3 期。

毛正天:《精神分析学与中国现代性爱题材文学理论批评——二十世纪上半叶中国性爱文学与理论批评研究》，《二十一世纪》网络版，2002 年 8 月号，总第5期。

蒙甘著，刘自强译：《从文本到行动——保尔·利科传》，北京大学出版社1999年版。

让—弗朗索瓦·利奥塔尔著，车槿山译：《后现代状态——关于知识的报告》，生活·读书·新知三联书店1997年版。

任其平：《宾斯万格的存在分析观论评》，《南京师大学报》（社会科学版），2008年第5期。

萨福安著，怀宇译：《结构精神分析学》，天津社会科学出版社2001年版。

沙利文著，韦子木等译：《精神病学的人际理论》，浙江教育出版社1999年版。

沈德灿：《精神分析心理学》，台湾东华书局2003年版。

苏国勋编：《当代西方著名哲学家评传》（第十卷），山东人民出版社1996年版。

特罗蒂尼翁著，范德玉译：《当代法国哲学家》，生活·读书·新知三联书店1992年版。

宛容、兰文杰：《沙利文人格发展思想探悉》，《贵州教育学院学报》（社会科学版），2001年第3期。

汪正龙：《弗洛伊德与马克思——关于弗洛伊德学说与马克思理论比较中的几个问题》，《南京师范大学文学院学报》，2004年第1期。

王国芳、郭本禹：《拉冈》，台北生智文化事业有限公司1997年版。

王国芳：《弗洛伊德的心理玄学——对精神分析的普通心理学构建》，《内蒙古师范大学学报》（哲社版），1997年第2期。

王国芳：《解释学方法论与现代西方心理学》，《南师大学报》（社科版），1999年第4期。

王浩威：《1945年以后精神分析在台湾的发展》（草稿，2004年9月1日），www.chinaselfpsychology.com/doc，2007－8－10。

王宁主编：《精神分析》，四川文艺出版社1989年版。

王小章、郭本禹：《潜意识的诠释》，中国社会科学出版社1998年版。

王治河著：《扑朔迷离的游戏：后现代哲学思潮研究》，社会科学文献出版社1993年版。

王蕾：《理解疯狂：莱因的存在精神分析思想析评》，《南京晓庄学院学报》，2007年第1期。

王蕾、倪伟：《莱因对精神分裂症患者家庭的研究》，《南京师大学报》（社会科学版）,2008 年第 5 期。

维内、金著,郭本禹等译:《心理学史:观念与背景》,世界图书出版公司北京分公司 2008 年版。

希顿著,徐向东译:《维特根斯坦与心理分析》,北京大学出版社 2005 年版。

夏光:《德勒兹和伽塔里的精神分裂分析学》(上),《国外社会科学》,2007 年第 2 期。

夏光:《德勒兹和伽塔里的精神分裂分析学》(下),《国外社会科学》,2007 年第 3 期。

夏光:《后结构主义思潮与后现代社会理论》,社会科学文献出版社 2003 年版。

肖泽萍:《精神分析在中国能否奏效》,《中国心理卫生杂志》,2002 年第 16 卷第 11 期。

徐崇温:《结构主义与后结构主义》,辽宁人民出版社 1986 年版。

薛民:《W·赖希研究》,《哲学动态》,1987 年第 1 期。

薛民:《马尔库塞的"爱欲解放论"述评》,《复旦学报》(社会科学版),1988 年第 5 期。

杨韶刚著:《存在分析学》,南京师范大学出版社 2000 年版。

杨鑫辉主编:《西方心理学名著提要》,江西人民出版社 1998 年版。

杨鑫辉主编:《心理学通史》,山东教育出版社 2000 年版。

杨英、郭永玉:《后现代心理学与现代心理学的对话》,《心理科学进展》,2005 年第 3 期。

杨英杰:《赖希的"法西斯群众心理学"理论评析》,哈尔滨工业大学硕士论文,2005 年。

姚介厚:《"后现代"问题和后现代主义的哲学与文化》,《国外社会科学》,2001 年第 5 期。

叶浩生主编:《西方心理学的历史与体系》,人民教育出版社 1998 年版。

叶晓璐:《马尔库塞的爱欲解放论及其存在论视域》,《云南大学学报》(社会科学版),2005 年第 6 期。

叶秀山、王树人总主编:《西方哲学史(学术版)》之《(第七卷)现代欧洲大陆哲学(上)》(谢地坤主编),凤凰出版社、江苏人民出版社 2005 年版。

于奇智:《后现代思想家 G·德勒兹》,《国外社会科学》,1996 年第 5 期。

詹姆逊著,胡亚敏等译:《文化转向》,中国社会科学出版社 2000 年版。

詹姆逊著,王逢振、陈永国译:《政治潜意识》,中国社会科学出版社 1999

年版。

张和平:《马尔库塞的“爱欲”说探析》,《西北师大学报》(社会科学版),1993年第3期。

张天布:《国际精神分析协会第44届年会纪要》,http://www.xici.net/b25569/d33865657.htm,2007—10—18。

张祥龙:《海德格尔传》,河北人民出版社1998年版。

赵敦华:《现代西方哲学新编》,北京大学出版社2001年版。

郑国玉、唐代虎:《马尔库塞〈爱欲与文明〉论析评》,《重庆职业技术学院学报》(综合版),2003年第3期。

职雍:《〈东方杂志〉(1904—1948)所载精神分析文献之研究》,《精神分析笔记》第4卷第2期,2002年夏季刊。

“中国学术论坛”www.FRChina.net。

周金生:《从精神分析到存在主义——“存在主义精神分析”简介》,《社会科学》,1988年第11期。

## 英文文献

Boss, M. (1949). *Meaning and Content of Sexual Perversions*. Translated by Liese Lewis Ahell, PH. D. New York: Grune & Stratton, Inc.

Boss, M. (1963). *Psychoanalysis and Daseinsanalysis*. Translated by Ludwig B. Lefebre. New York: Basic Books, Inc.

Boss, M. (1979). *Existential Foundations of Medicine and Psychology*. New York: Jason Aronson.

Burston, D. (2000). *The crucible of experience: R. D. Laing and the crisis of psychotherapy*. Harvard University Press.

Burston, D. (2001). *R. D. Laing and The Politics of Diagnosis*. Janus Head. Special Issue: The Legacy of R. D. Laing. http://www.janushead.org/4—1/index.cfm

Burston, D. *Family, Phenomenology and Schizophrenia in R. D. Laing*. http://laingsociety.org/colloquia/psychotherapy/fps1.htm

Buxton, C. E. ed. (1985). *Points of View in the Modern History of Psychology*. Academic Press, INC.

Coltrera, J. T. (1962). Psychoanalysis and Existentialism. *Journal of the American Psychoanalytic Association*, No. 10.

Connell, Agnes N. O. (1980). Karen Horney: Theorist in Psychoanalysis and Feminine Psychology, *Psychology of Women Quarterly*, vol. 5, No. 1.

Deleuze, G. & Guattari, F. (1983). *Anti-Oedipus*, *Vol. 1 of Capitalism and Schizophrenia*. Minneapolis: University of Minnesota Press.

Etchegoyen, R. H. (1993). Psychoanalysis Today and Tomorrow. *International Journal of Psycho-Analysis*, Vol. 74.

Fine, R. A(1979). *History of psycho-analysis*. New York: Columbia University.

Frankl, Viktor E. (1956). From psychotherapy to logotherapy. *Pastoral Psychology*. Vol 7, No. 5.

Freud, S. (1943). *A General Introduction to Psychoanalysis*. Translated by Joan Riviere. New York: Garden City.

Gulley, J. M. D. (2003). *Ludwing Binswanger's Existential Psychology*. A dissertation for the degree of Doctor of Philosophy, University of Arkansas, No. 5.

Heidegger, M. (1962). *Being and Time*. Translated by John Macquarrie and Edward Robinson. New York: Harper and Row.

Hoffmann, K. (1997). Ludwig Binswanger's Collected Papers-Introduction and Critical Remarks. *International Forum of Psycho-Analysis*, No. 6.

Jameson, F. (1981). *The Political Unconscious: Narrative as a Socially Symbolic Act*. Ithaca: Cornell University Press.

Kardiner, A. & Linton, R. & Du Bois, C. (1945). *The Psychological Frontiers of Society*. New York: Columbia University Press.

Lacan, J. (1968). *The language of the self* (*A. Wilden Trans.*), New York: Delta.

Lacan, J. (1977). *Ecrits: a selection* (*A. Sheridan, Trans.*), New

York: Norton.

Laing, R. D. & Esterson, A. (1964). *Sanity, Madnes, and the Family*. Tavistock Publications.

Laing, R. D. (1967). *The Politics of Experience and The Bird of Paradise*. New York: Ballantine Books.

Lanzoni, S. M. (2001). *Bridging Phenomenology and the Clinic: Ludwig Binswanger's 'Science of Subjectivity'*. A dissertation for the degree of Doctor of Philosophy. Harvard University, No. 10.

Leahey, H. (1992). *History of psychology: Main currents of psychological thoughts* (3rd *edit.*). Neglewood Cliffs, NJ: Prenticce-Hall.

Leavy, S. A. (1977). The significance of Jacques Lacan. *Psychoanalytic Quarterly*, Vol. 46.

Lemaire, A. (1977). *Jacques Lacan*. (D. Macey Trans.) London: Routledge & Kegan Paul Ltd.

Lowenfeld, H. (1967). Ludwig Binswanger—1881—1966. *Bulletin of the American Psychoanalytic Association*, No. 23.

MacCabe, C. Ed. (1986). *The talking cure: essays in psychoanalysis and language*. Macmillan Press Ltd.

Manson, W. C. (1988). *The Psychodynamics of Culture: Abram Kardiner and neo—Freudian anthropology*. New York: Greenwood Press.

Marcus, J. & Gulley, D. (2003). *Ludwing Binswanger's Existential Psychology*. A dissertation for the degree of Doctor of Philosophy, University of Arkansas, No. 5.

Marshall, J. M. (1974). *Martin Heidegger and Medard Boss: Dialogue between Philosophy and Psychotherapy*. A dissertation for the degree of Doctor of Philosophy, The University of Oklahoma.

May, R. et al. (1958). *Existence——A new Dimension in Psychiatry and Psychology*. Inc. New York: Basic Books.

May, R. (1978). *The Courage to Creat*. Bantam Bood.

Needleman, J. (1963). *Being-in-the-World*, Selected Papers of Ludwing Binswanger, New York: Basic Books, Inc. No. 2.

Needleman, J. (1963). *Being-in-the-World*, Selected Papers of Ludwing Binswanger, New York: Basic Books, Inc. No. 7.

Potter, B. *Comprehending Madness: The Contextualization of Psy-*

*chopathology in the work of R. D. Laing*. http://www.janushead.org/4—1/potter.cfm〈2007—2—3〉.

Reppen, J. (2003). Ludwig Binswanger and Sigmund Freud: Portrait of a friendship. *Psychoanalytic Review*, No. 6.

Ruitenbeek(1962). *Psychoanalysis and Existential Philosophy*. New York: Dutton.

Sarup, M. (1992). *Jacques Lacan*. New York: Harvester Wheatsheaf.

Schmidl, F. (1959). Sigmund Freud and Ludwig Binswanger. *Psychoanalytic Quarterly*, No. 28.

Schneiderman, S. (1983). *Jacques Lacan: The Death Of An Intellectual Hero*. Cambridge MA/London: Harvard University Press.

Seidman, B. (1983). *Absent at the creation: The Existential Psychiatry of Ludwig Binswanger*. New York: Libra.

Shantall, H. M. (1989). Viktor Frankl's existential theory. In: *Personality theories from Freud to Frankl*, edited by W. F. Meyer, C. Moore and H. G.. Viljoen. Johannesburg: Lexicon.

Spiegelberg, H. (1972). *Phenomenology in Psychology and Psychiatry.: A Historical Introduction*. Evanston: Northwestern University Press.

Sturrock, M. (1979). *Structuralism And Since*. Oxford University Press.

Sullivan, H. S. (1953). *The interpersonal theory of psychiatry*. New York: Norton.

Wyschogrod, E. et al ed. (1989). *Lacan And Theological Discourse*. State University Of New York Press.

Damasio, A. (1999). Commentary on Panksepp. *Neuro-Psychoanalysis*. Vol. 1, No. 1.

DeLuca, J. (2000). A cognitive Neuroscience Perspective on Confabulation. *Neuro-Psychoanalysis*. Vol. 4, No. 2.

Freud, S. (1959). *Inhibitions, Symptoms and Anxiety*. Standard Edition. 1926(20):75～172. London: Hogarth Press.

Freud, S. (1900). *The Interpretation of Dreams*. Standard Edition, 4&5. London: Hogarth Press, 1953.

Freud, S. (1953). *The unconscious*. Standard Edition, 1915(14): 159～204. London: Hogarth Press.

Kandel, E. R. & Squire, L. R. (2000). Neuroscience: Breaking Down Scientific Barriers to the Study of Brain and Mind. *Science*, vol. 290.

Kanzer, M. (1973). Two Prevalent Misconceptions about Freud's Project. *Annual of Psychoanalysis*. No. 1.

Korchin, S. (1976). *Modern clinical psychology*. New York: Basic Books.

Lable, I. (2000). *Conscious and Unconscious Process: Psychodynamic*, Cognitive, and Neurophysiological Convergence Reviewed by Ira Lable. *Neuro-Psychoanalysis*. Vol. 2, No. 2.

Leuzinger-Bohleber, M. & Pfeifer, R. (2006). Recollecting the Past in the Present: Memory in the Dialogue Between Psychoanalysis and Cognitives Science. In Mancia, M(Ed.). *Psychoanalysis and Neuroscience*. Milan:Springer.

Mancia, M. (2006). The Dream in the Dialogue Between Psychoanalysis and Neuroscience. In: Mancia, M(Ed.). *Psychoanalysis and Neuroscience*. Milan: Springer.

Nunberg, H. & Federn, E. (1962). *Minutes of the Vienna Psychoanalytic Society*, *Vol*. 1. 1906—1908. Oxford: International University Press.

Panksepp, J. (1999). Emotions as viewed by psychoanalysis and neuroscience: An exercise in consilience. *Neuro-Psychoanalysis*. Vol. 1, No. 1.

Panksepp, J. (2000). The Cradle of Consciousness. *Neuro-psychoanalysis*. Vol. 4, No. 2.

Pally, R. & Turnbull, O. (1999). Research Digest. *Neuro-Psychoanalysis*. Vol. 1, No. 1.

Schore, A. (1997). A Century After Freud's Project: Is a Rapprochement between Psychoanalaysis and Neurobiology at Hand?. *Journal of American Psychoanalytic Association*. Vol. 45.

Searle, J. (1995). The mystery of consciousness. *New York Review of Books*. Vol. 18.

Solms, M. (2002). An example of neuro-psychoanalytic research: Korsakoff's syndrome. *Journal of European Psychoanalysis*. Vol. 14.

Solms, M. (2004). Freud returns. *Scientific American*. No. 3.

Solms, M. & Bucci, W. (2000). Biological and Integrative Studies on Affect. *International Journal of Psycho-Analysis*. Vol. 81.

Solms, M. & Nersessian, E. (1999). Freud's theory of affect. *Neuro-Psychoanalysis*. Vol. 1, No. 1.

Solms, M. & Saling, M. (1986). On Psychoanalysis and Neuroscience: Freud's Attitude to the Localizationist Tradition. *International Journal of Psycho-Analysis*, vol. 67.

Solms, M. & Turnbull, O. (2002). *The brain and the inner world: An introduction to the neuroscience of subjective experience*. New York: Other Press.

Turnbull, O. (2002). Research Digest: The Neurobiology of Reward, Aggression and Pain. *Neuro-Psychoanalysis*. Vol. 4, No. 2.

Turnbull, O. & Pally, R. (2000). Research Digest. *Neuro-Psychoanalysis*. Vol. 3, No. 1, p. 103.

Watt, D. (2000). The Dialogue Between Psychoanalysis and Neuroscience: Alienation and reparation. *Neuro-Psychoanalysis*, vol. 3, No. 1.

Zueler, M. & Maas, J. (1994). An integrated conception of the psychology and biology of supergo development. *Journal of Amercian Acadamy Psychoanalysis*. Vol. 22.

# 后　记

《潜意识的意义——精神分析心理学（下）》和同书名的上册是姊妹篇。上下两册分别遵循精神分析学的内部和外部发展逻辑进行架构，因而在内容上既有联系，又可相互独立。下册共包括八章内容，反映了弗洛伊德之后精神分析运动的外部发展，即精神分析学从外部学科，如医学、社会学、文化学、人类学、哲学、语言学、神经科学等领域积极汲取养分，而形成的传统精神分析学与其他学科的结合与整合。整合的结果便是精神分析运动史上的如下流派：精神分析社会文化学派、存在分析学、马克思主义精神分析学、结构主义精神分析学和神经精神分析学，以及以松散的理论倾向而存在的精神分析学的解释学取向和后现代精神分析学取向。

本书的撰写以我为主要执笔人，同时又是集体智慧的结晶。本书的编写提纲是郭本禹老师与我反复讨论确定的，体现了他对精神分析运动发展史研究的一贯思想。全书各章的执笔人如下：王国芳：导言、第一、第二章（均为合写），第三章第一节、第四章第一节、第五至七章；郭本禹：导言、第三章第二、三、四节、第四章第二节、第八章（均为合写），代结语；李丽芳：第一章第二、三、四节；郑敬华：第一章第五节、第二章第三节；陈雪：第二章第二、四节；任其平：第三章第二节；孙平：第三章第三节；王蕾：第三章第四节、第四章第二节；郭慧：第八章。全书由我负责统稿，最后由郭本禹审定。

本书在撰写过程中，得到了华东师范大学熊哲宏教授、吉林大学高申春教授、山东师范大学高峰强教授的指点，在此向他们表示特别的谢意！在写作时由于资料缺乏，我曾一次性地从中国政法大学罗大华教授处复印了十几本关于精神分析方面的重要藏书，对于罗教授的慷慨和博学，心中充满敬意和感激！山东教育出版社领导以及责任编辑李广军副主任，不仅积极、热情地支持本书的写作和出版，而且以极大的耐心容忍了本书的拖延，对他表示深深地致谢并致歉！最后，向所有的作者以及所征引参考文献的作者表示感谢！

王国芳

2008 年 3 月 26 日

于北京京师园